| 现代通信网络技术丛书 |

5G NR
The Next Generation
Wireless Access Technology
Second Edition

5G NR标准

下一代无线通信技术

（原书第2版）

[瑞典] 埃里克·达尔曼　　斯特凡·巴克浮　　约翰·舍尔德　　著
　　　　（Erik Dahlman）　　（Stefan Parkvall）　　（Johan Sköld）

刘阳　朱怀松　[加] 周晓津　译

机械工业出版社
China Machine Press

图书在版编目（CIP）数据

5G NR 标准：下一代无线通信技术：原书第 2 版 /（瑞典）埃里克·达尔曼（Erik Dahlman），（瑞典）斯特凡·巴克浮（Stefan Parkvall），（瑞典）约翰·舍尔德著；刘阳，朱怀松，（加）周晓津译 . -- 北京：机械工业出版社，2021.6（2025.3 重印）

（现代通信网络技术丛书）

书名原文：5G NR: The Next Generation Wireless Access Technology, Second Edition

ISBN 978-7-111-68459-6

Ⅰ. ①5⋯ Ⅱ. ①埃⋯ ②斯⋯ ③约⋯ ④刘⋯ ⑤朱⋯ ⑥周⋯ Ⅲ. ①第五代移动通信系统 Ⅳ. ① TN929.53

中国版本图书馆 CIP 数据核字（2021）第 103958 号

北京市版权局著作权合同登记 图字：01-2021-0676 号。

注意

本书涉及领域的知识和实践标准在不断变化。新的研究和经验拓展我们的理解，因此须对研究方法、专业实践或医疗方法作出调整。从业者和研究人员必须始终依靠自身经验和知识来评估和使用本书中提到的所有信息、方法、化合物或本书中描述的实验。在使用这些信息或方法时，他们应注意自身和他人的安全，包括注意他们负有专业责任的当事人的安全。在法律允许的最大范围内，爱思唯尔、译文的原文作者、原文编辑及原文内容提供者均不对因产品责任、疏忽或其他人身或财产伤害及／或损失承担责任，亦不对由于使用或操作文中提到的方法、产品、说明或思想而导致的人身或财产伤害及／或损失承担责任。

5G NR 标准：下一代无线通信技术（原书第 2 版）

出版发行：机械工业出版社（北京市西城区百万庄大街 22 号　邮政编码：100037）

责任编辑：王春华　　冯秀泳　　　　　　　　责任校对：马荣敏

印　　刷：固安县铭成印刷有限公司　　　　　版　　次：2025 年 3 月第 1 版第 4 次印刷

开　　本：186mm×240mm　1/16　　　　　　印　　张：28.75

书　　号：ISBN 978-7-111-68459-6　　　　　定　　价：149.00 元

客服电话：（010）88361066　68326294

序 言 一

2019 年成为全球 5G 商用元年，而 2020 年全球新冠肺炎疫情爆发也挡不住 5G 发展的步伐。特别是在中国，截至 2020 年年底，已经建设 5G 基站 72 万个，5G 连接数超过 2 亿，中国 5G 网络规模和连接数量均超过全球的 70%。在新媒体、工业、能源、医疗等重点场景，5G 已开始步入商业应用。

2018 年 6 月，国际标准组织 3GPP 冻结 5G 第一个独立组网版本（Release 15），重点面向增强移动宽带场景，具备支持低时延高可靠场景的基本功能。2020 年 7 月，3GPP 冻结 5G 第二个版本（Release 16），其在 Release 15 基础上增强了移动宽带业务能力，带来更高的 5G 系统性能和效率，并将进一步丰富 5G 在车联网、工业互联网等低时延高可靠场景的应用。

本书以 5G 标准第二个版本（Release 16）为基础，重点对 5G 新空口进行了详细解读。相对于本书的第 1 版，对 5G 新空口在 Release 16 中的增强进行了全面的介绍，特别是工业互联网、车联网、定位等技术与应用。同时也对 5G 后续技术增强进行了展望，通过更高频段、与卫星系统结合等拓展新的应用空间。本书为中国读者提供了对 5G 国际标准的翔实准确又全面系统的解读，我相信本书的翻译出版会进一步推动 5G 在我国的普及。

回顾 5G 的发展，我国与全球其他国家一道积极推动 5G 国际标准、产品研发、网络建设和应用培育。随着 5G 网络建设的逐步完善和用户增长的不断加快，应用成为 5G 成功商用的关键。5G 应用的成熟依赖于 5G 技术与产业的支撑能力，更依赖于应用产业生态、商业模式等诸多因素。

为激发全社会对 5G 创新的热情与智慧，我国已连续三届举办"绽放杯"5G 应用大赛，充分发挥行业需求引领和企业创新的主体作用，5G 应用正逐渐从单一化业务探索、试点示范阶段进入复制推广阶段。希望在全球移动通信产业界通力合作以及各行业积极努力下，5G 能将我们带入更加美好的经济社会！

王志勤

中国信息通信研究院副院长

IMT-2020（5G）推进组组长

序 言 二

2015 年 9 月，3GPP 举办了一次特别的研讨会，来自全球移动产业界、监管部门、研究机构的 500 多名专家汇聚一堂，商谈 5G 标准化的规划。会议达成的共识包括：5G 标准化分成两个阶段，第一阶段满足早期商业部署的需要，第二阶段计划覆盖所有的应用场景，包括 eMBB、mMTC 和 URLLC 等 5G 典型应用场景。这次研讨会实际上标志着 3GPP 5G 标准化工作的正式开始。

5G 的演进是一个持续发展的过程。2017 年 12 月 3GPP 发布了第一个 NR 标准，即 3GPP Release 15（针对 NR 非独立组网的场景）。2018 年年中 Release 15 冻结（增加了对 NR 独立组网的支持）。2020 年年中 Release 16 冻结（支持 V2X 以及工业物联网）。目前，Release 17 的工作正在紧密进行中，Release 18 的研究范围也已经开始讨论。

中国在 5G 技术发展和标准化进程中的重要性也是有目共睹的。由工信部、IMT-2020（5G）推进组及中国信息通信研究院领导和实施的 5G 技术测试和应用催化，对于推动中国 5G 研发及产业的发展起到了至关重要的作用。2019 年 6 月，5G 商用牌照发放。现在，5G 已进入腾飞阶段，在 5G 2C 业务全面铺开的基础上，2B 业务走向多元化。爱立信公司持续加大在中国的 5G 研发，这不仅是因为中国是 5G 最大的市场，更重要的是中国已成为 5G 技术发展与应用探索的前沿阵地，对今后 5G 乃至 6G 技术的发展影响深远。

本书作者 Erik Dahlman、Stefan Parkvall 和 Johan Sköld 先生均就职于爱立信研究院（Ericsson Research），是无线通信领域的顶级技术专家，从 2G 时代起就参与标准的制定工作以及无线技术预研，拥有许多发明和创新。他们之前出版的关于 3G 和 4G 无线接入的专著均得到业内外的广泛认可，成为了解无线通信的技术宝典，而本书将为读者提供对 5G 的详细而深入的解读。希望本书的翻译出版能为推动 5G 在中国的发展贡献一点力量。

5G 并不仅仅是另一个新的"Generation"，5G 与前几代移动通信技术的最大区别在于它与其他行业和领域深入而广泛的结合。在某种程度上，5G 的成功与否将取决于它能否真正赋能各个行业，以及能否真正服务于各垂直领域。可喜的是，目前我们已经看到各个行业和领域在积极探索和尝试基于 5G 的新应用和新服务。相信在不远的将来，5G 能够真正成为当今社会数字化转型的强大引擎！

彭俊江

爱立信东北亚区研究中心总经理

译 者 序

本书作者 Erik Dahlman、Stefan Parkvall 和 Johan Sköld 对于移动通信行业的许多同行来说并不陌生。从 3G 时代开始他们就撰写了相关著作，4G 时代又出版了基于 3GPP 标准的专著，这些著作广受好评，并成为无线通信技术的畅销书。凡是参与过 3GPP 工作或者阅读过 3GPP 标准的同行，相信都对其流程的繁复、标准的丰富深有感触，迫切希望有一本深入浅出而又翔实准确的著作能够对相关标准做一番梳理，以帮助读者尽快建立起对 5G NR 标准的系统认知。

本书第 1 版是一本开创性著作，对 5G NR 的 3GPP 标准做了全面解读和梳理，提供了对 5G NR 标准的准确、易读的描述，以及对 NR 物理层结构、高层协议、射频和频谱的详细解读。不仅如此，它还提供了对 5G NR 标准的洞察：不仅描述技术本身，而且揭示技术决策背后的成因，即常常萦绕在读者心头的问题——标准为什么做出这样的规定？第 1 版出版后广受关注，时隔两年，5G 也已经从书本走入我们的实际生活。英文第 2 版于 2020 年 9 月出版，相较于第 1 版增加了对 Release 16 的全面解读和对 Release 17 的展望。

本书的翻译工作主要是在业余时间进行的，历时近四个月。虽然在移动通信行业工作多年，但作为译者，在翻译过程中心情还是很忐忑的。既要忠实于原著，又要尊重中文的表达方式，尽管我们已经尽最大努力来保证译文的信、达、雅，但由于时间紧、任务急，译作之中肯定存在疏漏。恳请读者不吝指正，以便在后续版本中能够改正这些不足之处。

在翻译过程中，译者得到了作者的大力支持。同时，编辑朱捷先生、王春华女士和冯秀泳先生的耐心指导和悉心审阅，是翻译工作能够顺利完成的强有力的保障，在此表示诚挚的感谢！我们要感谢爱立信公司和爱立信的同事给予的热情帮助，他们提出了很多建议和意见。我们还要感谢家人的永久支持，这是激励我们不断前行的动力。

不同的人对于移动通信如何影响当今社会也许有不同的看法，但毋庸置疑的是，移动通信已经彻底改变了我们的生活方式。5G 的持续发展将使得这一改变更加广泛和深入。我们希望本书的出版能为 5G 事业在中国的发展尽一点力量。"他山之石，可以攻玉"，发展技术是为了创造更加美好的生活。Technology for good!

刘 阳　朱怀松　周晓津
2021 年 2 月于爱立信大厦

前　言

　　LTE 已成为全球最成功的、服务于数十亿用户的移动宽带技术。毫无疑问，移动宽带现在是、将来也是移动通信的重要组成部分，但未来的无线网络在很大程度上将涵盖更广泛的应用和更广阔的需求。虽然 LTE 是一项非常强大的技术，并且仍在不断发展，在未来许多年内仍将被继续使用，但是新的 5G 无线接入技术——新空口（New Radio，NR）——已经被标准化，以满足未来的需求。

　　本书对 2020 年春末 3GPP（第三代合作伙伴项目）制定的 NR 标准进行描述。

　　第 1 章对 5G 做简单介绍，第 2 章描述标准化的过程和相关的组织，比如 3GPP 和 ITU。第 3 章介绍可用于移动通信的频段以及发掘可用新频段的流程。

　　有关 LTE 及其演进的概述请参阅第 4 章。虽然本书的重点是 NR，但作为后续章节的背景，对 LTE 做简要概述是有益的。一个原因是，LTE 和 NR 都是由 3GPP 制定的，因此具有共同的背景，并且使用了某些相同的技术构件。NR 中的许多设计选择也是基于 LTE 的经验做出的。此外，LTE 还会继续与 NR 平行发展，仍是 5G 无线接入中的重要组成部分。

　　第 5 章是对 NR 的概述，可以单独阅读，以获得对 NR 的宏观理解，也可以作为对后续章节的介绍。

　　第 6 章概述 NR 的总体协议结构，第 7 章描述 NR 的总体时频域结构。

　　多天线处理和波束赋形是 NR 的重要组成部分。第 8 章对支持这些功能的信道探测方法进行概述，第 9 章总体介绍传输信道的处理，第 10 章介绍相关的控制信令。这些功能如何支持不同的多天线方案和波束赋形是在第 11 章和第 12 章描述的。

　　重传功能和调度分别是第 13 章和第 14 章的主题，第 15 章介绍功率控制，第 16 章介绍小区搜索，第 17 章介绍随机接入。

　　与 LTE 的共存和互通是 NR 的重要组成部分，特别是在依赖 LTE 实现移动性和初始接入的非独立组网模式下。第 18 章对此进行介绍。

　　第 19 ～ 24 章重点介绍 Release 16 对 NR 的一些主要增强。对非授权频谱的接入也在第 19 章讨论。第 20 章描述对超可靠、低时延通信的增强和工业物联网的增强。第 21 章讨论 TDD 网络的远程干扰管理。第 22 章描述接入和回传一体化，使得 NR 不仅可以用于接入，也可以用于回传。第 23 章涵盖车联网通信和 NR 标准的直通链路（Sidelink）设计。第 24 章讨论 NR 标准的定位技术。

考虑到大频率范围以及多标准无线设备的频谱灵活性，第 25 章描述 NR 对射频的要求。第 26 章讨论毫米波范围内较高频段的射频实现所要考虑的问题。

最后，第 27 章对本书进行总结，并对未来的 NR 版本尤其是 Release 17 进行展望。

致　　谢

感谢爱立信公司为本书的写作提供帮助的同事，包括对本书有关内容直接提供建议和意见，以及参与开发 NR 和 5G 这一宏大的下一代无线接入项目。

标准化过程涉及来自全球各地的工作者，在此感谢无线通信业的所有同人，特别是 3GPP RAN 工作组的同人。没有他们的工作和对标准化的贡献，这本书就不可能存在。

最后，非常感谢家人在本书的漫长撰写过程中给予我们的宽容和支持。

目　　录

第 1 章

5G 概述

过去 40 年，世界见证了四代移动通信系统的发展，如图 1-1 所示。

图 1-1 移动通信发展史

第一代移动通信始于 1980 年左右，使用的是模拟传输，主要技术有北美制定的高级移动电话系统（Advanced Mobile Phone System，AMPS）、北欧国家的公共电话网络运营商（当时由政府控制）联合制定的北欧移动电话（Nordic Mobile Telephony，NMT），以及在英国等地使用的全接入通信系统（Total Access Communication System，TACS）。基于第一代技术的移动通信系统只限于提供语音服务，不过，这是历史上移动电话首次可供普通民众使用。

第二代移动通信出现于 20 世纪 90 年代早期，其特点是在无线链路上引入了数字传输。虽然其目标服务仍然是语音，但是数字传输使得第二代移动通信系统也能提供有限的数据服务。最初存在几种不同的第二代技术，包括由许多欧盟国家联合制定的全球移动通信系统（Global System for Mobile communication，GSM）、数字高级移动电话系统（Digital AMPS，D-AMPS）、由日本提出并且仅在日本使用的个人数字蜂窝（Personal Digital Cellular，PDC），以及稍后发展出来的基于 CDMA 的 IS-95 技术。随着时间的推移，GSM 从欧洲扩展到世界，并逐渐成为第二代技术中的绝对主导。正是由于 GSM 的成功，第二代系统把移动电话从一个小众用品变成了一个世界上大多数人使用的、成为生活必需品的通信工具。即使在今天，尽管第三代和第四代技术已经问世，但在世界的许多地方 GSM 仍然起着主要作用，在某些情况下甚至是唯一可用的移动通信技术。

第三代移动通信，通常称为 3G，出现于 21 世纪初。3G 是朝着高质量移动宽带迈出的真正一步，尤其是借助于称为 3G 演进的高速分组接入（High-Speed Packet Access，HSPA）[19] 技术，使无线互联网的快速接入成为可能。此外，相对于早期的基于频分双工（Frequency-Division Duplex，FDD）对称频谱的移动通信技术（即网络到终端和终端到网络的链路各自使用不同的频谱，见第 7 章），3G 首次引入了非对称频谱的移动通信技术，它基于由中国主推的基于时分双工（Time Division Duplex，TDD）的 TD-SCDMA 技术。

从过去的几年到现在，作为主导的是以 LTE 技术 [26] 为代表的第四代（4G）移动通信。在 HSPA 的基础上，LTE 提供更高的效率和增强的移动宽带体验，即终端用户的数据速率更高。这有赖于能提供更大传输带宽的基于 OFDM 的传输技术以及更先进的多天线技术。此外，相对于 3G 支持一种特殊的非对称频谱工作的无线接入技术（TD-SCDMA），LTE 支持在一个通用的无线接入技术之中实现 FDD 和 TDD 工作，即对称和非对称频谱的工作。这样，LTE 就实现了一个全球统一的移动通信技术，适用于对称和非对称频谱以及所有移动网络运营商。在第 4 章里，我们还会详细讨论 LTE 的演进是如何把移动通信网络的范围扩展到非授权频谱的。

1.1 3GPP 和移动通信的标准化

移动通信成功的关键是存在被许多国家认可的技术规范和标准。这些规范和标准保证了不同厂家生产的终端和基础设施的可部署性和互操作性，以及终端在全球范围内的可用性。

正如之前提到的，第一代 NMT 技术就是由多个国家共同制定的，使得终端及其签约服务在这几个北欧国家范围内都能有效工作。接下来的 GSM 移动通信技术规范和标准的制定也是由欧洲的许多国家共同完成的。相关工作在 CEPT 进行，CEPT 后来改名为欧洲电信标准化协会（European Telecommunications Standards Institute，ETSI）。所以从一开始，GSM 终端及签约服务就能在很多国家正常工作，涵盖了大量的潜在用户。这个巨大的共同市场对终端有极大的需求，催生了五花八门的手机品牌，大大降低了终端的价格。

不过，随着 3G 技术规范，特别是 WCDMA 的制定，才迈出了制定真正的全球性移动通信标准的步伐。一开始，3G 技术标准的制定工作也是基于区域分别在欧洲（ETSI）、北美（TIA、T1P1）、日本（ARIB）等地进行的。然而，GSM 的成功已经表明技术覆盖广度的重要性，特别是在终端的通用性和成本方面。而且越来越清楚的是，虽然不同的区域性标准化组织都在分别进行自己的工作，但是研究的技术具有很多相似性。特别是欧洲和日本，都在研究不同但非常类似的宽带 CDMA（Wideband CDMA，WCDMA）技术。

最终，在 1998 年，各个区域性标准化组织走到一起，成立了第三代合作伙伴项目（Third-Generation Partnership Project，3GPP），其目标是基于 WCDMA 来完成 3G 技术规范的制定。稍后，一个平行的组织（3GPP2）也成立了，其任务是制定 3G 技术的替代技术——CDMA，作为第二代 IS-95 的演进。这两个有着各自 3G 技术（WCDMA 和 cdma2000）的组织（3GPP 和 3GPP2），随后共存了许多年。不过，随着时间的推移，3GPP 完全占据主导，并且进一步延伸到 4G（LTE）和 5G（NR）技术的制定，尽管名字还是保持为 3GPP。今天，3GPP 是世界上制定移动通信技术规范的唯一重要组织。

1.2　下一代无线接入技术——5G/NR

关于第五代（5G）移动通信的讨论始于 2012 年左右。在许多讨论中，5G 这个术语指的是特定的、新的 5G 无线接入技术。不过，"5G"也常常被用在更宽泛的语境中，意指未来移动通信能够支持的、可预见的大量新的应用服务。

1.2.1　5G 应用场景

谈到 5G，一般常会提到三种应用场景：增强移动宽带通信（eMBB）、大规模机器类型通信（mMTC），以及超可靠低时延通信（URLLC）（见图 1-2）。

- eMBB 大致是指今天的移动宽带服务的直接演进，它支持更大的数据流量和进一步增强的用户体验，比如，支持更高的终端用户数据速率。

- mMTC 指的是支持大量终端的服务，比如远程传感器、机械手和设备监测。这类服务的关键需求

图 1-2　高层 5G 应用场景分类

包括：非常低的终端造价，非常低的终端能耗，超长的终端电池使用寿命（至少要达到几年）。一般而言，这类终端每台只消耗和产生相对来说比较小的数据量，因此不需要提供对高数据速率的支持。

- URLLC 类服务要求非常低的时延和极高的可靠性，这类服务涉及交通安全、自动控制、工厂自动化等。

需要指出的是，5G 应用场景分成这三个不同的类别在某种程度上是人为的，主要目的是简化技术规范的需求定义。在实际中会有许多应用场景不能精确地归入这三类。比如，可能会有这样的服务，它需要非常高的可靠性，但是对于时延要求不高。有的应用场景还可能要求终端的成本很低，但并不需要电池的使用寿命非常长。

1.2.2　LTE 向 5G 演进

LTE 技术规范的第一个版本是在 2009 年提出的。之后，LTE 不断演进以提供增强的性能和扩展的能力。这包括对移动宽带的增强、支持更高的实际可达到的终端用户数据速

率以及更高的频谱效率。它还包括扩展 LTE 的应用场景，特别是支持配有超长使用寿命电池的低成本终端，类似于大规模 MTC 的应用。最近 LTE 在减少空口时延方面也有重要进展。

通过这些已完成的、正在进行中的以及未来的演进，LTE 将会支持 5G 的很多应用场景。从一个更广的角度来看，5G 不是一个特定的无线接入技术，而是由所支持的应用场景来定义，因此 LTE 应该被看作 5G 整个无线接入解决方案的一个重要组成部分，如图 1-3 所示。虽然讲解 LTE 演进不是本书的主要目的，但第 4 章将会对 LTE 演进的当前状态进行概述。

图 1-3　LTE 演进和 NR 共同提供 5G 无线接入的解决方案

1.2.3　NR——新的 5G 无线接入技术

尽管 LTE 是一个强大的技术，但是 5G 的某些需求是 LTE 及其演进无法满足的。事实上 LTE 肇始于十几年前，在这十几年里又出现了许多更先进的技术。为了满足这些需求并且发挥新技术的潜能，3GPP 开始制定一种新的无线接入技术，称作新空口（New Radio，NR）。2015 年秋天举行的一次研讨会确定了 NR 的范围，具体的技术工作则开始于 2016 年春季。NR 标准的第一个版本完成于 2017 年底，这是为了满足在 2018 年进行 5G 早期部署的商业需求。

NR 借用了 LTE 的很多结构和功能。但是，作为一种新的无线接入技术，NR 不需要像 LTE 演进那样考虑向后兼容的问题。NR 的需求也要比 LTE 的需求更多更广，因而技术解决方案也会有所不同。

第 2 章将讨论与 NR 有关的标准化活动，第 3 章是对频谱的概述，对 LTE 及其演进的简要描述在第 4 章。本书的主要部分（第 5 ~ 26 章）将提供对当前 NR 技术标准状态的详细描述，第 27 章是对 NR 未来发展的展望。

1.2.4　5GCN——新的 5G 核心网

除了定义 NR 这一新的 5G 无线接入技术之外，3GPP 也定义了一个新的 5G 核心网，称作 5GCN。新的 5G 无线接入将连接到 5GCN。不过，5GCN 也能为 LTE 的演进提供连接。同时，当 NR 和 LTE 运行在所谓的非独立组网模式（non-stand-alone mode）下时，NR 也可以连接到传统的 EPC 核心网，第 6 章将对此做进一步的描述。

第 2 章

5G 标准化

移动通信系统的研究、开发、实现和部署是国际上无线产业界通力合作的结果，而产业界对整个无线通信系统的统一的规范也是在这一过程中完成的。这一工作很大程度上依赖于全球和区域性的政府监管活动，特别是对于频谱使用的监管，这是所有无线技术面临的主要问题。本章描述监管和标准化的环境，在过去、现在和将来，它们对于定义无线通信系统都是非常重要的方面。

2.1　标准化和监管概述

在移动通信领域，有许多组织参与技术规范制定、标准化和监管的相关活动。它们大致可以分为以下三种：标准化组织、监管机构、行业论坛。

标准化组织（Standards Developing Organization，SDO）为移动通信系统开发和制定技术标准，以便业界可以据此生产和部署标准化的产品，从而使产品之间具有互操作性。移动通信系统的绝大部分组件，包括基站和移动终端，在某种程度上都是标准化的。虽然厂家有一定的在其产品中提供其特有解决方案的自由度，但通信协议的特点也决定了必须要有详细的标准。SDO 通常是非营利的行业组织，不为政府所控制。不过，政府经常授权它们针对某一领域编写标准，这类标准通常会具有较高的级别。

有的国家有自己的 SDO，但由于通信产品的全球化趋势，绝大多数 SDO 是区域性的并且参与全球合作。比如，GSM、WCDMA/HSPA、LTE 和 NR 的技术标准都是由 3GPP 制定的，而 3GPP 是一个由欧洲（ETSI）、日本（ARIB 和 TTC）、美国（ATIS）、中国（CCSA）、韩国（TTA）和印度（TSDSI）等七个区域性和国家级 SDO 组成的全球性组织。各个 SDO 的透明度和开放程度各有不同，3GPP 的所有技术规范、会议文档、报告、电子邮件讨论组都是公开和免费的。

监管机构（regulatory body and administration）是政府性组织，它对移动系统和其他电信产品的销售、部署和运维提出合规合法方面的要求。它的最重要的任务之一就是管控频谱的使用，为移动运营商获得部分无线频谱用于运营设定授权条件。另一个任务是通过认证流程对产品的"市场准入"进行监管，以保证终端、基站和其他设备通过型式认证（type approval），符合相关的监管要求。

频谱监管不仅在国家层面由国家机构执行，也通过区域性机构（比如欧洲的 CEPT/ECC、美国的 CITEL、亚洲的 APT）来进行。在全球层面，频谱监管是由国际电信联盟（International Telecommunications Union，ITU）负责的。监管机构规定频谱提供何种服务，以及设定更详细的要求，比如发射机无用发射的限制等。通过监管，它们也间接地对产品标准提出要求。2.2 节将进一步解释 ITU 对移动通信技术提出要求的情况。

行业论坛（industry forum）是产业界领导的组织，目的是推广特定的技术或者其他产业热点。在移动产业界，行业论坛往往由运营商引导，但也有一些供应商创建的产业联盟。比如，GSM 联盟（GSM Association，GSMA）致力于推动基于 GSM、WCDMA、LTE 和 NR 的移动通信技术。行业论坛的其他例子还有由运营商组织的下一代移动网络（Next Generation Mobile Network，NGMN），对移动系统演进提出需求，以及 5G Americas，它是一个区域性产业联盟，由之前的 4G Americas 演变而来。

图 2-1 展示了参与移动系统监管和技术规范制定的不同组织之间的关系。该图还显示了移动产业界的图景，即供应商开发产品、提供给市场、同运营商议价，同时运营商采购并部署移动系统。这一流程强烈依赖于 SDO 所发布的技术标准，而市场准入则依赖于区域或者国家层面的产品认证。请注意，欧洲的区域性 SDO（ETSI）基于欧盟的要求制定用于产品认证（通过 CE 标志）的和谐标准（harmonised standard）。这些标准在欧洲以外的国家也被用来进行认证。图 2-1 中，实线箭头表示的是正式文档，比如技术标准、建议书和监管授权，它们规定了技术和监管的要求。虚线箭头表示的是更间接的介入，比如通过联络函和白皮书的方式。

图 2-1　监管机构、标准化组织、行业论坛和移动产业界之间的关系

2.2　ITU-R 从 3G 到 5G 的活动

2.2.1　ITU-R 的角色

ITU-R 是国际电联的无线通信部门。ITU-R 负责确保所有无线通信服务都能够有效和经济地使用无线频谱。ITU-R 下属的各个子组和工作组负责分析和定义无线频谱的使用条件并撰写报告和建议书。ITU-R 的终极目标，是通过对无线电规则（Radio Regulations）和区域性协议的执行，"确保无线通信系统能够无干扰地工作"。无线电规则[46]是关于无线频谱使用的、国际性的、具有约束力的条约。世界无线电通信大会（World Radiocommunication Conference，WRC）每 3 ～ 4 年举行一次。WRC 对无线电规则进行修改和更新，从而对全球无线频谱的使用产生相应的影响。

考虑到移动通信技术（比如 NR、LTE 和 WCDMA/HSPA）的技术规范是在 3GPP 完成的，ITU-R 有责任把这些技术转变为全球标准，尤其是为那些没有被 3GPP 包含的 SDO 所涵盖的国家。ITU-R 为不同的服务定义相应的频谱，包括移动服务，其中某些频谱被分配给国际移动电信（International Mobile Telecommunications，IMT）系统。ITU-R 的 5D 工作组（WP5D）负责 IMT 系统的无线系统方面的全部工作，也就是 3G 及其以上的各代移动通信系统。WP5D 在 ITU-R 的最主要的任务就是负责 IMT 陆地部分的议题，包括技术、运营和频谱相关的问题。

WP5D 并不制定 IMT 的技术规范，而是和其他区域性标准化组织合作来对 IMT 进行定义，维护一系列的 IMT 建议书和报告，包括一系列无线接口规范（Radio Interface Specification，RSPC）。这些建议书包括每一代 IMT 的无线接口技术（Radio Interface Technology，RIT）"系列"，每一种技术都被平等对待。对于每个无线接口，RSPC 包含一个对它的概述，以及对详细规范的引用列表。实际的规范由各个 SDO 维护，RSPC 提供对这些规范的参考索引。以下是已有的和计划中的 RSPC 建议书：

- IMT-2000：ITU-R 建议书 M.1457[47]包含六个不同的 RIT，包括 WCDMA/HSPA 等 3G 技术。
- IMT-Advanced：ITU-R 建议书 M.2012[43]包含两个不同的 RIT，其中最重要的是 4G/LTE。
- IMT-2020：新的 ITU-R 建议书包含 5G 相关的 RIT，临时名称为"ITU-R M.［IMT-2020.SPECS］"，计划于 2020 年 11 月制定完成。

每个 RSPC 都会不断更新以反映其所参考的详细规范中的新变化，比如 3GPP 的 WCDMA 和 LTE 规范中的新变化。SDO 和伙伴项目（现在主要是 3GPP）为 RSPC 的更新提供输入。

2.2.2　IMT-2000 和 IMT-Advanced

ITU-R 的第三代移动通信的工作开始于 20 世纪 80 年代。一开始的名字是未来公共陆地移动电信系统（Future Public Land Mobile Telecommunications Systems，FPLMTS），后来改名为 IMT-2000。在 20 世纪 90 年代后期，世界各地的 SDO 也在做与 ITU-R 类似的工作，即开发新一代移动系统。IMT-2000 的第一个 RSPC 于 2000 年发布，3GPP 的 WCDMA 是其中一个 RIT。

接着 ITU-R 开始了 IMT-Advanced 的工作，它是指 IMT-2000 之后具有新无线接口、新能力的系统。ITU-R 在框架建议书[39]中定义了这些新的能力，图 2-2 展示了这张"厢式货车图"。ITU-R 的 IMT-Advanced 的能力和 4G（即 3G 之后的下一代移动技术）相呼应。

图 2-2   IMT-2000 和 IMT-Advanced 的能力，基于 ITU-R 建议书 M.1645[39] 所描述的框架

作为 IMT-Advanced 的候选技术之一，3GPP 向 ITU-R 提交了 LTE 演进技术。它是 3GPP LTE 规范的一个新版本（Release 10），也是不断演进的 LTE 的一个有机组成部分。为了向 ITU-R 提交，它被命名为 LTE-Advanced（Release 10 也用了这个名字）。以 ITU-R 需求[10]为基础，3GPP 提出了自己对 LTE-Advanced 的技术需求。

ITU-R 流程的目的就是通过民主协商对各个候选技术进行协调。ITU-R 最后决定在 IMT-Advanced 的第一个版本中包含两种技术，即 LTE-Advanced 和 基 于 IEEE 802.16m 的 WirelessMAN-Advanced[35]。这两者可以看作 IMT-Advanced 技术中的"姐妹"，如图 2-3 所示。不过两者之中 LTE 已经成为目前 4G 技术的主导。

2.2.3   ITU-R WP5D 的 IMT-2020 流程

2012 年，ITU-R WP5D 开始着手下一代

图 2-3   IMT-Advanced 无线接口技术

IMT 系统的工作，即 IMT-2020。它着眼于 2020 年之后 IMT 陆地部分进一步的发展，对应于通常所说的"5G"，即第五代移动系统。ITU-R 建议书 M.2083[45] 对 IMT-2020 的框架和目标做了概述，这份建议书常被称作"愿景"建议书。它迈出了描绘 IMT-2020 发展的第一步：IMT 未来的角色；IMT 如何服务于社会；市场分析；用户和技术趋势；频谱形势等。考虑到用户趋势、未来的角色和市场，一系列的使用场景被提了出来，涵盖以人为中心的通信和以机器为中心的通信。这些确定的使用场景包括：增强移动宽带通信（eMBB）、超可靠低时延通信（URLLC）和大规模机器类型通信（mMTC）。

为了满足增强的移动宽带体验的需要以及新的、扩展的使用场景，IMT-2020 必须相应地扩展能力。愿景建议书[45] 描述了一系列关键能力以及相应的目标值，对 IMT-2020 的需求提供了总体的指导。2.3 节将进一步讨论关键能力和相应的使用场景。

ITU-R WP5D 同时还编写了一份关于"IMT 陆地系统未来技术趋势"[41] 的报告，重点关注 2015 ～ 2020 年期间。通过分析 IMT 系统的技术和操作特性，以及 IMT 的技术演进所提供的改善的可能性，它描述了 IMT 技术的未来趋势。这份技术趋势报告实际上和 3GPP Release 13 及之后的 LTE 相关，而愿景建议书展望的是 2020 年以后的情况。IMT-2020 的一个新的特点是它可以在潜在的、新的 6GHz 之上的 IMT 频段运行，包括毫米波。出于这个考虑，WP5D 专门编写了一个单独的报告来研究无线电波传播、IMT 特性、支持技术，以及在高于 6GHz 的频率的部署问题[42]。

WRC-15 讨论了 IMT 潜在的新频段并为 WRC-19 增设了一个会议议程项 1.13，用来讨论为移动业务和未来 IMT 的发展分配额外频谱的可能性。在 24.25GHz ～ 86GHz 之间的许多频段被认为是可能的候选。第 3 章将对特定的频段及其全球使用的可能性进行描述。

WRC-15 之后，ITU-R WP5D 根据愿景建议书[45] 和之前的其他研究成果，继续为 IMT-2020 系统定义需求、设计评估方法。这项工作按照 IMT-2020 的工作计划（见图 2-4），于 2017 年年中完成。它的成果是 2017 年末发布的三份文献，进一步定义了 IMT-2020 要实现的性能和特性。这些性能和特性也将用于评估阶段：

- **技术要求**：ITU-R 报告 M.2410[49] 针对 IMT-2020 无线接口技术性能定义了 13 项最基本的要求。这些要求很大程度上是基于愿景建议书[45] 中对关键能力的描述。2.3 节对此有进一步阐述。
- **评估指南**：ITU-R 报告 M.2412[48] 定义了用来评估最基本要求的详细的方法论，包括测试环境、评估配置和信道模型。更多细节见 2.3 节。
- **提交模板**：ITU-R 报告 M.2411[50] 定义了用来提交待评估的候选技术的具体模板。根据上面的两份报告 M.2410 和 M.2412，它还具体描述了评估标准，以及对业务、频谱和技术性能的要求。

IMT-2020 的流程以通函的形式告知其他外部组织。在 2017 年 10 月举行了一次关于 IMT-2020 的研讨会之后，IMT-2020 流程正式开始接收候选提案。6 个候选技术倡导者提交了 7 个候选提案，见 2.3.4 节。

图 2-4 中的 IMT-2020 工作计划展示了完整的时间线，从 2014 年的技术趋势和"愿景"开始，接下来在 2018 年对候选提案进行提交和评估，目标是在 2020 年下半年发布 IMT-2020 的 RSPC。

图 2-4　ITU-R WP5D[38] 的 IMT-2020 工作计划

2.3　5G 和 IMT-2020

图 2-4 描述了 ITU-R 的 IMT-2020 时间表中最重要的几个时间节点。首先 ITU-R 制定了 IMT-2020 的愿景建议书 ITU-R M.2083[45]，勾勒出所期望的使用场景及相应的能力要求。然后定义了更详细的 IMT-2020 需求。正如评估指南所指出的那样，候选技术需要根据这些需求接受评估。需求和评估指南是在 2017 年年中完成的。

在需求明确之后，候选技术就可以提交给 ITU-R 了。提交的候选技术将根据 IMT-2020 需求进行评估，那些满足需求的技术将在 2020 年下半年获得批准并被发布。关于 ITU-R 流程的进一步细节可参见 2.2.3 节。

2.3.1　IMT-2020 使用场景

5G 的一个主要推动力就是要满足大量新的用例。ITU-R 在 IMT 愿景建议书[45] 中定义了三个使用场景。ITU-R WP5D 的 IMT-2020 流程采纳了移动通信产业界、不同区域性组织以及运营商组织的输入，并把它们综合为以下三个场景：

- 增强移动宽带通信（eMBB）：使用 3G 和 4G 移动系统的主要驱动力来自移动宽带，对于 5G 而言移动宽带仍然是最重要的使用场景。用户需求的不断增长和新应用的不断涌现对增强移动宽带提出了新的需求。由于 eMBB 的用途广泛且无处不在，它可以覆盖许多不同的用例，也带来了不同的挑战，包括热点覆盖和广域覆盖，前者着眼于高速率、高用户密度和对高容量的需要，后者面临的挑战是移动性和无缝用户体验，而对速率和用户密度要求较低。增强移动宽带场景主要是针对以人为中心的通信。

- **超可靠低时延通信**（URLLC）：这一场景涵盖以人为中心的通信和以机器为中心的通信，后者常被称为关键机器类型通信（Critical Machine Type Communication，C-MTC）。这一场景的用例的特点是对时延、可靠性和高可用性有严格的要求。比如有安全要求的车辆间的通信、工业设备的无线控制、远程医疗手术以及智能电网中的分布式自动化。以人为中心的用例包括 3D 游戏和"触觉互联网"，其特点是低时延和超高数据速率。

- **大规模机器类型通信**（mMTC）：这是一个纯粹的以机器为中心的使用场景，主要特点是终端数量巨大，数据量小且传输不频繁，以及对时延不敏感。大量的终端可能导致局部连接的密度极高，当然真正的挑战是一个系统中能容纳的终端总数以及如何降低终端成本。对于那些在人烟稀少的地点部署的 mMTC 终端，还要求它们的电池使用寿命非常长。

图 2-5 描述了这些使用场景以及一些相关的例子。这三个场景并没有涵盖所有可能的用例，而是提供了一个对大多数可预见的使用情况的分类，用来分析、确定 IMT-2020 的无线接口技术所需要的关键能力。即便今天我们还无法预见或者描述，但将来肯定会有新的用例出现。这就意味着新的无线接口必须具有高度的灵活性以便能接纳这些新的用例，同时所定义的关键能力也要足够灵活，以支持那些来自新用例的新需求。

图 2-5　IMT-2020 用例和使用场景的匹配（节选自 ITU-R M.2083[45]，经 ITU 许可使用）

2.3.2　IMT-2020 能力集

作为 IMT 愿景建议书[45]所描述的 IMT-2020 框架的一部分，ITU-R 定义了一系列 IMT-2020 技术所需要的能力。这些能力是为了支持由区域性组织、研究项目、运营商、监管机构等提出的 5G 用例和使用场景。IMT 愿景建议书[45]一共定义了 13 个能力，其中 8 个被称为关键能力（key capability）。图 2-6 和图 2-7 的两个"蜘蛛网"描绘了这 8 个关键能力。

图 2-6　IMT-2020 关键能力（节选自 ITU-R M.2083[45]，经 ITU 许可使用）

图 2-6 描述了 IMT-2020 关键能力及其示意性的目标值，其目的是为更详细的、目前正在制定的 IMT-2020 需求提供一个初步的宏观指导。可以看到，这些目标值有的是绝对数值，有的是相对于 IMT-Advanced 能力的相对数值。这些关键能力的目标值不需要同时达到，甚至某些目标在一定程度上是相互排斥的。图 2-7 给出的第二个图说明了每个关键能力在实现 ITU-R 设想的三种使用场景中的"重要性"。

峰值数据速率（peak data rate）一直是一个备受关注的指标，但实际上它是一个理论话题。ITU-R 将峰值数据速率定义为在理想条件下可实现的数据速率的最大值，这意味着产品研发当中的瑕疵或者网络部署对传播的实际影响等并未考虑进去。所以它是一个依赖性的关键性能指标（Key Performance Indicator，KPI），因为它严重依赖于运营商部署时可用的频谱资源。此外，峰值数据速率取决于峰值频谱效率，即归一化带宽的峰值数据速率：

$$峰值数据速率 = 系统带宽 \times 峰值频谱效率$$

图 2-7   ITU-R 关键能力和三个使用场景之间的关系（节选自 ITU-R M.2083[45]，经 ITU 许可使用）

因为在 6GHz 以下的 IMT 频段没有大的可用带宽，真正的高数据速率更容易在更高的频率所在的频段实现。这就导致在室内和热点环境中可以实现最高的数据速率，因为在这些地方那些对较高频率不太有利的传播特性没有那么糟糕。

用户体验的数据速率（user experienced data rate）是指对大多数用户而言，在一个大的覆盖区域中可以实现的数据速率。它可以定义为第 95 百分位数的用户的数据速率。它不仅依赖于可用频谱，而且依赖于系统是如何部署的。5G 对城区和郊区的广域覆盖设定了 100Mbit/s 的目标速率，对室内和热点环境则期望能提供一致的 1Gbit/s 的数据速率。

频谱效率（spectrum efficiency）给出了频谱的每赫兹和每个"扇区"的，或者更确切地说是每单位无线设备（又称为发射接收点（Transmission Reception Point，TRP））的平均数据吞吐量。它是配置网络的重要参数。实际上 4G 系统已经实现了很高的水平，5G 的目标确定为 4G 频谱效率的三倍，但实际能增长多少很大程度上取决于部署场景。

区域话务容量（area traffic capacity）是另一个依赖性的能力，它不仅依赖于频谱效率和可用带宽，而且还依赖于网络部署的密集程度：

$$区域话务容量 = 频谱效率 \times 带宽 \times TRP 密度$$

IMT-2020 假定在更高频率处有更多可用的频谱，以及可以采用非常密集的网络部署。在这一前提下，IMT-2020 设定的区域话务容量比 4G 增加了 100 倍。

如前所述，网络能效（network energy efficiency）作为一种能力其重要性与日俱增。ITU-R 设定的总体目标是 IMT-2020 无线接入网的能耗不应大于今天部署的 IMT 网络，即便它提供增强的能力。这个目标意味着网络能效（即每 bit 数据消耗的能量）减少的比例至少应该与预期的 IMT-2020 相对于 IMT-Advanced 流量增加的比例持平。

前五个关键能力对于增强移动宽带使用场景而言是最重要的，尽管移动性和数据速率能力不会同时具有同等重要性。例如，相对于广域覆盖场景，在热点环境中用户体验的数据速率和峰值数据速率会非常高，但移动性较低。

时延（latency）定义为数据包从源地址传送到目的地址的过程中在无线网络所耗用的时长。这对 URLLC 使用场景而言是一个关键能力。ITU-R 认为需要将时延减少到 IMT-Advanced 的十分之一。

移动性（mobility）作为关键能力定义为移动速度，考虑到高铁的场景，它的目标是 500km/h，仅比 IMT-Advanced 有适度增长。不过作为一项关键能力，它对于 URLLC 使用场景中高速车辆的关键通信至关重要，而且它要求同时具有低时延。请注意，所有使用场景都没有要求同时满足高移动性和高用户体验的数据速率。

连接密度（connection density）定义为每单位面积连接的或可接入的终端总数。该目标与具有高密度连接终端数量的 mMTC 使用场景相关，不过 eMBB 场景中一个拥挤的办公室里也可以产生高连接密度。

除了图 2-6 中给出的 8 种能力，参考文献［45］中还定义了以下五种能力：

- 频谱和带宽灵活性（spectrum and bandwidth flexibility）：系统设计能够灵活处理不同的场景，特别是指在不同频段上工作的能力，包括比今天更高的频率和更宽的带宽。
- 可靠性（reliability）：所提供的服务可用性高。
- 可恢复性（resilience）：在自然或人为破坏期间及之后（例如主电源发生故障）网络继续正常运行的能力。
- 安全和隐私（security and privacy）：包括用户数据和信令的加密和完整性保护，以及用户隐私等几个方面，它是为了防止未经授权的用户跟踪，保护网络免受黑客、欺诈、拒绝服务和中间人攻击等行为。
- 运行寿命（operational lifetime）：设备储能容量所能支持的运行时间。这对于需要较长电池寿命（例如超过 10 年）的机器类型终端尤为重要，因为出于经济的或者实际的原因，对其进行常规维护非常困难。

需要注意的是，以上这些能力不一定不如图 2-6 中所示的能力重要，尽管后者被称为"关键能力"。它们的主要区别在于"关键能力"更容易量化，而上述这五项能力不易量化，是偏向于定性的能力。

2.3.3 IMT-2020 性能要求

基于愿景建议书[45]中描述的使用场景和能力，ITU-R 制定了一系列 IMT-2020 技术性能的最低要求。这体现在 ITU-R 报告 M.2410[49]中，并将作为评估 IMT-2020 候选技术的基准（见图 2-4）。该报告描述了 14 个技术参数和相应的最低要求。表 2-1 对此做了总结。

表 2-1　IMT-2020 最低技术性能要求总览

参数	最低技术性能要求
峰值数据速率	下行：20Gbit/s 上行：10Gbit/s
峰值频谱效率	下行：30bit/s/Hz 上行：10bit/s/Hz
用户体验的数据速率	下行：100Mbit/s 上行：50Mbit/s
第 5 百分位数的用户频谱效率	3 倍于 IMT-Advanced
平均频谱效率	3 倍于 IMT-Advanced
区域话务容量	10Mbit/s/m^2（eMBB 室内热点）
用户面时延	eMBB：4ms URLCC：1ms
控制面时延	20ms
连接密度	1 000 000 终端 /km^2
能效	涉及 eMBB 的两个方面： a. 高负荷时数据传输效率高 b. 空载时能量消耗低 所用技术应支持高休眠比和长休眠时长
可靠性	针对 URLLC 场景，在市区宏站的覆盖边缘，在 1ms 内传输 32 字节的层 2 协议数据单元（Protocol Data Unit，PDU），成功率为 $1-10^{-5}$
移动性	10km/h、30km/h 和 120km/h 速度下归一化的业务信道数据速率，约为 IMT-Advanced 指标的 1.5 倍 对 500km/h 高速车辆的要求（IMT-Advanced 最大支持速率为 350km/h）
移动中断时间	0ms
带宽	至少 100MHz，在高频段可达 1GHz。应支持可伸缩的带宽

　　ITU-R 报告 M.2412[48] 给出了 IMT-2020 无线接口候选技术的评估指南，其模板遵循了之前对 IMT-Advanced 做评估时的形式。它描述了对 14 项技术性能的最低要求进行评估的方法，外加两项附加要求：所支持的频段和所支持的业务范围。

　　评估在愿景建议书[45] 使用场景导出的五个测试环境（test environment）中进行。每个测试环境都有很多评估配置（evaluation configuration），这些配置描述了在评估的仿真和分析中所使用的详细参数。这五个测试环境是：

- 室内热点（Indoor Hotspot）-eMBB：办公室和购物中心的室内隔离环境，针对静止人群和行人，用户密度非常高。
- 密集市区（Dense Urban）-eMBB：具有高用户密度和业务流量的城市环境，针对行人和车辆用户。
- 郊区（Rural）-eMBB：农村环境，覆盖范围面积较大，针对行人、车辆和高速车辆。
- 市区宏站（Urban Macro）-mMTC：一个有连续覆盖范围的城市宏观环境，针对大量连接的机器类型终端。

- **市区宏站（Urban Macro）-URLLC**：城市宏观环境，针对超可靠和低时延通信。

对每个候选技术，有三种基本方法可以评估其是否满足要求：

- **仿真**：这是评估一个技术性能要求最细致的方法，包括无线接口的系统级或链路级仿真，或两者都做。对于系统级仿真，ITU-R 定义了部署场景，对应于一组测试环境，例如室内、密集市区等。进行仿真评估的要求包括：平均的和第 5 百分位数的频谱效率、连接密度、移动性和可靠性。
- **分析**：某些要求可以通过基于无线接口参数的计算来评估，或者从其他性能值导出。通过分析进行评估的要求包括：峰值频谱效率、峰值数据速率、用户体验的数据速率、区域话务容量、控制面和用户面时延以及移动中断时间。
- **检查**：某些要求可以通过审核和评定无线接口技术的功能来评估。通过检查进行评估的要求包括：带宽、能效、对广泛的各种业务的支持和所支持的频段。

一旦候选技术提交给 ITU-R 并进入流程，评估阶段就会开始。评估可以由提交者（"自我评估"）来做或者由外部评估小组完成，可以是对一个或多个候选提案进行完整评估，也可以是部分评估。

2.3.4　IMT-2020 候选技术和评估

如图 2-4 所示，IMT-2020 的工作计划历时 7 年，至 2020 年即将完成。向 IMT-2000 提交候选技术的详细步骤在 WP5D 商定流程中有详细说明，一共分为 9 个步骤[92]。ITU-R WP5D 目前（2020 年 2 月）正在执行步骤 4 和步骤 5：

- 步骤 1——发出邀请候选技术提案的通函
- 步骤 2——开发候选技术
- 步骤 3——提交候选技术提案
- 步骤 4——由独立评估小组对候选技术进行评估
- 步骤 5——审查和协调外部评估活动
- 步骤 6——审查候选技术以评估是否符合最低要求
- 步骤 7——审议评估结果、建立共识和做出决定
- 步骤 8——制定无线接口建议
- 步骤 9——执行建议

候选技术提案可以是一个单独的无线接口技术（RIT）也可以是一套无线接口技术（SRIT）。以下描述了在 IMT-2020 最低要求的框架下提案的准入条件，以及如何判断一个提案是 RIT 还是 SRIT：

- RIT 需要满足至少三个测试环境的最低要求：eMBB 下的两个测试环境和 mMTC 或 URLLC 下的一个测试环境。
- 一个 SRIT 由许多相互补充的 RIT 组件组成，每个 RIT 组件满足至少两个测试环境

的最低要求，而作为一个 SRIT 整体上至少满足涵盖三个使用场景的至少四个测试环境的最低要求。

在 2019 年 7 月 2 日的正式截止日期之前，许多 IMT-2020 候选技术提案被提交到 ITU-R。每份提交的提案都包括特征模板、合规模板、链路预算模板和自我评估报告。以下 7 份提案来自 6 个不同的候选技术倡导者：

- 3GPP（SRIT）：3GPP 的第一个提案是由 NR 和 LTE 两个 RIT 组件组成的一个 SRIT。每个 RIT 组件和完整的 SRIT 都符合准入条件。自我评估报告包含在 3GPP TR 37.910[93] 中。
- 3GPP（RIT）：3GPP 的第二个提案是将 NR 作为一个 RIT。它满足所有使用场景的所有测试环境。与 3GPP 的上述第一个提案使用相同的自我评估报告[93]。
- 中国：中国提交的是由 NR 和 NB-IoT 两个 RIT 组件组成的一个 SRIT。其中 NR RIT 与 3GPP 提交的 5G NR RIT 相同，NB-IoT RIT 与 3GPP 提交的 LTE RIT 的 NB-IoT 部分相同。提交的 SRIT 自我评估报告与中国公司提交给 3GPP 的评估报告相同。
- 韩国：韩国提交的提案包括 NR RIT。对于自我评估部分，韩国提案遵循 3GPP TR 37.910[93] 中规定的 3GPP 自我评估要求。
- ETSI TC DECT+DECT 论坛：ETSI/DECT 论坛提交的是一份 SRIT，包含 DECT-2020 作为一个 RIT 组件以及 3GPP 5G NR 作为第二个 RIT 组件。提案参考了 3GPP 的 NR 提案以及文献 [93] 中与 NR 有关的 3GPP 自我评估方面的内容。
- Nufront：Nufront 提交的是一个 RIT，包含增强型超高吞吐量（Enhanced Ultra High-Throughput，EUHT）技术。
- TSDSI：TSDSI 提交的是一个基于 3GPP 5G NR 技术的 RIT，仅对 3GPP 规范做了有限变更。随 RIT 还提交了一份独立评估报告。

值得注意的是，上述作为 SRIT 的提案有 3 份，都以 3GPP 5G NR 作为其中一个 RIT 组件。在总共 7 份提案中有 6 份提案包含 3GPP 5G NR，或者是作为 SRIT 中的 RIT 组件，或者是作为单独提交的 RIT。

ITU-T WP5D 的下一个目标是完成提案评审过程的步骤 4～7，并将评审结果形成文档。根据评审工作的结果，商定的无线接口技术将包含在于 2020 年底完成的 IMT-2020 详细规范中。

2.4 3GPP 标准化

有了 ITU-R 建立的 IMT 系统框架、WRC 指定的频谱以及对更高性能的不断增长的需求，对具体的移动通信技术进行规范的任务就落在 3GPP 等组织的身上。实际上，3GPP 编写了 2G GSM、3G WCDMA/HSPA、4G LTE 和 5G NR 的技术标准。3GPP 技术是世界上使用最广泛的移动技术。2019 年第三季度的数据显示，全球 80 亿移动用户中超过 95% 的用户[28]使用的是 3GPP 技术。为了理解 3GPP 的工作方式，有必要了解其技术规范的编写过程。

2.4.1　3GPP 流程

制定移动通信技术规范不是一次性工作，而是一个持续的往复过程。为了满足对业务和功能的新的需求，规范是不断发展演进的。不同标准化组织的流程有所不同，但通常都包括图 2-8 所示的四个阶段：

1）需求，确定规范要达到的目标。

2）架构，确定主要构件和接口。

3）详细规范，详细规定每个接口。

4）测试和验证，确保接口规范适用于最终生产的设备。

图 2-8　标准化阶段和往复过程

这些阶段是重叠且循环往复的。例如，如果技术解决方案需要，在后期阶段可以添加、更改或删除需求。同样，具体规范中的技术方案也可能因为测试和验证阶段发现的问题而发生改变。

规范的制定从需求阶段开始，它确定规范要实现的目标。这个阶段通常较短。

架构阶段确认协议规范的架构，即需求得以满足的原则。架构阶段决定了需要进行标准化的参考点和接口。这个阶段通常很长，过程中可能会更改需求。

架构阶段之后，详细规范阶段开始。它规定每个接口的详细信息。在制定接口的详细规范过程中，标准化组织可能会发现需要重新审视架构阶段甚至需求阶段的某些决策。

最后是测试和验证阶段。通常它不是实际规范的一部分，而是通过供应商自己的测试以及供应商之间的互操作测试来进行。这个阶段是对规范的最终验证。在测试和验证阶段可能会发现规范中的错误，这些错误可能会导致对详细规范的变更。虽然不常见，但有时也可能需要对架构或需求进行更改。要验证规范就需要产品，因此，在详细规范阶段之后（或期间）厂家会开始产品的实现。当用于验证设备是否满足技术要求的测试规范趋于稳定时，测试和验证阶段就结束了。

通常，从规范完成到商用产品面市大约需要一年时间。

3GPP 由三个技术规范组（Technical Specifications Group，TSG）组成（见图 2-9），其中 TSG 无线接入网（Radio Access Network，RAN）负责定义无线接入的功能、需求和接

口。TSG RAN 包括五个工作组（Working Group，WG）：

1）RAN WG1，负责物理层规范。

2）RAN WG2，负责层 2 和层 3 无线接口规范。

3）RAN WG3，负责固定的 RAN 接口，例如，RAN 中的节点之间的接口，以及 RAN 和核心网之间的接口。

4）RAN WG4，负责射频（RF）和无线资源管理（Radio Resource Management，RRM）性能要求。

5）RAN WG5，负责终端一致性测试。

图 2-9　3GPP 组织

作为 IMT-2000、IMT-Advanced 的一部分，3GPP 在工作中会考虑相关的 ITU-R 建议书，其工作成果也会提交给 ITU-R，NR 现在作为 IMT-2020 的候选技术也会这样做。3GPP 的合作伙伴有义务确定自己的区域性要求，这些要求可能会导致不同的标准选项。例如该区域的频段和本地的特殊保护性要求。规范考虑了全球漫游和终端流通的要求。这意味着许多区域性要求本质上将成为对所有终端的全球性要求，因为漫游终端必须满足所有区域性要求当中最严格的要求。因此，相对于终端，规范中的区域性选项更多是针对基站的。

在每次 TSG 会议后，可能会对所有版本的规范进行更新。TSG 每年举行四次会议。3GPP 的文档分为不同的版本，其中每个版本与先前版本相比都有一些新添加的功能。这些功能是在 TSG 确定的工作项目中定义的。LTE 的规范从 Release 8 开始制定，LTE 版Release 10 是 ITU-R 批准的第一个 IMT-Advanced 技术版本，也是第一个被称作 LTE-Advanced 的版本。从 Release 13 开始，LTE 的市场名称更改为 LTE-Advanced Pro。有关LTE 的概述，参见第 4 章。关于 LTE 无线接口的更多详细信息参见文献［26］。

NR 的第一个版本是 3GPP Release 15。第 5 章是 NR 的概述，更多细节在本书其他章节中予以描述。

3GPP 技术规范（Technical Specification，TS）包含多个系列，编号为 TS XX.YYY，其中 XX 是规范的系列编号，YYY 是系列中某个规范的编号。3GPP 的无线接入技术由以下规范系列定义：

- 25 系列：UTRA（WCDMA/HSPA）的无线部分。
- 45 系列：GSM/EDGE 的无线部分。
- 36 系列：LTE、LTE-Advanced 和 LTE-Advanced Pro 的无线部分。
- 37 系列：与多种无线接入技术有关的部分。
- 38 系列：NR 的无线部分。

2.4.2 作为 IMT-2020 候选技术的 3GPP 5G NR 规范

当 ITU-R 开始着手下一代接入技术的定义和评估时，3GPP 也开始定义下一代 3GPP无线接入技术。2015 年 3GPP 举办了关于 5G 无线接入的研讨会，并于 2016 年初举办了第二次研讨会，开始了制定 5G 评估标准的征程。评估将遵循 LTE-Advanced 所使用的流程，当时 LTE-Advanced 经评估提交给 ITU-R，并作为 IMT-Advanced 的一部分被批准为4G 技术。NR 的评估和提案按照 2.2.3 节中描述的 ITU-R 时间表进行。

3GPP 报告 TR 38.913［94］中规定了 5G 无线接入场景、需求和评估标准，这与 ITU-R报告［48-49］相一致。正如 IMT-Advanced 评估时的情况，3GPP 对下一代无线接入的评估可能比 ITU-R 对 ITU-R WP5D 定义的 IMT-2020 无线接口技术的评估覆盖的范围更广，并且要求更严格。

NR 的标准化工作开始于 Release 14 的一个研究项目，Release 15 又新建立了一个工作项目以继续这项工作，并制定出了第一批 NR 规范。Release 15 的第一批 NR 规范于2017 年 12 月发布，完整的 NR 规范则于 2018 年中期面世。随着在 NR 方面的持续工作，3GPP 从 2019 年年中开始发布 Release 16 的 NR 规范。关于 NR 规范制定的时间安排和NR 版本内容的更多信息，参阅第 5 章。

在 2018 年 2 月举行的 ITU-R WP5D 会议上 3GPP 首次提交了作为 IMT-2020 候选

技术的 NR 技术提案。NR 既是本身作为 RIT 提交，也和 LTE 一起作为 SRIT（Set of component RITs）提交。本次会议上共提交了以下三个候选技术，每个提案都包含 3GPP 制定的 NR 技术：

- 3GPP 提交了一个名为"5G"的候选技术，包含两个提案内容：第一个是包含 NR 和 LTE 两个 RIT 组件的 SRIT；第二个是一个单独的 NR RIT。
- 韩国提交了作为 RIT 的以 3GPP 为参考的 NR。
- 中国提交了由 NR 和 NB-IoT 组成的 SRIT，也是以 3GPP 为参考。

2018 年和 2019 年期间，作为 2.3.4 节所述流程的一部分，特征模板、合规模板、链路预算模板和自我评估报告等材料被进一步提交到 ITU-R。3GPP TSG RAN 进行的自我评估记录收纳在 3GPP TR 37.910[93] 中。2020 年期间，3GPP 陆续向 ITU-R WP5D 提供了进一步的输入文档，这些文档将成为 ITU-R 正在制定的 IMT-2020 详细规范的一部分。

第 3 章

5G 频谱

3.1 移动系统的频谱

第一代和第二代移动业务的频段是分配在 800MHz ～ 900MHz，但也有少数是在更低或更高频率的频段。当 3G（IMT-2000）开始部署时，主要使用 2GHz 频段，随着 3G 和 4G 的 IMT 业务不断发展，新的更低和更高频段也被采用，目前已横跨 450MHz ～ 6GHz 的范围。虽然对每一代新的移动通信都会定义新的、以前未采用的频段，但用于前几代移动通信的旧的频段也会被用于新的一代。3G 和 4G 引入时是如此，5G 也是如此。

不同频率的频段特点不同。较低频率频段的传播特性适合城市、郊区和乡村环境的广域覆盖部署场景。高频频段的传播特性使它较难用于广域覆盖，并且正是出于这个原因，高频频段更多是用于在密集部署场景中增加容量。

随着 5G 的引入，更具挑战的 eMBB 使用场景和相关的新业务在密集部署场景中需要更高的数据速率和更大的容量。许多早期的 5G 部署将会使用前几代移动通信的频段，而 24GHz 以上的频段被视为对 6GHz 以下频段的补充。出于 5G 对极高数据速率和局部地区超高流量的要求，更高频段甚至高于 60GHz 的频段在部署时也会被考虑。鉴于它们的波长，这些频段通常称为毫米波频段。

3GPP 一直在定义新的频段，主要是为 LTE 规范服务，但现在也要为新的 NR 标准进行定义。许多新频段是专门为 NR 定义的（针对毫米波）。NR 标准对于上下行链路隔离的对称频段，以及上下行链路共享单个频段的非对称频段都有定义。对称频段用于频分双工（Frequency Division Duplex，FDD），而非对称频段用于时分双工（Time Division Duplex，TDD）。NR 的双工方式在第 7 章中有进一步描述。需要注意的是，一些非对称频段被定义为补充下行（Supplementary DownLink，SDL）频段或补充上行（Supplementary UpLink，SUL）频段。这些频段通过载波聚合与其他频段的上下行链路配对，如 7.6 节所述。

3.1.1　ITU-R 为 IMT 系统定义的频谱

ITU-R 规定了供移动业务使用的频段，特别是用于 IMT 的频段。其中许多频段最初是分配给 IMT-2000（3G）的，新的频段则是随着 IMT-Advanced（4G）的引入而增加的。事实上，这些规定对于具体技术和哪一代而言是"中性"的，因为所做的规定都是针对 IMT 总体，无关哪一代或者哪种无线接口技术。ITU-R 针对不同业务和应用进行全球频谱指派的工作，结果体现在 ITU 无线电规则[46]中；全球 IMT 频段的使用在 ITU-R 建议书 M.1036[44]中描述。

ITU 无线电规则[46]的频率列表中没有直接列出 IMT 使用的频段，而是列出为移动业务分配的频段，然后在脚注里说明该频段可供希望部署 IMT 的管理部门使用。频率使用规定主要是按区域划分的，但在某些情况下也按国家 / 地区进行划分。所有脚注仅提及"IMT"，因此没有具体提及是哪一代的 IMT。一旦 ITU-R 分配了一个频段，区域的或者地方的主管部门应该据此为所有的或者特定的某一代 IMT 技术定义一个频段。在许多情况下，区域的或者地方的管理部门是"技术中立"的，即它们允许频段用于任何类型的 IMT 技术。这意味着所有现有的 IMT 频段都是 IMT-2020（5G）的潜在频段，正如这些频段已用于之前的几代 IMT 系统。

世界无线电管理大会（World Administrative Radio Congress）WARC-92 确定了频段 1885MHz ～ 2025MHz 和 2110MHz ～ 2200MHz 可用于 IMT-2000。在这 230MHz 的 3G 频谱中，MHz 用于 IMT-2000 的卫星部分，其余用于陆地部分。这一频谱中的部分频段在 20 世纪 90 年代用于部署 2G 蜂窝系统，特别是在美洲。2001 ～ 2002 年日本和欧洲 3G 的首次部署是在这个频段中完成的，因此它通常被称为 IMT-2000 "核心频段"。

考虑到 ITU-R 的预测，即 IMT-2000 还需要 160MHz 的频谱，世界无线电通信大会[⊖]WRC-2000 为 IMT-2000 确定了附加频谱。它包括之前用于 2G 移动系统的 806MHz ～ 960MHz 和 1710MHz ～ 1885MHz 频段，以及 2500MHz ～ 2690MHz 的"新"的 3G 频谱。对之前分配给 2G 的频段的重新指派也表明了对现有 2G 移动系统向 3G 演进的认可。WRC-07 确定了 IMT 的附加频谱，包括 IMT-2000 和 IMT-Advanced。增加的频段为 450MHz ～ 470MHz、698MHz ～ 806MHz、2300MHz ～ 2400MHz 以及 3400MHz ～ 3600MHz，但频段具体的适用性因地区和国家而异。WRC-12 没有为 IMT 确定额外的频谱划分，但该议题列入了 WRC-15 的议程。WRC-12 还决定研究 694MHz ～ 790MHz 频段在 1 区（欧洲、中东和非洲）的移动业务中的使用。

WRC-15 是一个重要的里程碑，它为 5G 奠定了基础。首先它为 IMT 确定了一组新的频段，其中许多频段被确定在全球范围或几乎是全球范围为 IMT 所用：

- 470MHz ～ 694MHz/698MHz（600MHz 频段）：确定在美洲和亚太地区的一些国家使用。对于 1 区，它被列为一个 IMT 新议程，即将在 WRC-23 上讨论。
- 694MHz ～ 790MHz（700MHz 频段）：此频段确定全部用于 1 区，因而成为全球 IMT 频段。

⊖　世界无线电管理大会（WARC）于 1992 年重组，更名为世界无线电通信大会（WRC）。

- 1427MHz～1518MHz（L 频段）：为所有国家和地区确定的新的全球频段。
- 3300MHz～3400MHz：为许多国家和地区确定的全球频段，欧洲和北美除外。
- 3400MHz～3600MHz（C 频段）：成为所有国家和地区的全球频段，之前已经在欧洲使用。
- 3600MHz～3700MHz（C 频段）：为许多国家和地区确定的全球频段，但非洲和亚太地区的一些国家和地区除外。在欧洲自 WRC-07 开始已经在使用。
- 4800～4990MHz：为亚太地区少数几个国家和地区确定的新频段。

特别是 3300～4990MHz 的频率范围，对于 5G 很有意义，因为它是更高频段中的新频谱。这意味着它非常适合需要高数据速率的新的应用场景，并且也适用于大规模 MIMO 的实现，因为含有多个单元的天线阵列在这类频段上的实际尺寸可以设计得很合理。由于这一频率范围是目前尚未广泛应用于移动系统的新频谱，因此在该频谱中分配较大的频谱块将会更加容易，从而提供更宽的射频载波并最终达到更高的终端用户数据速率。

在 WRC-15 会议上为 WRC-19 指定了一个议程项目 1.13，以确定 IMT 对 24GHz 以上高频段的使用。根据 ITU-R 在 WRC-15 之后进行的研究，WRC-19 为 IMT 确定了一组新频段，主要针对 IMT-2020 和 5G 移动业务。新的频段主要分配给移动业务，而且大多数频段会与固定业务和卫星业务共用。新频段包括以下共 13.5GHz 的频段范围，目前主要分配给移动业务使用：

- 24.25GHz～27.5GHz
- 37GHz～43.5GHz
- 45.5GHz～47GHz
- 47.2GHz～48.2GHz
- 66GHz～71GHz

WRC-19 针对这些频段的一部分商定了特殊的技术条件，具体来说就是定义了频率范围为 23.6GHz～24.0GHz 和 36.0GHz～37.0GHz 的地球探测卫星系统（Earth Exploration Satellite Systems，EESS）的保护限值。新频段的范围如图 3-1 所示。

图 3-1　WRC-19 为 IMT 确定的新频段（浅灰色）

WRC-19 还为即将到来的 WRC-23 制定了议程项目，以考虑进一步为 IMT 确定频段。如前所述的两个频段已经在一些国家和地区分配给 IMT 使用，但目前还要进一步考虑如下频段供其他地区使用：

- 3300MHz～3400MHz
- 3600MHz～3800MHz

- 6425MHz ～ 7025MHz
- 7025MHz ～ 7125MHz
- 10.0GHz ～ 10.5GHz

值得注意的是，还有大量其他频段被确定用于移动业务，但并非专门针对 IMT。这些频段通常也用于某些地区或国家的 IMT 系统。

不同地区对分配给 IMT 的频段的使用各有不同，这意味着没有一个单独的频段可用于全球漫游。不过，各地区经过大量努力已经定义了可用于全球漫游的最小频段集。通过这种方式，多频段终端可以提供有效的全球漫游能力。由于 WRC-15 确定的许多新频段是全球性的或近乎全球性的，因此，终端只要支持较少的频段就可以实现全球漫游，这还有助于扩大设备和部署的规模效益。

3.1.2　5G 的全球频谱状况

世界各国都有强烈的意愿为 5G 的部署提供频谱。这是由运营商和行业组织推动的，比如全球移动供应商协会（Global mobile Suppliers Association，GSA）[33] 和 DIGITALEUROPE[27]，但也得到了各个国家和地区的监管机构的支持。在标准化方面，3GPP 将行动的重点放在明显引起广泛兴趣的频段上（完整的频段列表见 3.2 节）。这些频段可以分为低频、中频和高频三种。

低频频段对应于 2GHz 以下现有的 LTE 频段，适用于覆盖，即提供广域和深度的覆盖，包括室内覆盖。它令人感兴趣的频段是 600MHz 和 700MHz，对应于 3GPP NR 频段 n71 和 n28（更多细节见 3.2 节）。由于该频段不是很宽，因此低频频段的最大信道带宽定义为 20MHz。

对于 5G 的早期部署，美国考虑把 600MHz 频段用于 NR，而 700MHz 频段被欧洲定义为所谓的先锋频段之一。此外，在 2GHz 以下的许多额外的 LTE 频段被标记为可能的"重耕"频段，并且已为它们分配了 NR 频段号。由于这些频段通常已经部署用于 LTE，因此预计 NR 将在后期逐步部署在这些频段上。

中频频段在 2GHz ～ 6GHz 的范围内，它可以通过更宽的信道带宽提供覆盖、容量和高数据速率。全球最感兴趣的是 3300MHz ～ 4200MHz 这一频率范围，3GPP 已指定的 NR 频段 n77 和 n78 就在其中。由于中频频段较宽，信道带宽可高达 100MHz。长期来看，可以在该频率范围内为每个运营商分配高达 200MHz 的频谱，然后通过使用载波聚合可以达到整个带宽的部署。

3300MHz ～ 4200MHz 这一频率范围受到全球关注，虽然各地区略有不同：3400MHz ～ 3800MHz 是欧洲的先锋频段，而中国和印度正在计划分配 3300MHz ～ 3600MHz，日本正在考虑 3600MHz ～ 4200MHz。北美（3550MHz ～ 3700MHz 和初步讨论中的 3700MHz ～ 4200MHz）、拉丁美洲、中东、非洲、澳大利亚等地也考虑了类似的频率范围。WRC-15 上共有 45 个国家签署了为 IMT 确定的 3300MHz ～ 3400MHz 频段。中国（主要是 4800MHz ～ 5000MHz）和日本（4400MHz ～ 4900MHz）对更高的频段也很感兴趣。此外，在 2GHz ～ 6GHz 范围内许多潜在的 LTE "重耕"频段已经被确定为 NR 频段。

高频频段指位于 24GHz 以上的毫米波。它们最适合于具有超高容量的本地热点覆盖，并且可以提供非常高的数据速率。最令人感兴趣的是 24.25GHz ～ 29.5GHz 的范围，其中 3GPP 为 NR 分配了频段 n257 和 n258。这些频段的信道带宽高达 400MHz，而且通过载波聚合可以实现更高的带宽。

如前所述，毫米波频段对于 IMT 部署而言是新的频谱。美国在较早时就确定了 27.5GHz ～ 28.35GHz 用于 5G，而 24.25GHz ～ 27.5GHz 这一段，也称为"26GHz 频段"，是欧洲的先锋频段，注意并非所有 26GHz 频段都可用于 5G。全球各国也正在考虑使用更大的 24.25GHz ～ 29.5GHz 范围内的不同部分。日本首先计划使用 27.5GHz ～ 29.5GHz 的范围，韩国计划使用 26.5GHz ～ 29.5GHz。总的来说，这个频段可以被视为具有地区性差异的全球频段。美国也计划使用 37GHz ～ 40GHz，包括中国在内的许多其他国家也在考虑 40GHz 附近的频率范围。

在 6GHz ～ 24GHz 的频率范围内还没有为 IMT 确定任何频段。不过 WRC-23 的一个议程项目将考虑 10GHz ～ 10.5GHz 频段，还有一些地区和国家正在考虑该范围内的其他频段。3GPP 在 Release 16[106] 中对如何在 7GHz ～ 24GHz 频率范围内实现 NR 进行了全面的技术研究。

3.2   NR 的频段

5G NR 既可以部署在 3G UTRA 和 4G LTE 使用的现有 IMT 频段中，也可以部署在 WRC-19 为 IMT 定义的新频段，以及由将来的 WRC 或区域性机构可能确定的频段中。全球移动业务的一个基本特点就是无线接入技术能工作在不同频段上。大多数的 2G、3G、4G 和 5G 终端都有多频段支持能力，涵盖了世界不同地区所使用的频段，以提供全球漫游能力。从无线接入功能的角度来看，频段的影响是有限的，而且 NR 的物理层规范并不对使用的频段做任何假定。不过，由于 NR 将横跨如此大范围的频谱，因此某些配置将仅适用于某些特定频率范围。这包括 NR 参数集的差异化应用（见第 7 章）。

许多 RF 要求都是针对不同的频段提出的。对于 NR 来说是这样，对前几代移动通信技术也是如此。特定频段的 RF 要求示例如：允许的最大发射功率、带外（Out-Of-Band，OOB）发射的要求和限制以及接收机阻塞水平。造成这种差异的原因是外部的限制，通常是由监管机构提出来的，还有一些限制是标准化过程中考虑运营环境的不同而造成的。

对 NR 而言，由于频段范围非常宽，因此频段间差异更为明显。对于 24GHz 以上的毫米波频段上的 NR 操作，终端和基站都将采用部分新技术，并且将更多地使用大规模 MIMO、波束赋形和高集成度的高级天线系统。这就造成了不同频段之间的差异，包括如何定义 RF 要求，如何测量 RF 性能以进行性能评估，以及最重要的如何设置性能要求的目标值。因此，目前 3GPP 在 Release 15 中将频段划分为两个频率范围：

- 频率范围 1（FR1）包括 410MHz ～ 7125MHz 范围内的所有现有频段。
- 频率范围 2（FR2）包括 24.25GHz ～ 52.6GHz 范围内的所有频段。

在未来的 3GPP 版本中，这些频率范围可以被扩展，或者会增加新的频率范围。第 25

章将进一步讨论频率范围对 RF 要求的影响。

NR 使用的频段包括对称频谱和非对称频谱，要求灵活的双工配置。因此，NR 既支持 FDD 也支持 TDD。NR 还为 SDL 或 SUL 定义了一些频段。7.7 节将对这些功能做进一步描述。

3GPP 定义了工作频段（operating band），一个工作频段是指由一组 RF 要求所规定的上行链路或下行链路，或者上下行链路的一个频率范围。每个工作频段都有一个编号，其中 NR 频段的编号为 n1、n2、n3 等。当相同的频率范围被定义为不同无线接入技术的工作频段时，它们使用相同的编号，但以不同的方式书写。4G LTE 频段用阿拉伯数字（1、2、3 等），而 3G UTRA 频段用罗马数字（Ⅰ、Ⅱ、Ⅲ 等）。被重新分配给 NR 的 LTE 工作频段通常称为"LTE 重耕频段"。

3GPP 为 NR 制定的 Release 16 规范包含 FR1 中的 45 个工作频段和 FR2 中的 5 个工作频段。NR 频段从 n1 到 n512 的编号方案遵从以下规则：

1）对于 LTE 重耕频段中的 NR 频段，NR 复用 LTE 的频段号，只需在前面添加"n"。

2）NR 的新频段使用以下数字：

- n65 至 n256 预留给 FR1 中的 NR 频段（其中某些频段可以额外用于 LTE）。
- n257 至 n512 预留给 FR2 中的 NR 新频段。

该方案为 NR"预留"了频段号且向后兼容 LTE（和 UTRA），并且不会造成任何新的 LTE 编号超过 256——这是目前可能的最大值。任何新的仅用于 LTE 的频段也可以使用小于 65 的未使用的数字。在 Release 16 中，FR1 中的工作频段在 n1 到 n95 的范围内，如表 3-1 所示。FR2 中的频段在 n257 到 n261 的范围内，如表 3-2 所示。图 3-2 ～ 图 3-4 对 NR 的所有频段进行了总结，它们还显示了对应的 ITU-R 所定义的频率分配。

表 3-1　3GPP 针对 FR1 为 NR 定义的工作频段

NR 频段	上行范围（MHz）	下行范围（MHz）	双工方式	主要地区
n1	1920 ～ 1980	2110 ～ 2170	FDD	欧洲、亚洲
n2	1850 ～ 1910	1930 ～ 1990	FDD	美洲（亚洲）
n3	1710 ～ 1785	1805 ～ 1880	FDD	欧洲、亚洲（美洲）
n5	824 ～ 849	869 ～ 894	FDD	美洲、亚洲
n7	2500 ～ 2570	2620 ～ 2690	FDD	欧洲、亚洲
n8	880 ～ 915	925 ～ 960	FDD	欧洲、亚洲
n12	699 ～ 716	729 ～ 746	FDD	美国
n14	788 ～ 798	758 ～ 768	FDD	美国
n18	815 ～ 830	860 ～ 875	FDD	日本
n20	832 ～ 862	791 ～ 821	FDD	欧洲
n25	1850 ～ 1915	1930 ～ 1995	FDD	美国
n28	703 ～ 748	758 ～ 803	FDD	亚洲 / 太平洋地区
n29	N/A	717 ～ 728	N/A	美洲
n30	2305 ～ 2315	2350 ～ 2360	FDD	美洲
n34	2010 ～ 2025	2010 ～ 2025	TDD	亚洲

（续）

NR 频段	上行范围（MHz）	下行范围（MHz）	双工方式	主要地区
n38	2570 ～ 2620	2570 ～ 2620	TDD	欧洲
n39	1880 ～ 1920	1880 ～ 1920	TDD	中国
n40	2300 ～ 2400	2300 ～ 2400	TDD	欧洲、亚洲
n41	2496 ～ 2690	2496 ～ 2690	TDD	美国、中国
n48	3550 ～ 3700	3550 ～ 3700	TDD	美国
n50	1432 ～ 1517	1432 ～ 1517	TDD	欧洲
n51	1427 ～ 1432	1427 ～ 1432	TDD	欧洲
n65	1920 ～ 2010	2110 ～ 2200	FDD	欧洲
n66	1710 ～ 1780	2110 ～ 2200	FDD	美洲
n70	1695 ～ 1710	1995 ～ 2020	FDD	美洲
n71	663 ～ 698	617 ～ 652	FDD	美洲
n74	1427 ～ 1470	1475 ～ 1518	FDD	日本
n75	N/A	1432 ～ 1517	SDL	欧洲
n76	N/A	1427 ～ 1432	SDL	欧洲
n77	3300 ～ 4200	3300 ～ 4200	TDD	欧洲、亚洲
n78	3300 ～ 3800	3300 ～ 3800	TDD	欧洲、亚洲
n79	4400 ～ 5500	4400 ～ 5500	TDD	亚洲
n80	1710 ～ 1785	N/A	SUL	
n81	880 ～ 915	N/A	SUL	
n82	832 ～ 862	N/A	SUL	
n83	703 ～ 748	N/A	SUL	
n84	1920 ～ 1980	N/A	SUL	
n86	1710 ～ 1780	N/A	SUL	美洲
n89	824 ～ 849	N/A	SUL	
n90	2496 ～ 2690	2496 ～ 2690	TDD	美国
n91	832 ～ 862	1427 ～ 1432	FDD	
n92	832 ～ 862	1432 ～ 1517	FDD	
n93	880 ～ 915	1427 ～ 1432	FDD	
n94	880 ～ 915	1432 ～ 1517	FDD	
n95	2010 ～ 2025	N/A	SUL	

表 3-2   3GPP 针对 FR2 为 NR 定义的工作频段

NR 频段	上下行范围（MHz）	双工方式	主要地区
n257	26 500 ～ 29 500	TDD	亚洲、美洲（全球）
n258	24 250 ～ 27 500	TDD	欧洲、亚洲（全球）
n259	39 500 ～ 43 500	TDD	全球
n260	37 000 ～ 40 000	TDD	美洲（全球）
n261	27 500 ～ 28 350	TDD	美洲

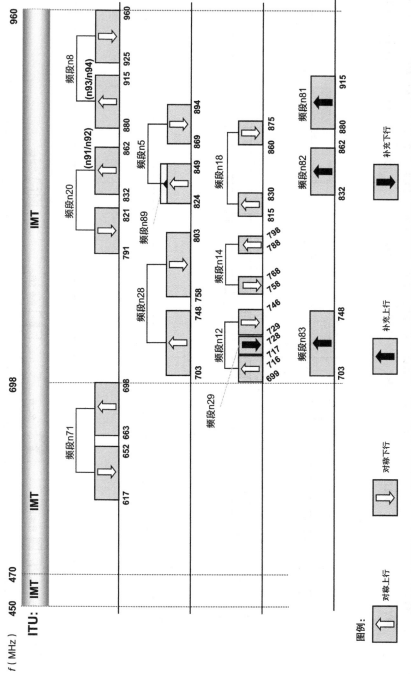

图 3-2 3GPP Release 16 规定的 NR 在 1GHz 以下的工作频段（FR1），以及对应的 ITU-R 分配（比例尺有调整）

图 3-3 3GPP Release 16 规定的 NR 在 1GHz ～ 6GHz 之间的工作频段（FR1），以及对应的 ITU-R 分配（比例尺有调整）

图 3-4 3GPP Release 16 规定的 NR 在 24GHz 以上的工作频段（FR2），以及对应的
ITU-R 分配（比例尺有调整）

　　某些频段是部分或完全重叠的。大多数情况下这可以解释为各地区对 ITU-R 定义的
频段在实施上的差异。同时，为了实现全球漫游，频段之间有较多的共同部分又是所期望
的。通过最初全球的、区域性的以及当地的频谱管理工作，首批频段被指派给 UTRA。随
后整个 UTRA 频段在 3GPP Release 8 中被转移到 LTE 的规范中。后续版本中又为 LTE 增
加了其他频段。在 Release 15 中，许多 LTE 频段被转移到 NR 的规范中。

第 4 章

LTE 概述

本书的重点是新的 5G 无线接入技术——NR。不过，作为后续章节的背景知识，有必要先对 LTE 做一番简介。其中一个原因是，LTE 和 NR 都是由 3GPP 制定的，有共同的背景，并且 NR 复用了 LTE 的若干技术构件。NR 许多设计上的选择也是基于 LTE 的经验。此外，LTE 是 5G 无线接入的重要组成部分，随着 NR 的发展，LTE 也会继续向前演进。有关 LTE 的详细描述可参见文献 [123]。

LTE 的标准工作始于 2004 年年底，其总体目标是提供支持分组交换数据的新无线接入技术。LTE 规范的第一版（Release 8）于 2009 年完成，商用网络于 2009 年年底开始运营。Release 8 之后的版本在多个方面为 LTE 引入了更多的功能和能力，如图 4-1 所示。Release 10 和 13 特别有意义。Release 10 是 LTE-Advanced 的第一个版本，而 2016 年初完成的 Release 13 是 LTE-Advanced Pro 的第一个版本。请注意，这两个名称都不意味着破坏了向后兼容性。相反，它们代表了演进过程中的步骤，由于这些步骤中引入新特性的数量足够多，因此值得赋予一个新名称。在写作本书时，3GPP 已经制定完成 Release 16，其中除了对 NR 的增强之外，还包含 LTE 进一步演进的内容，同时 3GPP 已经开始制定 Release 17。

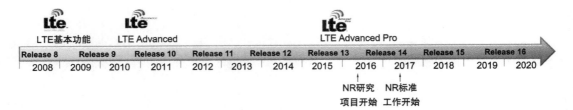

图 4-1　LTE 及其演进

4.1　LTE Release 8——基本的无线接入

Release 8 是 LTE 的第一个版本，它构成了后续所有 LTE 版本的基础。在制定 LTE 无线接入方案的同时，3GPP 还制定了新的核心网规范，称作演进的分组核心网（Evolved Packet Core，EPC)[60]。

LTE 的一个重要诉求是频谱灵活性。在小于 1GHz 至 3GHz 左右的载频范围内，它支持一系列不同的载波带宽，最高可达 20MHz。频谱灵活性的另一个表现是 LTE 可以用一个通用的设计分别支持频分双工（Frequency-Division Duplex，FDD）和时分双工（Time-Division Duplex，TDD），即对称频谱和非对称频谱的使用，尽管二者的帧结构不同。LTE 规范制定工作的重点主要是针对拥有屋顶天线和小区相对较大的广域宏蜂窝网络。因此对于 TDD 来说，上下行链路的分配本质上是静态的，而且所有小区的上下行分配是一致的。

LTE 中的基本传输方案是正交频分复用（Orthogonal Frequency Division Multiplexing，OFDM）。OFDM 对时间色散的鲁棒性以及对时频域的灵活使用，使其成为一个有吸引力的选择。此外，当与 LTE 固有的空分复用（MIMO）技术结合使用时，它还能使接收机复杂度保持在一个合理的水平。由于 LTE 主要是为宏蜂窝网络设计的，且载频可高达几个 GHz，一个较好的子载波间隔选择是 15kHz，循环前缀大约为 $4.7\mu s$⊖。在 20MHz 的频谱分配中，共有 1200 个子载波。

因为上行链路的可用传输功率明显低于下行链路，LTE 设计最后选择了一个具有低峰均比（peak-to-average ratio）的方案用于上行链路，以保证较高的功放效率。选择 DFT 预编码的 OFDM 就是为了这一目的，而上行链路使用的参数集与下行链路相同。DFT 预编码 OFDM 的缺点是接收端复杂度较大，不过由于 LTE Release 8 不支持上行链路的空分复用，当时并没有把它当作一个主要问题。

在时域上，LTE 传输以 10ms 帧为单位，每帧包括 10 个 1ms 子帧。1ms 的子帧对应于 14 个 OFDM 符号，是 LTE 中最小的可调度单元。

小区特定参考信号是 LTE 的基础。不管下行链路是否有数据发送，基站都会连续发送一个或多个参考信号（每层一个）。对于 LTE 的设计目标（即针对相对较大的小区，每个小区有许多用户）而言，这是一个合理的设计。小区特定参考信号有许多用处：用于相干解调的下行信道估计；用于调度的信道状态报告；用于终端侧频率误差校正；用于初始接入和移动性测量等。参考信号的密度取决于小区中传输层的数量，比如对于 2×2MIMO 的场景，每个子帧的 14 个 OFDM 符号中的 4 个符号上的每 3 个子载波中的一个被用于参考信号。因此在时域上，两个参考信号之间的间隔大约是 $200\mu s$，在如此短的时间内，要想关闭发射机以降低功耗不太现实。

LTE 在上行链路和下行链路上的数据传输主要是动态调度的。为了顺应通常是快速变化的无线条件，可以使用基于信道的调度。对于每个 1ms 子帧，调度器决定哪些终端可以发送或接收以及使用哪些频率资源。而且还可以通过调整 Turbo 码的码率以及将调制方式从 QPSK 到 64QAM 的变换来选择不同的数据速率。为了处理传输错误，LTE 使用了基于

⊖　还有一种可能是 $16.7\mu s$ 的扩展循环前缀，但在实际应用中很少使用。

软合并的快速（fast Hybrid ARQ with soft combining，HARQ）。在接收下行数据时，终端向基站指示解码的结果，然后基站可以重传被错误接收的数据块。

调度决策通过物理下行控制信道（Physical Downlink Control CHannel，PDCCH）下发给终端。如果要在同一子帧中对多个终端进行调度——这是常见场景，则需要多个 PDCCH，每个 PDCCH 调度一个终端。子帧的第一个到第三个 OFDM 符号用于下行控制信道的传输。每个控制信道跨越整个载波带宽，从而使频率分集最大化。这意味着所有终端必须支持全载波带宽，最大到 20MHz。终端的上行控制信令，比如用于下行调度的 HARQ 确认和信道状态信息，承载在物理上行控制信道（Physical Uplink Control CHannel，PUCCH）上，它的基本持续时间是 1ms。

多天线方案，尤其是单用户 MIMO，是 LTE 的一个组成部分。借助于大小为 $N_A \times N_L$ 的预编码矩阵，多个传输层被映射到最多四个天线上，其中 N_L 是层数，也称为传输的秩（rank），它小于或等于天线数 N_A。传输秩以及具体的预编码矩阵可以由网络根据终端计算和报告的信道状态测量结果来选择，这也称作闭环空分复用（closed-loop spatial multiplexing）。另一种做法是，在没有闭环反馈的情况下进行预编码的选择。下行链路中最多可以达到四层，不过商业部署通常仅用到两层。上行链路只可以进行单层传输。

空分复用时如果选择秩为 1 的传输，则预编码矩阵变为 $N_A \times 1$ 的预编码矢量，这时它所做的就是（单层）波束赋形（beam-forming）。这种波束赋形可以更具体地称为基于码本的（codebook-based）波束赋形，因为它只能根据预先定义一组有限的波束赋形（预编码器）矢量来进行赋形。

有了以上所述的基本功能，使用 20MHz 的双层传输，LTE Release 8 理论上能够在下行链路提供高达 150Mbit/s 的峰值数据速率，上行链路达到 75Mbit/s。在时延方面，LTE 在 HARQ 协议中提供 8ms 往返时间，并且（理论上）在 LTE RAN 中提供小于 5ms 的单向时延。在实际中，对于一个精心部署的网络，包括传输和核心网处理在内的总体端到端时延降到 10ms 左右是有可能的。

Release 9 为 LTE 增加了一些较小的增强，如支持多播/广播、定位和一些多天线优化。

4.2 LTE 演进

3GPP Release 8 和 9 构成了 LTE 的基本版本，提供了一个功能强大的移动宽带标准。另外，为了满足新的需求和期望，基本版本之后的版本提供了其他新的功能和额外的增强功能。图 4-2 展示了 LTE 推出十多年以来在一些主要领域的发展演进，后面将详细描述。有关每个版本的更多信息可以在 3GPP 为每个新版本准备的发布说明中找到。

LTE Release 10 标志着 LTE 演进的开始。 Release 10 的一个主要目标是确保 LTE 无线接入技术完全符合 IMT-Advanced 的要求，因此 LTE-Advanced 这一名称通常指 LTE Release 10 及更高版本。但是，除了 ITU 的要求，3GPP 还为 LTE-Advanced 定义了自己的目标和要求[10]。这些目标和要求既扩展了 ITU 的要求，也包含更具挑战的额外要求。其中一个重要的要求是向后兼容。实际上这意味着早期发布的 LTE 终端应该能够接入支持 LTE Release 10 的运营商网络，尽管这些终端无法使用该网络所有的 Release 10 功能。向后兼容原则很重要，所有 LTE 版本都支持这一原则，但这也限制了功能增强的可能性。在定义新的标准（比如 NR）时这些限制并不存在。

图 4-2　LTE 演进

LTE Release 10 于 2011 年年初完成，引入的功能包括：通过载波聚合增强了 LTE 的频谱灵活性，进一步扩展了对多天线传输的支持，支持中继功能，以及在异构网络部署中对小区间干扰协调的改进。

LTE Release 11 进一步扩展了 LTE 的性能和功能。2012 年年底完成的 Release 11 最显著的特性之一是用多点协作（Coordinated Multi-Point，CoMP）进行发送和接收的无线接口功能。Release 11 中的其他改进包括载波聚合的增强、新的控制信道结构（EPDCCH）和对更先进的终端接收机的性能要求。

Release 12 于 2014 年完成，该版本聚焦微蜂窝方面的功能，包括双连接、微蜂窝开关、（半）动态 TDD 等功能，以及引入了直接的设备到设备通信和针对低复杂度终端的大规模机器类通信等新场景。

Release 13 于 2015 年年底完成，标志着 LTE Advanced Pro 的开始。有时市场营销也把它称为 4.5G，当作 LTE 早先发布的 4G 版本和 5G NR 空口之间的技术过渡。Release 13 的亮点包括：授权辅助接入（license-assisted access，LAA）支持非授权频谱作为授权频谱的补充，对机器类型通信的更好支持，以及对载波聚合、多天线传输和设备到设备通信等方面的增强。Release 13 对大规模机器类型通信的支持进一步加强，并引入了窄带物联网（NB-IoT）技术。

Release 14 于 2017 年春季完成。除了对早期版本中引入的一些功能的增强，例如对非授权频谱操作的增强，它还增加了对车辆到车辆（Vehicle-to-Vehicle，V2V）通信的支持和车辆到任何对象（Vehicle-to-everything，V2X）通信的支持，同时支持了使用较小子载波间隔的广域广播功能。在 Release 14 中还包含一组移动性增强功能，尤其是先通后断（make-before-break）切换和无 RACH（RACH-less）切换，可以在终端具有双接收机通路的情况下减少切换中断时间。

Release 15 在 2018 年中期完成。这个版本中功能增强的例子有：通过 sTTI 功能显著减少时延；使用飞行器进行通信。对大规模机器类型通信的支持在几个版本中不断得到改进，Release 15 也包括这方面的增强。

2019 年年底完成的 Release 16 通过提高上行探测容量增强了对多天线的支持，另外还增强了对地面广播服务的支持，并且进一步增强了对大规模机器类型通信的支持。Release 16 通过增强先通后断切换功能（也称为双激活协议栈（Dual Active Protocol Stack，DAPS））进一步提高了移动性能，也就是终端在建立目标小区无线链路的同时继续维持源小区无线链路（包括数据流）。另外 Release 16 还引入了可配置的条件切换功能，即可以预配置一组小区，终端发起的到这些小区的切换由网络配置的规则来触发执行。

总之，把 LTE 扩展到传统移动宽带以外的新的用例是 LTE 后期版本的重点，未来 LTE 的演进也将继续。这也是 5G 总体发展的重要组成部分，这表明 LTE 仍然保持其重要地位并且对整个 5G 无线接入技术的发展也是至关重要的。

4.3　频谱灵活性

LTE 的第一个版本已经提供了一定的频谱灵活性，包括多带宽支持和 FDD/TDD 联合设计等。在后续版本中，通过使用载波聚合和授权辅助接入（LAA）支持对非授权频谱的使用，这种灵活性有了进一步提升，可以支持更大的带宽和碎片化的频谱。

4.3.1　载波聚合

LTE 的第一个版本（Release 8）已经广泛支持在具有不同特点的频谱资源上进行网络部署，支持对称和非对称频段，带宽范围从约 1MHz 到 20MHz。LTE Release 10 提出的载波聚合（Carrier Aggregation，CA）则进一步扩展了传输带宽。载波聚合把多个分量载波聚合在一起，共同用于单个终端的收发。在 Release 10 中可以聚合最多五个分量载波，每个分量载波可以有各自不同的带宽，聚合后总的传输带宽最高达 100MHz。所有分量载波需要有相同的双工工作方式。在 TDD 情况下，还要求各分量载波的上下行配比一致。后续的版本放宽了这一要求。可聚合的分量载波的数量增加到 32，从而使总带宽可以达到 640MHz。由于每个分量载波都使用 Release 8 的结构，从而确保了向后兼容。因此，对于 Release 8 和 Release 9 的终端，每个分量载波将表现为 LTE Release 8 载波，而对于有载波聚合能力的终端，则可以使用总的聚合带宽，以达到更高的数据速率。一般情况下，下行链路和上行链路可以聚合不同数量的分量载波。这非常有助于降低终端的复杂度，因为这样可以只在需要很高数据速率的下行链路上进行载波聚合，而不会增加上行链路的复杂度。

分量载波在频率上可以是不连续的，因此载波聚合可以使用碎片化频谱（fragmented spectrum）。拥有碎片化频谱的运营商可以基于其总的可用频谱带宽来提供高速数据服务，即使其拥有的频谱不是一整块宽带连续频谱。

从基带来看，图 4-3 中的三个例子没有区别，LTE Release 10 对这些配置场景都可以支持。但它们在射频实现上的复杂度有很大差别。第一种情况是复杂度最小的。因此，尽管载波聚合被包含在基本规范中，但并非所有终端都能支持。此外，比起物理层和相关信令的规范，Release 10 的射频规范对载波聚合有一些限制，不过在后续版本中可以支持在更大数量的频段内或频段间的载波聚合。

图 4-3　载波聚合

Release 11 为 TDD 的载波聚合提供了额外的灵活性。在 Release 11 之前，所有分量载波都需要有相同的上下行配比。在使用不同频段进行聚合的情况下，这可能造成不必要的限制，因为每个频段中的配置可能受限于与该频段中其他无线接入技术的共存。聚合不同上下行配比的一个值得注意的地方是终端可能需要同时接收和发送以便充分利用两个载波。因此，与先前版本不同，TDD 终端可能像 FDD 终端一样，需要一个双工滤波器。Release 11 还提出了对带间和非连续带内聚合的射频要求，以及对更大的带间聚合场景的支持。

与仅支持一种双工类型内的载波聚合的早期版本不同，Release 12 定义了 FDD 和 TDD 载波之间的聚合。FDD 和 TDD 聚合可以有效利用运营商的频谱资产，还可以用于通过 FDD 载波上的连续上行传输来改善 TDD 的上行覆盖。

Release 13 把可聚合的载波数量从 5 增加到 32，从而使下行链路的最大带宽可达到 640MHz，理论峰值数据速率约为 25Gbit/s。增加分量载波数量的主要目的是容纳非授权频谱中的大量带宽，这将在下面结合授权辅助接入做进一步讨论。

载波聚合是迄今为止 LTE 最成功的功能增强之一，并且每个版本都添加了对新的频段组合的支持。

4.3.2 授权辅助接入

LTE 最初是为授权频谱设计的，即运营商拥有对特定频率范围的单独授权。授权频谱有很多好处，比如运营商可以进行网络规划并控制干扰情况，但是，获得授权频谱往往需要付出相应的成本，并且授权频谱的数量是有限的。因此，使用未经授权的频谱作为补充，在局部区域中提供更高的数据速率和更高的容量就成为一个有吸引力的选择。一种可能是用 Wi-Fi 作为 LTE 网络的补充，不过，通过授权和非授权频谱之间更紧密的耦合，可以实现更高的性能。因此，LTE Release 13 引入了授权辅助接入（License-Assisted Access，LAA），通过载波聚合机制在下行把非授权频谱中的载波（主要在 5GHz 范围内）与授权频谱中的载波聚合起来，如图 4-4 所示。移动性、关键控制信令和需要高服务质量的服务使用授权频谱中的载波，而要求较低的业务可以使用非授权频谱中的载波。使用场景是运营商控制的微蜂窝部署。与其他系统（特别是 Wi-Fi）公平地共享频谱资源，是 LAA 的一个重要特征，因此它采用一种先听后说（Listen-Before-Talk，LBT）机制。在 Release 14 中，授权辅助接入增加了对上行传输的支持。在 Release 15 中进一步增加了对自主上行传输方面的增强。3GPP 标准中的 LTE 技术对非授权频谱仅支持授权辅助接入，即要求至少有一个授权载波，但是在 3GPP 以外，MulteFire 联盟已经在 3GPP 标准的基础上制定了非授权频谱的独立组网模式。

图 4-4 授权辅助接入

4.4 多天线增强

在 LTE 的不同版本中都有对多天线支持的增强，下行传输层数增加到 8 层，上行引入了空分复用，传输层数可达 4 层。其他增强包括全维度 MIMO 和二维波束赋形，以及多点协作传输的引入。

4.4.1 增强的多天线传输

在 Release 10 中对下行链路的空分复用进行了增强，以支持多达 8 个传输层。这可以看作是对 Release 9 的 2 层波束赋形的扩展，以支持多达 8 个天线端口和 8 个对应的传输层。结合对载波聚合的支持，在 100MHz 频谱的情况下，Release 10 中的下行数据速率最高可达 3Gbit/s，在 Release 13 中，如果使用 32 个分量载波、8 层空分复用和 256QAM，则最高速率可以增加到 25Gbit/s。

作为 LTE Release 10 的一部分，引入了多达 4 层的上行空分复用。结合上行载波聚合功能，使用 100MHz 频谱的上行数据速率可高达 1.5Gbit/s。上行空分复用包含一个基站控制的基于码本的方案，这意味着该框架也可用于上行发射端波束赋形。

LTE Release 10 中多天线增强的重要成果是引入了增强的下行参考信号结构，从而进一步把信道估计和获取信道状态信息的功能分开。这样做的目的是更好地实现天线部署的创新，以及更方便地引入新的功能，比如灵活地进行更精细的多点协作和传输。

在 Release 13 和 Release 14 中，引入了对大规模天线阵列的进一步支持，主要是提供更多的信道状态反馈信息。更大的信息自由度可以用于更好地决定波束赋形的仰角和方位角，也可以应用在大规模多用户 MIMO 场景中，即使用相同的时频资源同时为若干空间分离的终端提供服务。这些功能增强有时被称为全维度 MIMO（Full-Dimension MIMO，FD MIMO），通过配置大量方向可控的天线单元，这些增强成为迈向大规模 MIMO 的关键一步。在 Release 16 中增加了对多天线传输的进一步增强，改进了上行探测参考信号的容量和覆盖范围，以更好地解决 TD-LTE 网络部署中大规模 MIMO 的性能问题。

4.4.2　多点协作和传输

LTE 的最初版本就包含对传输点之间协作的特定支持，称为小区间干扰协作（Inter-Cell Interference Coordination，ICIC），它的目的是控制小区之间的干扰。不过，对这种协作功能的显著增强是在 LTE Release 11 中完成的，包括提供传输点之间更加动态的协作可能性。

Release 8 的 ICIC 仅定义了基站之间的一些特定消息，以辅助小区之间的（缓慢的）调度协作。Release 11 则侧重于无线接口功能和终端功能，以提供对不同协作方式的支持，包括对多个传输点的信道状态反馈的支持。这些功能统一称作多点协作（Coordinated Multi-Point，CoMP）发送 / 接收。参考信号结构的改进也是支持 CoMP 的重要组成部分，同样，Release 11 引入的增强的控制信道结构也是如此，详见下文。

对 CoMP 的支持包括多点协作（Multipoint Coordination），即向某个终端的信号传输由一个特定传输点实现，但调度和链路自适应在多个发送点之间进行协作；还有多点发送（Multipoint Transmission），即对终端的传输来自多个发送点，传输可以在不同发送点之间动态切换（Dynamic Point Selection，动态点选择）或者由多个发送点联合完成（Joint Transmission，联合发送）（见图 4-5）。

图 4-5　CoMP 的不同类型

同样，可以对上行协作进行类似的区分，即分为（上行）多点协作和多点接收（reception）。通常，上行 CoMP 主要是在网络侧实现，对终端的影响很小，几乎看不到对无线接口规范的影响。

Release 11 中的 CoMP 假定网络中存在"理想的"回传网络。实际上，这指的是使用低时延光纤把集中式基带处理单元连接到天线站点。Release 12 引入了针对非集中式基带处理的较宽松回传场景的增强。这些增强主要包括在基站之间定义新的 X2 消息，用来交换所谓的 CoMP 假设信息，即潜在的资源分配以及相关的增益 / 开销信息。

4.4.3　增强的控制信道结构

Release 11 中引入了一种新的补充性控制信道结构，以支持小区间干扰协作。这种补充性结构的引入，使我们不仅可以利用新参考信号结构的额外灵活性来传输数据（Release 10 的情况），还可以把这种灵活性用于传输控制信令。因此，这种新的控制信道结构可以被视为许多 CoMP 方案的先决条件，同时它也对波束赋形和频域干扰协作有好处。增强的控制信道结构还可以支持 Release 12 及其后续版本中实现 MTC 增强的窄带操作。

4.5　密集度、微蜂窝和异构部署

作为提供非常高的容量和数据速率的手段，微蜂窝和密集部署一直是 LTE 多个版本的关注点。中继、微蜂窝开关、动态 TDD 和异构部署是这些版本中功能增强的具体例子。4.3.2 节中讨论的授权辅助接入是另外一个主要针对微蜂窝的功能。

4.5.1　中继

对 LTE 而言，中继意味着终端首先连接到中继节点，而中继节点通过 LTE 无线接口再连接到宿主小区（donor cell）（见图 4-6）。从终端的角度看，中继节点将表现为普通小区。这样做简化了终端的实现并且使得中继节点可以向后兼容，也就是说，LTE Release 8 和 Release 9 的终端也可以经由中继节点接入网络。本质上，中继节点是通过无线连接到网络其余部分的低功率基站。

回传链路　接入链路

宿主小区　中继小区

图 4-6　中继示例

4.5.2　异构部署

异构部署是指具有不同发射功率和重叠覆盖范围的网络节点的混合部署（见图 4-7）。典型的例子是放置在宏蜂窝覆盖区域内的微微蜂窝节点。尽管在 Release 8 中已经支持这样的部署，Release 10 引入了新的方法来处理可能的层间干扰，例如在微微蜂窝层和与其重叠的宏蜂窝层之间的干扰。Release 11 引入的多点协作技术进一步丰富了支持异构部署的手段。Release 12 为改善微微蜂窝层和宏蜂窝层之间的移动性做了进一步增强。

图 4-7　在宏蜂窝区域异构部署低功率节点的示例

4.5.3　微蜂窝开关

在 LTE 中，不管小区内的业务活动如何，小区都会不断发送小区特定的参考信号和系统信息。一个原因是让处于空闲模式的终端能够检测到小区的存在，如果小区什么都不发送，那么终端就没有任何信号可以测量，因此也不会检测到小区的存在。此外，在大型宏蜂窝网络部署中，在任一时刻至少有一部终端处于活跃状态的可能性很大，因此小区必须连续发送参考信号。

但是，在由许多相对较小的小区组成的密集部署中，在某些场景下，很可能并非所有小区都需要同时为一个终端提供服务。这时对终端的下行干扰可能会很严重，因为来自相邻的甚至有可能是空的小区的干扰信号会使得终端体验到的信噪比极差，尤其是存在大量视距传播的时候。为了解决这个问题，Release 12 引入了根据业务情况打开或者关闭单个小区的机制，以减少小区间的干扰并且降低功耗。

4.5.4　双连接

双连接意味着终端同时连接到两个小区（见图 4-8）。而在通常情况下，终端仅连接到一个小区。双连接的好处有：用户面聚合，即终端可以接收来自多个基站的数据传输；控制面和用户面分离；以及上行和下行分离，其中下行发送与上行接收使用不同的节点。在某种程度上，双连接可以被看作载波聚合扩展到非理想回传的情况。双连接框架也非常有助于将诸如 WLAN 等其他无线接入方式集成到 3GPP 网络中。双连接对于 NR 非独立组网模式的运行也是必不可少的，其中 LTE 负责提供移动性和初始接入，后续章节将有进一步描述。

图 4-8　双连接示例

4.5.5   动态 TDD

在 TDD 模式下，上行链路和下行链路在时域上共享相同的载波频率。在 LTE 以及许多其他的 TDD 系统中，资源静态地分配给上行链路和下行链路。在较大的宏蜂窝网络中进行上下行的静态分配是合理的，因为小区中有较多用户并且上行和下行的小区级聚合负载相对稳定。不过，随着对局域网络部署的兴趣增加，与目前的广域部署情况相比，TDD 将变得更加重要。一个原因是非对称的频谱分配在不适合广域覆盖的较高频段中更为常见。另一个原因是广域 TDD 网络中许多令人困扰的干扰问题在天线低于屋顶的小基站部署场景中并不存在。已有的广域 FDD 网络可以搭配节点输出功率通常较低的 TDD 局域网络层来提高网络容量和数据速率。

为了更好地处理局域覆盖场景中流量动态变化很大的情况，其中通过局域覆盖节点收发数据的终端数量可能非常少，使用动态 TDD 会很有益处。在动态 TDD 中，网络可以动态地把资源分配给上行或下行使用，以匹配瞬时的业务情况。相比于传统的上下行链路的静态资源划分，动态 TDD 可以改善用户性能。为了利用这些优势，LTE Release 12 引入了对动态 TDD 的支持，3GPP 中此功能的正式名称是：*增强的干扰抑制和业务自适应*（enhanced Interference Mitigation and Traffic Adaptation，eIMTA）。

4.5.6   WLAN 互通

3GPP 架构允许集成非 3GPP 接入技术，例如 WLAN 和 CDMA2000[12]。实际上，这些解决方案把非 3GPP 接入网络直接连接到 EPC，因此对于 LTE 无线接入网络而言是不可见的。这种 WLAN 互通方式的一个缺点是缺乏网络控制：即便终端驻留在 LTE 上可以有更好的用户体验，终端也许还是会选择接入 Wi-Fi。这种情况的一个例子是，LTE 网络轻载而 Wi-Fi 网络负载很重的时候。因此，Release 12 引入了网络辅助终端进行接入选择的功能。简言之，网络配置一个信号强度阈值，以控制终端应何时选择 LTE，何时选择 Wi-Fi。

Release 13 进一步增强了 WLAN 互通功能，即 LTE RAN 会对终端何时使用 Wi-Fi、何时使用 LTE 给出更加明确的控制。此外，Release 13 还包括 LTE-WLAN 聚合功能，即通过使用非常类似于双连接的框架，LTE 和 WLAN 可以在 PDCP 层进行聚合。在 Release 14 中还添加了其他增强功能。

4.6   终端增强

从根本上讲，终端供应商可以以任意方式设计终端接收机，只要它支持标准中所定义的最低要求即可。终端供应商也有动力对接收机性能进行很大提升，因为这可以直接转化为更高的用户数据速率，从而促进终端的销售。但是，网络侧也许无法充分利用此类接收机的优势，因为它可能不知道哪些终端具有更佳的性能。因此，网络要按照对终端的最低要求来部署。在某种程度上，对更高级接收机类型的性能要求进行定义可以缓解这一矛盾，因为配备高级接收机的终端的最低性能是已知的（即下限肯定符合标准定义的最低要求）。Release 11 和 Release 12 都致力于接收机的改进，比如 Release 11 取消了一些开销信号。Release 12 提供了更多的通用方案，包括网络辅助的干扰消除与抑制（Network-Assisted Interference Cancellation and Suppression，NAICS），其中网络侧可以为终端提供信息以协助小区间的干扰消除。

4.7　新场景

LTE 最初的设计是为了移动宽带系统，旨在提供高数据速率和广域的高容量。LTE 在演进的过程中不断增加新功能以提高网络容量和数据速率，同时不断进行功能增强使 LTE 更适合新的用例。一个主要例子是大规模机器类型通信，支持如传感器等大量低成本终端连接到蜂窝网络。另一个例子是支持在没有网络覆盖的区域（如灾区）进行通信操作，这是通过在 LTE 中引入设备到设备（Device-to-Device）通信来实现的。V2V/V2X 和远程控制无人机是新场景的其他用例。

4.7.1　机器类型通信

机器类型通信（Machine-Type Communication，MTC）是一个非常宽泛的术语，基本涵盖了机器之间所有类型的通信。虽然 MTC 应用是指大量不同的应用，其中许多尚未出现，但可以把它们划分为两大类：大规模 MTC 和超可靠低时延通信（Ultra-Reliable Low-Latency Communication，URLLC）。

大规模 MTC 场景的例子包括不同类型的传感器、机械手以及类似的终端。这些终端通常要求成本低廉、能耗极低，从而能有超长的电池寿命。同时，这些终端产生的数据量通常很小，也不要求满足超低时延的苛刻要求。URLLC 类的应用则是诸如交通安全、交通控制或用于工业过程的无线连接之类的应用，以及需要非常高的可靠性、可用性和低时延的一般场景。

为了更好地支持大规模 MTC，3GPP 规范提供了 eMTC 和 NB-IoT 两种并行互补的技术。

MTC 领域的标准化工作始于 Release 12，其中引入了新的低端终端类别，即 Category 0，支持最高 1Mbit/s 的数据速率。为了降低终端功耗还定义了省电模式。这些对 MTC 的增强通常被称为增强型 MTC（eMTC）或 LTE-M。Release 13 进一步改善了对 MTC 的支持，定义了增强覆盖范围并支持 1.4MHz 终端带宽（不依赖于系统带宽）的 Category-M1，以进一步降低终端成本。对于网络而言，这些终端就是普通的 LTE 终端，尽管能力有限，但是可以在一个载波上与功能更强大的 LTE 终端共存。eMTC 技术在随后的版本中得到进一步改进，以提高频谱效率并减少控制信令的数量。

窄带物联网（Narrow-Band Internet-of-Things，NB-IoT）是始于 Release 13 的 MTC 的另一个分支，它是针对比 Category-M1 成本更低、数据速率更低（250kbit/s 或更低）的终端，带宽为 180kHz，并且覆盖范围进一步增强。由于使用了子载波间隔为 15kHz 的 OFDM，NB-IoT 可以在 LTE 载波上进行带内部署，在单独分配的频谱上进行带外部署，或者部署在 LTE 的保护带中，从而为运营商提供了高度的灵活性。上行还支持在单频（single tone）上传输，以最低的数据速率获得非常大的覆盖范围。NB-IoT 使用与 LTE 相同的高层协议（MAC、RLC 和 PDCP），并增加了适用于 NB-IoT 和 eMTC 的更快的连接建立功能，因此可以很容易集成到现有的网络部署中。

eMTC 和 NB-IoT 已经在多个版本中不断演进，并将为大规模机器类型通信在 5G 网络中发挥重要作用。随着 NR 的引入，宽带业务将逐渐从 LTE 向 NR 转移，然而在未来的许多年里，大规模机器类型通信将依赖于 eMTC 和 NB-IoT。因此，NR 标准中已经涵盖了在已经用于大规模机器类型通信的现有载波上部署 NR 的特殊方法（见第 18 章）。此外，Release 17 中 LTE 演进的重点将主要是大规模机器类型通信，这证实了最新几个协议版本的发展趋势。

在 LTE 较晚版本中增加了对 URLLC 的进一步支持。具体例子包括 Release 15 中的 sTTI 功能（见下文）以及有关 URLLC 可靠性方面的工作。

4.7.2　降低时延

在 Release 15 中已经开展了降低总体时延的工作，并定义了所谓的短 TTI（short TTI，sTTI）功能。sTTI 功能的目的是支持需要超低时延的用例，例如工厂自动化。它使用的技术与 NR 中所用的类似，例如，传输时长只有几个 OFDM 符号并且降低终端处理时延，这些功能以向后兼容的方式添加到 LTE 中。这使得在现存网络中提供低时延服务成为可能，但是与 NR 的全新设计相比，LTE 的低时延设计会有一些局限性。

4.7.3　设备到设备通信

包括 LTE 在内的蜂窝系统的设计出发点是终端需要连接到基站才能进行通信。在大多数情况下这是一种有效的方式，因为终端感兴趣的内容服务器通常不在终端附近。不过，如果终端想要和相邻的终端进行通信，或者仅是检测一下附近是否存在感兴趣的终端，以网络为中心的通信可能不再是最佳的方式。同样，在公共安全领域（例如在灾难情况下），搜救人员通常需要在没有网络覆盖的情况下也能进行通信。

为了解决这类问题，Release 12 引入了使用部分上行频谱实现的网络辅助的设备到设备通信（见图 4-9）功能。开发这一功能时考虑了两种应用场景，一是在网络覆盖范围内和覆盖范围外实现用于公共安全的通信，二是在网络覆盖范围内发现相邻终端以用于商业用途。在 Release 13 中，设备到设备通信进一步得到增强，引入了中继解决方案以扩展覆盖范围。设备到设备通信也是 Release 14 中 V2V 和 V2X 工作的基础。

图 4-9　设备到设备通信

4.7.4　V2V 和 V2X

智能交通系统（Intelligent Transportation System，ITS）是指提高交通安全性和效率的服务。出于安全目的的车辆到车辆通信就在此范畴内，例如当前方车辆发生故障时向后方车辆传送消息。另一个例子是车辆编队，几辆卡车彼此非常接近并且跟随车队的第一辆卡车行进，以节省燃料并且减少二氧化碳排放。车辆和基础设施之间的通信也很有用处，例如，在拥堵时获取有关交通状况以及最新的天气和替代路线的信息（见图 4-10）。

图 4-10　V2V 和 V2X 示例

3GPP 在 Release 12 中引入了设备到设备通信技术，在 Release 14 中，3GPP 将设备到设备通信技术与网络中服务质量的增强特性相结合，对智能交通领域的功能做了进一步提升。在 3GPP 标准中，车辆之间的通信以及车辆和基础设施之间的通信采用相同的技术，这样既可以提高性能，也可以降低成本。

4.7.5　飞行器

Release 15 中与飞行器相关的工作包括以无人机作为通信中继为非覆盖区域提供蜂窝覆盖，以及为各种工业和商业应用提供对无人机的远程控制。由于地面与空中无人机之间的传播条件与地面网络不同，Release 15 研究制定了新的信道模型。由于与无人机存在视距传播的基站数目巨大，因此对无人机的干扰也与对终端的干扰不同，这需要采用波束赋形等干扰抑制技术以及功率控制增强机制。

4.7.6　多播 / 广播

多媒体广播多播服务（Multimedia Broadcast Multicast Services，MBMS）指的使用一个传输将同一内容同时传递到多个终端，自 Release 9 起就成为 LTE 的一部分。Release 9 的重点是支持单频网络，使用 LTE 最初的 15kHz 子载波间隔，在多个小区范围内以半静态和协作的方式发送相同的信号，也可称为多媒体广播单频网络（Multimedia Broadcast Single-Frequency Network，MBSFN）。

Release 13 中增加了另外一种模式，单小区点对多点（Single-Cell Point-To-Multipoint，SC-PTM）作为 MBSFN 的补充，这种模式仅针对单个小区中的广播业务。所有发送数据都是动态调度的，但不是面向单个终端，而是由多个终端同时接收相同的广播数据。

为了更好地支持在更广范围建立仅用于广播的 MBSFN 载波，Release 14 中引入了新的 1.25kHz 子载波间隔参数集以获得更长的循环前缀。这种技术的正式名称为增强型 MBMS（enhanced MBMS，eMBMS），但有时也称为 LTE 广播。在 Release 16 中增加了进一步的增强功能，称为基于 LTE 的 5G 地面广播（LTE-based 5G terrestrial broadcast）。更多引入了 2.5kHz 和 0.37kHz 的子载波间隔，相应的循环前缀分别为 100μs 和 400μs，从而支持在大功率 / 高塔场景下的超广域广播传输。

第 5 章

NR 概述

NR 的开题研讨会于 2015 年秋季召开，在此基础上，作为 3GPP Release 14 的一个研究项目，NR 的技术工作于 2016 年春季开始启动，如图 5-1 所示。在研究项目阶段对多种不同的技术解决方案进行了研究，而考虑到时间紧迫，即使还未进入工作项目阶段也已经做出了一些技术决定。NR 的工作在 Release 15 时进入工作项目阶段，在 2017 年年底，即在 2018 年年中冻结 3GPP Release 15 之前，第一版 NR 标准问世。之所以在 Release 15 冻结之前发布这个中间版本，是为了满足早期 5G 商业部署的要求。

图 5-1 3GPP NR 时间轴

2017 年 12 月发布的第一个 NR 标准是本书描述的重点。这个标准仅限于 NR 非独立组网的场景（见第 6 章），即 NR 终端依赖于 LTE 进行初始接入和支持移动性。最终的 Release 15 规范也支持 NR 的独立组网模式。NR 的独立组网和非独立组网之间的差异，影响的主要是高层协议和与核心网的接口，两种情况下的基本无线技术都是相同的。

除了 NR 无线接入技术，3GPP 还制定了新的 5G 核心网，负责与无线接入无关但实现完整网络却需要的功能。不过，NR 无线接入网也可以连接到称为演进的分组核心网（Evolved Packet Core，EPC）的传统 LTE 核心网。实际上，在非独立组网模式下就是这种情况，其中 LTE 和 EPC 处理连接建立和寻呼等功能，NR 负责提供数据速率和容量的增强。

本章的其余部分将对 NR 无线接入做概要介绍，包括基本设计原则和 NR Release 15

中最重要的技术构件，以及 NR 在 Release 16 中的演进。本章可以单独阅读，以便对 NR 有一个概览，也可以作为随后的第 6 ～ 26 章的一个引论。后续章节将提供 NR 的更多技术细节。

5.1　Release 15 中的 NR 基础知识

NR Release 15 是 NR 的第一个版本。Release 15 的重点是 eMBB 和一定程度上的 URLLC 类型的服务。对于大规模机器类型通信，仍然可以使用基于 LTE 的诸如 eMTC 和 NB-IoT[26, 55] 等技术，它们也可以提供很好的性能。NR 的设计考虑了在与 NR 载波重叠的载波上支持基于 LTE 的大规模 MTC（见第 18 章），从而整合了整个系统处理各种业务的能力。

与 LTE 相比，NR 带来了许多好处。主要包括：

- 利用更高频率的频段作为额外的频谱，以支持超宽的传输带宽和高数据速率。
- 极简（ultra-lean）设计，改进网络能效，减少干扰。
- 向前兼容性，为未来的未知用例和技术做好准备。
- 低时延，以提高性能并支持新的用例。
- 以波束为中心的设计，广泛使用波束赋形和大规模天线，不仅用于数据传输（在某种程度上 LTE 已经提供了这种能力），还用于控制面的流程，比如初始接入。

上述前三项可归类为设计原则（或设计要求），下面将首先对其进行讨论，然后讨论 NR 使用的关键技术构件。

5.1.1　高频操作和频谱灵活性

NR 的一个主要特点是大幅度拓展了用于部署无线接入技术的频谱范围。不久前 LTE 才开始支持 3.5GHz 的授权频谱和 5GHz 的非授权频谱，而 NR 从第一次发布起就支持从低于 1GHz 到 52.6GHz⊖之间的授权频谱，在 Release 16 中又扩展到非授权频谱，并且高于 52.6GHz 的频谱也已经在 Release 17 的计划之中。

高频率的毫米波段提供了大量的频谱和非常宽的传输带宽，可以实现非常高的业务容量和数据速率。然而，更高的频率也意味着更严重的无线信道衰减，从而限制网络覆盖范围。虽然先进的多天线发射和接收技术在某种程度上可以弥补这样的影响（这是 NR 采用以波束为中心的设计原则的理由之一），但仍然存在较大的覆盖范围的缩减，特别是在非视距（non-line-of-sight）和室外到室内的传播条件下。因此在 5G 时代，低频段的使用依然是无线通信的重要组成部分。尤其是较低和较高频谱（例如 2GHz 和 28GHz）的联合工作可以带来实质性的好处。尽管覆盖范围有限，但是更高频率处的大量频谱可以为大部分用户提供服务。这将减少带宽有限的低频频谱上的负担，从而使低频频谱可以着重服务于

⊖　52.6GHz 的上限是由于一些非常特殊的频谱现状造成的。

无线环境较差的用户[62]。

使用高频段的另一个挑战来自监管方面。出于某些非技术因素，辐射水平的监管规则定义以 6GHz 为分界线，低于 6GHz 时采用基于 SAR 的限制，高于 6GHz 则采用类似 EIRP 的限制。根据终端类型（手持终端、固定终端等）的不同，这可能会导致发射功率的下降，使链路预算比起仅考虑传播条件时面临更大的挑战。不过这也进一步彰显出低频和高频联合工作的优势。

5.1.2　极简设计

当前移动通信技术的一个问题是，无论用户业务大小如何，网络节点总要承载一定的传输量。这些信号，有时被称为"常开"（always-on）信号，包括用于检测基站的信号、用于系统信息的广播信号以及用于信道估计的常开参考信号等。在 LTE 的典型业务条件下，这种传输仅构成整个网络传输的一小部分，因此对网络性能的影响相对较小。但是，在高峰值数据速率的超密集网络中，每个网络节点的平均业务负载一般相对较低，相比之下常开信号的传输量就成为整个网络传输量不可忽视的一部分。

常开信号的传输有如下两个负面影响：

- 强制形成了网络能效的上限。
- 会对其他小区造成干扰，从而降低实际的数据速率。

极简设计原则旨在最大限度地减少常开信号的传输，从而实现更高的网络能耗性能和更高的可用数据速率。

相比之下，LTE 的设计主要是基于小区特定参考信号，终端可以认为这些信号始终存在并在信道估计、跟踪、移动性测量等过程中使用它们。在 NR 中，基于极简设计原则，LTE 的许多这样的过程被重新考虑或修改。例如，与 LTE 相比，NR 中的小区搜索过程被重新设计，以支持极简设计原则。另一个例子是解调参考信号的结构，NR 主要是在有数据传输的时候需要解调参考信号的存在，其他时候则不需要。

5.1.3　向前兼容性

NR 标准制定的一个重要目标是无线接口设计的高度向前兼容性。这里，向前兼容性指的是无线接口的设计为其未来的演进留出足够的空间，即能够为未来新的业务需求和特性引入新的技术和服务，同时仍能支持同一载波上的传统终端。

确实，在本质上很难保证向前兼容性。不过，根据前几代移动通信技术演进的经验，3GPP 设定了以下几条与 NR 向前兼容性相关的基本设计原则[3]：

- 在不会对未来的向后兼容造成问题的前提下，最大化可以灵活使用的或者可以保留的时频资源。
- 尽量减少常开信号的发送。
- 把和物理层功能相关的信号和信道放置在可配置、可分配的时频资源内。

根据上面第三点，3GPP 规范应尽可能避免规定在固定的时频资源上进行传送。这样可以对未来保持灵活性，允许今后引入新型传送方式，同时减少对传统信号和信道的影响。这不同于 LTE 中采用的方法，比如 LTE 使用的同步 HARQ 协议，它意味着上行重传必须发生在初始传输之后的某个固定时间点上。与 LTE 相比，为避免不必要的资源阻塞，NR 中的控制信道要灵活得多。

请注意，NR 的这些设计原则部分地与上述极简设计目标一致。NR 中还可以配置预留资源，即可以把某些时频资源配置为不用于任何传输，因而保留用于未来无线接口的扩展。在 LTE 和 NR 载波重叠的情况下，同样的机制也可用于 LTE 和 NR 共存。

5.1.4   传输方案、部分带宽和帧结构

与 LTE[26] 的情况相似，由于 OFDM 对时间色散的鲁棒性以及在定义不同信道和信号的结构时对时域和频域的易操控性，它也成为最适合 NR 的信号波形。不过，不同于 LTE 把 DFT 预编码的 OFDM 当作上行链路中唯一的传输方案，NR 使用传统的即非 DFT 预编码的 OFDM 作为上行链路的基准传输方案，这是因为后者的接收机结构在结合空分复用之后变得更加简单，同时还缘于一个总的诉求，即 NR 希望在上行链路和下行链路中使用相同的传输方案。不过，同样是出于与 LTE 中类似的缘故，在 NR 中 DFT 预编码可以用作上行链路传输机制的补充，它的优点是可以通过减少立方度量（cubic metric）[57] 来提高终端侧功率放大器的效率。立方度量是用来测量特定信号波形所需的额外功率回退的指标。

为了涵盖各种不同的部署场景，即从低于 1GHz 载波频率的大型小区到具有非常宽频段的毫米波部署，NR 支持灵活的 OFDM 参数集，子载波间隔范围可以是 15kHz ～ 240kHz，其循环前缀时长相应地按比例变化。小的子载波间隔的优点是以合理的开销提供相对较长（按绝对时间计）的循环前缀，而更大的子载波间隔适合处理在高频情况下增大的相位噪声，并且以合理数量的子载波数支持更大的带宽。尽管 NR 的最大总带宽为 400MHz，但可使用的子载波数最大为 3300 个，使用子载波间隔 15/30/60/120kHz 所对应的最大载波带宽分别为 50/100/200/400MHz。如果要支持更大的带宽，可以使用载波聚合。

尽管 NR 的物理层规范是与频段无关的，但并不是 NR 支持的所有参数集都适用于所有频段（见图 5-2）。因此，对于每个频段，无线需求是针对参数集的某个子集来定义的，如图 5-2 所示。频率范围 0.45GHz ～ 7.125GHz 在 NR 规范中通常称为频率范围 1（Frequency Range 1，FR1）⊖，而 24.25GHz ～ 52.6GHz 称为 FR2。目前，在 7.125GHz 和 24.25GHz 之间没有定义 NR 的频谱。不过，基本的 NR 无线接入技术是与频谱无关的，NR 标准可以很容易地扩展到覆盖其他频谱，比如，从 7.125GHz 到 24.25GHz 之间的频谱。

⊖   最初，FR1 上限为 6GHz，但后来扩展到 7.125GHz 以容纳 6GHz 频段的非授权频谱。

图 5-2　为 NR 指定的频谱以及相应的子载波间隔

在 LTE 中,所有终端都支持 20MHz 的最大载波带宽。但是,由于 NR 载波的带宽可能非常大,要求所有终端都支持最大载波带宽显然是不合理的。这造成了 NR 与 LTE 设计的几点不同,例如稍后讨论的控制信道设计的不同。此外,NR 允许终端侧采用接收机带宽自适应(receiver-bandwidth adaptation)以降低终端能耗。带宽自适应是指使用相对较窄的带宽来监听控制信道和接收中等速率的数据,并且仅在需要支持非常高的数据速率时才动态打开宽带接收机。

为了应对这两个挑战,NR 定义了部分带宽(bandwidth part)的概念,用来指示终端可以在哪部分载波带宽以特定参数集接收信号传输。如果终端能够同时接收多个部分带宽,原则上可以在单个载波上把用于该终端的不同参数集的传输进行混合,尽管 Release 15 在一个时刻仅支持单个激活的部分带宽。

NR 时域结构如图 5-3 所示,其中 10ms 的无线帧被划分为 10 个 1ms 的子帧。子帧又

图 5-3　帧结构(TDD 示例)

被划分为时隙，每个时隙包含 14 个 OFDM 符号，而以毫秒计的时隙时长取决于参数集。对于 15kHz 的子载波间隔，NR 时隙具有与 LTE 子帧相同的结构，这有助于二者的共存。由于时隙被定义为固定数量的 OFDM 符号，因此较大的子载波间隔意味着较短的时隙时长。原则上这可用于支持低时延传输，但由于循环前缀在子载波间隔增加时也会缩小，因此这并不是一种在所有部署中都可行的办法。因此，NR 是通过允许在部分时隙上进行传输（有时称作"微时隙"（mini-slot）传输）来更有效地支持低时延的要求。这种传输还可以抢占另一个终端正在进行的、基于时隙的传输，以便允许要求低时延的数据的即时传送。

在时隙内部开始数据传输（即未从时隙边界处开始传输）的灵活性对于工作在非授权频谱也是有用的。在非授权频谱中，发射机通常需要在开始传输之前确保无线信道未被其他传输占用，这个过程通常称为"先听后说"（Listen-Before-Talk，LBT）。显然，一旦发现信道可用应该立即开始传输，而不是等到时隙的边界处才开始传输，以避免其他发射机在信道上发起传输。

"微时隙"传输在毫米波领域也是非常有用的，因为在毫米波部署中通常可用带宽非常大，甚至几个 OFDM 符号就足以承载可用净荷。"微时隙"传输对于下面讨论的模拟波束赋形（analog beamforming）的情形尤其适用，此时基站无法将发向多个终端的不同波束在频域上进行复用，而仅能在时域上复用。

与 LTE 不同，NR 没有小区特定参考信号，而是完全依赖于用户特定的解调参考信号来做信道估计。这不仅能够实现有效的波束赋形和多天线操作，而且还符合前述的极简设计原则。与小区特定参考信号不同，解调参考信号只在有数据发送时才会被发送，从而可以提高网络能效并减少干扰。

NR 总体的时频域结构（包括部分带宽的概念）将在第 7 章中描述。

5.1.5 双工方式

选择何种双工方式通常由可用的频谱分配来决定。在较低频段，频谱分配通常是成对的，意味着可以采用频分双工（FDD），如图 5-4 所示。在较高频段，越来越普遍的频谱分配是非对称的，因此需要使用时分双工（TDD）。鉴于 NR 比 LTE 支持的载波频率高很多，对非对称频谱的有效支持成为 NR 的一个非常重要的组成部分。

图 5-4　频谱和双工方式

NR 在对称和非对称频谱中的操作可以使用同一个帧结构，而不像 LTE 那样使用两种不同的帧结构（在 Release 13 中引入对非授权频谱的支持后，扩展到三种帧结构）。基本的 NR 帧结构支持半双工和全双工操作。在半双工中，终端无法同时发送和接收，比如 TDD 和半双工 FDD。在全双工中，终端可以同时发送和接收，FDD 就是典型的例子。

如上所述，在更高频段上非对称频谱的分配更为常见，因此 TDD 的重要性不断增加。由于高频段的传播条件特点，这些频段不太适用于广域覆盖的较大小区，但是对于实现局域覆盖的较小小区非常适用。此外，广域 TDD 网络中的一些干扰问题，在传输功率较低、天线安装低于屋顶的局域部署中不太明显。与具有大量活动终端的较大小区的部署相比，在小区较小且部署密集的情况下，每个小区的业务变化很快。为了应对这种情况，动态 TDD，即在上下行传输方向之间动态分配和重新分配时域资源，是 NR 的一个关键技术构件。这与上下行分配不随时间变化的 LTE 形成鲜明对比[⊖]。动态 TDD 能够应对业务的快速变化，业务快速变化在密集部署且每小区用户数量相对较少的场景中尤其明显。例如，如果一个用户单独处在一个小区中并且需要下载一个很大的文件，那么大部分资源集中在下行，上行只占很小一部分。几秒钟后，情况可能就会有所不同，大部分容量需求可能会转移到上行方向。

动态 TDD 的基本原理是终端监听下行控制信令并遵循调度决策。如果终端被指示进行发送操作，就进行上行发送，否则就尝试接收下行传输。上下行的分配完全在调度器的控制之下，任何业务变化都可以被动态地跟踪。虽然在某些部署场景下可能并不需要动态 TDD，那么在必要时可以通过对动态 TDD 方案的动态性进行限制来达到非动态的效果，这比试图将动态性添加到 LTE 这种半静态设计中更为简单。例如，在天线安装在屋顶上方的广域宏蜂窝网络中，小区间的干扰要求对小区之间上下行的分配进行协调。在这种场景下，仿照 LTE 的半静态分配进行工作是比较适宜的。这可以通过适当的调度行为来实现。还可以半静态地配置某些或所有时隙的传输方向，此时终端不必在已知预留给上行的时隙上监听下行控制信道，从而可以降低终端能耗。

5.1.6 低时延支持

对超低时延的支持是 NR 的一个重要特点，并且影响到 NR 的很多设计细节。一个例子是使用"前置"的参考信号和控制信令，如图 5-3 所示。通过把参考信号和携带调度信息的下行控制信令置于发送的起始位置，并且不使用跨 OFDM 符号的时域交织，终端可以立即开始处理接收的数据而无须事先缓冲，从而最小化解码的时延。另一个例子是在部分时隙上进行数据传输（有时称为"微时隙"传输）。

与 LTE 相比，NR 对终端（和网络）处理时间的要求显著提高。比如，终端必须在接收到下行数据传输之后大约一个时隙（甚至更短，取决于终端能力）的时间做出 HARQ 确认响应。类似地，从接收到上行授权到传输上行数据的时间也在大致相同的范围之内。

⊖ 在后来的 LTE 版本中，eIMTA 功能可以允许某些上下行分配的动态性。

MAC 和 RLC 等更高层协议的设计也考虑了低时延的情况，比如报头结构的设计使得数据包的处理能够在不知道传输数据量的情况下开始进行（见第 6 章）。这在上行方向上尤其重要，因为在接收到上行授权之后，到数据传输开始之前，终端可能仅有几个 OFDM 符号的时间进行数据打包处理。相比之下，LTE 协议的设计要求 MAC 和 RLC 协议层在任何处理发生之前知晓要传输的数据量，这使得对超低时延的支持更为困难。

5.1.7 调度和数据传输

无线通信的一个关键特征是，由频率选择性衰落、距离相关的路径损耗，以及其他小区和终端的发射引起的随机干扰变化，导致的瞬时信道条件的大幅快速变化。与其试图对抗这些变化，不如通过信道相关调度来利用这些变化，信道相关调度（channel-dependent scheduling）支持用户间动态共享时频资源（详见第 14 章）。动态调度也用在 LTE 中，总体上 NR 的调度框架与 LTE 类似。基站中的调度器基于从终端获得的信道质量报告进行调度决策。发送给被调度终端的调度决策还考虑了不同的业务优先级要求和 QoS 要求。

每个终端监听若干个物理下行控制信道（Physical Downlink Control CHannel，PDCCH），通常每时隙一次，不过对于需要非常低时延的业务，可以配置更密集的监听频次。一旦检测到有效的 PDCCH，终端将服从调度决策，接收（或发送）NR 中称为传输块的一个数据单元。

在下行数据传输时，终端对下行传输进行解码。鉴于 NR 支持非常高的数据速率，信道编码数据传输采用低密度奇偶校验（Low-Density Parity-Check，LDPC）码[64]。LDPC 码易于实现，特别是在较高码率时它比 LTE 中使用的 Turbo 码复杂度低。

终端采用具有增量冗余的混合自动重传请求（HARQ）向基站报告解码的结果（详见第 13 章）。在数据接收出错时，网络可以重传数据，并且终端可以对多次传输尝试中的软信息进行合并。但是，在这种情况下重传整个传输块可能效率不高。因此，NR 支持更细粒度的重传，即码块组（Code-Block Group，CBG）的重传。码块组在处理抢占（preemption）时也很有用。例如，到第二台终端的紧急传送也许仅使用一个或几个 OFDM 符号，因此仅会在某些 OFDM 符号上对第一台终端造成大的干扰。在这种情况下，仅重新传输受干扰的 CBG 可能就够了，而不必重传整个数据块。在抢占传输发生时，还可以通知第一台终端哪些时频资源会受到影响，从而使终端在处理接收操作时可以考虑到这些影响。

虽然动态调度是 NR 的基本操作，但是也可以通过配置实现不需要动态授权的收发操作。在这种情况下，会预先给终端配置可（周期性地）用于上行数据发送（或下行数据接收）的资源。一旦终端有可传数据，就可以立即开始上行发送而无须经过调度请求和调度授权的操作周期，从而实现更低的时延。

5.1.8 控制信道

NR 的操作需要一系列物理层控制信道在下行链路中传送调度决策，并在上行链路中提供反馈信息。第 10 章提供了对这些控制信道结构的详细描述。

下行控制信道即物理下行控制信道（Physical Downlink Control CHannel，PDCCH）。NR 的下行控制信道与 LTE 的相比，一个主要差异是更加灵活的时频结构，NR 的 PDCCH 可以在一个或多个控制资源集（COntrol REsource SET，CORESET）上传输，即可以配置为仅占用部分载波带宽，这一点与使用全载波带宽传输 PDCCH 的 LTE 不同。这是为了兼容具有不同带宽能力的终端，以及遵从前述的向前兼容原则。与 LTE 相比的另一个主要差异是对控制信道波束赋形的支持，这需要一种不同的参考信号设计，其中每个控制信道都有其自己的专用参考信号。

上行控制信息（例如 HARQ 确认、用于多天线操作的信道状态反馈、用于待发送上行数据的调度请求）的传输使用物理上行控制信道（Physical Uplink Control CHannel，PUCCH）。根据信息量和 PUCCH 传输持续时间的不同，有若干不同的 PUCCH 格式。短PUCCH 在时隙的最后一个或两个符号中发送，并且可以支持非常快速的 HARQ 确认反馈，以实现所谓的自包含时隙（self-contained slot），这时从数据传输结束到终端接收确认的延迟大约是一个 OFDM 符号的长度，相当于几十微秒，具体取决于所使用的参数集。LTE 中这一数值接近 3ms。这是低时延如何影响 NR 设计的另一个例子。如果短 PUCCH 的持续时间太短以至于不能提供足够的覆盖，也可以采用更长的 PUCCH 持续时间。

由于物理层控制信道的信息块大小比数据传输的小并且不使用 HARQ，因此其编码机制选用的是极化码[17] 和 Reed-Muller 码。

5.1.9　以波束为中心的设计和多天线传输

NR 的一个关键特征是支持使用大量方向可控的天线单元进行发送和接收。大量的天线单元在较高频段主要用于波束赋形以扩大覆盖范围，而在较低频段可以实现全维度MIMO——有时称为大规模 MIMO，并且能够实现通过空间隔离来规避干扰。

NR 的信道和信号（包括用于控制和同步的信道和信号）的设计都支持波束赋形（见图 5-5）。大规模多天线操作需要获得信道状态信息（Channel-State Information，CSI），CSI既可以从终端对下行链路传输的 CSI 参考信号所反馈的 CSI 报告中获取，也可以利用信道互易性通过对上行链路进行测量来获取。

为了保持产品实现的灵活性，NR 不仅支持模拟波束赋形，也支持数字预编码和数字波束赋形（见第 11 章）。从实现角度来看，至少在最初阶段，高频段可能需要模拟波束赋形，其波束赋形是在数模转换之后。模拟波束赋形的限制是，在给定时刻接收或发射波束只能在一个方向上赋形，并且需要波束扫描，即相同的信号在多个 OFDM 符号但不同的发射波束中重复发送。波束扫描保证了任何信号都可以通过高增益、窄波束的传输达到

图 5-5　NR 的波束赋形

整个预期的覆盖区域。

NR 标准规定了用于波束管理过程的信令，例如可以给终端发送指示以辅助其选择一个用于接收数据和控制信令的接收波束（在模拟接收波束赋形的情况下）。当天线数量很大时，波束变得很窄因而波束跟踪可能会失败，因此标准还定义了波束恢复过程，波束恢复过程可以由终端来触发。此外，一个小区可以有多个传输点，每个传输点可以有多个波束，波束管理过程支持对终端透明的移动性，即在不同传输点的波束之间的无缝切换。并且，通过使用上行信号可以实现以上行为中心的、基于互易性的波束管理。

随着大规模天线在较低频段的应用，在上下行对用户进行空间分离的可能性增大了，但这要求发射机能够了解信道状态。NR 通过使用 DFT 矢量线性组合的高分辨率信道状态信息反馈，或者通过支持信道互易性的上行探测参考信号，扩展了对多用户空分复用场景的支持。

为了支持多用户 MIMO 的传输，NR 标准规定了十二个正交的解调参考信号，而一个 NR 终端下行最多可以接收八个 MIMO 层，上行最多四层。此外，由于高频段载波的相位噪声功率增加，可能使得较大调制星座图（例如 64QAM）的解调性能下降，在 NR 中还引入了一个可配置的相位跟踪参考信号。

分布式 MIMO 意味着终端每个时隙可以接收多个独立的物理数据共享信道（PDSCH），以实现从多个传输点到同一用户的同时数据传输。本质上就是，某些 MIMO 层是从一个站点传输，而其他层从另一个站点传输。Release 15 中分布式 MIMO 可以通过适当的网络部署来实现，而 Release 16 中支持的多传输点（multi-TRansmission Point，multi-TRP）功能对此做了进一步增强。

多天线传输以及关于 NR 多天线预编码的更详细内容将在第 11 章中描述，而波束管理是第 12 章的主要内容。

5.1.10　初始接入

初始接入过程包括：终端找到要驻留的小区，接收必要的系统信息，以及通过随机接入请求连接到网络。第 16 和 17 章中描述的 NR 初始接入的基本结构与 LTE[26] 的相应功能类似：

- 一对下行信号，即主同步信号（Primary Synchronization Signal，PSS）和辅同步信号（Secondary Synchronization Signal，SSS），用于使终端可以查找网络、同步到网络和识别网络。
- 一个与 PSS/SSS 一起发送的下行物理广播信道（Physical Broadcast CHannel，PBCH）。PBCH 携带最少量的系统信息，包括指示其他广播系统信息在哪里传输。在 NR 的语境中，PSS、SSS 和 PBCH 被统称为同步信号块（Synchronization Signal Block，SSB）。
- 一个四阶段随机接入过程，一开始是在上行发送随机接入前导码（random-access preamble）。

但是，就初始接入而言，LTE 和 NR 之间存在一些重要差异。这些差异主要来自极简原则和以波束为中心的设计，这两者都影响了 NR 的初始接入过程，并部分导致了与 LTE 不同的解决方案。

在 LTE 中，PSS、SSS 和 PBCH 位于载波的中心，并且每 5ms 发送一次。因此，终端只要在每个可能的载波频率上停留至少 5ms 的时间，如果一个特定载波频率上存在一个载波，终端就肯定能接收到至少一个 PSS/SSS/PBCH 传输。在没有任何先验知识的情况下，LTE 终端必须在 100kHz 的载波栅格上搜索所有可能的载波频率。

为了遵从极简原则并实现更高的 NR 网络能效，默认情况下 SSB 每 20ms 发送一次。因为相继的 SSB 之间的时间间隔较长，与 LTE 中的相应信号和信道相比，搜索 NR 载波的终端必须在每个可能的频率上停留更长的时间。为了在保持终端复杂度与 LTE 相当的同时缩短总体搜索时间，NR 支持一种用于 SSB 的稀疏频率栅格（sparse frequency raster）。这意味着与 NR 载波（载波栅格（carrier raster））可能的位置相比，SSB 潜在的频域位置可能会更加稀疏。因此，SSB 通常不会位于 NR 载波的中心，这对 NR 的设计造成了影响。

稀疏的 SSB 栅格可以显著缩短小区初始搜索的时间，同时由于 SSB 周期较长，网络能效可以显著提高。

作为提高覆盖范围的一种手段，尤其是在较高频率的情况下，下行 SSB 发送和上行随机接入的接收都支持网络侧波束扫描。需要指出的是，波束扫描是 NR 设计提供的一种可能性，并不意味着必须使用它。特别是在较低频率上可能并不需要波束扫描。

5.1.11　互通和与 LTE 共存

由于在较高频率上提供全覆盖是比较困难的，因此与较低频率上的系统进行互通就变得非常重要。上行和下行链路之间的不平衡是常见的情况，特别是如果二者处于不同的频段中。与移动终端相比，基站较高的发射功率使得下行链路可实现的数据速率通常是带宽受限的，这表明应该在更高的频谱上使用下行链路，那里提供的带宽可能也更大。相比之下，上行链路通常是功率受限的，因此上行对较大带宽的需求并不高。另外，尽管较低频谱可用带宽较少，但由于其无线信道衰减较小，因此在较低频谱上也可以实现更高的数据速率。

通过互通，高频 NR 系统可以作为低频系统的补充（详见第 18 章）。低频系统可以是 NR 或者 LTE，NR 可以与其中的任何一个互通。互通可以在不同层级上实现，包括 NR 内的载波聚合、具有公共分组数据汇聚协议（PDCP）层的双连接[○]以及切换。

然而，较低频段通常已被当前的技术（主要是 LTE）占用。此外，在不久的将来还计划在额外的低频段上部署 LTE。因此，LTE/NR 频谱共存（spectrum coexistence），即运营商在与现有 LTE 相同的频谱上部署 NR 的可能性，已经被确定为在较低频谱上实现早期

○ Release 15 的 12 月版本只支持 NR 和 LTE 之间的双连接。NR 和 NR 之间的双连接是 Release 15 的 2018 年 6 月最终版本的一部分。

NR 部署而不减少 LTE 频谱数量的可行方式。

在 3GPP 中确定了两个 LTE/NR 共存场景并用以指导 NR 设计：

- 第一个场景，如图 5-6 的左侧所示，在下行链路和上行链路中都有 LTE/NR 共存的情况。注意，这在对称和非对称频谱情况下都适用，尽管图中只示例了对称频谱。
- 在图 5-6 的右侧所示的第二个场景中，仅在上行传输方向上有，通常在较低频率对称频谱的上行部分中，而 NR 下行传输是在 NR 专用的频谱中，通常在较高频率处。该场景试图解决上面讨论的上下行不平衡的问题。NR 支持的补充上行（Supplementary UpLink，SUL）是专门处理此场景的。

图 5-6　NR-LTE 共存示例

NR 的 15kHz 子载波间隔的参数集与 LTE 兼容，它使得 NR 和 LTE 拥有相同的时频资源网格，因此是实现二者共存的基本手段之一。此时，NR 可以小到一个符号粒度的灵活调度机制可以用来避免与关键的 LTE 信号发生冲突，例如 LTE 的小区特定参考信号、CSI-RS，以及用于 LTE 初始接入的信号和信道等。为向前兼容而引入的预留资源（见 5.1.3 节）方式也可用于进一步增强 NR 和 LTE 的共存。预留资源可以配置为与 LTE 中的小区特定参考信号相匹配，从而在下行链路上实现 NR-LTE 叠加（overlay）的增强。

5.2　Release 16 中的 NR 演进

Release 16 标志着 NR 演进的开始，在 Release 15 的 NR 基本版本基础上对系统能力和网络功能都做了增强。尽管 Release 16 是对 NR 标准的一个重大改进，但它仅是 NR 演进过程中很多步骤的第一步，并且这种演进将持续多年。有关未来版本中计划的一些 NR 演进步骤的讨论参见第 27 章。

从较高层次上讲，Release 16 中的增强功能可以分为以下两类：

- 改进现有功能，例如多天线增强、载波聚合增强、移动性增强和节能改进。
- 解决新部署场景和垂直行业的新功能，例如接入和回传一体化、支持非授权频谱、智能交通系统和工业物联网。

下面将简要概述这些增强功能。

5.2.1　多天线增强

Release 16 中的多天线工作涵盖了在第 11 章和第 12 章中将要详细描述的几个方面。

首先是通过定义一个新的码本增强了用于 MU-MIMO 的 CSI 报告，可以提高吞吐量并减少开销。波束恢复过程也得到改进，减小了波束失效所带来的影响。最后，还增加了支持从多个传输点到单个终端的传输方式，通常称为多 TRP（multi-TRP），以及必要的控制信令增强。多 TRP 可以为从基站到终端的信号阻塞提供额外的鲁棒性，这对于 URLLC 场景尤其重要。

5.2.2　载波聚合和双连接增强

从 NR 的第一个版本开始，双连接和载波聚合就是 NR 的一部分。它们的一个主要用途就是提高总体数据速率。考虑到大多数数据业务的突发性特点，为了从载波聚合产生的高数据速率中获益，快速建立和激活附加载波是非常重要的。如果不能快速激活附加载波，数据业务可能在附加载波被激活之前就结束了。永久激活终端的所有载波虽然可以解决时延方面的问题，但是从功耗角度来看是不现实的。因此，Release 16 提供了对服务小区和相邻小区的早期测量报告功能，以及减少激活附加小区的信令开销和时延的机制。通过各种早期测量得到的知识，网络能够快速选择适当的 MIMO 方案。在没有早期报告的情况下，网络只能使用效率较低的单层传输，直到获得必要的信道状态信息。

在 LTE 等早期无线接入技术中，由于 RRC 信令的加密功能要等到有关安全协议的（复杂）信令流程完成以后才能生效，在此之前的 RRC 信令将不被加密，因此会导致测量报告要延迟到加密功能生效以后才能被发送。在这种情况下，网络侧需要一定的时间才能完全获得终端侧的无线信道状况并据此进行相应的数据调度。然而，在 NR 中引入的新的 RRC_INACTIVE 状态下，可以保留终端的上下文（包括安全配置），并且在终端不活动周期后恢复 RRC 连接，而不需要大量的信令交互。这为更早发出测量报告和更快速地建立载波聚合和双连接提供了可能性。例如，Release 16 可以在终端进入 RRC_INACTIVE 状态时启用测量配置，并在 RRC 连接恢复过程中发出测量报告。

Release 16 还通过在具有不同参数集的调度载波和被调度载波上支持跨载波调度，来增强对具有不同参数集的载波共存的支持。这个功能最初计划作为 Release 15 的一部分，但是由于时间原因推迟到 Release 16 中发布。

5.2.3　移动性增强

移动性对于任何蜂窝系统都是必不可少的，NR 从一开始就在这一领域拥有广泛的功能。不仅如此，NR 还通过在时延和鲁棒性方面的增强进一步提高了移动性能。

执行切换所需的时间即切换时延需要尽量小。在高频范围内，波束赋形技术被广泛使用。由于使用了波束扫描，在高频段的切换中断时间可能比在低频段的大。因此，Release 16 引入了诸如双激活协议栈（Dual Active Protocol Stack，DAPS）之类的增强功能，它本质上是一种先通后断的切换解决方案，可以显著减少中断时间。

处理小区间移动性和切换的基本方法是使用来自终端的测量报告，例如针对相邻小区接收功率的报告。当网络基于这些报告决定进行切换时，它将指示终端与新小区建立连接。终端遵循这些指令，一旦与新小区建立了连接，就会用确认消息进行响应。这个过程在大多数情况下工作良好，但是当终端在服务基站经历信号质量突然下降的情况下，它可能无法在连接丢失之前接收到切换命令。为了缓解这种情况，Release 16 提供了条件切换功能，其中终端被提前通知要切换到的候选小区，以及何时执行切换到该特定小区的一组条件。这样，即使来自服务小区的空口链路经历了非常突然的质量下降，终端也可以自己判断何时执行切换操作，从而保持与网络的连接。

5.2.4 终端节能增强

从终端用户的角度来看，终端功耗是一个非常重要的方面。NR 的第一个版本中已经有一些机制来帮助降低终端功耗，最主要的是不连续接收和带宽自适应。从较高层次上讲，这些增强的机制就是可以快速打开 / 关闭仅在主动传输数据时才需要的功能。例如，在传输数据时，高数据速率和低时延是重要的，因此 NR 会采用缩短控制信令和相关数据之间时延的功能，以及大层数的灵活 MIMO 方案。另一方面，当不主动进行数据传输时，这些功能就显得无关紧要，这时可以放松时延预算并减少 MIMO 层数，从而有助于减小终端功耗。因此，Release 16 增强了跨时隙调度，使终端不必准备在与相关 PDCCH 相同的时隙中接收数据，提高了基于 PDCCH 的唤醒信号的成功率，并引入了快速（去）激活小区休眠等功能——所有这些功能将在第 14 章中讨论。在 Release 16 中，终端可以通过信令指示从连接态转移到空闲态或非激活态的偏好，终端还可以向网络提供辅助信息，以建议使自身节能增益最大化的参数集，这些都是终端节能增强的其他示例。

5.2.5 交叉链路干扰缓解和远程干扰管理

交叉链路干扰（CrossLink Interference，CLI）处理和远程干扰管理（Remote Interference Management，RIM）是 Release 16 中添加的两个增强功能，用于处理 TDD 系统中的干扰场景，如图 5-7 所示。第 21 章将进一步详细讨论这两个增强功能，下面仅做简要总结。

图 5-7 交叉链路干扰（左）和远程干扰（右）

CLI 主要针对使用动态 TDD 的微蜂窝部署，并引入新的测量方法来检测下行链路和上行链路之间的交叉干扰，即其中一个小区的下行传输干扰到相邻小区的上行接收（反之亦然）。调度器根据终端和相邻小区的测量结果对调度策略进行改进，以减轻交叉链路干扰所造成的影响。

RIM 的目标是广域 TDD 部署，在这种情况下，某些天气条件会产生大气波导，从而导致来自非常遥远的基站的干扰。大气波导是一种罕见的现象，但当它发生时，几百公里以外的基站的下行传输可能会对数千个基站的上行接收造成非常强的干扰。大气波导对网络性能的影响是显著的。有了 RIM，可以对出现问题的干扰场景使用自动化方式进行管理，而不是像现在一样主要采用人工干预的方法。

5.2.6　接入和回传一体化

接入和回传一体化（Integrated Access and Backhaul，IAB）将 NR 扩展到支持无线回传，因而可以替代例如光纤回传作为一种回传方案。因此 NR 既可以用于从网络中心到分布式小区站点的无线链路，也可以用于小区站点之间的无线链路。这样，可以使得在密集城市网络中的微蜂窝部署工作得到简化，也使得用于特殊事件的临时站点部署成为可能。

IAB 可用在 NR 工作的任何频段。然而，由于毫米波的可用频谱数量大，预计毫米波将是 IAB 最相关的频谱。由于较高的频谱通常是不成对的，这也意味着 IAB 会在回传链路上主要以 TDD 方式工作。

图 5-8 表示出使用 IAB 的网络基本结构。IAB 节点通过（IAB）宿主节点连接到网络，宿主节点本质上是使用传统（非 IAB）回传的普通基站。IAB 节点创建自己的小区，并在连接到它的终端上显示为普通基站。因此，IAB 不会对终端造成任何影响，而只是一个网络特性。这一点很重要，因为这样可以允许旧式（Release 15）终端通过 IAB 节点接入网络。其他 IAB 节点可以通过 IAB 节点创建的小区连接到网络，从而实现多跳无线回传。

关于 IAB 的更多细节参见第 22 章。

图 5-8　接入和回传一体化

5.2.7　NR 与非授权频谱

频谱可用性是无线通信的重要组成部分，而在非授权频谱中的大量可用频谱对于提高 3GPP 系统的数据速率和容量具有很大的吸引力。在 Release 16 中，NR 增强了在非授权频谱中的工作。NR 支持类似于 LTE 授权辅助接入的方式，其中终端通过授权载波连接到网络，并且通过载波聚合框架使用一个或多个非授权载波来提高数据速率。然而，与 LTE 不同的是，NR 还支持独立的非授权频谱，而不需要授权频谱中载波的支持，如图 5-9 所示。

与 LTE-LAA 相比，这将大大增加 NR 在非授权频谱中部署的灵活性。

图 5-9　非授权频谱中的 NR：授权辅助操作（左）和完全独立场景（右）

Release 16 提供了一个全局框架，既可以在现有的 5GHz 非授权频段（5150MHz ～ 5925MHz）中工作，也可以在如 6GHz（5925MHz ～ 7125MHz）等新频段中工作。

对于在非授权频谱中工作的几个非常重要的关键原则已经在 Release 15 中成为 NR 的一部分，例如极简传输和灵活的帧结构，不过在 Release 16 中又增加了新的机制，最引人注目的是用于支持先听后说（Listen-Before-Talk，LBT）的信道接入过程。NR 基本上重用与 LAA 相同的信道接入机制，只是做了一些增强。事实上，LTE 和 NR 都使用相同的多标准规范[88]。从共存的角度来看，重用为 LTE-LAA 开发的机制（在很大程度上也用于 Wi-Fi）是非常有益的。在 3GPP 的研究中，已经证明将一个 Wi-Fi 网络替换为在非授权频谱中工作的 NR 网络可以提高网络性能，不仅对于迁移到 NR 网络的部分，而且对于剩余的 Wi-Fi 网络，性能都有所提高。

5.2.8　智能交通系统和车联网

智能交通系统（Intelligent Transportation Systems，ITS）是 NR Release 16 中一个新的垂直行业用例。ITS 提供了一系列交通服务和交通管理服务，这些服务将共同改善交通安全，并减少交通拥堵、燃料消耗和环境影响。相关的例子包括车辆编队、避免碰撞、合作换道和远程驾驶等。为了实施智能交通系统，不仅需要车辆与固定基础设施之间的通信，还需要车辆之间的通信。

与固定基础设施的通信显然通过网络的上下行链路就可以解决。为了处理车辆之间（V2V）的直接通信，Release 16 引入了第 23 章中描述的直通链路（Sidelink）。Sidelink 还将作为未来版本中与 ITS 无关的其他增强功能的基础，因此可以看作一个与任何特定垂直应用无关的通用增强功能。除了 Sidelink 之外，为上下行空口引入的许多增强功能也与支持 ITS 服务相关。特别是超可靠低时延通信（URLLC）非常有助于实现远程驾驶服务。

Sidelink 不仅支持物理层单播传输，还支持组播和广播传输。单播传输，即两个终端直接通信，可以采用依赖于 CSI 反馈、HARQ 和链路自适应的先进的多天线方案。当传输的信息（例如安全消息）与邻近多个设备相关时，可以使用广播和多播模式。这种情况下虽然 HARQ 也是可能的，但是不太适合使用基于反馈的传输方式。

Sidelink 可以工作在网络覆盖范围内、覆盖范围外和部分覆盖的情况下（见图 5-10），并且可以使用所有 NR 频段。当存在蜂窝网络覆盖时，基站还可以扮演调度所有 Sidelink 传输的角色。

图 5-10　不同覆盖范围的 V2V 通信

5.2.9　工业物联网和超可靠低时延通信

工业物联网（Industrial Internet-of-Things，IIoT）是 Release 16 重点研究的另一个主要新垂直行业。虽然 Release 15 可以提供非常低的空口时延和高可靠性，但是在 Release 16 中引入了对时延和可靠性的进一步增强。这是为了扩展所涵盖的工业物联网用例集，并更好地支持新的用例，例如工厂自动化、配电和运输行业（包括远程驾驶用例）。时间敏感网络（Time-Sensitive Networking，TSN）是 Release 16 增强的另一个目标领域，在时间敏感网络中时延的变化和精确的时钟分布与低时延本身是同等重要的。另一个例子是对终端内部和终端之间的业务流进行优先级排序的机制。例如，引入上行抢占机制，即可以取消正在进行的低优先级上行传输，以及增强功率控制以增加高优先级上行传输的发射功率。总的来说，许多附加功能可以看作一系列较小改进的集合，这些改进结合在一起显著提高了 NR 在 URLLC 领域的性能。

第 20 章详细阐述工业物联网和 URLLC 方面的增强。

5.2.10　定位

精确的定位对一系列应用（例如物流和制造等）是非常重要的，不仅涉及室外定位，还包括室内定位。因此，NR 在 Release 16 中进行了相应扩展，以提供更好的定位支持。全球导航卫星系统（Global Navigation Satellite Systems，GNSS）在蜂窝网络的辅助下，多年来一直被用于定位。GNSS 能够提供精确的定位，但通常仅限于具有卫星能见度的室外区域，因此其他定位方法也是非常重要的。

从架构角度来看，NR 的定位与 LTE 类似，是基于位置服务器的使用。位置服务器负责收集与定位相关的信息（终端能力、辅助数据、测量、位置估计等），并将其分发给参与定位过程的其他实体。定位的方法有很多种，包括基于下行和基于上行的，可以单独使用或需要组合使用的，目的是满足不同场景的定位精度要求，如图 5-11 所示。

图 5-11 基于下行链路（左）和上行链路（右）定位的示例

定位参考信号（Positioning Reference Signal，PRS）是一种新的参考信号，用于支持基于下行的定位。与 LTE 相比，PRS 具有更规则的结构和更大的带宽，使得对到达时间的估计可以更加清晰和精确。终端可以测量和报告从多个不同基站接收的 PRS 的到达时间差，定位服务器则使用这些报告来确定终端的位置。如果不同的 PRS 在不同的波束中传输，则报告可以间接地给出终端所在的基站的方向信息。

基于上行的定位是基于终端发送的探测参考信号（Sounding Reference Signal，SRS），为提高定位精度，Release 16 对 SRS 有所扩展。使用（扩展的）SRS，基站可以测量和报告到达时间、接收功率、到达角（如果使用接收机波束赋形），以及下行发送和上行 SRS接收之间的时间差。所有这些从基站收集的测量结果都被传送到位置服务器以确定终端位置。

定位功能和相关的参考信号是第 24 章讨论的主题。

第 6 章

无线接口架构

本章首先对 NR 无线接入网及核心网的架构做一个总体概述，然后分别描述无线接入网的用户面和控制面协议。

6.1 系统总体架构

3GPP 不但制定 NR（New Radio）无线接入技术，同时也重新考虑无线接入网（Radio-Access Network，RAN）和核心网（Core Network，CN）的总体系统架构，包括二者之间功能划分的问题。

RAN 负责整个网络中所有与无线相关的功能，例如调度、无线资源管理、重传协议、编码以及各种多天线方式。这些功能将在后续章节中详细讨论。

5G 核心网负责与无线接入无关但是实现一个完整网络同样需要的功能。这些功能包括鉴权、计费功能以及端到端连接的建立等。之所以把这些功能归在核心网而不是集成到 RAN 中，是因为这样做可以使核心网服务于多种无线接入技术。

事实上，也可以将 NR 无线接入网连接到被称为演进的分组核心网（Evolved Packet Core，EPC）的传统 LTE 核心网上。实际上 NR 的非独立组网模式就是这种情况，即使用 LTE 和 EPC 来处理连接建立和寻呼等功能。因此，LTE 和 NR 的无线接入方案和它们各自的核心网都是密切相关的，而不像 3G 转换到 4G 时那样，4G LTE 无线接入技术无法连接到 3G 核心网。

虽然本书侧重于 NR 无线接入，但是作为背景材料，很有必要对 5G 核心网做简要的概述，比如它是如何连接到 RAN 的。有关 5G 核心网的详细描述参见文献［84］。

6.1.1 5G 核心网

5G 核心网建立在 EPC 的基础上，与 EPC 相比有三个方面的增强：基于服务的架构（service-based architecture）、支持网络切片，以及控制面和用户面分离。

基于服务的架构是 5G 核心网的基础。这意味着 3GPP 规范侧重于描述核心网提供的服务和功能，而不是核心网节点本身。这样做是很自然的，因为今天的核心网通常已经高度虚拟化，核心网功能一般都运行在通用计算机硬件上。

网络切片（network slicing）是 5G 研究中常见的术语。一个网络切片是服务于特定业务或客户需求的一个逻辑网络，它是在基于服务的架构中选择必要的功能配置组合在一起而构成的。举例来说，可以构造一个网络切片来支持与 LTE 类似的具有完全移动性的移动宽带应用，或者可以构造另一个网络切片来支持特定的非移动但有低时延要求的工业自动化应用。这些切片将运行在共同的、基础性的物理核心网和无线网络上，但从最终用户应用的角度来看，它们像是运行在各自独立的网络中。在许多方面，网络切片类似于在同一个物理计算机上配置多个虚拟计算机。边缘计算（用户应用的一部分在靠近核心网边缘的地方运行以满足低时延要求）也可以构成这种网络切片的一部分。

5G 核心网架构强调控制面和用户面的分离，包括两者容量的独立扩展（scaling）。例如，如果需要更多的控制面容量，则单独扩容控制面而不必同时对用户面进行扩容。

总体上，5G 核心网的架构如图 6-1 所示。该图使用了基于服务的表示方法，其中服务和功能是关注的焦点。在 3GPP 标准中，还有一个替代性的参考点描述方法，侧重于功能之间的点到点的交互，但图 6-1 中没有对此进行描述。

图 6-1　高层核心网架构（基于服务的描述）

用户面的功能实体包括用户面功能（User Plane Function，UPF），它是 RAN 与诸如互联网之类的外部网络之间的网关，负责处理数据包路由和转发、数据包检测、服务质量处理和数据包过滤、流量测量等。UPF 还可以在需要时作为（不同 RAT 之间）移动性的锚点。

控制面包含多个功能实体。会话管理功能（Session Management Function，SMF）处理终端（也称为用户设备（User Equipment，UE））的 IP 地址分配、策略实施的控制以及一般会话管理功能等。接入和移动性管理功能（Access and Mobility Management Function，AMF）负责核心网和终端之间的控制信令、用户数据的安全性、空闲态移动性和鉴权。在核心网（更具体地说是 AMF）和终端之间运行的功能有时被称为非接入层（Non-Access Stratum，

NAS），以区别于接入层（Access Stratum，AS）。接入层处理终端和无线接入网之间的功能。

此外，核心网还可以处理其他类型的功能，例如：负责策略规则的策略控制功能（Policy Control Function，PCF）、负责鉴权认证和接入授权的统一数据管理（Unified Data Management，UDM）、网络能力开放功能（Network Exposure Function，NEF）、NF 存储功能（NF Repository Function，NRF）、处理鉴权功能的鉴权服务器功能（Anthentication Server Function，AUSF）、为服务于特定终端而进行切片选择的网络切片选择功能（Network Slice Selection Function，NSSF）、统一数据存储功能（Unified Data Repository，UDR），以及应用功能（Application Function，AF）等。这些功能在本书中没有进一步讨论，读者可以参考文献［13］以了解更多细节。

值得注意的是，核心网功能的具体实现可以是多种多样的。比如，所有功能可以在单个物理节点中实现，也可以分布在多个节点上，或者运行在云平台上。

以上描述的是新的 5G 核心网，它是和 NR 无线接入一起由 3GPP 同时制定的，能够处理 NR 和 LTE 无线接入。然而，为了能够在现有网络中尽早引入 NR，还可以将 NR 连接到 LTE 的核心网 EPC。在图 6-2 中这种方式标示为"选项 3"，并且也被称为"非独立组网"（non-standalone operation），即在这一选项中控制面功能由 LTE 承载，例如初始接入、寻呼和移动性。标记为 eNB 和 gNB 的节点将在下一节中详细讨论。这里读者可以将 eNB 和 gNB 分别理解为 LTE 和 NR 的基站。

图 6-2　核心网和无线接入网的不同组合

在选项 3 中，eNB 连接到 EPC 核心网。所有控制面功能由 LTE 处理，NR 仅用于为用户面数据提供服务。gNB 连接到 eNB，来自 EPC 的用户面数据可以由 eNB 转发到 gNB。选项 3 的其他变种包括：选项 3a 和选项 3x。在选项 3a 中，eNB 和 gNB 的用户面直接连接到 EPC。在选项 3x 中，仅有 gNB 的用户面连接到 EPC，并且到 eNB 的用户面数据通过 gNB 来路由。

对于独立组网，gNB 直接连接到 5G 核心网，如图 6-2 中的选项 2 所示。此时用户面和控制面功能均由 gNB 处理。选项 4、5 和 7 则表示了将 LTE 的 eNB 连接到 5GCN 的各种可能性。

6.1.2　无线接入网

无线接入网有两种连接到 5G 核心网的节点类型：

- gNB，通过使用 NR 用户面和控制面协议为 NR 终端提供服务。
- ng-eNB，通过使用 LTE 用户面和控制面协议为 LTE 终端提供服务[⊖]。

⊖　图 6-2 已经做了简化，没有区分连接到 EPC 的 eNB 和连接到 5GCN 的 ng-eNB。

一个既包含用于 LTE 无线接入的 ng-eNB 节点也包含用于 NR 无线接入的 gNB 节点的无线接入网称为 NG-RAN。为简单起见，下文将直接使用 RAN 来称呼这种无线接入网。此外，下文将假定 RAN 连接到 5G 核心网，因此将使用诸如 gNB 的 5G 术语。换句话说，这些描述将以 5G 核心网和基于 NR 的 RAN 为假设前提，如图 6-2 中的选项 2 所示。但是如前所述，NR 的第一个版本采用的是选项 3，即 NR 连接到 EPC 的非独立组网模式。虽然在节点和接口的命名上略有不同，它们的原理是类似的。

gNB（或 ng-eNB）负责一个或多个小区中的所有无线相关的功能，例如无线资源管理、接入控制、连接建立、用户面数据路由到 UPF、控制面信息路由到 AMF 以及 QoS 流量管理等。需要注意的是，gNB 是一个逻辑节点而非产品的物理实现。gNB 的一个常见的产品实现形态是三扇区基站，即一个基站处理三个小区的发射和接收信号。但是也可以有其他的实现方式，例如一个基带处理单元连接几个射频拉远单元。这些射频拉远单元可以是属于同一个 gNB 的大量室内小区或沿高速公路部署的若干小区。因此，基站是 gNB 的一个可能的实现方式，但不是等价的概念。

从图 6-3 中可以看出，gNB 通过 NG 接口连接到 5G 核心网，具体地说是通过 NG 用户面部分（NG-u）连接到 UPF，并通过 NG 控制面部分（NG-c）连接到 AMF。出于负载均衡和冗余的目的，一个 gNB 可以连接到多个 UPF 和 AMF。

图 6-3　无线接入网接口

gNB 彼此之间的 Xn 接口主要用于支持双连接，以及通过数据包转发来支持相邻小区之间无损的激活态移动性。Xn 接口还可用于多小区的无线资源管理（Radio Resource Management，RRM）功能。

NR 标准中还可以将 gNB 分成两个部分，即一个中央单元（gNB-CU）和一个或多个分布式单元（gNB-DU），gNB-CU 和 gNB-DU 之间通过 F1 接口连接。在这种分离式 gNB 的情况下，RRC、PDCP 和 SDAP 协议驻留在 gNB-CU 中，其余的协议（RLC、MAC、PHY）位于 gNB-DU 中。

gNB（或 gNB-DU）与终端之间的接口称为 Uu 接口。

对于要进行通信的终端，至少需要在终端和网络之间建立一个连接。终端至少要连接到一个小区来处理它的所有上下行传输。所有数据流（包括用户数据和 RRC 信令）都由该小区处理。这是一种简单而牢靠的方法，适用于各种部署场景。但是在某些情况下，允许终端通过多个小区连接到网络可能是有好处的。比如用户面聚合的情况，即来自多个小区的数据流被聚合在一起以提高数据速率。另一个例子是控制面和用户面分离的场景，其中控制面的通信由一个节点处理，用户面的数据由另一个节点处理。把一个终端连接到两个小区[⊖]的场景称为**双连接**（Dual Connectivity）。

图 6-4　使用选项 3 的 LTE-NR 双连接

LTE 和 NR 之间的双连接尤为重要，因为它是使用选项 3 进行非独立组网的基础，如图 6-4 所示。基于 LTE 的主小区负责处理控制面和（潜在的）用户面信令，基于 NR 的辅小区仅负责处理用户面数据，旨在提高数据速率。

NR 与 NR 之间的双连接没有包含在 2017 年 12 月的 Release 15 版本中，而是在 2018 年 6 月的 Release 15 最终版本中发布。

6.2　服务质量

LTE 已经可以处理不同的服务质量（QoS）要求，NR 继承了这一框架并做了进一步增强。LTE 的主要原则被保留下来，即由网络侧来负责 QoS 控制，也就是 5G 核心网可以感知服务，而无线接入网不感知服务。QoS 处理对于网络切片的实现至关重要。

对于每个处于连接态的终端，都包含一个或多个 PDU 会话（PDU session），每个 PDU 会话都会有一个或多个对应的 QoS 流（QoS flow）和数据无线承载（Data Radio Bearer）。核心网 UDF 功能的一部分是根据 QoS 要求将 IP 数据包映射到 QoS 流上，QoS 请求可以是对延迟的要求或者是对数据速率的要求等。每个数据包可以被标记一个 QoS 流标识符（QoS Flow Identifier，QFI）用于上行 QoS 处理。下一步将 QoS 流映射到数据无线承载上，这是在无线接入网中完成的。因此，核心网感知服务的要求，而无线接入网仅将 QoS 流映射到无线承载上。QoS 流到无线承载的映射不一定是一一对应的，多个 QoS 流可以映射到同一个数据无线承载上（见图 6-5）。

⊖　实际上是两个小区组，即主小区组（Master Cell Group，MCG）和辅小区组（Secondary Cell Group，SCG），载波聚合当中所提及的主小区组和辅小区组意味着每个组中都存在多个小区。

图 6-5　PDU 会话中的 QoS 流和无线承载

在上行链路中，有两种控制 QoS 流到数据无线承载的映射的方式：反射映射和显式配置。

反射映射方式是终端连接到 5G 核心网时 NR 提供的新功能。此时终端首先在 PDU 会话的下行数据包中检测到 QFI，并用它确定 IP 流到 QoS 流以及无线承载之间的映射关系。然后对于上行业务，终端将会使用相同的映射关系。所以这种方式被称作反射映射。

在显式映射的情况下，QoS 流到数据无线承载的映射关系是通过 RRC 信令在终端中配置的。

6.3　无线协议架构

在描述了网络整体架构之后，现在可以讨论支持用户面和控制面的 RAN 的协议架构。图 6-6 描述了 RAN 的协议架构（如前一节所述，AMF 不是 RAN 的一部分，但为了提供一个完整的描述，AMF 被包含在图 6-6 中）。

图 6-6　用户面和控制面协议栈

在下文中, 6.4 节描述用户面协议, 6.5 节描述控制面协议。如图 6-6 所示, 许多协议实体对于用户面和控制面是共享的, 因此 PDCP、RLC、MAC 和 PHY 将仅在用户面部分进行描述。

6.4　用户面协议

图 6-7 所示是 NR 用户面协议架构中下行链路的一个概观。尽管存在一些差异, NR 的协议层很多与 LTE 类似。其中一个区别, 是当 NR 用户面连接到 5G 核心网时 NR 对 QoS 的处理方式。此时 SDAP 协议层支持一个或者多个 QoS 流, 每个 QoS 流承载具有不同 QoS 要求的 IP 数据包。当 NR 用户面连接到 EPC 核心网时, 则不需要使用 SDAP。

图 6-7　NR 下行用户面协议架构（从终端的角度看）

后续讨论中将进一步阐明, 图 6-7 中所示的功能模块并非在所有情况下都适用。例如, 加密不适用于基本系统信息的广播。上行用户面协议结构与图 6-7 中的下行结构是类似的, 只是在像传输格式选择和逻辑信道复用的控制方面存在一些差异。

下面对无线接入网的不同协议实体做概述，后续章节将有更详细的描述。

- 服务数据适配协议（Service Data Adaptation Protocol，SDAP）负责根据 QoS 要求将 QoS 承载映射到无线承载。LTE 中不存在该协议层，但在 NR 中当连接到 5G 核心网时，新的 QoS 处理需要这一协议实体。
- 分组数据汇聚协议（Packet Data Convergence Protocol，PDCP）实现 IP 数据包的头压缩、加密和完整性保护。在切换时 PDCP 还执行数据包重传、按序递交和删除重复数据⊖等操作。在双连接的承载分离情况下，PDCP 可以提供数据包路由和复制。来自不同小区的数据包的复制和传输可以为可靠性要求很高的业务提供服务分集。终端的每个无线承载都配置一个 PDCP 实体。
- 无线链路控制（Radio-Link Control，RLC）负责数据分段和重传。RLC 层以 RLC 信道的形式向 PDCP 提供服务。终端配置的每个 RLC 信道（对应每个无线承载）都有一个 RLC 实体。与 LTE 相比，NR 中的 RLC 层不支持数据按序递交给更高的协议层，这个改进是为了减少时延，下面将做进一步解释。
- 媒体接入控制（Medium-Access Control，MAC）负责逻辑信道复用、HARQ 重传以及调度和调度相关的功能。gNB 中的上下行调度功能位于 MAC 层。MAC 层以逻辑信道的形式向 RLC 层提供服务。NR 改变了 MAC 层的报头结构，从而相对于 LTE 来说可以更有效地支持低时延的处理。
- 物理层（PHysical Layer，PHY）负责编解码、调制、解调、多天线映射以及其他典型的物理层功能。物理层以传输信道的形式向 MAC 层提供服务。

图 6-8 以示例的方式总结了下行数据通过所有协议层的处理流程：给定三个 IP 数据包，其中两个在一个无线承载上，一个在另一个无线承载上。在这个示例中共有两个无线承载，并且一个 RLC SDU 被分段并且在两个不同的传输块中进行传送。上行传输的数据流处理是与此类似的。

图 6-8　用户面数据流示例

⊖　3GPP 2017 年 12 月的 NR 版本不支持重复数据检测，在 2018 年 6 月的版本中支持。

SDAP 协议将 IP 数据包映射到不同的无线承载上，在该示例中，IP 数据包 n 和 $n+1$ 被映射到无线承载 x 上，而 IP 数据包 m 被映射到无线承载 y 上。通常，来自或者去往更高协议层的数据实体被称为服务数据单元（Service Data Unit，SDU），而来自或者去往较低协议层的数据实体被称为协议数据单元（Protocol Data Unit，PDU）。因此，SDAP 的输出是 SDAP PDU，等价于 PDCP SDU。

PDCP 协议对每个无线承载执行（可选的）IP 报头压缩，然后进行加密。根据配置决定是否添加 PDCP 报头，报头信息包含终端解密所需的信息，以及用于重传和按序递交的序列号。PDCP 层的输出被转发给 RLC 层。

如果需要，RLC 层对 PDCP PDU 进行分段，并添加 RLC 报头，其中包含用于重传处理的序列号。与 LTE 不同，NR 的 RLC 层不向更高协议层提供数据按序递交服务。原因是重排序机制会带来额外的延迟，这种延迟可能对需要非常低时延的服务造成损害。如果确实有需要，可以由 PDCP 层提供按序递交。

RLC PDU 被转发到 MAC 层，MAC 层对多个 RLC PDU 进行复用并添加 MAC 报头以形成传输块。请注意，MAC 报头分布在整个 MAC PDU 中，即与某个 RLC PDU 相关的 MAC 报头紧挨着放在该 RLC PDU 之前。这与 LTE 是不同的，LTE 中所有 MAC 报头信息都位于整个 MAC PDU 的开始位置。NR 之所以做如此改变，是为了高效地处理低时延的场景。NR 的这种结构允许"在线"（on the fly）组装 MAC PDU，因为在报头字段计算出来之前，不需要组装完整的 MAC PDU。这样就减少了 MAC PDU 的处理时间，从而减少了整体时延。

本章的其余部分对 SDAP、RLC、MAC 和物理层进行概述。

6.4.1　SDAP

SDAP 层负责来自 5G 核心网的 QoS 流到数据无线承载之间的映射，以及对上下行链路中的数据包做 QoS 流标识符（QFI）的标记。在 NR 中引入 SDAP 的原因是，当连接到 5G 核心网时需要与 LTE 不同的新的 QoS 处理。在这种情况下，如 6.2 节所述，SDAP 负责 QoS 流和无线承载之间的映射。如果 gNB 连接到 EPC，即非独立组网模式的情况下，则不需要使用 SDAP。

6.4.2　PDCP

PDCP 执行 IP 报头压缩以减少通过无线接口传输的比特数。头压缩机制基于鲁棒性头压缩（ROHC）框架[36]，这是一组标准化的头压缩算法，也被应用于其他几种移动通信技术。PDCP 还负责加密以防止窃听，对于控制面还提供完整性保护以确保控制消息来自正确的信息源。在接收端，PDCP 执行相应的解密和解压缩操作。

PDCP 还负责重复数据包的删除和（可选的）对数据包的按序递交，用于如 gNB 内切换的场景。在切换时，PDCP 将未送达的下行数据包从旧的 gNB 转发到新的 gNB。在切换时，由于 HARQ 的缓存被清空，终端中的 PDCP 实体还将负责对尚未送达 gNB 的所有上行数据包进行重传。在这种情况下，一些 PDU 可能通过旧 gNB 和新 gNB 的两个连接被重复接收。在这种情况下，PDCP 将删除重复接收的数据包。PDCP 还可以被配置为执行重排序功能以便确保 SDU 按序递交到更高协议层（如果需要的话）。

PDCP 中的重复数据包处理功能也可用于提供额外的分集增益。在发射端，数据包首先被复制，然后在多个小区中发送，增加了至少有一个副本被接收到的可能性。这对需要超高可靠性的业务而言非常有用。在接收端，PDCP 的重复删除功能则删除掉所有重复项。这实质上相当于选择分集。

双连接是 PDCP 发挥重要作用的另一个领域。在双连接中，终端连接到两个小区，通常是两个小区组⊖，即主小区组（Master Cell Group，MCG）和辅小区组（Secondary Cell Group，SCG）。两个小区组可以分属于不同的 gNB。一个无线承载通常由一个小区组来处理，但是也存在承载分离的情况，即一个无线承载由两个小区组分别处理。此时 PDCP 负责在 MCG 和 SCG 之间分配数据，如图 6-9 所示。

图 6-9　承载分离的双连接

Release 15 的 2018 年 6 月版本以及后续的 NR 版本提供了对双连接的通用支持，而 Release 15 的 2017 年 12 月版本则仅支持 LTE 和 NR 之间的双连接——这对于选项 3 的非独立组网尤其重要，如图 6-4 所示。基于 LTE 的主小区负责控制面及（可能的）用户面信令，而基于 NR 的辅小区仅负责处理用户面，主要是为了提高数据速率。

6.4.3　无线链路控制

RLC 协议负责将来自 PDCP 的 RLC SDU 分割为适当大小的 RLC PDU。RLC 还对错误接收的 PDU 进行重传处理，以及删除重复的 PDU。根据服务类型，RLC 可以配置为以下三种模式之一：透明模式、非确认模式和确认模式。每种模式实现上述 RLC 的部分或

⊖　之所以提出"小区组"这个概念还有一个目的，就是用于载波聚合的场景，此时每个小区组中都有多个小区，每个小区都对应一个聚合载波。

全部功能。顾名思义，透明模式是透明的，并且不添加报头。非确认模式支持分段和重复检测，而确认模式还额外支持错误数据包的重传。

NR 的 RLC 与 LTE 相比的一个主要差异是不保证向上层按序递交 SDU。从 RLC 中去掉按序递交功能可以减少总体时延，因为后续数据包不是需等待之前丢失的数据包完成重传才能被递交到高层，而是可以直接被转发。另一个区别是从 RLC 协议中去掉 SDU 级联功能，从而在收到上行调度授权之前可以预先组装 RLC PDU。这也有助于减少整体时延，如第 13 章所述。

图 6-10 显示了作为 RLC 主要功能之一的分段功能。该图中还包含相对应的 LTE 功能，在 LTE 中 RLC 还支持级联。RLC 根据调度器的调度决定选择一定的传输数据量，也就是选择传输块的大小。作为 NR 整体低时延设计的一部分，在上行传输的情况下，上行调度决策在传输之前大约几个 OFDM 符号的时间内才会告知终端。在 LTE 具有级联功能的情况下，在获知调度决策之前无法组装 RLC PDU，这会给上行传输造成额外的延迟，因而不能满足 NR 的低时延要求。通过从 RLC 中去掉级联功能，可以预先组装 RLC PDU，并且在接收到调度决策时，终端仅需将适当数量的 RLC PDU 转发到 MAC 层，而该数量取决于被调度的传输块大小。为了完全填充一个传输块，最后一个 RLC PDU 可以只包含 SDU 的一个分段。分段的操作很简单，在接收到调度授权时，终端把填充传输块所需的数据包含进去，并更新报头以指明它是分段的 SDU。

图 6-10　RLC 分段

RLC 重传机制还负责向高层提供无差错数据递交。为此，在接收方和发射方的 RLC 实体之间运行着重传协议。通过监测接收到的 PDU 报头中所指示的序列号，接收方 RLC 实体可以识别丢失的 PDU（RLC 序列号独立于 PDCP 序列号）。然后接收方会反馈状态报告给发射方的 RLC 实体，以请求重发丢失的 PDU。基于所接收到的状态报告，发射方的

RLC 实体可以做出适当的反应并在需要时重新发送丢失的 PDU。

尽管 RLC 能够处理由于噪声和不可预测的信道变化等引起的传输错误，但是在大多数情况下，无差错传输是由 MAC 层的 HARQ 协议来处理的。因此，在 RLC 中使用重传机制似乎是多余的。但是，正如将在第 13 章中讨论的那样，实际上并非如此。事实上，由于在 RLC 层和在 MAC 层采用的两种重传机制所使用的反馈信令不同，决定了这两种重传机制都是有用武之地的。

有关 RLC 的更多细节将在 13.2 节中进一步描述。

6.4.4 媒体接入控制

MAC 层负责逻辑信道复用、HARQ 重传，以及调度及其相关功能，也对不同参数集进行处理。当使用载波聚合时，MAC 还负责跨多个分量载波的数据复用和解复用。

1. 逻辑信道和传输信道

MAC 以逻辑信道的形式向 RLC 层提供服务。逻辑信道由其携带的信息类型所定义，通常分为控制信道——用于传输 NR 系统运行所需的控制和配置信息，以及业务信道——用于传输用户数据。NR 的逻辑信道类型包括：

- 广播控制信道（Broadcast Control CHannel，BCCH），用于从网络向小区中的所有终端发送系统信息。在接入系统之前，终端需要获取系统信息以了解系统的配置方式以及在小区内正常运行所需遵守的规则。请注意，在非独立组网模式下，系统信息是由 LTE 系统提供的，NR 侧则不使用 BCCH。
- 寻呼控制信道（Paging Control CHannel，PCCH），用于在网络中寻呼小区位置信息未知的终端。因此，寻呼消息需要在多个小区中发送。请注意，在非独立组网模式下，寻呼由 LTE 系统提供，NR 侧不使用 PCCH。
- 公共控制信道（Common Control CHannel，CCCH），用于在随机接入过程中传输控制信息。
- 专用控制信道（Dedicated Control CHannel，DCCH），用于在网络和终端之间传输控制信息。该信道用于对一个终端进行专有配置，例如配置各种参数。
- 专用业务信道（Dedicated Traffic CHannel，DTCH），用于在网络和终端之间传输用户数据。这是一个用于传输所有的单播上下行用户数据的逻辑信道类型。

LTE 系统中通常也存在上述逻辑信道并且功能类似。但是，LTE 还为 NR 中尚未支持（但可能会在后续版本中引入）的功能提供了额外的逻辑信道。

物理层以传输信道的形式为 MAC 层提供服务。传输信道的定义是信息如何通过无线接口以何种方式传输。传输信道上的数据被组织成传输块。在每个传输时间间隔（Transmission Time Interval，TTI）内，最多有一个大小不等的传输块通过无线接口发向或来自终端（在多于四层的空分复用的情况下，每个 TTI 有两个传输块）。

每个传输块有一个相关联的传输格式（Transport Format，TF），它指定了如何通过无线接口传送传输块。传输格式包括传输块的大小、调制编码方式以及天线映射的信息。通过改变传输格式，MAC 层可以实现不同的数据速率，这一过程称为传输格式选择（transport format selection）。

NR 定义了以下几种传输信道类型：

- 广播信道（Broadcast CHannel，BCH）具有固定的传输格式，由 3GPP 规范指定。BCH 用于传输部分 BCCH 系统信息，更具体地说叫作主信息块（Master Information Block，MIB），如第 16 章所述。
- 寻呼信道（Paging CHannel，PCH）用于传输 PCCH 逻辑信道的寻呼信息。PCH 支持不连续接收（Discontinuous Reception，DRX），允许终端只在预先定义的时刻醒来以接收 PCH 信息，从而节省电池电量。
- 下行共享信道（DownLink Shared CHannel，DL-SCH）是用于在 NR 中传输下行数据的主要传输信道。它支持 NR 的关键特性，包括动态速率自适应、时域和频域上的信道相关调度、具有软合并的 HARQ 和空分复用。它还支持 DRX 以降低终端功耗，同时也提供始终在线的体验。DL-SCH 还用于传输未映射到 BCH 的部分 BCCH 系统信息（参见上面的广播信道）。每个终端在其连接的每个小区中都有一个 DL-SCH。从终端的角度来看，在接收系统信息的那些时隙中，存在一个额外的 DL-SCH。
- 上行共享信道（Uplink Shared CHannel，UL-SCH）是与 DL-SCH 相对应的用于传输上行数据的上行传输信道。

此外，尽管不承载传输块，随机接入信道（Random-Access CHannel，RACH）也被定义为传输信道。在 Release 16 中引入的 Sidelink 也是一个额外的传输信道，详见第 23 章。

MAC 功能的一部分是对不同逻辑信道的复用以及逻辑信道到相应的传输信道的映射。逻辑信道类型和传输信道类型之间的映射如图 6-11 所示。该图清楚地表明 DL-SCH 和 UL-SCH 是下行和上行的主要传输信道。图中还包括相应的物理信道（后面会有进一步描述），并且展示了传输信道和物理信道之间的映射。

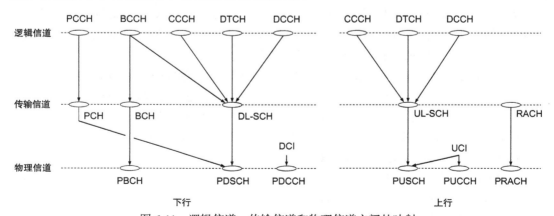

图 6-11　逻辑信道、传输信道和物理信道之间的映射

为了支持优先级处理，MAC 层可以将多个逻辑信道复用到一个传输信道上，其中每个逻辑信道拥有自己的 RLC 实体。在接收端，MAC 层负责相应的解复用并将 RLC PDU 转发至它们各自的 RLC 实体。为了支持接收端的解复用，需要使用 MAC 报头。与 LTE 相比，为了支持低时延操作，NR 的 MAC 报头的放置方式有所改进。所有 MAC 报头信息不再固定放置在 MAC PDU 的开始处（这样意味着在获知调度决策以及 MAC PDU 中应包含的 SDU 之前，无法开始组装 MAC PDU），而是把对应于某个 MAC SDU 的子报头直接放置在该 SDU 之前，如图 6-12 所示。这就使得在接收到调度决策之前可以对 PDU 进行预处理。如果有必要，可以附加填充比特使传输块大小与 NR 中支持的传输块大小保持一致。

图 6-12　MAC SDU 复用和报头插入（上行）

子报头包含发出 RLC PDU 的逻辑信道标识（LCID）和以字节为单位的 PDU 长度指示。子报头中还包含一个标志字段指示长度指示符的大小，以及一个供将来使用的预留比特。

除了复用不同的逻辑信道，MAC 层还可以将 MAC 控制信元插入传输块中，并通过传输信道传输。MAC 控制信元用于带内控制信令，可利用 LCID 字段中的预留值进行标识，其中 LCID 值指示控制信息的类型。根据用途不同，NR 支持固定和可变长度的 MAC 控制信元。对于下行传输，MAC 控制信元位于 MAC PDU 的开始处，而对于上行传输，MAC 控制信元位于 MAC PDU 结尾处紧挨着填充比特（如果存在）之前的位置。同理，这种放置方式是为了有利于终端的低时延操作。

如上所述，MAC 控制信元用于带内控制信令。它提供比 RLC 更快的发送控制信令的方式，而不必受物理层 L1/L2 控制信令（PDCCH 或 PUCCH）在有效净荷大小和可靠性方面的限制。MAC 控制信元有很多种，目的各不相同，例如：

- 调度相关的 MAC 控制信元，如用于辅助上行调度的缓存状态报告和功率余量报告（第 14 章将有描述），以及在配置半持续调度时使用的可配置的授权确认 MAC 控制信元。
- 随机接入相关的 MAC 控制信元，例如 C-RNTI 和竞争解决 MAC 控制信元。
- 定时提前 MAC 控制信元，处理定时提前量，如第 15 章所述。
- 激活 / 去激活已配置的分量载波。
- DRX 相关的 MAC 控制信元。
- 激活 / 去激活 PDCP 重复包检测。
- 激活 / 去激活 CSI 报告和 SRS 传输（见第 8 章）。

在载波聚合的情况下，MAC 实体还负责在不同分量载波之间或者小区之间分发每个数据流的数据。载波聚合的基本原理是每个分量载波的用户面是在物理层分别处理的，包括相关的控制信令和 HARQ 重传，而载波聚合在 MAC 层以上是不可见的。因此，载波聚合主要体现在 MAC 层，如图 6-13 所示，其中逻辑信道（包括所有 MAC 控制信元）被复用以形成每个分量载波的传输块，每个分量载波有自己的 HARQ 实体。

图 6-13　载波聚合

载波聚合和双连接都可以使终端连接到多个小区。尽管它们之间存在这种相似性，但本质上还是有差异的，主要看不同小区之间是如何密切协作的，以及它们是否位于相同的 gNB 中。

载波聚合意味着非常紧密的协作，所有小区属于同一个 gNB。通过一个联合调度器对终端连接的所有小区实施联合调度决策。

双连接则允许小区间更松散的协作方式，不同小区可以属于不同的 gNB，甚至不同的无线接入技术，比如非独立组网模式下的 NR-LTE 双连接的情形。

载波聚合和双连接还可以结合在一起，这也是引入主小区组和辅小区组这两个术语的原因。在每个小区组中可以使用载波聚合。

2. 调度

NR 无线接入的一个基本原则是共享信道传输，即在用户之间动态共享时频资源。调度器（scheduler）是 MAC 层的一部分（不过通常看作是单独的实体），它以频域中的资源块（Resource Block，RB）以及时域中的 OFDM 符号和时隙为单位来控制上下行链路资源的分配。

调度器的基本工作方式是动态调度，gNB 通常每个时隙进行一次调度决策，并将调度信息发送给所选择的一组被调度终端。尽管每时隙调度是通常的情况，但是调度决策和实际数据传输并不局限于必须在时隙边界处开始或者结束。突破这一限制对于低时延以及第 7 章中所提到的非授权频谱都非常有帮助。

上行和下行的调度在 NR 中是分开的，并且上行和下行调度决策可以彼此独立地进行（在半双工的情况下受制于双工方式的限制）。

下行调度器负责（动态地）控制基站对哪些终端进行下行传输，以及在哪些资源块集合上传输这些终端的 DL-SCH。传输格式选择（传输块大小、调制方式和天线映射的选择）

和下行传输的逻辑信道复用是由 gNB 控制的，如图 6-14 的左侧部分所示。

图 6-14 下行链路和上行链路中的传输格式选择

上行调度器的功能与此类似，即（动态地）控制哪些终端将在它们各自的 UL-SCH 上进行发送以及使用哪些上行时频资源（包括分量载波）。尽管 gNB 调度器决定终端的传输格式，不过需要指出的是，上行调度决策并没有显式地对特定逻辑信道做调度，而是做终端级别的调度。因此，虽然 gNB 调度器控制了被调度终端的可传数据量，但是，选择哪些无线承载上的数据来传输则是由终端根据一组由 gNB 配置的参数规则来决定的。图 6-14 的右侧部分对此做了说明，其中 gNB 调度器控制传输格式，而终端控制逻辑信道复用。

尽管调度策略依赖于具体的产品实现并且 3GPP 并没有对此做特别的规定，但是一般而言，大多数调度器的总体目标是利用不同终端的信道变化，优先选择当下处于较有利的时频域信道条件下的终端进行传输，这通常称作信道相关调度（channel-dependent scheduling）。

信道状态信息（Channel-State Information，CSI）为下行信道相关调度提供支持。CSI 是由终端报告给 gNB 的，反映了时频域中即时的下行信道质量，以及在空分复用的情况下采取适当的天线信号处理所需的信息。对于上行，如果 gNB 想要估计某些终端的上行信道质量以便进行信道相关调度，所需的信道状态信息可以基于该终端所发送的探测参考信号来获得。为了帮助上行调度器做决策，终端可以使用 MAC 控制信元将缓存状态和功率余量信息发送给 gNB。不过，仅当终端获得有效的调度授权时才能传送上述信息。在没有调度授权时，作为上行 L1/L2 控制信令结构的一部分，终端可以向基站发送一个指示，表明自己需要上行资源（见第 10 章）。

虽然动态调度是基本的工作模式，但是在没有动态授权的情况下，也存在发送和接收的可能性，以减少控制信令的开销。此时，下行和上行的处理方式会有所不同。

在下行使用类似于 LTE 中的半持续调度的方案。终端会事先收到一个半静态调度模式的配置通知，然后在被 L1/L2 控制信令（该控制信令还包括诸如要使用的时频资源和调制编码方式等参数）激活之后，终端就可以根据预先配置的模式开始接收下行数据传输。

在上行有两种略有不同的方式，称作类型 1 和类型 2，二者的区别在于如何进行激活。类型 1 通过 RRC 配置所有参数，包括要使用的时频资源和调制编码方式，然后终端根据配置的参数激活上行传输。类型 2 则类似于半持续调度，由 RRC 配置调度模式，然后使用 L1/L2 信令完成激活，激活信令包含所有必要的传输参数（除了周期是由 RRC 信令提供的）。类型 1 和类型 2 的一个共同点是，终端只在有数据要传输时才会在上行发送。

3. 带软合并的 HARQ

带软合并的 HARQ 对传输差错具有鲁棒性。由于 HARQ 重传的速度很快，许多业务允许一次或多次重传，因此 HARQ 形成了隐式（闭环）的速率控制机制。HARQ 协议是 MAC 层的一部分，实际的软合并[⊖]操作由物理层处理。

并非所有类型的业务都适合使用 HARQ。例如广播传输，要将相同的信息传送给多个终端，通常就不依赖于 HARQ。因此，HARQ 仅用于 DL-SCH 和 UL-SCH，当然最终 HARQ 的使用取决于 gNB 的具体实现。

NR 的 HARQ 协议使用与 LTE 类似的多个并行的停止 – 等待进程。当接收到一个传输块时，接收机尝试对传输块进行解码，并将解码的结果通知发射机，这是通过一个 1 比特的确认位来实现的，它指示解码是否成功或者是否需要重传传输块。显然，接收机需要知道接收到的确认与哪一个 HARQ 进程关联。这可以通过确认信息和某个 HARQ 进程的定时关系来解决，或者在同时发送多个确认的情况下，通过识别确认信息在 HARQ 码本中的位置来解决（更多细节见 13.1 节。第 19 章描述了在使用非授权频谱时与上述方案的差异）。

异步 HARQ 协议既用于上行也用于下行，异步 HARQ 需要一个显式的 HARQ 进程号来指示每个传输对应的 HARQ 进程。在异步 HARQ 协议中，对重传的调度原则上与对初传的调度类似。之所以在上行使用异步协议而非 LTE 的同步协议，是因为这是支持没有固定上下行配比的动态 TDD 所必需的。异步 HARQ 的另一个优点是为处理不同数据流和终端之间的优先级提供了更好的灵活性，这有利于向 Release 16 中的非授权频谱操作扩展。

NR 最多可以支持 16 个 HARQ 进程。之所以比 LTE[⊜]支持更大的 HARQ 进程数，是考虑到使用射频拉远单元的可能性——它会引起一定的前传延迟，以及在高频段工作时时隙的持续时间更短。不过需要注意的是，支持的最大 HARQ 进程数越多并不意味着更长的往返时延，因为不一定需要使用所有的进程，这只是可能的进程数量的上限。

⊖ 软合并是在信道解码之前或者作为信道解码的一部分来完成的，所以很明显是物理层的功能。而且，基于每 CBG 的重传处理也是属于正式的物理层功能范畴。

⊜ 在 LTE 中，FDD 使用 8 个进程，TDD 根据上下行配置最多使用 15 个进程。

对终端使用多个并行的 HARQ 进程（见图 6-15）可能导致数据在 HARQ 机制下出现乱序。例如，图 6-15 中的传输块 3 在传输块 2 之前被成功解码，而传输块 2 需要重传。对于许多应用来说这是可以接受的，如果不能接受，也可以通过 PDCP 协议来提供按序递交。RLC 协议中不提供按序递交是为了减少时延。如果在图 6-15 中强制执行按序递交，则在将数据包递交到更高层之前，必须延迟递交数据包 3、4 和 5，直到数据包 2 被正确接收；如果不需要按序递交，则一旦正确接收单个数据包就可以立即转发。

图 6-15　多个并行的 HARQ 进程

与 LTE 相比，NR 中 HARQ 机制的一个增强功能是码块组（CodeBlock Group，CBG）的重传，这一增强对于非常大的传输块或者当一个传输块被另一个抢先传输的传输块部分干扰时非常有用。作为物理层信道编码的一部分，传输块被分割成一个或多个码块，纠错编码应用于最大为 8448 比特⊖的每个码块，以便保持信道编码合理的复杂度。因此，即使对于适中的数据速率，每个传输块也可能包含多个码块，而在 Gbps 数据速率下，每个传输块可以有高达数百个码块。在许多情况下，特别是如果干扰是突发性的并且只干扰了时隙中的少量 OFDM 符号，传输块中可能只有少量码块遭到破坏，而大多数码块可以被正确接收。所以为了正确接收整个传输块，只需要重传错误的码块就足够了。同时，如果 HARQ 机制需要对单个码块进行定位，则控制信令的开销将会太大。因此就提出了 CBG 这个概念。如果配置了基于 CBG 的重传，则针对每个 CBG 都会提供反馈，从而仅有错误接收的码块组才会被重传（见图 6-16）。这样比重新传输整个传输块消耗的资源更少。尽管 CBG 重传是 HARQ 机制的一部分，但它对 MAC 层是不可见的，实际上是在物理层中处理的。其原因不是技术性的，而完全与 3GPP 规范的结构有关。从 MAC 的角度来看，在正确接收所有的 CBG 之前，传输块不能算是已被正确接收。在同一个 HARQ 进程中，不能将属于某个传输块的新 CBG 传输与属于另一个错误接收传输块的 CBG 重传混在一起进行传输。

⊖　当编码速率低于 1/4 时，码块大小是 3840。

图 6-16　码块组重传

HARQ 机制能够快速纠正由噪声或不可预测的信道变化引起的传输差错。如前所述，RLC 也可以请求重传，乍一看这似乎是没有必要的。不过，通过反馈信令的不同可以看出为什么存在这两种重传机制：HARQ 可以提供快速重传，但由于反馈中也可能存在差错，导致典型的残留错误率太高而影响到业务质量，例如难以实现较好的 TCP 性能；RLC 可以确保几乎是无差错的数据递交，但是它比 HARQ 协议的重传速度要慢。因此，HARQ 和 RLC 结合在一起就可以提供一个往返时间短并且保证可靠数据递交的有吸引力的组合。

6.4.5 物理层

物理层功能包括：编码、物理层 HARQ 处理、调制、多天线处理以及将信号映射到相应的物理时频资源上。物理层还负责传输信道到物理信道的映射，如图 6-11 所示。

如前所述，物理层以传输信道的形式向 MAC 层提供服务。上下行数据传输分别使用 UL-SCH 和 DL-SCH 传输信道类型。在每个终端的 DL-SCH 或 UL-SCH 上，每个 TTI 最多有一个传输块（在下行多于四层的空分复用情况下有两个传输块）。在载波聚合的情况下，终端可以在每个分量载波上有一个 DL-SCH（或 UL-SCH）。

一个物理信道对应于一组用于传送一个特定传输信道的时频资源，每个传输信道映射到相应的物理信道上，如图 6-11 所示。有的物理信道有对应的传输信道，有的物理信道则没有。后者被称为 L1/L2 控制信道，用于传送下行控制信息（Downlink Control Information，DCI）——为终端提供用于正确接收和解码下行数据传输的必要信息，以及上行控制信息（Uplink Control Information，UCI）——为调度器和 HARQ 协议提供关于终端状况的信息。

NR 定义了以下物理信道类型：

- 物理下行共享信道（Physical Downlink Shared CHannel，PDSCH），用于单播数据传输的主要物理信道，也用于传输例如寻呼信息、随机接入响应消息和部分系统信息。
- 物理广播信道（Physical Broadcast CHannel，PBCH），承载终端接入网络所需的部分系统信息。
- 物理下行控制信道（Physical Downlink Control CHannel，PDCCH），用于传输下行控制信息，主要是调度决策、用于接收 PDSCH 的必要信息以及用于启用 PUSCH 上行传输的调度授权。
- 物理上行共享信道（Physical Uplink Shared CHannel，PUSCH），是 PDSCH 的上行对应信道。每个终端的每个上行分量载波最多有一个 PUSCH。
- 物理上行控制信道（Physical Uplink Control CHannel，PUCCH），终端使用它来发送 HARQ 确认——以便向 gNB 指示是否已成功接收到下行传输块，发送信道状态报告以协助下行信道相关调度，以及请求资源来发送上行数据。
- 物理随机接入信道（Physical Random-Access CHannel，PRACH），用于随机接入。

请注意，某些物理信道特别是用于传输下行和上行控制信息的物理信道（PDCCH 和 PUCCH）没有对应的传输信道映射。Release 16 中引入的 Sidelink 定义了新的物理信道，有关详细信息参见第 23 章。

6.5   控制面协议

控制面协议主要负责连接建立、移动性和安全性以及其他功能。

NAS 控制面功能位于核心网的 AMF 和终端之间,包括鉴权、安全性、注册管理和移动性管理(如下文所述,寻呼是移动性管理的一个子功能)等功能。另外作为会话管理功能的一部分,它还负责为终端分配 IP 地址。

无线资源控制(Radio Resource Control,RRC)控制面功能工作于 gNB 的 RRC 层和终端之间。 RRC 负责处理与 RAN 相关的控制面过程,包括:

- 系统信息的广播,使终端得到与小区通信的必要信息。第 16 章介绍了如何获取系统信息。
- 发送核心网发起的寻呼消息,以通知终端收到入呼连接请求。当终端未连接到小区时处于 RRC_IDLE 状态(下面有进一步描述),此时系统会使用寻呼机制。当终端处于非激活态时,也可以从无线接入网发起寻呼。发送系统信息更新指示是寻呼机制的另一种用途,公共告警系统也可以使用寻呼。
- 连接管理,包括建立 RRC 上下文,也就是为终端和无线接入网之间的通信配置所需的参数。
- 移动性功能,比如小区(重)选择,详见下文。
- 测量配置和报告。
- 终端能力的处理。当连接建立后,终端在网络请求时将告知网络它具有哪些能力,因为并非所有终端都能支持 3GPP 标准中描述的所有功能。

RRC 消息通过信令无线承载(Signaling Radio Bearer,SRB)发送给终端,经过的协议层(PDCP、RLC、MAC 和 PHY)与 6.4 节中所描述的相同。在连接建立过程中,SRB 被映射到公共控制信道(CCCH),一旦连接建立起来,则被映射到专用控制信道(DCCH)。MAC 层可以复用控制面数据和用户面数据,并且这些数据可以在同一个 TTI 中传送给终端。前面提到的 MAC 控制信元也可以在某些特殊情况下用于无线资源的控制,这时满足低时延是最为重要的,因而可以放弃加密、完整性保护和可靠传输。

RRC 状态机

对于绝大多数无线通信系统,根据业务活动的不同,终端可以处于不同的状态。NR 也是如此,NR 终端共有三种 RRC 状态,即 RRC_IDLE、RRC_CONNECTED 和 RRC_INACTIVE(见图 6-17)。前两种 RRC 状态 RRC_IDLE 和 RRC_CONNECTED 类似于 LTE 中的对应状态,而 RRC_INACTIVE 是在 NR 中引入的新状态,在最初的 LTE 设计中并不存在。此外,终端还有两种核心网状态 CM_IDLE 和 CM_CONNECTED,取决于终端是否已经建立与核心网的连接，此处不做进一步讨论。

图 6-17   RRC 状态

在处于 RRC_IDLE 状态时，无线接入网中还不存在 RRC 上下文——还不存在终端和网络之间通信所需的参数，此时终端不属于任何小区。从核心网的角度来看，此时终端处于 CM_IDLE 状态。此时无法进行数据传输，为了减少电池电量消耗，终端大部分时间处于休眠状态。在下行，处于空闲态的终端周期性地醒来以便从网络接收寻呼消息（如果有的话）。此时终端对移动性的处理是通过小区重选（见 6.6.2 节）来实现的。上行同步也不会被维护，唯一可能发生的上行传输是第 17 章中讨论的终端为了转移到连接态而发起的随机接入。在转移到连接态后，终端侧和网络侧都会建立 RRC 上下文。

在终端处于 RRC_CONNECTED 状态时，RRC 上下文已经建立，终端和无线接入网络之间通信所需的全部参数对于双方都是已知的。从核心网的角度来看，此时终端处于 CM_CONNECTED 状态。在连接态下终端所属的小区已经确定，用于终端和网络之间信令交互的终端标识，即小区无线网络临时标识符（Cell Radio-Network Temporary Identifier，C-RNTI）也已经配置完成。在连接态下终端可以进行数据收发，不过也可以通过配置不连续接收（Discontinuous Reception，DRX）来降低终端功耗（14.5 节对 DRX 有更详细描述）。由于连接态下在 gNB 中已经建立了 RRC 上下文，因此终端结束 DRX 并恢复数据传输的速度相对较快，因为此时不需要通过信令流程来建立连接。在连接态下移动性由无线接入网管理，6.6.1 节有详细描述，终端向网络提供相邻小区的测量报告，网络控制终端执行相关的切换操作。此时上行时间对齐有可能已经丢失，从而需要通过随机接入过程来建立时间对齐，并且像第 17 章中所描述的那样维持时间对齐，以便进行数据传输。

LTE 仅支持空闲态和连接态两种 RRC 状态[⊖]。为了减少终端功耗，实际上常见做法是使用空闲态作为主要的睡眠状态。然而，由于对许多智能手机应用而言小数据包的传输非常频繁，结果会导致核心网中大量的空闲态和激活态之间的终端状态转换。这些转换是以信令负荷和时延为代价的。因此，为了减少信令负荷和时延，NR 中定义了第三种终端状态：RRC_INACTIVE 状态。

在 RRC_INACTIVE 状态时，RRC 上下文保持在终端和 gNB 中。核心网连接也保持不变，即从核心网角度看，终端是处于 CM_CONNECTED 状态。因此，为了进行数据传输，终端从 RRC_INACTIVE 状态转移到连接态的速度很快，不需要核心网信令的参与。此时 RRC

⊖   这适用于连接到 EPC 的 LTE 网络。从 Release 15 开始，也可以将 LTE 连接到 5G 核心网，在这种情况下 LTE 也支持非激活态。

上下文已经存在于网络中,非激活态到激活态的转换可以在无线接入网中处理完成。同时,终端可以按照与空闲态下类似的方式进入睡眠,移动性的处理也依然是通过小区重选的方式进行,即不需要网络的介入。因此,RRC_INACTIVE 状态可以视为空闲态和连接态的混合⊖。

6.6　移动性

高效的移动性处理是任何移动通信系统的关键部分,NR 也不例外。移动性是一个很大且相当复杂的领域,涵盖的技术点不仅包括来自终端的测量报告,也包括无线接入网中实现的私有切换判决算法,既需要核心网的参与,还涉及如何更新传输网中的数据路由。移动性也可以发生在不同的无线接入技术之间,例如 NR 和 LTE 之间。把整个移动性技术领域的细节详细描写清楚就能够写满一本书,因此下面只提供一个针对无线接入网方面的简要总结。

终端在处于空闲态、非激活态或者连接态时会使用不同的移动性原则。在连接态使用网络控制的移动性,其中终端测量并报告相邻候选小区的信号质量,并且网络决定何时切换到另一个小区。对于非激活态和空闲态,终端使用小区重选来处理移动性。下面简要介绍这两种机制。

6.6.1　网络控制的移动性

在连接态下,终端与网络已经建立了连接。在这种情况下,移动性的目的是确保终端在网络中移动时保持这种连接性,而不会出现任何通信中断或明显的通信质量退化。实现此目标的基础是网络控制的移动性,包括两种类型:波束级移动性和小区级移动性。

波束级移动性由较低协议层即 MAC 层和物理层来处理,基本上属于第 12 章所讨论的波束管理的范畴。终端保持在同一个小区中。

另一方面,小区级的移动性需要执行 RRC 信令流程并意味着改变终端的服务小区。网络为终端配置对候选小区执行的测量类型、测量的滤波算法以及何时向网络发送事件触发的测量报告。由于网络负责确定终端何时应该移动到不同的小区,因此网络在小区级别上知道终端的位置(或者可能具有更细的粒度,但这与本讨论无关)。

当终端处于连接态时可能需要连续执行小区级的移动性。其第一步是使用第 16 章中描述的小区搜索机制来搜索候选小区。小区搜索可以在与当前连接的小区相同的频率上进行,但也可以在其他频率(甚至其他无线接入技术)上进行搜索。在后一种情况下,终端可能需要使用测量间隔,在测量间隔期间终端停止数据接收并且接收机被重新调谐到另一频率。

一旦找到候选小区,终端会测量候选小区的参考信号接收功率(RSRP,功率测量)或参考信号接收质量(RSRQ,信号干扰噪声比测量)。在 NR 中,通常是对 SSB 进行测量,但是也可以测量 CSI-RS。测量时通常会配置和使用滤波,例如在几百毫秒的时间内求平

⊖　在 LTE Release 13 中,引入了 RRC 挂起 / 恢复机制,以提供和 NR 中的 RRC_INACTIVE 相似的功能。但是,在 RRC 挂起 / 恢复过程中,无法保持与核心网的连接。

均值。如果不做平均值滤波,测量报告的结果可能会波动很大,并导致不正确的切换决策,或者可能导致终端在两个小区间反复来回切换即乒乓切换。为了保证系统的稳定运行,切换决策应该基于平均信号强度,而不应该把毫秒级的快速衰落考虑在内。

测量事件是终端将测量结果报告给网络之前应满足的条件。在 NR 中,可以配置六种不同的触发条件或事件,例如 A3 事件(邻区比 SpCell 好过一定偏移)。A3 事件将候选小区上的滤波测量值(RSRP 或 RSRQ)与当前为终端服务的小区的相同指标进行比较。如果当前服务小区和候选小区的发射功率不同,可以配置一个小区特定偏移来影响测量事件的触发条件。另外需要配置一个阈值,以避免当两个小区之间的测量结果差异非常小时触发测量事件。如果候选小区的测量值比当前小区好得幅度超过小区特定偏移加上阈值,则触发 A3 测量事件,并向网络发送测量报告。也可以为终端配置其他测量事件,测量事件的配置种类和参数选择取决于针对特定网络部署的移动性实施策略。

使用可配置的测量事件的目的是避免向网络发送不必要的测量报告。事件驱动报告的另一种替代方法是周期性报告,但在大多数情况下使用周期性报告的开销明显更高,因为这时测量报告需要足够频繁以说明终端在网络中的移动。从上行开销的角度来看,不频繁的周期性报告更为可取,但也会增加错过重要切换时机的风险。通过测量事件的配置也可以做到只有在情况发生变化时才发送测量报告,这显然是一个更好的选择[72]。

当接收到测量报告时,网络可以决定是否执行切换。切换决策也可以考虑除了测量报告之外的其他信息,例如候选目标小区中是否有足够的容量来支持切换。即使没有接收到测量报告,网络也可以决定将终端切换到另一小区,例如出于负载均衡的目的。如果网络决定将终端切换到另一个小区,会涉及一系列消息交互,简要说明见图 6-18。

图 6-18 连接态切换(简图)

源 gNB 向目标 gNB 发送切换请求（如果源和目标小区属于同一 gNB，则不需要此消息，因为目标小区的情况 gNB 已经知道）。如果目标 gNB 接受（目标 gNB 可能拒绝切换请求，例如如果该小区中负载过高），则源 gNB 指示终端切换到目标小区。这是通过向终端发送 RRC 重配置消息来完成的，消息中包含终端接入目标小区所需的信息。为了能够连接到新小区，终端需要上行获得同步。因此，终端通常被指示向目标小区发起随机接入。一旦建立了同步，终端就向目标小区发送切换完成消息，指示终端已经成功连接到新小区。并行地，终端在源 gNB 中缓存的所有数据被移动到目标 gNB，并且新的下行数据将被重新路由到目标小区（现在是服务小区）。

6.6.2　小区重选

小区重选是终端在空闲态和非激活态下的移动性机制。终端自己会找到并选择最佳的小区来驻留，并且网络不会直接参与移动性事件（除了向终端提供配置之外）。使用不同于连接态的切换方案的一个原因是要求不同。例如这时不需要担心任何切换中断，因为没有正在进行的数据传输。另一方面，低功耗是一个重要考虑因素，因为终端通常绝大部分时间都处于空闲态。

为了找到最佳的小区去驻留，类似于第 16 章中描述的小区初始搜索，终端试图搜索并测量 SSB。一旦终端发现其他小区的 SSB 接收功率与当前小区的 SSB 相比超过一定阈值，就读取新小区的系统信息（SIB1），以确定是否被允许驻留在新小区。

从终端发起数据传输的角度来看，终端不需要向网络更新位置信息，并且到目前为止描述的空闲态移动性过程就足够了。如果上行有数据要传输，终端可以启动从空闲（或非激活）态到连接态的状态转移。然而，也可能存在需要从网络传输到终端的数据，因此需要一种机制来确保终端可以被网络访问到。这种机制称为寻呼，网络可以通过寻呼消息通知终端。在 6.6.4 节描述寻呼消息的传输之前，将讨论寻呼消息传输的区域，这是寻呼机制的一个关键方面。

6.6.3　终端跟踪

原则上，网络可以通过在每个小区广播寻呼消息在整个网络覆盖范围内寻呼终端。然而，这显然意味着非常高的寻呼消息传输开销，因为绝大多数寻呼在目标终端不在的小区发送。另一方面，如果寻呼消息仅在终端所在的小区中发送，则需要在小区级别上跟踪终端。这意味着每当终端移出一个小区的覆盖范围而进入另一个小区的覆盖范围时，该终端必须通知网络。这也会导致非常高的系统开销，因为在这种情况下，终端需要使用信令将最新的位置通知网络。因此，通常采用的是这两个极端之间的折中方案，仅在小区组级别上跟踪终端，即：

- 仅当终端进入当前小区组之外的小区时，网络才接收有关终端的新位置信息。
- 寻呼终端时，寻呼消息仅在小区组内的所有小区中广播。

在 NR 中，尽管在空闲态和非激活态这两种情况下小区分组有所不同，但跟踪的基本原则对于二者是相同的。

如图 6-19 所示，多个 NR 小区组成更大的 RAN 区（RAN Area），每个 RAN 区由一个 RAN 区标识符（RAN Area Identifier，RAI）标识。多个 RAN 区组成更大的跟踪区（Tracking Area），每个跟踪区由一个跟踪区标识符（Tracking Area Identifier，TAI）标识。因此，每个小区属于一个 RAN 区和一个跟踪区，这些标识是小区系统信息的一部分。

图 6-19　RAN 区和跟踪区

跟踪区是核心网级别的终端跟踪的基础。每个终端由核心网指派一个 UE 注册区（UE registration area），它包含一个跟踪区标识符列表。当终端进入一个小区，而该小区所属的跟踪区不属于网络指派的 UE 注册区时，终端就会发起网络接入以接入到无线网和核心网，并执行 NAS 注册更新（NAS registration update）。核心网登记终端的位置并更新终端的 UE 注册区，实际上就是为终端提供包含新 TAI 的新 TAI 列表。

为终端分配一组 TAI（即一组跟踪区）的原因是，如果终端在两个相邻跟踪区的边界上来回移动，可以避免重复的 NAS 注册更新。通过将旧 TAI 保持在更新的 UE 注册区内，如果终端移回旧的 TAI，则不需要做新的更新。

RAN 区是无线接入网级别的终端跟踪的基础。处于非激活态的 UE 可以被分配一个 RAN 通知区（RAN notification area），该区域包括以下任意一项：

- 小区标识列表。
- RAI 列表，实际上就是 RAN 区列表。
- TAI 列表，实际上就是跟踪区列表。

请注意，第一项等价于每个 RAN 区仅包含一个小区，而最后一项等价于 RAN 区与跟踪区重叠的情况。

RAN 通知区更新的流程类似于 UE 注册区更新。当终端进入一个无论直接或间接（通过 RAN 区或者跟踪区）都不包含在 RAN 通知区内的小区时，终端就接入网络执行 RRC RAN 通知区更新。无线网络登记终端的位置并更新终端的 RAN 通知区。由于跟踪区的改变总是隐含着终端 RAN 区的改变，因此每当终端执行 UE 注册区更新时，都附带有 RRC RAN 通知区的更新。

6.6.4　寻呼

寻呼用于在终端处于空闲态或非激活态时由网络发起连接建立，也可用于在任何终端状态下向终端传送系统信息更新指示或公共警告信息[⊖]。使用与 DL-SCH 上的"普通"下行数据传输相同的机制，移动终端针对用于寻呼目的的特殊 RNTI（P-RNTI）来监听 L1/L2 下行调度控制信令。由于在小区级别上不知道终端的位置（除非终端处于连接态），寻呼消息通常在跟踪区（对于核心网发起的寻呼）或 RAN 通知区（对于 RAN 发起的寻呼）内的所有小区中发送。

在检测到针对 P-RNTI 的 PDCCH 后，终端检查 PDCCH 的内容。PDCCH 中有一个两比特的短消息指示字段，用于指示 PDCCH 上是否承载了短消息、是否携带了 PDSCH 调度信息或者两者都有。

短消息与所有终端相关，不管终端处于空闲态、非激活态还是连接态。在 PDCCH 上承载了短消息的情况下，除了其他字段外，PDCCH 还会包含一个 8 比特的短消息字段。8 比特中的一个比特用于指示是否（部分）系统信息（具体来说是除了 SIB6、7、8 以外的 SIB）已发生更新。如果该比特的值为 1，终端将重新获取更新后的 SIB，具体过程见第 16 章。类似地，8 比特中的另一个比特用于指示接收到公共警告消息，例如正在进行的地震。

寻呼消息像用户数据一样在 PDSCH 上传输，并且 PDCCH 包含接收 PDSCH 传输所需的调度信息。只有处于空闲态或非激活态的终端才关心寻呼消息，因为处于连接态的终端可以通过其他方式与网络联系。DL-SCH 上的一条寻呼消息可以包含对多个终端的寻呼。处于空闲态或非激活态的终端接收到寻呼消息时，会检查其中是否包含自己的终端标识。如果包含，则终端启动随机接入过程从空闲 / 非激活态转移到连接态。由于在空闲态和非激活态下的上行定时是未知的，终端不能发送 HARQ 反馈，因此具有软合并的 HARQ 不用于寻呼消息。

一个有效的寻呼机制除了可以传递寻呼消息外，还应该节能。因此，使用不连续接收可以使终端在空闲态或非激活态的大部分时间内进入睡眠而不需要做接收处理，并且只需要在预定义的时间间隔，即寻呼时机内短暂地醒来。寻呼时机的时长可以是一个或多个连续时隙，在寻呼时机内终端使用 P-RNTI 监听 PDCCH。如果终端在寻呼时机内检测到针对 P-RNTI 的 PDCCH 传输，则按照前面描述的方式处理寻呼消息；否则按照寻呼周期进入休眠，直到下一个寻呼时机。

寻呼时机由系统帧号、终端标识和网络配置的寻呼周期等参数决定。因为空闲态的终端还没有分配 C-RNTI，所以寻呼消息中使用的终端标识是所谓的 5G-S-TMSI，它是用户

⊖　这些警告信息包括地震和海啸预警系统（ETWS）和商业移动警报服务（CMAS）。

与运营商签约时绑定的终端标识。对于 RAN 发起的寻呼，还可以使用为终端预先配置的标识。由无线接入网和核心网发起的寻呼都可以配置不同的寻呼周期（每 32、64、128 或 256 帧寻呼一次）。

由于不同的终端拥有不同的 5G-S-TMSI，因此终端要计算不同的寻呼实例以检查自己是否被寻呼。因此，从网络角度来看，寻呼可以比每 32 帧一次更加频繁地发送，而且并非所有终端都可以在所有寻呼时机内被寻呼，而是分布在图 6-20 所示的可能的寻呼实例上。此外，从网络角度来看短寻呼周期的成本是最小的，因为不用于寻呼的资源可以用于正常的数据传输而不会被浪费。然而从终端角度来看，短寻呼周期会增加功耗，因为终端需要频繁地唤醒以监听寻呼消息。因此，最好的配置是找到快速寻呼和低终端功耗之间的平衡。

图 6-20 寻呼周期说明

第 7 章

总体传输结构

在具体讨论 NR 的上下行传输细节之前，本章将描述基本的 NR 传输时频资源，具体包括：部分带宽（BWP）、补充上行、载波聚合、双工方式、天线端口以及准共址等概念。

7.1 传输机制

OFDM 不但具有良好的时间色散鲁棒性，而且可以为各种物理信道和信号灵活地定义时频资源，所以 NR 采用 OFDM 作为其上下行传输的基本机制。不同于 LTE 下行使用 OFDM 而上行使用 DFT 预编码 OFDM，NR 的上下行传输均采用 OFDM 传输机制。同时 NR 也把 DFT 预编码 OFDM 作为上行传输的可选机制。引入 DFT 预编码 OFDM 的好处是可以降低立方度量（cubic metric），使终端可以获得较高的功放效率。但是 DFT 预编码也会存在下列缺点：

- 导致空分复用接收机（或者说 MIMO 接收机）的设计非常复杂。这在最初的 LTE 设计中不是问题，因为在 LTE 协议的最初版本中，上行是不支持空分复用的。但是随着网络的演进，人们发现上行空分复用越来越重要。
- 上下行传输机制保持一致的设计在某些场景下会带来好处，上行特有的 DFT 预编码 OFDM 会破坏这种一致性。比如为了支持直通链路（Sidelink，即终端间的直接通信），LTE 的终端必须同时实现 OFDM 接收机和 DFT 预编码 OFDM 接收机。NR 标准 Release 16 引入 Sidelink，而 NR 终端已经支持了 OFDM 的接收和发送，具体描述参考第 23 章。

因此，NR 标准使用 OFDM 作为上行传输的基本传输机制，而把 DFT 预编码作为可选。同时 NR 还限制 DFT 预编码只能在单层传输中使用，而 OFDM 可以支持上行最大 4 层传输。终端必须支持 DFT 预编码 OFDM，这样网络可以在需要的时候配置终端上行传输使用 DFT 预编码[⊖]。

⊖ 对于随机接入的上行传输机制，网络是通过系统消息来通知终端的。

OFDM 设计的一个主要课题就是选择合适的参数集（numerology），特别是子载波间隔和循环前缀（cyclic prefix）的长度。选择较大的子载波间隔可以减小频偏和相噪对接收性能的影响。此外，从设备实现的角度来看，子载波间隔增大可以减低 FFT 长度，这样设备可以较为方便地处理更大的带宽。子载波间隔越大，一定长度的循环前缀所引入的相对开销也会随之增加。因此在选择子载波间隔的时候，需要综合考虑循环前缀的开销以及频偏和相噪产生的影响。

对 LTE 而言，主要的应用场景是 3GHz 以下的载波频率，用以支持室外蜂窝小区的部署。因此，LTE 选择了 15kHz 的子载波间隔和大约 4.7μs 的循环前缀这样一种配置。

而 NR 需要支持更多的场景，载波频率的范围也从不到 1GHz 到高频毫米波，单一的配置已经无法满足各种场景的需要。对于低频载波，载波的频率从不到 1GHz 到若干GHz。因为低频载波可以支持半径比较大的小区，所以循环前缀的长度需要达到若干微秒才能够抵抗较大的时延扩展。因此，NR 使用和 LTE 类似或者略高的子载波间隔，比如15 ～ 30kHz。对于高频毫米波载波，相位噪声的影响会更加明显，因此需要更大的子载波间隔。由于高频的传播特性，小区半径一般比较小，时延扩展会比较小，不需要过长的循环前缀来抵抗时延扩展。同时高频一般都会采用波束赋形技术，这也有助于降低时延扩展。因此在高频应用场景下，则需要配置更高的子载波间隔和更短的循环前缀。

基于上面的讨论，NR 需要一个灵活的参数集。NR 协议以 15kHz 的子载波间隔为基线，支持可扩展的子载波间隔配置。之所以选择 15kHz 为基线，是因为考虑到 NR 和 LTE 以及基于 LTE 的 NB-IoT 和 eMTC 技术的共存问题。共存问题对 NR 非常重要，有些运营商采用了NB-IoT 或者 eMTC 技术来支持机器类型通信（MTC）。与一般的智能机不同的是，这种 MTC终端的服务期一般会很长，有的甚至达到 10 年乃至更久。如果不能很好地处理共存问题，运营商就不得不推迟 NR 标准的升级，直到现有的 MTC 终端退网。另一个例子是，有些运营商频谱资源受限。这使得运营商不得不考虑通过时分复用把 LTE 和 NR 部署在同一个载波上，这样也就对 NR 提出了与 LTE 共存的要求。LTE 共存的问题将会在第 18 章展开讨论。

NR 的子载波间隔以 15kHz 为基线，可以从 15kHz 扩展到 240kHz，循环前缀的长度则等比例下降，如表 7-1 所示。注意 240kHz 的配置只能用于 SSB（见 16.1 节），而不能用于常规的数据传输。尽管 NR 标准对物理层的设计做到了和频段无关，但对于不同的频段，NR 仅要求终端支持参数集的一个子集，具体描述参见第 25 章。

表 7-1　NR 支持的子载波间隔列表

子载波间隔（kHz）	有效符号时间 T_u（μs）	循环前缀时间 T_{CP}（μs）
15	66.7	4.7
30	33.3	2.3
60	16.7	1.2
120	8.33	0.59
240	4.17	0.29

一个 OFDM 符号持续时间包括有效符号时间 T_u 和循环前缀时间 T_{CP}。有效符号时间 T_u 取决于子载波间隔，如表 7-1 所示。而循环前缀时间 T_{CP} 在 LTE 的设计中采用了两组不同的定义，即常规循环前缀和扩展循环前缀。扩展循环前缀造成了更多的开销，但能够更好地抵抗传输过程中造成的时延扩展，因此 LTE 设计了扩展循环前缀。但是在实际的 LTE 部署中，扩展循环前缀并没有被广泛地采用（除了用于 MBSFN 传输）。这使得在 LTE 单播传输中，扩展循环前缀成为一个事实上无用的设计。考虑到这个情况，NR 标准只定义了常规循环前缀。但是有一个特殊情况，就是 60kHz 的子载波间隔，仍然定义了常规循环前缀和扩展循环前缀，后面将解释具体原因。

为了精确描述定时相关概念，NR 规定了一个基本时间单位 $T_c = 1/(480\,000 \times 4096)$。所有 NR 相关时间的定义都被描述为这个基本时间单位的整数倍。这个基本时间单位 T_c 对应子载波间隔 480kHz 下的 4096 点 FFT 的收发机时域抽样的间隔。这一点和 LTE 定义基本时间单位的方法类似，只不过 LTE 的基本时间单位 $T_s = 64T_c$。

7.2　时域结构

从时域来看，NR 标准的传输由长度为 10ms 的帧组成。每个帧被划分为 10 个等时间长度的子帧，每个子帧 1ms。每个子帧又被进一步划分为若干个时隙，每个时隙由 14 个 OFDM 符号构成。从无线高层协议看来，每个帧都由一个系统帧号（System Frame Number，SFN）标识。SFN 可以用来标识一些较长周期（超过一个帧）的传输，比如寻呼休眠模式周期。SFN 是一个以 1024 为模的循环计数器，即循环周期为 1024 帧或 10.24s。

对于 15kHz 子载波间隔，NR 的时隙结构和长度与 LTE（配置常规循环前缀的情况下）完全相同，如上所述，这有助于两者的共存。因此子载波间隔为 15kHz 的 NR 时隙结构设计需要考虑与 LTE 的设计对齐，即第一个和第八个 OFDM 符号的循环前缀会比其他符号的循环前缀略长。

更大的 NR 子载波间隔是基线子载波间隔乘以 2 的幂，也可以看成每个参数集都是把基线子载波间隔的 OFDM 符号切成 2 的幂个 OFDM 符号（见图 7-1）。无论哪种子载波间隔，一个时隙始终包括 14 个 OFDM 符号。这种设计有助于不同参数集下 OFDM 符号边界对齐，使得不同参数集配置在同一个载波上的设计更加简单。在 NR 标准中，更大的子载波间隔表示为 $2^\mu \times 15\text{kHz}$，而 μ 在 NR 标准里面被称为子载波间隔配置（subcarrier spacing configuration）。如图 7-1 所示，每个时隙都有两个 OFDM 符号包含更长的循环前缀[⊖]。

无论何种参数集配置，NR 标准都固定一个子帧的时间长度为 1ms，这 1ms 中包含 2^μ 个时隙。这种规律的设计就是为了产生一个和参数集配置无关的时间基准。因为时隙是调

⊖　这也意味着 60/120/240kHz 的子载波间隔的时隙长度不完全是 0.25/0.125/0.0625ms，因为一些时隙具有多余的时域抽样，而其他时隙没有。

度的基本单元，所以统一的时间基准有利于在一个载波上同时配置若干不同的参数集。对 LTE 而言，由于只有一种子载波间隔，所以没有 NR 的这些问题。

图 7-1　NR 中关于帧、子帧和时隙的定义

由于时隙是由固定数目的 OFDM 符号组成，更高的子载波间隔会导致更小的时隙长度，或者更小的时间调度粒度，从原理上来说就会更加适合时延要求高的传输。为了保证循环前缀开销不会过大，循环前缀也会随着子载波间隔增加而相应减小，这样就不太适合高时延扩展的传输。对这种情况，NR 标准引入了一种特殊的配置，即子载波间隔配置为 60kHz，同时又保持循环前缀与 15kHz 配置的循环前缀长度相似。也就是在 60kHz 子载波间隔的配置下引入了扩展循环前缀，通过增加循环前缀的传输开销来满足传输时延的要求。因此在为特定的部署场景选择子载波间隔的时候，应该综合考虑如载波频率、空口传输带来的时延扩展、是否需要和 LTE 在同一个载波上共存等问题。

另一个支持时延敏感业务的方法就是把传输的持续时间和时隙的长度解耦。不同于通过调整子载波间隔来控制时隙长度的方法，对时延敏感的业务，解耦方法可以依据业务量的大小，选择占用任意个数的 OFDM 符号进行传输，或者从任意 OFDM 符号开始传输而不需要等待时隙的开头。也就是说 NR 可以使用一个时隙的一部分来传输数据，我们也称之为微时隙（mini-slot）传输。这样时隙就仅仅是一个和参数集相关的时间单位，与传输持续时间解耦。

NR 标准定义这种仅仅占用部分时隙来传输的方法有多个原因，如图 7-2 所示。一个原因如上所述，可以支持时延敏感业务的传输。而且这种传输可以抢占到另一个终端的正在进行的且持续时间较长的传输。这一点会在 14.1.2 节中详细讨论。

图 7-2　解耦传输时间和时隙边沿，可以获得更低的传输时延（上），更加有效的波束扫描（中）和对非授权频谱更好的支持（下）

第二个原因是可以支持模拟波束赋形,这会在第 11 章和第 12 章中详细讨论。模拟波束赋形在一个时刻只能发出一个波束,网络需要通过时分复用来服务不同终端,这样每个终端都可以占用非常大的带宽。几个 OFDM 符号的传输持续时间就可以满足绝大多数业务传输的需要。

最后一个原因是有利于在非授权频谱的部署。尽管非授权频谱的支持在 NR 标准 Release 15 中没有引入,但是 NR 标准 Release 16 开始支持非授权频谱。在非授权频谱中,普遍使用先听后说(Listen Before Talk,LBT)的技术。只有发送端确认无线空口信道空闲了,才能够发送自己的信号。如果发现无线空口空闲下来,终端或者网络会希望能够立即发送自己的信号,以防止其他终端占用无线空口信道。如果发送端需要等待一个时隙的开始才能够发送数据,那么其他终端就有可能在这个等待时间内抢占信道。

7.3 频域结构

LTE 的最初设计是要求所有的 LTE 终端都能够处理 20MHz 的带宽。因为 LTE 一个载波的最大带宽只有 20MHz,所以要求所有终端都能够支持整个载波带宽是合理的。但是 NR 标准需要支持更大的载波带宽,一个载波最大可以支持 400MHz 的带宽。强制所有 NR 终端去支持这么大的载波带宽从设备成本的角度来考虑是不合理的,因此协议允许终端只支持一部分的载波带宽。同时为了提高载波的利用效率,不同终端所使用的部分带宽不能局限在载波中心频点附近,这意味着 NR 必须有不同于 LTE 的直流子载波处理方案。

LTE 不使用直流子载波进行传输。因为直流子载波非常容易受到一些干扰的影响,比如本振泄漏造成的干扰。所有的 LTE 终端支持整个载波带宽,因此它们共享同一个直流子载波,即载波的中心频点。直接丢弃直流子载波是非常简单有效的机制[⊖]。但是 NR 的终端可能不是以载波频率为中心,由于支持的部分带宽被分配在不同的频域位置上,对应的直流子载波也对应到不同的位置,直流子载波也用于数据传输,如图 7-3 所示,NR 必须处理直流子载波信号质量下降的问题。

资源单元(Resource Element,RE)定义为一个 OFDM 符号上的一个子载波。资源单元是 NR 标准里最小的物理资源。如图 7-4 所示,在频域上 12 个连续的子载波称为一个资源块(Resource Block,RB)。

请注意,NR 标准对资源块的定义和 LTE 不同。一个 NR 的资源块是一个在频域上一维的度量。而 LTE 对资源块的定义是一个二维的度量,即频域上 12 个子载波,时域上一个时隙。NR 中采用了新的资源块定义方法,主要是因为 NR 的传输在时域上是非常灵活的,而 LTE 中一次传输就会固定占用一个完整的时隙[⊜]。

⊖ 在载波聚合的情况下,如果多个载波使用同一个功放,直流子载波也会与各个载波的中心频点不同。
⊜ 在 LTE 中,有一些特殊情况,比如 LTE/TDD 中,在特殊子帧 DwPTS 的传输就不会占用整个时隙。

图 7-3　LTE 和 NR 如何处理直流子载波

图 7-4　资源单元和资源块

NR 标准在一个载波上可以支持多种参数集。虽然一个资源块固定包括 12 个子载波，但由于不同的子载波间隔，不同的参数集导致一个资源块在频域上占用的实际带宽却并不相同。不过 NR 规定不同参数集下的资源块之间的起始位置是始终保持对齐的。因此在完全相同的频率范围内，系统可以配置两个子载波间隔为 Δf 的资源块，也可以配置一个子载波间隔为 $2\Delta f$ 的资源块。在 NR 标准中，为了便于描述不同参数集的资源块在频域上的位置以及不同参数集的 OFDM 符号在时域上的位置，引入了资源网格的概念。每个天线端口（天线端口概念的介绍见 7.9 节），每一种子载波间隔都有一个对应的资源网格。这个资源网格从频域来看包括整个载波带宽，从时域来看包括一个子帧，如图 7-5 所示。

图 7-5　两个不同子载波间隔对应的资源网格

资源网格实际上是从终端的角度来描述符合某一种参数集的信号。在 LTE 中，由于只有一种参数集，所有的终端都支持整个载波带宽，所以容易定义资源块位置。但是在 NR 中，如果终端仅仅支持部分带宽，同时又存在若干参数集，想标识资源位置就需要一个公共的参考点，这个公共参考点称为 A 点（point A）。配合 A 点这个概念，NR 标准又引入了公共资源块（Common Resource Block，CRB）和物理资源块（Physical Resource Block，PRB）两个概念⊖。参考 A 点位于 0 号公共资源块的 0 号子载波位置。不同的子载波间隔在频域上 A 点的位置是相同的。这个点作为一个频域标识位置的参考点，可以在实际载波频域范围之外。初始接入过程中，当终端检测到 SSB 之后（见第 16 章），系统通过系统消息 SIB1，将 A 点的具体位置发给终端。

物理资源块的概念用来描述资源块在实际传输中的相对位置。如图 7-6 所示，对于子载波间隔为 Δf 的物理资源块，相对于参考 A 点，0 号物理资源块实际上是第 m 个公共资源块。类似地，对于子载波间隔为 $2\Delta f$ 的物理资源块，相对于参考 A 点，0 号物理资源块实际上是第 n 个公共资源块。每一个参数集都会独立定义一个物理资源块在公共资源块中的起始位置（在图 7-6 的例子中，m 和 n 即为参数集子载波间隔为 Δf 和 $2\Delta f$ 的起始位置）。为了满足载波的带外发射要求（见第 25 章），系统需要设计滤波器。为每种参数集都定义一个独立的起始位置，可以方便为不同的参数集设计不同的滤波器参数。因为子载波间隔越大，所需要的保护带宽就越大，因此不同的参数集就需要设计不同的起始位置。如图 7-6 所示：子载波间隔为 $2\Delta f$ 的物理资源块离载波边缘更远，可以避免过于陡峭的滤波器要求；子载波间隔为 Δf 的物理资源块离载波边缘更近，这样频谱的利用效率就更高。

对终端而言，第一个可用的资源块就是频域上资源网格的起始位置，是由网络通知终端的。请注意，部分带宽的第一个资源块和第一个可用的资源块可以相同也可以不同，具体参考 7.4 节。

NR 的载波最多配置 275 个资源块，也就对应 275×12=3300 个子载波。这也就限制了 NR 可以支持的最大载波带宽，也就是说对应子载波间隔 15/30/60/120kHz，最大载波带宽为 50/100/200/400MHz（见第 5 章）。对于最小的载波带宽的定义，尽管在射频指标里面规定（见第 25 章）为 11 个资源块的频域宽度，但是如果一个载波需要支持终端发现载波并同步到该载波上，则必须支持最少 20 个资源块以容纳 SSB（见第 16 章）。

⊖ 还有第三种类型资源块定义，称为虚拟资源块（Virtual Resource Block，VRB）。虚拟资源块和物理资源块——映射，用来描述 PDSCH/PUSCH 的映射（见第 9 章）。Release 16 中定义了交织资源块以支持非授权频谱，见第 19 章。

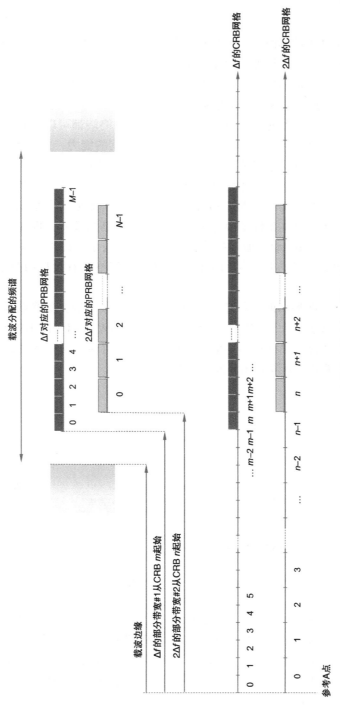

图 7-6　公共资源和物理资源块

7.4 部分带宽

如前所述，在 LTE 的设计中，默认所有终端均能够处理最大 20MHz 的整个载波带宽。这避免了协议的复杂性，比如简化了前面描述的如何处理直流子载波的问题。虽然这种硬性规定会略微提高终端的成本，但是并不明显，还能让控制信道占用的频域资源分散到整个载波带宽里，以最大化频率分集增益。

由于 NR 需要支持非常大的载波带宽，所以让所有的终端都可以接收整个载波带宽是不合理的。如果不要求所有终端都具备接收整个载波带宽的能力，NR 标准就需要为如何处理不同带宽能力的终端引入特别的设计。如果要求所有终端都可以接收整个载波带宽，那么除了前面说的终端成本需要考虑之外，终端接收大带宽信号所引起的功耗增加也是一个重要的考虑因素。像 LTE 那样，把下行控制信道占用的频域资源分散到整个带宽内会显著提高终端的功耗。因此在 NR 标准设计中，引入了一个新的技术，即接收机带宽自适应（receiver-bandwidth adaptation）。通过接收机带宽自适应技术，终端只在一个较小的带宽上监听下行控制信道，以及接收少量的下行数据传输，当终端有大量的数据接收的时候，则打开整个带宽进行接收。

为了更好地支持这两种功能（支持没有能力处理整个载波带宽的终端以及接收机带宽自适应），NR 标准定义了一个新的概念：部分带宽（BandWidth Part，BWP），如图 7-7 所示。部分带宽定义了从公共资源块的某个位置起始的，一组连续的资源块。每个部分带宽都对应一种参数集（子载波间隔和循环前缀长度）。

图 7-7 利用部分带宽的概念来实现带宽自适应

当一个终端进入连接态时，终端会通过 PBCH 信道获得控制资源集（COntrol REsource Set，CORESET）（见 10.1.2 节）。通过 CORESET，终端可以知晓如何找到调度剩余系统信息的控制信道信息（详见第 16 章）。从 PBCH 中获得的 CORESET 同时还定义和激活了下行的初始部分带宽。而上行初始部分带宽的信息则是从下行 PDCCH 调度的系统信息中获得的。对于非独立组网 NR，终端上下行所使用的初始部分带宽均是从 LTE 载波传递的配置信息中获得的。

当终端连接网络后，在每个服务小区最多可以配置 4 个下行部分带宽和 4 个上行部分带宽。对于 SUL 操作（见 7.7 节），在补充上行载波上可以配置 4 个额外的上行部分带宽。

在任意一个特定时刻，服务小区只会有一个配置的下行部分带宽称为激活下行部分带宽（active downlink bandwidth part），同样，服务小区也只会有一个配置的上行部分带宽称为激活上行部分带宽（active uplink bandwidth part）。对于非对称频谱，终端可以默认激活下行部分带宽和激活上行部分带宽的中心频点相同。这样，终端可以用一个本振支持上行和下行传输，简化了实现。gNB 可以利用下行控制信令（调度信息，见第 10 章）来激活或者去激活部分带宽，因此可以在不同的部分带宽间快速地切换。

网络在准备下行传输的时候，会认为终端没有能力接收激活部分带宽之外的信号。也就是说，发送给该终端的 PDCCH 或者 PDSCH 都必须处在激活部分带宽之内，而且发送给该终端的 PDCCH 和 PDSCH 也必须使用激活部分带宽所对应的参数集。因为一个载波同一时刻只能激活一个部分带宽[⊖]，所以这意味着终端同一时刻在某个载波上只需要接收一种参数集的信号。如果网络需要终端对激活部分带宽之外的频域进行移动性相关测量，则需要配置相应测量间隔（measurement gap）给终端，类似于小区间测量。在测量间隔期间，网络会认为由于终端在测量激活部分带宽之外的频域，因此终端不会监听下行控制信道。

对上行传输，终端仅支持在激活上行部分带宽传输 PUSCH 和 PUCCH。

通过上面的讨论，一个自然的问题是在 NR 标准中，为什么需要设计载波聚合和部分带宽两种机制，而不是只定义载波聚合一种机制？在某种程度上，载波聚合和带宽自适应功能相似。但是从射频的指标来看，二者有明显区别。对于载波聚合机制，每个分量载波都有一系列的射频要求，比如带外发射指标（见第 25 章），但是在一个载波内部的部分带宽没有这些射频要求，标准仅针对载波提出射频要求。而且从 MAC 层的实现来看二者也有区别，比如混合自适应重传就不能中途改变分量载波。

7.5　NR 载波的频域位置

在原理上，一个 NR 的载波可以在任意频点上配置。和 LTE 类似，NR 的物理层协议上没有什么设计会限制 NR 载波中心频点或者载波所处的频段。但实际上 NR 仍然需要限制可能的载波的中心频点位置。这样不仅能够简化射频部分的实现，还便于协调处于同一个频段但来自不同运营商的载波配置。例如在 LTE 中，就定义了 100kHz 的载波栅格，NR 中也定义了类似的概念。和 LTE 略有不同的是 NR 的栅格粒度更细，并且有多个等级：

⊖　NR 从原理上可以支持多个激活部分带宽，但是目前为止并没有发现这种配置的应用场景。因此终端在一个载波上行或者下行方向，也只需要支持一个激活部分带宽。

- 小于 3GHz 的载波频率, 使用 5kHz 的栅格粒度。
- 3GHz ～ 24.25GHz 的载波频率, 使用 15kHz 的栅格粒度。
- 24.25GHz 以上的载波频率, 使用 60kHz 的栅格粒度。

这种与频段, 或者说与子载波间隔相关的栅格粒度设计, 可以较好地兼容 100kHz 栅格粒度的 LTE 部署(载波频点在 3GHz 以下)。

在 LTE 中, 载波栅格决定了一个终端在初始接入过程中需要搜寻的载波频点位置。因此, 随着 NR 的载波带宽越来越大, NR 支持的频段越来越多, 栅格的粒度也越来越细, 终端在小区初搜过程中就需要花费越来越多的时间去找寻具体频点所处的位置。为了降低终端的实现复杂度, 同时也为了降低小区搜索的时延, NR 又定义了一个更稀疏的同步栅格(synchronization raster), 也就是 NR 终端初始接入过程中频域上搜寻的粒度。这样 NR 就和 LTE 不同, LTE 的同步信号始终配置在载波中心, 而 NR 由于不同的栅格的限制, 同步信号可能并不在载波中心(见图 7-8 以及第 16 章)。

图 7-8   NR 载波栅格

7.6   载波聚合

NR 标准的第一个版本就定义了载波聚合的功能。和 LTE 载波聚合类似, 多个 NR 载波可以聚合在一起, 同时为一个终端服务。这样就可以使该终端获得更大的服务带宽, 相应地获得更大的传输速率。载波聚合并不需要所有载波在频域上连续, 甚至不需要限制载波处在同一个频段内, 这样就形成了三种场景:

- 频段内聚合, 每个分量载波在频域上连续分布。
- 频段内聚合, 每个分量载波在频域上非连续分布。
- 频段间聚合, 每个分量载波在频域上非连续分布。

尽管从标准上来说, 三种情况类似, 但是在实现中, 射频部分的设计复杂度会有很大差别。

NR 标准的载波聚合可以支持最多 16 个载波的聚合。这些载波可以是不同的载波带宽, 也可以是不同的双工方式。通过 16 个载波的聚合, 可以为终端汇集 $16 \times 400\text{MHz} = 6.4\text{GHz}$ 的服务带宽, 这远远超出了典型的频谱分配需求。

从终端看来, 支持载波聚合的终端可以同时在多个分量载波上收发数据, 不支持载波聚合的终端则可以接入一个分量载波收发数据。因此, 除非特别指出, 下面章节的物理层相关描述在载波聚合配置下都可以用于每个分量载波。这里需要指出的是，如果配置为多个半双工（TDD）载波的跨频段载波聚合，那么在特定时刻，各个载波的收发方向可以是不同的。这就意味着一个具备载波聚合能力的 TDD 终端需要设计双工滤波器，而这对无载波聚合能力的终端而言是不必要的。

在 NR 标准对载波聚合的描述中，也经常使用小区这个词。也就是说，支持载波聚合的终端可以从多个小区收发数据。这些聚合的小区中，只有一个小区称为主小区（Primary Cell，PCell），这个小区是终端初始接入的小区，其他小区则称为辅小区（Secondary Cell，SCell），是进入连接态后由网络配置的。网络可以快速地激活或者去激活辅小区来满足业务需求的变化。不同的终端可以配置不同的小区作为主小区，或者说主小区配置是针对每个终端的。此外，上行和下行可以聚合不同的载波（或者小区），实际部署中，往往下行比上行聚合更多的载波。背后的原因一是下行业务量通常比上行业务量大，二是相对于同时支持多个下行载波聚合，同时支持多个上行载波聚合时，终端射频的实现复杂度高。

调度授权可以和传输数据在同一个载波上发送，这种情况称为自调度（self-scheduling）。也可以将调度授权和传输数据放在不同的载波上发送，这种情况称为跨载波调度（cross-carrier scheduling），如图 7-9 所示。在主小区上的传输始终使用自调度，并且大多数情况下使用自调度就可以满足网络的需求。

图 7-9　自调度和跨载波调度

控制信令

与工作在单载波的情况类似，载波聚合也需要支持层 1/ 层 2 的控制信令。上文描述了下行的控制信令，载波聚合同时也需要上行的控制信令。比如 gNB 需要终端通过上行反馈 HARQ 的确认信息，这样 gNB 就可以知道下行数据传输成功与否。载波聚合的基线设计是把上行反馈信息在主小区上传输，这样规定便于支持非对称载波聚合（终端支持的下行载波数和上行载波数不同）。但是如果一个终端配置了多个下行载波，却配置了一个上行载波，上行载波将承载大量的反馈信息。为了避免上行过载，NR 标准允许配置两个 PUCCH 组，如图 7-10 所示，第一个组配置在上行主小区，另一个组配置在 PUCCH 辅小区（PUCCH-SCell）。

图 7-10 多个 PUCCH 组

如果配置了载波聚合，则终端可以在多个载波上接收或者发送数据（这一般只有在需要最高速率的时候才需要）。因此，在保持载波聚合配置不变的情况下，NR 可以去激活一些不使用的载波。激活或去激活分量载波都是通过 MAC 层信令来完成的（具体来说就是 MAC 控制信元，参见 6.4.4 节）。MAC 层控制信令包括一个位图，每个比特指示一个配置的辅小区应该激活还是去激活。

7.7 补充上行

除了载波聚合，NR 标准还支持补充上行（Supplementary UpLink，SUL）技术。如图 7-11 所示，补充上行表明一个传统的包含上行和下行的载波对，会有一个关联或者补充的上行载波。该补充上行载波一般都部署在低频。比如一个载波工作在 3.5GHz 频段，会配置一个 800MHz 的补充上行载波。图 7-11 描述的是一个传统的包含上行和下行的对称频谱，和一个补充上行载波。但是要注意补充上行载波也可以补充非对称频谱，即 TDD 载波。比如 SUL 的传统载波对可以配置为 3.5GHz 非对称频谱。

图 7-11 补充上行载波配合传统上行下行载波对

载波聚合的主要目的是通过增加终端的可用频率资源来达到更高的峰值速率。而补充上行的主要目的是扩展上行覆盖，通过使用低频载波提高功率受限区域的上行速率。此外，非补充上行载波的上行带宽会比补充上行载波的上行带宽大很多。这样，在空口质量比较好的情况下，比如终端离基站距离很近，终端就可以使用非补充上行载波来获得较高的速率，而当空口质量变差的时候，由于低频载波路损较小，终端就会使用处在低频的补充上行载波来获得相对非补充载波较高的速率。所以，补充上行的目的就是获得两个载波上行速率的包络。在任意时刻，终端只能使用一个上行载波，这样做可以简化协议的设计，特别是射频实现的难度（比如规避各种互调问题）。这样，就可以总结出载波聚合和补充上行的区别：

- 在载波聚合中，两个或者多个载波被聚合在一起。一般各个载波都有类似的带宽，并且工作在相邻的频点上。聚合载波的目的是聚合载波的带宽，或者说频率资源，以获得较高的速率。

● 在上行载波聚合中，每个上行载波都有自己对应的下行载波，可以很方便地支持多个上行载波同时调度。

对于补充上行，终端只能在补充上行或非补充上行二者之一发送，而不能在补充上行以及非补充上行同时发送数据。

图 7-12 展示了一个补充上行的应用场景。在 LTE 的频谱资源里配置补充上行载波，这样补充上行载波就需要处理 LTE 和 NR 共存的场景（具体参见第 18 章）。在很多对称频谱 LTE 的部署中，LTE 承载的上行流量显著小于下行流量，因此对称频谱的 LTE 上行频谱没有得到充分利用。这样在 LTE 上行频谱部署一个 NR 的补充上行载波，就既能明显提高 NR 的用户体验，又不会对已有的 LTE 产生太大影响。

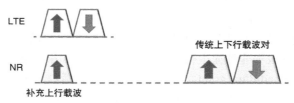

图 7-12　补充上行载波和 LTE 上行载波共存

最后，补充上行还可以降低时延。TDD 系统的上行和下行传输是通过时域进行划分的，这样何时能够进行上行传输就会有明确的限制。但是如果绑定 TDD 载波和部署在对称频谱上的补充上行载波，一些时延敏感的数据就可以无视 NR 正常载波的上下行时间限制，通过补充载波立即发送上行，从而达到降低传输时延的效果。

7.7.1　与载波聚合的关系

尽管补充上行和上行载波聚合相似，但二者有一些本质区别。

在载波聚合中，每个上行载波都有一个与之关联的下行载波。每个下行载波都对应一个小区，这样不同的上行载波在载波聚合的场景下，对应不同的小区（见图 7-13 左半部分）。

与此对应，补充上行载波没有一个关联的下行载波，补充上行载波和传统上行载波一起共享相同的下行载波。因此补充上行载波没有一个对应的单独属于自己的小区。在补充上行的场景下，小区有一个下行载波和两个上行载波（见图 7-13 右半部分）。

图 7-13　载波聚合和补充上行

请注意，从原则上来说，载波聚合可以把多个载波聚合在一起，那么其中被聚合的载波就可以是补充上行载波，举个例子，一种两小区（两个 UL/DL 载波对）载波聚合的情况下，其中一个小区是补充上行小区。但是现有标准还没有定义任何频段组合可以支持这种载波聚合和补充上行的组合。

一个相关的问题是，如果有补充上行，那么有没有补充下行？答案是有。因为载波聚合允许下行载波的数量大于上行载波的数量，这样就可以把一些下行载波看成补充下行载波。比如一个常见的场景是在非对称频谱上部署一个额外下行载波，然后聚合一个在对称频谱上的载波来提高系统容量。要支持这些应用场景，在现有载波聚合的基础上，没有必要再定义额外的机制。因此补充下行这个概念主要用于讨论有关频谱的话题（见第 3 章）。

7.7.2　控制信令

在补充上行的情况下，网络通过显式的信令（RRC 信令）配置终端在补充上行载波或传统的（非补充上行）载波上发送 PUCCH。

对于 PUSCH 的传输，可以配置终端在 PUCCH 所在的载波上发送 PUSCH，也可以配置终端在补充上行载波和非补充上行载波上动态切换。如果要支持动态切换，在网络下发的上行调度授权（scheduling grant）信令中，就需要包括补充上行或非补充上行的指示（SUL/non-SUL indicator）。该指示用来指明网络调度 PUSCH 在哪个载波上发送。终端不会在补充上行载波和非补充上行载波上同时发送 PUSCH。

如 10.2 节所述，当一个终端通过 PUCCH 传输 UCI 的时候，在同一个载波上恰巧也调度 PUSCH 传输，这个终端需要把 UCI 复用在 PUSCH，然后仅传输 PUSCH。对补充上行也有相同的规定，即终端不能同时在 PUSCH 和 PUCCH 上发送信号，即使 PUSCH 和 PUCCH 在不同的载波上，也不允许同时发送。在这种情况下，终端还是要把 UCI 复用在 PUSCH 上，然后仅仅传输 PUSCH。

还有一种技术可以达到补充上行类似效果，称为双连接。终端可以同时连接低频的 LTE 和高频的 NR。这样如果让上行的数据传输由 LTE 承载，终端也可以获得类似在补充上行传输数据的效果。但是这个时候，和 NR 下行传输相关的上行控制信令只能在 NR 的上行载波上传输，因为每个系统的层 1 和层 2（L1/L2）的控制信令只能在系统内部传输。而使用补充上行，不光上行数据可以在低频传输，上行控制信令也可以在低频传输，最大化地利用低频上行。还有一种替代补充上行的配置方法是使用载波聚合，但是载波聚合必须在低频也配置一个下行载波，这可能会导致与 LTE 共存的问题。

7.8　双工方式

NR 标准的一个关键特性就是灵活的频谱利用。除了可以灵活配置下行传输带宽，NR 的基础结构还支持在频域或者时域上分离上行传输和下行传输，这样不管是半双工还是全双工，NR 都有一套统一的帧结构，极大地提高了频谱利用的灵活性（见图 7-14）：

图 7-14　双工方式

- TDD：上行传输和下行传输使用同一个载波频率，仅仅通过时间来区分。
- FDD：上行传输和下行传输使用不同的频率，但是可以同时收发。
- 半双工 FDD：上行传输和下行传输使用不同的频率以及不同的时间，适合工作在对称频谱上的低成本的终端。

原理上来说，NR 的基本结构也支持全双工。全双工的上行传输和下行传输既不需要时间来区分，也不需要频率来区分。当然这样会引入严重的下行对上行干扰问题，相应的解决办法还在研究阶段。

LTE 也支持 TDD 和 FDD，但是和 NR 不同的是，LTE 为 TDD 和 FDD 分别定义了不同的帧结构[⊖]，NR 则只定义了一套帧结构。除此之外，不同于 LTE 上下行的分配不随时间动态变化[⊜]，NR 还可以动态改变上下行在时域上的分配。这种动态 TDD 也是 NR 的一项关键技术。

7.8.1　时分双工

在 TDD 下，单个载波在时域上被划分为上行传输部分和下行传输部分，这种划分是小区级的。上行传输和下行传输在时间上是不会重叠的。所以从一个小区或者从终端看来，TDD 被归为半双工操作。

在 LTE 中，上行和下行在时域上的资源是半静态配置的，也就是配置之后一直保持不变。NR 使用了动态 TDD 技术，可以由调度器动态配置一个时隙或者部分时隙为上行或下行。通过这种动态配置，系统可以快速适应上下行业务需求的变化。特别是在密集部署的情况下，每个基站只服务少数几个终端，所以动态适应上下行业务需求变化对密集部署尤为重要。对于密集部署，或者一些和周边小区相对隔离的小区，基站间干扰可以得到较好的控制。基站不需要过多考虑周边基站的上下行情况，可以独立地调整上下行配置。如果无法满足站间隔离的要求，基站也可以通过站间协调来做出上下行配置的决定。当然如果需要，也可以直接限制上下行动态调整，改为静态操作。这和 LTE Release 12 中引入的 eIMTA 技术非常相似。

站点间协调的一个有用的例子是传统的宏蜂窝广域部署。在这种广域宏类型部署中，由于覆盖的原因，基站天线通常位于屋顶之上，也就是说，与终端相比，基站的天线相对远离地面。这可能导致小区基站之间的（接近）视距直线传播。再加上这些类型的网络中传输功率的相对较大差异，来自一个小区站点的高功率下行链路传输可以显著影响在相邻小区中接收微弱上行链路信号的能力，如图 7-15 所示。当然除了下行对上行的干扰，还可能存在来自上行的对下行链路传输的干扰。尽管这通常不是问题，因为这种来自上行的干扰仅影响小区中的一部分终端用户。

　⊖　最初 LTE 只支持为 FDD 设计的帧结构类型 1，以及为 TDD 设计的帧结构类型 2。但是在后期的 LTE 版本中，又加入了帧结构类型 3，用来支持非授权频谱。

　⊜　在 LTE Release 12 中，eIMTA 可以支持上下行分配随着时间变化。

图 7-15　TDD 网络的干扰场景

处理干扰的经典方法是对网络中所有小区采取相同的方式来（半）静态划分上下行资源。这样，一个小区的上行接收与相邻小区的下行发送在时域上永远不会重叠。给一个特定传输方向（上行或下行）分配的时隙（或通常来说，时域资源）集合在整个网络中是相同的，这可以看作是小区间协调的一种简单形式，尽管是以（半）静态为基础。静态或者半静态的 TDD 分配也会有助于与 LTE 共存，例如在 LTE 载波和 NR 载波共用相同站点和相同频段的情况下。这种上下行静态或者半静态分配的限制在基站中非常容易实现，可以使用固定的模式配置上下行。参见 7.8.3 节，NR 也可以半静态地配置部分或者所有的时隙为上行或下行。因为对于终端，如果提前知道一些时隙配置为上行，就不需要再在这些时隙上监听下行控制信道，这样会降低终端能耗。

TDD 系统本质上是一个半双工系统，所以就必须为上行和下行的切换配置一个足够长的保护间隔。这个间隔不用于下行或者上行传输，仅仅是为了方便设备从下行状态切换到上行状态，反之亦然。保护间隔通过时隙格式定义，保护间隔的长度设计一般考虑这样几个因素：

- 保护间隔必须足够长，以保证网络和终端的电路能够从下行切到上行。现在设备一般都能够在很短的时间完成切换，可以达到 20μs 这个级别乃至更小，这样在绝大多数 TDD 应用场景下，保护间隔带来的开销都是可以接受的。
- 保护间隔长度必须能够确保上行信号和下行信号不会冲突。为了保证上行信号能在基站端切换到下行状态之前到达基站，终端需要提前发送上行信号。这个提前量是由定时提前（timing advance）机制来保证（见图 7-16）。基站采用定时提前机制来控制每个终端的上行定时，将在第 15 章中详细说明。这样保护间隔就必须足够长，终端在完成接收网络发送的下行信号，然后切换到上行发送状态之后，依然能够满足上行发送的定时提前。定时提前与终端到基站的距离成正比，小区半径越大，则需要的保护间隔越大。
- 最后，选择保护间隔还需要考虑基站间的干扰。在一个多小区的网络中，当相邻小区的下行信号经过一定的传播时延到达本小区的时候，要么本小区处在保护间隔内，要么本小区虽然处在上行接收状态，但是邻小区的下行信号已经衰减到非常低的水平，不足以影响上行信号的接收。因此保护间隔必须足够大，否则邻站的下行信号就会干扰本小区的上行接收。在实际网络部署中，邻站干扰的大小与传播环境非常相关，即便设计了一个足够大的保护间隔，依然可能有一些残留的干扰会影响上行接收开始的一部分。因此会尽量避免把干扰敏感的上行信号放在上行开始的时候传输。第 21 章会进一步描述 TDD 网络保护间隔的设置以及 NR 标准 Release 16 对干扰处理的增强。

图 7-16   生成 TDD 系统的保护间隔

7.8.2　频分双工

在 FDD 下，上行传输和下行传输分别被承载在不同的载波上，在图 7-14 中，分别由 f_{UL} 和 f_{DL} 来表示。因此上行传输和下行传输在时域上是可以同时发生的，上下行的隔离也是通过接收 / 发射滤波器，也就是双工滤波器来完成。当然频域上需要保证上下行双工有足够的隔离带宽。

尽管 FDD 小区上下行可以同时工作，但是某些终端可能在某个特定频段上支持全双工或者只支持半双工，即是否能够同时发送 / 接收。因为不需要采用全双工滤波器，半双工可简化终端的实现复杂度，降低终端成本。这对一些价格敏感的低端终端非常重要。另外，在一些特定的频段，过小的双工频率间隔给双工滤波器的实现带来很大挑战，这种情况下终端也会采用半双工。对于这种情况，全双工是否支持与频段有关。一个终端可以在某些频段上只支持半双工，在其他频段上支持全双工。需要注意全双工或者半双工能力都是终端的特性，无论连接何种能力的终端，基站都需要统一支持全双工。也就是说，基站需要在接收一个终端的上行信号的同时，为另一个终端发送下行信号。

对网络而言，半双工仅仅意味着某个终端最高的上下行速率受到限制，但是对整个小区的容量影响不大。因为基站可以同时调度多个终端，这样网络依然可以同时进行上行和下行传输。网络因为事实上工作在全双工模式，也不需要定义一个保护时间间隔。传输的结构和定时关系对全双工和半双工 FDD 是完全一样的，因此小区可以同时支持全双工和半双工的 FDD 终端混合工作，仅仅是在调度的时候考虑特定终端半双工能力的限制。

7.8.3　时隙格式和时隙格式指示

回到 7.2 节对时隙结构的讨论，有一组时隙用于上行传输，另一组时隙用于下行传输，因此需要定义两组时隙。两组的定时有一个时间偏移，这个偏移由前面说的定时提前决定。但在不强调定时提前的情况下，有时也会在描述中忽略这个时间偏移，把两组时隙画成相同的定时。

依赖于终端是否支持全双工，比如 FDD，或者半双工，比如 TDD，一个时隙有时不会全部用于上行或者下行传输。如图 7-16 所示，下行传输必须在时隙结束前提前结束，以使终端可以提前切换到上行状态。为了支持各种场景，NR 标准定义了一组时隙格式。每个时隙格式都规定了时隙的哪些 OFDM 符号可以用于上行，哪些 OFDM 符号可以用于下行，哪些 OFDM 符号可以灵活定义。

灵活状态的定义下文还会详细描述，但是灵活 OFDM 符号的一个典型应用就是在半双工模式下定义必要的保护间隔。部分 NR 支持的时隙格式在图 7-17 中描述。从图中可以看出有完全下行的时隙格式和完全上行的时隙格式，这两种时隙格式一般用在全双工模式（FDD），用在半双工模式（TDD）的部分上行部分下行的时隙格式。

图 7-17　NR 支持的部分时隙格式（"D"表示下行，"U"表示上行，"-"表示灵活）

时隙格式的称呼有时候会让人误以为 NR 标准仅仅把时隙划分为上行或者下行时隙，忽略了 NR 支持一个时隙既有上行也有下行的配置。即便对一个下行时隙的时隙格式，应该理解为下行传输占用了标志为下行或者灵活的 OFDM 符号。同样，对一个上行时隙的时隙格式，应该理解为上行传输占用了标志为上行或者灵活的 OFDM 符号。TDD 系统需要的保护间隔都应该利用标志为灵活的 OFDM 符号。

如上所述，NR 标准支持的一个关键技术是动态 TDD，即网络调度器可以动态地决定传输方向。对半双工的终端，因为不能同时收发信号，所以网络必须把资源分开，分别用作上行传输和下行传输。在 NR 中，网络支持三种不同的信令方式，向终端提供上行和下行传输的信息：

- 动态信令通知被调度的终端。
- 使用半静态的 RRC 信令。
- 一组终端共享的动态时隙格式指示。

这些方法可以混合使用来决定瞬时传输的方向。尽管 NR 描述的是动态 TDD，但这个框架可以用于半双工操作，包括半双工 FDD。

第一种方法，即动态信令通知被调度的终端，是让终端监听下行控制信令，然后根据下行信令里的调度授权或调度分配来进行相应的发送或接收。对半双工终端，终端会假设所有的 OFDM 符号都是下行符号，直到收到了上行发送的指令。至于半双工终端上下行不能同时工作的限制，是由基站调度器来保证的。对于全双工终端就没有这些限制，基站调度器可以独立地对上行和下行进行调度。

这种方法提供了一个简单但灵活的框架，但是如果网络事先知道未来的上下行分配，比如为了和现存的 TDD 终端共存或者满足一些频谱管理规定，网络也可以将这类信息提前通知终端。举个例子，如果终端知道接下来一组 OFDM 符号会被分配给上行传输，就没有必要再去监听和这些 OFDM 符号上下行分配相关的控制信令。这样有助于减少终端能耗。因此 NR 标准提供了使用半静态的 RRC 信令通知终端有关上下行的分配方法，这是一种可选的方法。

RRC 信令的模式把 OFDM 符号划分为下行符号、上行符号以及灵活符号。对于半双工终端，如果一个符号被标记为下行符号，则该终端就不能进行上行传输，同样，如果一个符号被标记为上行符号，该终端也不能进行下行接收。灵活符号的意思是终端没有办法通过该 RRC 信令判断究竟是上行还是下行方向。对这些灵活符号，终端依然需要去监听调度控制信令，如果发现了调度信息，则根据调度信息进行上行或下行的传输。因此完全依赖调度信令实现动态 TDD，与 RRC 信令里面把所有 OFDM 符号标记为灵活符号是等效的。

RRC 信令模式包含最多两个"下行 – 灵活 – 上行"的指示序列。序列可以指示以 0.5 ～ 10ms 为周期的一段时间内 OFDM 符号的传输方向，这个周期也是可配置的。除此之外，可以配置两种模式：一种是小区级的上下行指示，该指示通过系统消息通知终端；另一种是终端级的上下行指示，该指示通过 RRC 信令单独通知终端。终端如果收到这两种配置，会把两种模式合并起来。一些小区级的灵活符号会被终端级的上行或者下行所替换。如果小区级和终端级都指示为灵活符号，那么合并后这个符号依然为灵活符号，如图 7-18 所示。

图 7-18   小区级和终端级上下行模式示例

第三种模式是通过动态信令来把上行下行分配发送给一组终端。这组终端会同时监听一个特殊的下行控制信息，该控制信息称为时隙格式指示（Slot Format Indicator，SFI）。与前面两种机制类似，该机制也是指示 OFDM 符号是下行、上行还是灵活符号。该信令可以指示一个或者多个时隙。

一组终端从控制信令中收到 SFI 的值，该值就是 SFI 表格的索引。这里 SFI 表格指的是一张通过 RRC 信令在终端配置的表格，表格里面每一行都对应了一组预设的下行 / 灵活 / 上行的模式。收到 SFI 后，根据索引查表得到一个或多个时隙的上下行模式，如图 7-19 所示。NR 标准里预定义了很多种可能的模式，如图 7-17 和图 7-19 左半部分所示。SFI 表格里预定义的模式均选自 NR 标准。SFI 这种指示方式也可以用于小区间交互上下行模式的信息（跨载波指示）。

图 7-19　配置 SFI 表格的示例

因为接收动态调度的终端可以通过调度信令得知载波目前是用于上行传输还是下行传输，所以被一组终端共享的动态时隙格式指示这种配置方式主要用于非调度（non-scheduled）终端。这为网络提供了一种否决先前配置的方法。比如网络先前配置了终端周期性发送上行探测参考信号（Sounding Reference Signal，SRS），或者网络先前配置了终端测量下行的信道状态信息参考信号（Channel-State Information Reference Signal，CSI-RS）。如第 8 章所述，这些用于评估信道质量的操作，是通过半静态方式配置给终端的。而动态覆盖这些周期型配置对实现动态 TDD 的网络很有帮助（见图 7-20 的示例）。

图 7-20　通过 SFI 控制周期性 CSI-RS 测量以及 SRS 发送

但是 SFI 不能改变半静态的 RRC 信令配置的上下行配置，也不能改变上下行动态信令配置的上下行配置。终端会无视 SFI，依然按照半静态配置或动态信令配置进行上行传输或者下行传输。但是 SFI 可改写那些被半静态或动态信令配置为灵活的符号，令这些原来是灵活的符号可以被 SFI 配置为下行或者上行。SFI 还可以配置预留 OFDM 符号，当 SFI 和半静态信令都指示一个符号是灵活符号，那么这个符号就会被预留下来不进行传输，这是一个非常有用的配置方法。比如可以为其他无线接入技术或者后续的 NR 标准演进提供一些预留资源。

上面的描述主要聚焦在半双工终端特别是 TDD 技术上。但实际上，SFI 完全可以用于全双工，比如 FDD 技术。比如在 FDD 系统中用来改写周期性 SRS 发送。只不过 FDD 有两个独立的载波，一个是下行载波，一个是上行载波。这样就需要两个 SFI，每个载波对应一个 SFI。在协议里，两个 SFI 的需求是通过多时隙来实现的，SFI 的一个时隙用来指示下行，另一个时隙用来指示上行。

7.9 天线端口

下行多天线技术是 NR 标准的一项关键技术。不同天线的下行信号会使用不同的多天线预编码（见第 9 章），经历不同的无线信道，到达终端接收机⊖。

通常来说，终端需要能够知道不同的下行信号经历的无线信道之间的关系。比如终端需要知道对一个特定的下行传输数据，哪些参考信号可以用来进行信道估计。再比如终端需要知道如何给网络上报信道状态信息，这些信道信息可以帮助网络进行调度和链路自适应。

基于这样的考虑，NR 标准引入了天线端口（antenna port）这个概念，这个概念和 LTE 天线端口的定义类似。一个天线端口定义为当一个 OFDM 符号通过一个天线端口传输时，它所经历的信道和在该天线端口传输的其他 OFDM 符号传输经历的信道是相同的。或者换个表述方式，终端认为两个传输的信号是否经历相同的无线信道取决于这两个信号是否通过同一个天线端口发送⊖。

实际上，至少对下行而言，每个天线端口都可以对应一个特定的参考信号。终端接收机可以用这个参考信号来进行信道估计。参考信号也可以帮助终端获得该天线端口的信道状态信息。

表 7-2 中列举了 NR 标准定义的天线端口。从该表可看出，天线端口的编号是有一定结构的。这种结构化的天线端口编号对不同用途的天线端口进行分类。比如从 1000 开始编号的下行天线端口用于 PDSCH 传输。不同 PDSCH 传输层采用不同的编号，比如 1000 和 1001 标记了一个双层 PDSCH 传输。不同的端口和对应的用途会在后续的章节中详细描述。

表 7-2　NR 支持的天线端口[①]

天线端口	上行	下行	Sidelink
0 – 系列	PUSCH 和关联的 DM-RS	—	
1000 – 系列	SRS，预编码 PUSCH	PDSCH	PSSCH
2000 – 系列	PUCCH	PDCCH	PSCCH
3000 – 系列	—	CSI-RS	CSI-RS
4000 – 系列	PRACH	SSB	SSB
5000 – 系列		PRS	PSFCH

① Release 16 引入了定位参考信号（PRS）和 Sidelink，分别见第 24 章和第 23 章。

⊖　一个未知的发送端预编码，从接收端看来都是整体无线信道的一部分。
⊖　对一个特定的天线端口，更具体地说是天线端口对应的解调参考信号，这个天线端口对应的等效信道只有在一个调度周期内才能认为是不变的。

这里需要强调的是，天线端口的概念是一个逻辑概念，并不与一个特定的物理天线对应：

- 两组不同的信号以相同的方式通过多个物理天线发送。从终端接收机的角度来看，两组信号通过一个相同的等效信道传播。两组信号实际上是经历了多个天线信道"加和"所产生的信道，可以看成一个单独的天线端口发送出两组信号。
- 两组信号通过相同的多个物理天线，但是以不同的预编码方式（发送端预编码不为终端所知）发送。因为对于所有不为终端所知的发送端预编码都可以看成整个无线信道的一部分，所以两组信号从接收机看来实际上经过了不同的信道，也就是从不同的天线端口发出。需要注意的是，如果发送端预编码为终端所知，这样两组信号又可以看成由同一个天线端口发出。

这些概念的理解有助于引入下一节准共址的概念。

7.10　准共址

两组信号通过不同的物理天线发送，也就是两组信号经历的等效信道不同。尽管经历的信道不完全相同，但是等效信道的大尺度特性在很多情况下是相同的。比如，从同一个终端看来，由同一个站址但不同物理天线端口发出来的两组信号所经历的信道会不相同，但是比如多普勒扩展、多普勒频移、平均时延扩展还有平均增益这些大尺度特性还是相近的。并且信道带来的平均延迟也是近似的。如果终端知道两个天线端口有相近的大尺度特性，会帮助接收机设置信道估计参数。

对于单天线发送，准共址的概念很好理解，但是 NR 标准大量使用诸如多天线传输、波束赋形、多个物理位置的基站天线对同一终端同时发送等技术。这些情况下，一个终端的多个天线端口有可能在大尺度特性上也不相同。

因此相对于天线端口，NR 标准又引入了准共址（Quasi-CoLocation，QCL）的概念。一个终端接收机可以认为准共址的天线端口发送的信号所经历的信道是不同的，但是从大尺度上来说又是相同的，包括上述的平均时延扩展、多普勒扩展和多普勒频移、平均时延扩展、平均增益和空域接收机参数。NR 标准给出了两个天线端口是否在某些情况下某个信道特性可以认为是准共址的定义。网络会通过信令显式地通知终端不同的天线端口是否是准共址。

准共址这个概念其实已经在 LTE 后续的版本中引入，作为临时参数。但是由于 NR 更广泛地使用了波束赋形技术，准共址的概念被扩展到了空域。空域的准共址，或者更正式地说 QCL- 类型 D 或空域接收参数准共址，是波束管理的一个重要部分。在实际应用中，空域准共址描述了两组信号通过同一个物理站址和同一个方向的波束进行发送。在这个情况下，当接收端知道从一个接收波束方向可以较好地接收其中一组信号，那么使用相同的接收波束，另一组准共址信号也可以获得较好的接收性能。一个典型场景，NR 会配置特定传输信号之间空域的准共址，比如 PDSCH 和 PDCCH 传输，这些参考信号可以是 CSI-RS 或者 SSB。这样终端可以基于参考信号的测量，选择出最优的终端接收波束。而这个最优的接收波束，对下行数据 PDSCH 和 PDCCH 的接收也是一个很好的选择。

总结起来，NR 标准定义了四种不同的准共址类型：

- QCL-TypeA：多普勒扩展、多普勒频移、平均时延以及平均时延扩展的准共址。
- QCL-TypeB：多普勒扩展和多普勒频移的准共址。
- QCL-TypeC：多普勒频移和平均时延的准共址。
- QCL-TypeD：空域接收参数的准共址。

因为准共址的框架非常灵活，如果需要，未来的 NR 标准会引入更多的准共址类型。

第 8 章

信道探测

在无线通信技术中，发送端经常利用探测到的无线信道信息来辅助传输。这些无线信道信息可以是非常粗略的，比如无线信道的路损。知道路损相关信息，就可以在发送端进行发射功率控制。无线信道信息也可以是非常详尽的，发送端知道无线信道在时域、频域以及空域上准确的信道幅度和相位信息。发送端甚至可以利用接收端受到的干扰等信息来辅助传输。

这些信息可以通过一条无线链路的发送端或者接收端测量获得。比如关于下行信道的特性可通过终端的测量获取。测量得到的信息会上报给网络，这样网络就可以依据这些测量来为后续下行传输设置合适的发送参数。还可以依据信道的互易性，即认为上行和下行信道在有些信道特性上是相同的，这样网络可以测量上行信道来估计相关下行信道的信息。

对于上行信道信息的获取，原则上和下行类似：

- 网络可以通过测量得到上行信道特性，然后直接通知终端，或者直接控制后续的上行传输参数。
- 依据信道互易性，终端可以通过下行测量直接获得上行信道信息。

不管使用何种方式获取信道信息，都需要通过特定的信号来测量、估计无线信道的特性。这个过程称为信道探测（channel sounding）。

本章将会描述 NR 是如何支持信道探测的。我们会详细描述参考信号，包括下行信道状态信息参考信号（Channel-State-Information Reference Signal，CSI-RS）和上行探测参考信号（Sounding Reference Signal，SRS）。一般性的探测都是基于这两种参考信号。我们还会描述 NR 下行物理层测量的框架，以及相应的终端如何向网络上报。

8.1 下行信道探测：CSI-RS

在 LTE 的第一个版本（Release 8）的协议中，下行信道的信息是完全依赖终端对小区特定参考信号（Cell-specific Reference Signal，CRS）的测量获取的。LTE 的 CRS 在每一个长度为 1ms 的 LTE 子帧上在整个小区内满带宽发送。终端可以认为，当接入一个 LTE

网络之后，CRS 信号总是存在并且是可以测量的。

LTE Release 10 引入了 CSI-RS 信号来辅助 CRS。与 CRS 不同，LTE 的 CSI-RS 不必连续发送。网络会通过信令将 CSI-RS 相关信息通知终端，如果没有通知，则终端不会有任何关于 CSI-RS 存在的假设。

LTE 最初引入 CSI-RS 这个信号是为了扩展 LTE 空分复用能力，以支持超过 4 层的下行传输。对超过 4 层的空分复用，基于 LTE Release 8 的 CRS 是无法实现的。但是很快人们就发现，相对于 CRS，CSI-RS 是一个非常灵活并且有效的信道探测工具。在后续的 LTE 版本中，CSI-RS 的概念被进一步扩展，比如加入干扰估计和多点传输的功能。

如前所述，NR 的一个重要的设计原则就是尽可能避免常开（always on）信号。基于这个设计原则，像 CRS 这样的全带宽常开信号就没有在 NR 中引入。注意，NR 唯一的常开信号就是同步信号块 SSB（见第 16 章），而且和 LTE CRS 信号相比，同步信号块只在非常有限的带宽上发送，并且发送的周期也更长。同步信号块可以支持终端的功率测量以估计路损和平均信道质量等性能。但由于无线信道在时间和频率上快速变化，而同步信号块又只集中在非常有限的带宽里发送，并且发送周期也很长，因此同步信号块并不适合做详细的下行信道探测。

因此，NR 标准再次引入了 CSI-RS 这个概念，而且在 LTE 的基础上进一步扩展了功能。比如支持波束管理和移动性作为对 SSB 的补充。

8.1.1　CSI-RS 基本结构

CSI-RS 最多可以支持 32 个不同的天线端口，每一个天线端口都是一个需要探测的信道。

在 NR 标准里，每个终端都可以独立地配置 CSI-RS。这里需要注意的是，这并不意味着每个发送的 CSI-RS 信号都只能被一个终端接收。标准允许同一个 CSI-RS 配置给多个终端，也就是这个 CSI-RS 被上述的多个终端共享。

如图 8-1 所示，频域上一个资源块及时域上一个时隙内，单端口的 CSI-RS 只占用一个资源单元。原则上，CSI-RS 可以配置在资源块的任意位置，但实际上为了避免和其他的下行物理信道或者物理信号冲突，CSI-RS 的配置会有一些限制。一个终端会假设一个配置的 CSI-RS 不会与下列信号冲突：

- 任何为该终端配置的 CORESET。
- 与 PDSCH 传输相关的解调参考信号。
- 同步信号块。

一个多端口的 CSI-RS 可以看成多个互相正交的信号复用在一组资源单元上。复用的方法一般包括：

- 码域复用（CDM），意味着不同的天线端口的 CSI-RS 实际上使用了完全相同的一组资源单元，发送端通过正交的码字来将不同的 CSI-RS 信号复用调制在一起。
- 频域复用（FDM），意味着不同的天线端口的 CSI-RS 实际上使用了一个 OFDM 符号内不同的子载波。

图 8-1　一个资源块 / 时隙内的单端口 CSI-RS 由一个资源单元组成

- 时域复用（TDM），意味着不同的天线端口的 CSI-RS 实际上使用了一个时隙内不同的 OFDM 符号。

如图 8-2 所示，不同天线端口的 CSI-RS 之间的 CDM 可以是：

- 在频域连续的两个相邻子载波上的 CDM（2×CDM），这样就可以支持两个天线端口 CSI-RS 的码域复用。
- 在频域连续的两个相邻子载波上以及在时域连续的两个 OFDM 符号上的 CDM（4×CDM），这样就可以支持 4 个天线端口 CSI-RS 的码域复用。
- 在频域连续的两个相邻子载波上以及在时域连续的 4 个 OFDM 符号上的 CDM（8×CDM），这样就可以支持 8 个天线端口 CSI-RS 的码域复用。

图 8-2　不同 CDM 方式复用多天线端口 CSI-RS

不同的 CDM 方式（见图 8-2），再联合 FDM 和 TDM 一起使用，就可以支持不同的多天线端口 CSI-RS 的映射。通常来说，一个 N 端口的 CSI-RS 在一个资源块 / 时隙内，总共会占用 N 个资源单元[⊖]。

图 8-3 描述了如何把两端口 CSI-RS 通过 CDM 复用在两个相邻的资源单元上。换句话说，两端口 CSI-RS 和图 8-2 中描述的 2×CDM 的结构是完全一样的。

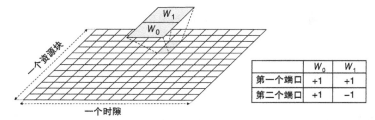

	W_0	W_1
第一个端口	+1	+1
第二个端口	+1	−1

图 8-3　两端口 CSI-RS 使用 2×CDM 复用的结构，以及端口间正交模式

⊖　有一个例外，为支持 TRS，NR 定义了"密度为 3"的 CSI-RS（见 8.1.7 节）。

当超过两个天线端口的 CSI-RS 映射的时候，从某种程度上来说得到了一定的灵活性，即对于一个给定的天线端口数，可以有多种 CSI-RS 结构，这些结构分别使用了不同的 CDM、TDM 和 FDM 的组合。

这里列举一个 8 端口 CSI-RS 的例子，通过不同的正交模式，产生了三种结构（见图 8-4）。

- 频域上，每两个相邻的资源单元使用一次 2×CDM，总共使用 4 次频域复用（见图 8-4 左）。所有的 CSI-RS 资源全部集中在一个 OFDM 符号的 8 个子载波上。
- 频域上，每两个相邻的资源单元使用一次 2×CDM，然后同时使用时域复用和频域复用（见图 8-4 中）。所有的 CSI-RS 资源全部集中在两个 OFDM 符号的 4 个子载波上。
- 时域和频域上，4 个资源单元使用一次 4×CDM，然后同时使用时域复用和频域复用（见图 8-4 右）。所有的 CSI-RS 资源全部集中在两个 OFDM 符号的 4 个子载波上。

图 8-4　8 端口 CSI-RS 的三种不同的结构

最后，图 8-5 描述了一种可能的 32 端口的结构，其中包括了 8×CDM，然后同时使用 4 次频域复用。这个例子还表明如果是频域复用，实际上可以不占用连续的子载波。同样，如果是时域复用，也可以使用非连续的 OFDM 符号。

图 8-5　32 端口 CSI-RS 支持的三种结构中的一种

对多天线端口的 CSI-RS，端口是从码域开始顺序编号，然后是频域，最后是时域。如图 8-4 所示，对 2×CDM，相邻两个天线端口 CSI-RS 通过 CDM 复用在一起，而对 4×CDM，相邻四个天线端口 CSI-RS 通过 CDM 复用在一起。对于 FDM+TDM 的情况（见图 8-4 中），端口 0 到端口 3 是在相同的 OFDM 符号内发送，端口 4 到端口 7 一起在另外一个 OFDM 符号内发送。

8.1.2 CSI-RS 配置的频域结构

当针对某部分带宽配置 CSI-RS 的时候，CSI-RS 的频域就限制在对应的部分带宽之内，同时使用该部分带宽对应的参数集。

从频域上看，CSI-RS 可以配置在整个部分带宽上，也可以只配置在其中一部分上。对后一种情况，CSI-RS 占据的带宽以及起始位置都是 CSI-RS 配置的参数。

在配置的 CSI-RS 带宽内，可以为每个资源块都配置 CSI-RS。这种模式称为 CSI-RS 密度为 1。也可以每两个资源块配置一个 CSI-RS，这种模式称为 CSI-RS 密度为 1/2。对后一种情况，CSI-RS 的配置信息必须指出这两个资源块中具体是哪个承载 CSI-RS（奇数资源块还是偶数资源块）。但是对 4、8 和 12 个天线端口的 CSI-RS，目前协议不支持 CSI-RS 密度为 1/2 的配置。

对于单端口的 CSI-RS 配置，协议支持配置 CSI-RS 密度为 3。这种配置表明在一个资源块内有三个子载波承载 CSI-RS。这种 CSI-RS 配置会用于跟踪参考信号（Tracking Reference Signal，TRS）（详见 8.1.7 节）。

8.1.3 CSI-RS 配置的时域特性

上文描述的每个资源块发送 CSI-RS，都是在某个特定的时隙发送 CSI-RS。从时域上来看，通常 CSI-RS 可以配置为周期性发送、半持续发送或者非周期性发送。

对于 CSI-RS 周期性发送，终端会认为 CSI-RS 的发送每 N 个时隙就会重复一次。这里 N 的取值最小可以到 4，就是说 CSI-RS 每 4 个时隙就会发送一次。N 的取值最大可以到 640，就是说 CSI-RS 每 640 个时隙才发送一次。除了周期，终端还需要知道在周期内的时隙偏移，才能正确找到 CSI-RS 的时域位置，如图 8-6 所示。

图 8-6 CSI-RS 的周期和时隙偏移

对于半持续 CSI-RS 发送，也会配置一个 CSI-RS 的发送周期和时隙偏移，这一点和周期性 CSI-RS 发送完全一样。但是实际上 CSI-RS 是否真正发送取决于 MAC 控制信元（MAC Control Element，MAC-CE）（见 6.4.4 节）。MAC 控制信元可以激活 / 去激活 CSI-RS 的发送。当 CSI-RS 的发送被激活后，终端会认为 CSI-RS 将按照配置的周期以及时隙偏移周期性地发送，直至收到显式的去激活命令。类似地，一旦 CSI-RS 的发送被去激活，终端会认为网络不再发送 CSI-RS 直到重新激活。

对于非周期性 CSI-RS 发送，网络不会配置 CSI-RS 的周期或者时隙偏移。网络会通过 DCI 信令将每一次 CSI-RS 的发送通知终端。

需要注意的是，严格来说，周期性发送、半持续发送或非周期性发送都不是 CSI-RS 的特性，而是 CSI-RS 资源集（resource set）（见 8.1.6 节）的特性。因此，不论是激活 / 去激活半持续 CSI-RS，还是触发一次非周期性 CSI-RS 发送，都是针对 CSI-RS 资源集的操作。

8.1.4　CSI-IM 资源干扰测量

通过对 CSI-RS 的测量，终端可以获得 CSI-RS 所在的信道的信息。当然除了估计信道信息之外，终端还可以通过把 CSI-RS 所在时频资源上接收到的总信号刨除 CSI-RS 的信号，获得干扰相关的信息。

NR 标准还设计了一种专门用来估计干扰水平的资源，称为 CSI-IM（Interference Measurement）资源。

如图 8-7 所示，列举了两种不同的 CSI-IM 结构。每种结构都使用了 4 个资源单元，但是时频结构不同。与 CSI-RS 类似，CSI-IM 的资源在资源块和时隙的分布也是灵活的，时频分布位置也是 CSI-IM 的配置参数的一部分。

图 8-7　CSI-IM 资源的可选结构

CSI-IM 资源的时域特性和 CSI-RS 一样，也可以分为周期性发送、半持续发送（通过 MAC CE 来激活或者去激活）和非周期发送（通过 DCI 来触发）。除此之外，CSI-IM 周期性发送和半持续发送的周期配置范围也和 CSI-RS 的配置范围一致。

在典型的配置下，CSI-IM 对应的资源单元上不会发送任何信号，也就是说本小区在这些资源上是保持静默的。而在邻小区，对应资源上依然进行正常的下行发送，因此通过对诸如 CSI-IM 资源接收功率的测量，就可以让终端估计出由邻区下行传输所产生的干扰水平。

因为小区内的 CSI-IM 资源上不会进行传输，网络需要通知 UE：相应的资源单元为 ZP-CSI-RS（下一节描述细节）。

8.1.5　零功率 CSI-RS

上面关于 CSI-RS 的描述，实际上是针对非零功率（Non-Zero-Power，NZP）CSI-RS 的。实际上，NR 标准还定义了零功率（Zero-Power，ZP）CSI-RS。

如果一个终端被调度了 PDSCH 传输，所占用的资源包括了一些配置了 CSI-RS 的资源单元。那么这个终端就需要在 PDSCH 速率匹配以及资源映射的时候，跳过这些资源单元，这对同一个终端是没有什么问题的。但是如果一个终端调度的 PDSCH 传输资源块里包括了为其他终端配置的 CSI-RS 资源单元，也需要让该终端跳过这些 CSI-RS 占用资源。这种情况下 PDSCH 必须绕过这些用于 CSI-RS 的资源单元进行速率匹配。问题是该终端并不知晓这些需要它跳的 CSI-RS 资源，所以 NR 标准设计了零功率 CSI-RS 这个概念，用来通知终端接收 PDSCH 的时候跳过相应的 CSI-RS 资源来进行速率匹配。

一个 ZP-CSI-RS 对应一组资源单元，这些资源单元和 NZP-CSI-RS 有相同的结构。对于 NZP-CSI-RS，终端对其进行测量，得到相关信道信息。对于 ZP-CSI-RS，终端仅仅认为其占用的资源单元不能被 PDSCH 占用。

需要强调的是，尽管协议在取名的时候有零功率这样的字眼，但是终端不能认为这些资源单元上没有任何发送功率。如上所述，一个 ZP-CSI-RS 可能是其他终端配置的 NZP-CSI-RS。在 NR 标准里，一个终端不能做出关于 ZP-CSI-RS 的资源上有何承载的假设，唯一能确认的就是 PDSCH 传输不能占用这些 ZP-CSI-RS 所处的资源单元。

8.1.6　CSI-RS 资源集

除了配置 CSI-RS，网络可以为终端配置一个或者多个 CSI-RS 资源集，正式的名称是 NZP-CSI-RS 资源集。每个资源集都包括一个或者多个配置的 CSI-RS⊖。资源集用在测量上报配置中，用来指示终端需要做的测量和上报对象（详见 8.2 节）。尽管 NZP-CSI-RS 资源集的名字包含 CSI-RS，实际上，该集合还可以包括指向一组同步信号块的指针（见第 16 章）。在一些终端的测量中，尤其是关于波束管理和移动性相关的测量，终端可以依赖集合中包括的 CSI-RS 或者同步信号块。

如上所述，CSI-RS 可以配置为周期发送、半持续发送或者非周期发送。上文也说，这些特性严格来说不是 CSI-RS 的特性，而是 CSI-RS 资源集的特性。所有包含在一个半持续资源集里的 CSI-RS 会被 MAC CE 命令同时激活或去激活。同样，非周期资源集里面的所有 CSI-RS，都会被 DCI 命令同时触发。

类似地，一个终端也会被配置 CSI-IM 资源集，该资源集包含了若干 CSI-IM。对半持续配置的资源集，整个集合会被同时激活或去激活；对非周期配置的资源集，整个集合也会被 DCI 同时触发。

8.1.7　跟踪参考信号

由于晶振的非理想性，为了保证成功的下行接收，终端必须在时域和频域上不停地去跟踪并补偿。网络可以配置跟踪参考信号辅助终端完成这个任务。跟踪参考信号并不是 CSI-RS，而是一个资源集。该资源集包含多个周期性发送的 NZP-CSI-RS。更准确地说，一个跟踪参考信号包含 4 个单端口、密度为 3 的 CSI-RS。这些 CSI-RS 分布在两个连续的时隙上（见图 8-8）。资源集内的 CSI-RS，也就是 TRS，可以将周期配置为 10、20、40 或者 80ms。注意 TRS 具体使用的资源单元（包括子载波和 OFDM 符号）依配置命令而不

⊖　严格来说，资源集实际上引用了若干已配置的 CSI-RS。

同，但是每个时隙内的两个 CSI-RS 在时域上的间距恒定为 4 个 OFDM 符号。参考信号在时域上的间隔就限制了最大可以估计的频率误差。类似地，参考信号在频域上的间隔（4 个子载波）就限制了最大可以估计的定时误差。

TRS周期（10、20、40和80 ms）

图 8-8　TRS 包括 4 个单端口、密度为 3 的 CSI-RS，分布在两个连续的时隙上

NR 标准还定义了一种 TRS 结构。这种结构与图 8-8 所述的 TRS 在每个时隙内的结构是一样的。但是这种 TRS 只包括两个 CSI-RS，分布在一个时隙内。而图 8-8 所述的 TRS 包括 4 个 CSI-RS，分布在两个连续的时隙内。

对 LTE，CRS 起到了 TRS 的作用。但是与 LTE 的 CRS 相比，NR 的 TRS 因为只有一个天线端口，并且在 TRS 周期内也只占用两个时隙，因此比 LTE 引入更少的开销。

8.1.8　物理天线映射

在第 7 章中，我们描述了天线端口的概念，也介绍了天线端口和参考信号的关系。而一个多端口 CSI-RS 则定义为可以为一组天线端口对应的信道提供探测的参考信号。但是一个 CSI-RS 端口经常并不是直接映射到一个物理天线上，也就是说终端通过 CSI-RS 探测的信道往往不是物理无线对应的无线信道。更常见的配置是在 CSI-RS 映射到物理天线前，先对 CSI-RS 进行各种变换（尤其是线性变换），或者说通过一个空间滤波器，如图 8-9 中字母 F 所示。此外，存在物理天线个数（如图 8-9 中字母 N 所示）远远大于 CSI-RS 端口个数的情况[⊖]。当终端通过 CSI-RS 进行信道探测的时候，无论是 N 个物理天线，还是空间滤波器 F，对终端都是不可见的。从终端看来，就是一个针对 M 端口 CSI-RS 进行信道估计，得到 M 个"信道"的过程。

通过CSI-RS进行信道探测

端口#1

端口#2

M端口CSI-RS

F

端口#M

N个物理天线

图 8-9　在映射到物理天线之前，CSI-RS 会通过空间滤波器（F）

⊖　让端口数目 M 大于天线数目 N 没有实际意义。

针对不同的 CSI-RS 端口，空间滤波器 *F* 的设计可能也各不相同。比如网络可以对每一个配置的 CSI-RS 都设计一个不同的空间滤波器，这样可以把 CSI-RS 波束赋形到不同的方向，如图 8-10 所示。尽管实际上两个 CSI-RS 使用同一组天线和同一组物理信道，但是从终端看来，就是网络通过两个不同的信道，发送了两个 CSI-RS。

图 8-10　不同的 CSI-RS 使用不同的空间滤波器

尽管空间滤波器 *F* 对终端不可见，但是终端依然需要对滤波器 *F* 做出一定假设。*F* 和第 7 章介绍的天线端口的概念相关，如果两个信号使用相同的物理天线以及相同的空间滤波器进行发送，终端就可以认为这两个信号是从同一个天线端口发送的。

比如在下行多天线传输（见第 11 章）中，一个终端通过测量 CSI-RS，向网络上报下行传输推荐的预编码矩阵。网络则依照终端的建议，把推荐的预编码矩阵用于传输层到天线端口的映射。也就是说，当终端推荐预编码矩阵的时候，终端将假设网络未来进行下行数据传输的时候，会把通过预编码映射到天线端口的数据再经过相同的空间滤波器最终映射到物理天线上，这个空间滤波器就是 CSI-RS 向物理天线映射时所使用的空间滤波器 *F*。

8.2　下行测量和上报

基于网络的配置，NR 终端可以执行不同的测量。对大多数配置的测量，终端需将测量结果上报给网络。测量的配置和对应的上报方式通过上报配置（report configuration）来完成，在 3GPP 协议[15]中，称为 CSI-ReportConfig⊖。上报配置包括：

- 测量上报数量，多少测量项需要上报。
- 测量对象，测量的下行资源，从而可以得出上报的数量。
- 上报的实际方式，比如何时上报，使用哪个上行物理信道承载上报。

8.2.1　上报数量

一个测量报告需要明确指出终端需要报告多少测量项。比如一个测量报告可以包括三项：信道质量指示（Channel-Quality Indicator，CQI）、秩指示（Rank Indicator，RI）和预编码矩阵指示（Precoder-Matrix Indicator，PMI），合起来称为信道状态信息（Channel-State Information，CSI）。当然测量报告可以只包括一项，比如指示报告接收信号强度，或者称为参考信号接收功率（Reference-Signal Received Power，RSRP）。RSRP 是一项关键的测量，一般用在高层无线资源管理（Radio-Resource Management，RRM）。NR 标准

⊖　请注意，这里我们讨论的是物理层测量和上报，并不是讨论通过 RRC 信令进行的高层上报。

不但在无线资源管理中沿用了 RSRP 测量上报，同时也在层 1 引入了 RSRP 上报，比如用在波束管理功能（见第 12 章）。在层 1 的 RSRP 上报一般就直接称为 L1-RSRP，表明该上报不是那种层 3 的、供高层使用并需要长时间滤波的 RSRP 上报。

8.2.2　测量资源

一个测量除了需要指明测量项，还需要指明测量针对的是哪些资源或者说哪些下行信号。这是通过将上报配置与一个或者若干个资源集关联起来完成的，资源集的概念描述详见 8.1.6 节。

一个测量资源配置会与至少一个 NZP-CSI-RS 资源集相关联，终端会利用该 NZP-CSI-RS 资源集对信道特性进行测量。如 8.1.6 节所述，NZP-CSI-RS 资源集可以包括一组配置的 CSI-RS 或者一组同步信号块。比如用于波束管理的 L1-RSRP 测量上报，就是针对一组同步信号块或者一组 CSI-RS 进行的。

注意资源配置总是关联一个资源集。通常情况下，测量上报都是针对一组 CSI-RS 或者一组同步信号块。

有些情况下，资源配置里有可能只包括单个参考信号。比如与传统支持链路自适应以及多天线预编码的方式类似，终端仅仅配置了一个资源集，该资源集只包含一个多端口 CSI-RS。终端通过对这一个多端口 CSI-RS 的测量，向网络上报 CQI、RI 和 PMI。

与之对应的是，有些关于波束管理的应用，需要配置多个 CSI-RS 或者多个同步信号块。每个 CSI-RS 或者每个同步信号块都对应一个波束。终端需要对资源集里面的一组参考信号进行测量，然后上报网络，以支持波束管理功能。

在有些情况下，终端执行的测量并不需要向网络上报。一个例子就是终端需要执行下行发送过程中接收端（即终端）波束赋形的测量，这会在第 12 章详细讨论。在这种情况下，终端需要使用不同的接收波束来测量下行发送的参考信号。但是测量的结果并不需要向网络上报，该测量结果仅仅供终端自己内部使用，用于选择合适的接收波束。尽管不需要向网络上报测量结果，网络依然需要向终端配置测量的参考信号。在这种情况下，需要上报的传输数目为无（None）。

8.2.3　上报类型

除了需要指明测量项和测量针对的是哪些资源，上报配置还需要指明终端可以何时基于何种承载向网络上报测量结果。

与 CSI-RS 的传输方式类似，终端测量上报也可以分为：周期性上报、半持续上报和非周期上报。

顾名思义，周期性上报需要配置一定的上报周期。周期性上报总是通过物理信道 PUCCH 承载。因此对周期性上报，资源配置需要包括用来上报的周期性 PUCCH 资源的信息。

对半持续上报，一个终端需要配置周期性发生上报的实例，这一点和周期性上报一致。但是，实际上上报是否发生完全由 MAC 层信令控制（MAC CE 通过激活、去激活命令控制）。

与周期性上报类似，半持续上报可以通过周期分配的 PUCCH 来承载，也可以通过半持续分配的 PUSCH 来承载。后者往往用来承载净荷比较大的上报。

非周期上报则通过 DCI 信令触发，更准确地说是通过上行调度授权（DCI format 0_1）里面的 CSI-request 域来指示。DCI 为之分配了最多 6 个 bit 来指示。6 个 bit 的每种组合都对应一个配置的非周期上报，也就是说最多可触发 63 个不同的非周期上报[⊖]。

非周期上报总是通过调度的 PUSCH 来承载。因为 PUSCH 的调度也需要上行调度授权，所以触发非周期上报的命令也同样包含在上行调度授权里面，而不是其他的 DCI 格式。

需要注意，对非周期上报，上报配置可以包括需要测量的多个资源集，每个资源集都有自己的参考信号（包括 CSI-RS 或者同步信号块）。DCI 的 CSI-Request 域为每个资源集分配了一个特定的值。通过 CSI-Request，网络可以针对不同测量对象进行相同类型的上报。当然这种配置效果原则上也可以通过配置多个上报配置来达到，即每个上报配置里都有相同的上报配置和上报类型，但是却针对不同的资源配置。

这里请不要混淆周期性、半持续和非周期上报与在 8.1.3 节描述的周期性、半持续和非周期 CSI-RS。比如非周期上报和半持续上报都可以基于针对周期性 CSI-RS 的测量。同时，周期性上报只能建立在对周期性 CSI-RS 的测量上。表 8-1 列举了协议允许的上报类型和资源类型的各种组合。

表 8-1　NR 支持的上报类型和资源类型的组合

上报类型	资源类型		
	周期性	半持续	非周期
周期性	是	—	—
半持续	是	是	—
非周期	是	是	是

8.3　上行信道探测：SRS

为了对上行信道进行探测，网络会配置终端发送探测参考信号（SRS）。因为 SRS 和 CSI-RS 都是用来探测信道的（只不过方向不同），所以二者有很多相似之处。SRS 和 CSI-RS 还可以作为 QCL 的参考，即网络可以配置其他物理信道与 SRS 或 CSI-RS 准共址。因此，如果网络和终端通过 SRS 和 CSI-RS 得知合适的接收波束，接收机就可以把该接收波束用于接收其他尚不知最优接收波束的物理信道。

⊖　如果是全零，则表明没有一个被触发。

但是 SRS 和 CSI-RS 在具体实现细节上还是有很大区别的:

● SRS 最多支持 4 个天线端口,而 CSI-RS 最多支持 32 个天线端口。

● 作为上行信号,SRS 信号具有较低的立方度量[57],这样可以提高终端功放的效率。

SRS 基本的时域、频域结构如图 8-11 所示。一般情况下,SRS 会扩展到 1 个、2 个或者 4 个连续的 OFDM 符号,而放置 SRS 的 OFDM 符号会配置在一个时隙的 14 个符号中的最后 6 个符号⊖。在频域上,SRS 的位置呈梳状结构(comb structure),也就是每 N 个子载波才会选择一个子载波承载 SRS。这里 N 可以配置为 2 或者 4,一般称为 comb-2 或者 comb-4。

图 8-11   SRS 时频资源结构

不同终端发送的 SRS 信号会被频域复用在相同的频率范围上,也就是分配不同的 comb,即对应于不同的频率偏移。对 comb-2 配置,每个终端发送的 SRS 会占用每两个子载波中的一个,这样就可以实现 2 个 SRS 的频域复用。同样的道理,对 comb-4 配置,最多配置 4 个 SRS 的频域复用。图 8-12 就显示了 comb-2 配置下,2 个 SRS 的复用的例子。

图 8-12   基于梳状结构的 SRS 频域复用,comb-2 配置下的 2 个终端复用

⊖   在 Release 16 中,为了更好支持 NR-U 以及定位,NR 标准扩展到一个时隙内的任意位置。

8.3.1 SRS 序列和 Zadoff-Chu 序列

SRS 发送序列的设计基于 Zadoff-Chu 序列[23]。由于 Zadoff-Chu 序列的特殊性质，NR 标准中多处使用了该序列，特别是上行传输方向。同样在 LTE 中也广泛使用了 Zadoff-Chu 序列[26]。

一个长度为 M 的 Zadoff-Chu 序列定义如下：

$$z_i^u = e^{-j\frac{\pi ui(i+1)}{M}}; \ 0 \leqslant i < M \tag{8-1}$$

由式（8-1）可知，一个 Zadoff-Chu 序列由参数 u 决定。一般称 u 为 Zadoff-Chu 根索引（root index）。对一个固定长度（M）的 Zadoff-Chu 序列，有一些根索引能生成唯一 Zadoff-Chu 序列。这种根索引的个数就等于与 M 互质（relative prime）的整数个数。因此人们往往关注 M 恰为质数的情况，因为这个长度会拥有最多可用的 Zadoff-Chu 序列。准确地说，在序列长度 M 为质数的情况下，可以找到 $M-1$ 个不同的 Zadoff-Chu 序列。

Zadoff-Chu 序列一个关键的特点就是，经过离散傅里叶变换生成的新序列依然是 Zadoff-Chu 序列⊖。从式（8-1）可知，Zadoff-Chu 序列的另外一个特点就是恒定的时域幅度，该特点有助于提高功放效率。而且由 Zadoff-Chu 序列经过傅里叶变换依然是 Zadoff-Chu 序列可知，Zadoff-Chu 序列从时域上看是恒定幅度，从频域上看，也是恒定幅度。频域上恒定幅度则意味着序列经过任意非零循环移位与原序列零相关。这也就是说，同一个 Zadoff-Chu 序列在时域上的经过不同的循环移位所产生的两个序列信号之间是正交的，注意这里时域上的循环移位等效于频域上连续的相位旋转 $e^{j2\pi\frac{\Delta}{M}}$。

尽管引入一个长度为质数的 Zadoff-Chu 序列，就可以获得更多的可用 Zadoff-Chu 序列，但是由于 SRS 的序列长度并不是质数，因此采用了扩展 Zadoff-Chu 序列来生成 SRS 序列。扩展 Zadoff-Chu 序列是基于一个长度为质数 M 的 Zadoff-Chu 序列，M 是小于或者等于期望的 SRS 序列长度的最大质数。而扩展 Zadoff-Chu 序列就是将该长度为 M 的 Zadoff-Chu 序列在频域上进行循环扩展生成。因为是在频域上扩展生成，所以依然保持完美的循环自相关，但是在时域上幅度会产生波动。

对于长度等于或者超过 36 的 SRS，都会使用扩展 Zadoff-Chu 序列。长度为 36 的 SRS 恰好对应 comb-2 下 6 个资源块的 SRS 或者 comb-4 下 12 个资源块的 SRS。对于长度小于 36 的 SRS，NR 标准通过计算机穷举的方法，找到了一组合适的序列，这些频域上平坦的序列具有良好的时域包络特性。至于为什么小于 36 的 SRS 不使用扩展 Zadoff-Chu 序列，主要是因为找不到足够的可用 Zadoff-Chu 序列。

NR 标准中，对使用 Zadoff-Chu 序列的信号，都会使用与 SRS 相同的上述设计准则（诸如上行 DM-RS，见 9.11.1 节）。

⊖ 逆操作显然也成立，对 Zadoff-Chu 序列进行逆 DFT 操作，依然生成 Zadoff-Chu 序列。

8.3.2 多端口 SRS

如果 SRS 需要支持多天线端口的信道探测，NR 标准规定不同的端口使用相同的资源单元，并且使用相同的基础 SRS 序列。各个天线端口发送的 SRS 通过把基础序列进行不同的相位旋转来相互区别，如图 8-13 所示。

	x_0	x_1	x_2	x_3	x_4	x_5	
	×	×	×	×	×	×	
天线端口 #0	e^{j0}	e^{j0}	e^{j0}	e^{j0}	e^{j0}	e^{j0}	---
天线端口 #1	e^{j0}	$e^{j\pi}$	$e^{j2\pi}$	$e^{j3\pi}$	$e^{j4\pi}$	$e^{j5\pi}$	---
天线端口 #2	e^{j0}	$e^{j\pi/2}$	$e^{j2\pi/2}$	$e^{j3\pi/2}$	$e^{j4\pi/2}$	$e^{j5\pi/2}$	---
天线端口 #3	e^{j0}	$e^{j3\pi/2}$	$e^{j6\pi/2}$	$e^{j9\pi/2}$	$e^{j12\pi/2}$	$e^{j15\pi/2}$	---

图 8-13　对频域基础 SRS 序列 x_0，x_1，$x_2\cdots$进行不同的相位旋转来区分天线端口（comb-4 SRS）

如上所示，频域的相位旋转可以等效为时域的循环移位。尽管此操作数学上可以称为频域的相位偏移，但 NR 标准中统一称为循环移位（cyclic shift）。

8.3.3 SRS 时域结构

与 CSI-RS 类似，SRS 可以配置为周期性、半持续和非周期发送：

- 周期性 SRS 发送：网络会配置 SRS 的周期以及周期内的时隙偏移信息给终端，终端依照网络配置进行周期性发送。
- 半持续 SRS 发送：与周期性 SRS 类似，网络也会配置 SRS 周期和时隙偏移。与半持续 CSI-RS 相似，网络需要通过 MAC CE 信令激活或去激活半持续 SRS 发送。
- 非周期 SRS 发送：网络通过 DCI 命令来触发 SRS 的发送。

需要注意的是，与 CSI-RS 类似，无论激活、去激活半持续 SRS 发送，还是触发非周期 SRS 发送，都是针对一个特定的 SRS 资源集，而不是一个 SRS。而一个 SRS 资源集往往包括多个 SRS。

8.3.4 SRS 资源集

与 CSI-RS 类似，网络可以为一个终端配置一个或者多个 SRS 资源集，每个 SRS 资源集都包含一个或多个 SRS。如上描述，一个 SRS 可以周期性发送、半持续发送或非周期发送，但是在一个 SRS 资源集中的所有 SRS 都必须是同一类型。或者说，周期性、半持续或非周期是一个 SRS 资源集的特性。

网络为终端配置多个 SRS 资源集可以有多种目的，可能是为了上行和下行的多天线预编码，也有可能是为了上行和下行的波束管理。

终端发送非周期 SRS，或者准确地说，发送一个非周期 SRS 资源集里包括的一组 SRS，是由 DCI 命令触发的。标准规定 DCI 格式 0_1（上行调度授权）和 DCI 格式 1_1

（下行调度分配）均可触发非周期 SRS 发送。DCI 命令里面包括 2bit 的 SRS-request 来激活传输，也就是说网络可以指示终端配置的 3 个 SRS 资源集中的一个发送 SRS（2 个比特可以表示 4 种状态，3 种表示激活哪个 SRS 资源集，1 种表示不激活）。

8.3.5　物理天线映射

与 CSI-RS 类似，SRS 端口一般不会直接映射到物理天线，而是通过某个空间滤波器 F 把 M 个 SRS 端口映射到 N 个物理信道上，如图 8-14 所示。

图 8-14　在映射到物理天线前，会对 SRS 进行空间滤波（F）

为了保证终端不管如何旋转依然可以与网络保持连接，NR 终端会以很高的频率调整终端多个天线面板的指向。在这种情况下，SRS 会通过滤波器 F 将 SRS 天线端口映射到天线面板上的一组物理天线。这样每个天线面板都会有一个不同的空间滤波器 F，如图 8-15 所示。

尽管空间滤波器对网络接收端不可见，而是被当成等效信道的一部分，但它确实有实际的影响。比如网络会要求终端发送 SRS 来探

图 8-15　不同的 SRS 使用不同的空间滤波器

测信道，然后网络就会基于测量结果向终端推荐上行发送的预编码矩阵。而终端需要将预编码矩阵与 SRS 的空间滤波器 F 合并。再比如，网络调度终端使用与 SRS 发送天线端口相同的天线端口进行上行传输，这不但意味着终端会使用与 SRS 传输相同的空间滤波器 F，还意味着终端使用与 SRS 传输相同的天线面板或波束。

第9章

传输信道处理

本章将重点介绍上下行物理层功能，如信道编码、调制、多天线预编码、资源块映射和参考信号结构。

9.1　概述

物理层以传输信道的形式向 MAC 层提供服务，如 6.4.5 节所述。NR 标准为下行传输定义了三种不同的传输信道：下行共享信道（DownLink Shared CHannel，DL-SCH）、寻呼信道（Paging CHannel，PCH）以及广播信道（Broadcasting CHannel，BCH），不过后两种信道在 NR 非独立组网中不使用。NR 为上行传输只定义了一种传输信道[⊖]：上行共享信道（UpLink Shared CHannel，UL-SCH）。NR 传输信道处理结构与 LTE 基本类似（见图 9-1），上行和下行的处理都非常类似，图 9-1 的结构适用于下行的 DL-SCH、BCH 和 PCH，以及上行的 UL-SCH。但是映射到 PBCH 的 BCH 结构与 LTE 略有不同，详见第 16 章，RACH 也是如此，详见第 17 章。

每个传输时间间隔（Transmission Time Interval，TTI）内的每个分量载波上，一个传输信道会递交最多两个长度可变的传输块给物理层，然后通过空口传输给对端。两个传输块只适用于空分复用超过四层的

MAC层递交一个（或两个）长度可变的传输块

| CRC |
| LDPC编码 |
| 速率匹配、HARQ |
| 加扰 |
| 调制 |
| 层映射 |
| DFT预编码（只有上行） |
| 多天线预编码 |
| 资源映射 |
| 物理天线映射 |

图 9-1　传输信道处理流程

⊖　严格来说，随机接入信道也可以定义为一种传输信道类型。但是 RACH 只发送层 1 的前导码，不会发送传输块形式的用户数据。

情况，而这种情况只会出现在下行信噪比极高的场景中。因此，在绝大多数场景下，每个 TTI 以及每个分量载波上只会有一个传输块被递交。

每个传输块都会添加一个 CRC 来检测传输错误，同时还会利用 LDPC 编码来纠正错误。速率匹配以及物理层的 HARQ 功能把编码比特的数目适配到调度的物理资源上。信道编码的数据被加扰之后进入调制器，并最终以调制符号的形式映射到包括空域在内的物理资源上。上下行的区别是：上行系统有可能配置 DFT 预编码，而下行不支持 DFT 预编码。除此之外，上下行的区别主要集中在天线映射和与之相关的参考信号设计上。

下面的小节会依次介绍传输信道处理的各个步骤。对于载波聚合，处理的步骤在各个分量载波上相同。因为上下行的处理基本一致，所以会对每个步骤都同时介绍上下行。当然如果上下行处理有所区别，也会特别指出。

9.2　信道编码

图 9-2 描述了信道编码的基本流程，后续小节会一一详细介绍。首先，对每个传输块都添加 CRC，用以检测错误，然后将码块分段。对每个码块都会分别进行 LDPC 编码和速率匹配，其中速率匹配需要支持物理层 HARQ 处理。接下来再将编码的数据级联起来形成一个编码传输块的比特序列。

图 9-2　信道编码

9.2.1　每个传输块添加 CRC

处理的第一步就是为每个传输块计算一个 CRC，然后将 CRC 添加到传输块的尾部。CRC 可以帮助接收端检测解码的传输块是否有错，如果有错，系统可以通过 HARQ 来触发一次重传请求。

CRC 的大小取决于传输块的长度。如果传输块长度大于 3824bit，那么 CRC 的长度为 24bit，如果小于 3824bit，那么 CRC 的长度为 16bit。

9.2.2　码块分段

NR 标准使用的 LDPC 编码器支持一定的码块长度：对于基图 1（base graph 1），最大码块长度为 8424bit；对于基图 2，最大码块长度为 3840bit。当真实的传输块长度超过这个最大长度的时候，就需要执行码块分段。传输块连同 CRC 一起会被切割为若干个长度相同⊖的码块。如图 9-3 所示。

　⊖　NR 可能的传输块长度总能使太大的传输块被划分为等长的小码块。

图 9-3 码块分段

从图 9-3 中可以看出，码块分段也会带来额外的 CRC，与前面所述传输块 CRC 相同，长度也是 24bit，但是基于不同的多项式。每个分段后形成的码块都会添加一个 CRC。当然，如果不需要分段，则不会添加任何额外的码块级别的 CRC。

码块分段的情况下传输块的 CRC 似乎是冗余的，并会带来不必要的开销，因为每个码块的 CRC 合在一起就隐含着整个传输块的正确性信息。但是为了能够处理码块组（Code-Block Group，CBG）级别的重传（第 13 章会详细描述），需要为每个码块提供错误检测的能力。这里 CBG 重传意味着只有那些有错的码块组会被重传，而不是把整个传输块重传，这会有效提高频谱效率。即便终端没有配置 CBG 重传，每个码块的 CRC 依然有助于接收端在重传的时候仅针对那些有错的码块解码，有助于降低终端处理负荷。此外，码块级 CRC 也可以提高系统的错误检测能力。注意，码块分段只是针对那些大的传输块，因此增加传输块 CRC 的相对开销并不大。

9.2.3 信道编码

NR 信道编码采用 LDPC 编码。尽管 LDPC 编码在 20 世纪 60 年代就被设计出来[32]，却一直被世人所忽视。到了 20 世纪 90 年代，人们又重新发现了 LDPC 的好处[56]。从纠错能力上来说，LDPC 与 LTE 中的 Turbo 编码性能近似，但 LDPC 的实现复杂度低，特别是在高码率时有明显优势，所以 NR 标准采用了 LDPC 编码。

LDPC 基于一个稀疏（低密度）奇偶校验（sparse parity check）矩阵 H，所生成的每个码字 c 都满足 $HC^T=0$。设计一个好的 LDPC 在某种程度上就是找到一个好的稀疏奇偶校验矩阵 H，这里"稀疏"意味着相对简单的解码。一般通过一张连接顶部 n 个变量节点和底部 $n-k$ 个限制节点的图来表示稀疏奇偶校验矩阵。这种标记方法可以方便人们分析 (n, k) LDPC 码。这也是为什么在 NR 标准里使用基图（base graph）来描述 LDPC。关于 LDPC 原理的详细描述超出了本书的范围，有兴趣的读者可以参考文献[64]。

NR 标准采用的是奇偶校验矩阵的核心部分具有双对角（dual-diagonal）结构的准循环（quasi-cyclic）LDPC 码。这种 LDPC 码的解码复杂度和码字长度成正比，而且编码的操作也很简单。NR 定义了两个基图，即 BG1 和 BG2，每个基图都代表一个基矩阵。NR 设计两个基图而不是统一为单个基图是为了能够有效处理不同的净荷长度和编码速率。当编码器以中、高编码速率支持一个非常大的净荷长度（意味着高速的上传或者下载）的时候，使用适用于低编码速率的 LDPC 效率会很低。但是 NR 为了适应某些恶劣的空口环境，又必须支持非常低的编码速率。所以，最终 NR 采用 BG1 用于编码速率 1/3 ～ 22/24（换算成小数形式就是 0.33 ～ 0.92），同时采用 BG2 用于编码速率 1/5 ～ 5/6（换算成小数形式就是 0.2 ～ 0.83）。经过速率匹配，最高的编码速率可以增加至 0.95，超出该最高速率终端就无法解码。如图 9-4 所示，NR 会根据传输块大小以及编码速率决定使用 BG1 还是 BG2。

图 9-4　为 LDPC 码选择基图

基图，或者说该基图对应的基矩阵定义了 LDPC 码的编码结构。为了支持可变的净荷长度，NR 标准定义在基矩阵上可以使用 51 种不同的扩充尺寸（lifting size）和移位因子（shift coefficient）。简单来说，对于任意扩充尺寸 Z：基矩阵中的"1"都可以被替换成一个维度成 $Z \times Z$ 的矩阵，该矩阵由一个单位矩阵经过"移位因子"个循环移位产生；而基矩阵中的"0"则被一个 $Z \times Z$ 的全零矩阵代替。这样就可以在保持 LDPC 结构基本不变的情况下，根据不同的净荷大小，灵活地生成不同大小的奇偶校验矩阵。NR 标准定义了 51 种奇偶校验矩阵，为了支持这 51 种矩阵支持的长度之外的净荷，可以在编码前添加已知的填充比特以满足校验矩阵的需要。由于 NR 的 LDPC 码是系统码，所以在传输之前可以移除这些填充比特。

9.3　速率匹配和物理层 HARQ 功能

速率匹配和物理层 HARQ 功能的引入主要有两个目的：一是为了提取出合适数量的编码比特以匹配到分配的传输物理资源上；二是为了替 HARQ 协议生成不同的冗余版本。PDSCH 或者 PUSCH 究竟能传输多少比特不仅取决于调度的资源块和 OFDM 符号的数目，还取决于调度资源中有多少资源单元用于其他用途。这些用于其他用途的资源单元包括承载参考信号的资源单元、承载控制信道的资源单元以及承载系统消息的资源单元。除此之外，下行有可能定义一些预留的资源单元用于向后兼容，支持未来的新特性（见 9.10 节）。所有这些都会影响调度资源中真正能用于 PDSCH 的资源单元的数目。

速率匹配会针对每个码块独立执行。首先，将固定数目的系统比特打孔，取决于码块大小，被打孔的系统比特比率可以高达 1/3。剩余的编码比特会被写入一个环形缓冲区，从没有被打孔的系统比特开始写入，然后是奇偶校验比特，如图 9-5 所示。这样每次究竟要传输哪些比特就取决于环形缓冲区中要传输的比特长度以及起始位置，而起始位置则取决于冗余版本（Redundancy Version，RV）。这样，针对同一组信息比特，通过选择不同的冗余版本，就产生了不同的编码比特。其中 RV0 和 RV3 对应的环形缓冲区读取的起始位置，可以支持自解码，或者说在绝大多数场景下包含系统比特。这也是为什么 RV3 对应的起始位置不是正好 9 点位置，如图 9-5 所示。RV3 起始位置在 9 点位置之后，这样传输时可以包含更多的系统比特。

图 9-5　用于增量冗余的环形缓冲区示例

在接收端，通过软合并（soft combining）来支持 HARQ，如 13.1 节所述。接收到的软比特会写入缓冲区，这样如果有 HARQ 重传，那么重传的比特会全部和缓冲区中以前传输的软比特合并，这样每次解码就会得到两种类型的增益。一种是两次传输对应同一个编码比特，这就会在接收机端得到能量合并的增益；另一种得到额外的奇偶校验比特，这会在接收机端得到编码增益（等效于编码速率下降）。

软合并需要在接收机端准备一个缓冲区，但是由于绝大多数的传输会在第一次就成功，这就会导致缓冲区的利用率不高。同时缓冲软比特需要考虑最大的传输块，对终端有较高的内存要求。因此需要在成本和性能之间寻求平衡，有限缓冲的速率匹配如图 9-6 所示。原则上终端缓冲的比特存放在环形缓冲区内，NR 标准把终端支持的接收机软缓冲区的大小看作终端的一项能力，允许部分终端仅仅支持有限缓冲区大小的速率匹配。

图 9-6　有限缓冲的速率匹配

对于下行传输，终端最多需要支持缓冲区的大小为最大传输块的 2/3 编码速率对应的软比特。这种对软比特缓冲区的限制仅针对最大的传输块长度，或者说限制了最大速率。如果终端传输比较小的传输块，则依然可以缓冲所有的软比特，甚至缓冲低至母码速率的软比特。

对于上行传输，一般认为 gNB 拥有足够的缓冲区，无论传输块大小，都可以缓冲全部的软比特来进行全缓冲速率匹配。当然对一些缓冲区大小受限的 gNB，也可以通过 RRC 信令配置，像下行传输那样设置对软比特缓冲区的限制。

发送端速率匹配最后的步骤是通过块交织器，把编码数据进行交织，然后收集比特。从环形缓冲区中读取的数据会按照一行接着一行的方式写入块交织器，然后再按照一列接着一列的方式从交织器读出。交织器的行数和调制阶数有关，这样可以让一列中的比特正好对应一个调制符号（见图 9-7）。交织的目的是让系统比特能够在调制符号中分散开来，这样可以提升性能。最后，比特收集把各个码块的比特级联在一起。

图 9-7　比特交织（示例为 16QAM 调制模式）

9.4　加扰

加扰是将 HARQ 码块输出的编码比特和一个加扰序列进行比特级的乘法。没有加扰的话，至少从原理来说，接收机无法有效压制干扰。对相邻小区的下行传输采用不同的扰码，或者对不同的终端上行发送采用不同的扰码，干扰信号解扰后就会被随机化。这种随机化非常有助于充分利用信道编码的处理增益。

上行和下行的加扰序列都和终端的标识（也就是 C-RNTI）有关。每个终端都会配置一个数据加扰标识，如果没有配置数据加扰标识，则默认采用物理层小区标识。这样就可以保证终端之间或者小区之间拥有不同的加扰序列。此外，如果对一次下行传输使用了两个传输块（用于支持高于 4 层的传输），那么这两个传输块会使用不同的扰码序列。

9.5　调制

调制的目的是把加扰后的比特转换为一组复数表示的调制符号。NR 标准的上行传输和下行传输支持的调制模式包括：QPSK、16QAM、64QAM 以及 256QAM。除此之外，在使用 DFT 预编码的情况下，NR 标准的上行传输还支持 π/2-BPSK，这样可以降低立方度量[57]，提升功放效率，进而可以提高覆盖。注意，如果不配置 DFT 预编码，立方度量主要受限于 OFDM 波形，所以没有必要支持 π/2-BPSK。

9.6 层映射

层映射的目的是将调制的符号映射到各个层上。映射的方式与 LTE 的类似，以层数为模，把第 n 个符号映射到第 n 层上。一个编码的传输块最多可以映射到 4 层上。对下行传输，可以支持 8 层，则将另一个传输块映射到 5 ～ 8 层上，映射方式和前 4 层映射方式一致。

这里所描述的多层传输都是指 OFDM 传输，对于部分上行传输使用的 DFT 预编码，则仅支持单层传输。对于 DFT 预编码，如果要支持多层传输，会给接收机带来较高的复杂度。而引入 DFT 预编码的初衷是为了提高覆盖。而在覆盖受限的场景下，接收信噪比往往很低，无法支持空分复用，所以单个终端不需要支持多层传输。

9.7 上行 DFT 预编码

DFT 预编码仅仅用于上行传输。对于下行传输，或者没有配置 DFT 预编码的上行传输，这个步骤是透明的。

对用于上行的 DFT 预编码，多个数据块（每块长度为 M 个符号）需要通过一个长度为 M 的 DFT，如图 9-8 所示。这里 M 代表的物理意义是此次传输分配的子载波数目。使用 DFT 预编码的目的是降低立方度量，提升功放效率。从 DFT 实现的复杂度考虑，DFT 的长度应该被限制为 2 的幂。但是这个规定会限制上行传输分配的资源数目，从而影响调度器的灵活性。从灵活性的角度，应该支持各种长度的 DFT。NR 标准最终采用了与 LTE 类似的折中方案，即分配的资源大小的质因数只能是 2、3 和 5。比如 60、72 或者 96 都是允许的长度，但是 84 就不可以⊖。这样 DFT 的实现就可以简化为相对简单的基 2、基 3 和基 5 的 FFT 处理的组合。

$$M = 2^{\alpha_2} \cdot 3^{\alpha_3} \cdot 5^{\alpha_5}$$

图 9-8 DFT 预编码

⊖ 上行资源分配总是以资源块为单位，而一个资源块包含 12 个子载波，所以 DFT 的长度总是 12 的倍数。

9.8　多天线预编码

多天线预编码的目的是将若干传输层通过预编码矩阵映射到一组天线端口。在 NR 标准里，上下行的预编码和多天线操作是不同的，基于码本的预编码只对上行传输可见。详细的描述请参考第 11 章和第 12 章。

9.8.1　下行预编码

对下行传输，解调参考信号（DM-RS）被用于信道估计，所以 DM-RS 和 PDSCH 传输会使用相同的预编码（见图 9-9）。所以，预编码对接收机而言并不可见，接收机会把预编码看成整体信道的一部分。这与第 8 章描述 CSI-RS 和 SRS 的空间滤波器对接收机透明的机制相似。从本质上来说，对任何下行传输而言，多天线预编码都可以看成一个对接收端透明的空间滤波器。

但是，为了支持 CSI 上报，终端需要假设一个网络使用的预编码矩阵 W。终端会假设下行数据通过多天线预编码被映射到 CSI-RS 的天线端口，同时终端可以通过 CSI-RS 测量天线端口并上报网络。尽管终端上报了 CSI-RS 的测量结果，网络依然可以按照自己的理解改变预编码矩阵。

图 9-9　下行预编码

为了处理接收端波束赋形，或者通常情况下具有不同空间特性的多个接收天线，可以定义 QCL 关系。通过配置 QCL，网络关联了 DM-RS 端口组（也就是用于 PDSCH 传输的天线端口[⊖]）与 CSI-RS 或 SSB 使用的天线端口。调度分配中会包括传输配置指示（Transmission Configuration Indication，TCI）信息，该信息指示了 QCL 的关系，这样终端就可以知道应该如何进行接收端波束赋形，具体信息请参考第 12 章。

解调参考信号 DM-RS 会通过分配的下行资源传输，终端也会通过 DM-RS 来估计信道（见 9.11 节）。DM-RS 也包括了用于 PDSCH 的预编码 W 和空间滤波器 F。原则上说，参考信号相关的信息，不论是空口相关的信息还是预编码相关的信息，都有助于帮助终端提升信道估计的性能。

然而在时域上，NR 标准并不允许终端对两次 PDSCH 传输的参考信号间的相关性做出任何假设。这么做的目的是允许网络灵活的波束赋形或者空分复用。

在频域上，终端可以对参考信号相关性做出一定的假设。这种相关性范围定义为一个物理资源块组（Physical Resource-block Group，PRG）。终端可以认为在一个 PRG 内的

⊖　多 TRP 传输情况下，NR Release 16 标准支持两个 DM-RS 端口组的配置。PDSCH 传输的一些层可以通过一个端口组发送，另外的层通过另一个端口组发送。

下行预编码保持一致，这种假设可以提升信道估计性能。但是不同 PRG 之间，终端不能假设下行预编码是否保持一致。所以这实质上是在预编码灵活性和信道估计性能之间寻找一种平衡。PRG 越大，信道估计性能越好，但是预编码的灵活性越差，反之亦然。如图 9-10 所示，gNB 需要指示终端 PRG 的大小，可以是 2 个资源块，也可以是 4 个资源块，甚至可以是整个调度的带宽。网络可以直接配置一个值给终端用于 PDSCH 传输，也可以通过 DCI 动态调制 PRG 大小。除此之外，网络还可以配置终端将 PRG 大小设为整个调度带宽。

图 9-10　物理资源块组（上）和对应指示（下）

9.8.2　上行预编码

　　类似于下行，上行的解调参考信号也会采用与 PUSCH 相同的预编码。因此上行预编码对接收机而言不可见，依然被看作整体信道的一部分（见图 9-11）。

图 9-11　上行预编码

　　然而从调度器的角度看来，因为网络可以通过 DCI 命令中的预编码信息（precoding information）和天线端口（antenna port）两个信元来直接指定一个预编码矩阵 W 用于 PUSCH 的传输，因此实质上网络有可能知道上行多天线预编码（见图 9-1）信息。终端会使用该网络指定的预编码把不同的层映射到天线端口。DCI 命令指定的这些天线端口上会配置 SRS，而网络就是依赖测量这些 SRS 得到预编码矩阵。因为预编码矩阵 W 是从码本中选择出来，所以这种预编码技术也称为基于码本的预编码。注意，终端选择的空间滤波器 F 本质上也可以看成一种预编码。虽然网络不能直接控制 F，但是可以通过 DCI 命令里面的 SRS 资源指示（SRS Resource Indicator，SRI）限制 F 的选择范围。

NR 标准还支持网络使用基于非码本的预编码。对这种非码本的配置，W 退化为单位矩阵，也就是说这个时候预编码完全由 F 控制，而 F 是由终端推荐的。

基于码本的预编码以及基于非码本的预编码都会在第 11 章中详细描述。

9.9　资源映射

资源块映射就是将发往各个天线端口的调制符号映射到资源块内的资源单元上。这些资源块是由 MAC 层调度器为此次传输分配的。如 7.3 节所述，每个资源块在频域上等于 12 个子载波的宽度，数据传输通常会使用多个资源块和多个 OFDM 符号。由调度器决定用于传输的时频资源集合。当然调度的资源块内有些或全部资源单元也许不会承载传输信道传输，而是用于：

- 解调参考信号（可能包含多用户 MIMO 场景下其他被一起调度的终端的参考信号），在 9.11 节中详述。
- 其他类型的参考信号，比如 CSI-RS 和 SRS，见第 8 章。
- 下行 L1 或者 L2 的控制信令，见第 10 章。
- 同步信号以及系统消息，见第 16 章。
- 下行预留的资源（为了提供向前兼容），见 9.10 节。

调度器会使用虚拟资源块和一组 OFDM 符号来定义用于某次传输的时频资源。调制符号会按照先频域后时域的顺序映射到调度器指定的时频资源。这种先频域后时域的顺序可以降低时延。对于高速率传输，每个 OFDM 符号都包含多个码块，终端接收机不需要等待接收完所有的 OFDM 符号，就可以对已收到的 OFDM 符号内的码块进行解码。同样，发射机可以一边处理后续 OFDM 符号，一边发送已经处理好的 OFDM 符号，从而通过这种流水线操作降低时延。如果是按照先时域映射的方式，则发射机必须完成整个时隙的信号处理后，才能够开始发送。

包含调制符号的虚拟资源块会映射到 BWP 内的物理资源块上。如图 9-12 所示，依据传输所使用的 BWP，最终可以决定公共资源块以及在载波上准确的频域位置。NR 标准引入虚拟资源块和物理资源块以及相互之间看似复杂的映射过程，是为了适应各种使用场景。

NR 标准定义了两种不同的虚拟资源块到物理资源块的映射方式：非交织映射（见图 9-12 上部）以及交织映射（见图 9-12 下部）。网络可以通过 DCI 命令里面的一个比特来动态控制选择哪种映射方式。

非交织映射意味着一个 BWP 内的虚拟资源块直接映射为该 BWP 的物理资源块。在网络知晓物理资源块空口质量的情况下，调度器通过非交织映射直接选定空口质量好的物理资源块。如图 9-12 所示，6 ～ 9 号物理资源块信号质量好，因此调度器通过非交织映射指定传输使用这 4 个物理资源块。

图 9-12　虚拟资源块到物理资源块再到载波资源块的映射

交织映射将虚拟资源块交织映射到物理资源块上。选定的物理资源块以两个或四个为一组，不同的组打散到整个部分带宽上。交织映射会使用一个两行的块交织器，两个或四个为一组的资源块会按列写入、按行读出。网络通过高层信令来通知终端在交织映射中是使用两个还是四个资源块。

引入资源块交织映射是为了获得频率分集，不论大量资源分配，还是少量资源分配，交织资源映射都能带来好处。

对少量资源分配，典型的例子就是语音业务。一般不会让调度器依据信道质量进行调度，因为探测信道质量所需要的反馈信令带来的开销太大了。在某些特殊场景下，比如终端快速移动，也会让调度器无法得知准确的信道质量。在这些情况下，通过频域的分集，将传输分散到频域不同位置，本质上也是一种利用信道频域波动的方法。尽管频率分集增益也可以通过资源分配类型 0（见 10.1.10 节）获得，但是资源分配需要较大的控制信令开销，尤其是对少量资源分配的业务非常不划算。相反，可以使用更加紧凑的资源分配类型 1，由于这种分配方式只能支持连续的资源分配，所以再加上虚拟资源块到物理资源块的交织映射，就可以用较小的控制信令开销得到频率分集。这种方法与 LTE 的分布式资源映射机制非常类似。另外由于资源分配类型 0 已经支持非常灵活的资源分配，所以交织映射只在资源分配类型 1 方式下支持。

对于大量的资源分配（传输几乎占据了这个 BWP 大部分的资源块），频率分集依然有其优势。对于一个大的传输块，或者说非常高的传输速率，如 9.2.2 节所述，编码后的数据实际上被分为多个码块。编码后的数据是按照先频域后时域的方式进行映射，这样就会导致每个码块实际上都被分配到一小段连续的物理资源块上。如果频域上信号质量波动较大，一些码块就会经受比其他码块差得多的传输质量，最终导致整个传输块解码失败。即便空口较为平坦，射频器件的非理想性也有可能造成这种频域上信号质量的波动。如果使用资源块交织映射方式，一个码块尽管占据了连续的虚拟资源块，但是通过交织映射最终会被映射到频域上不同位置的物理资源块。也就是说这种交织的 VRB 到 PRB 的映射本质上就是对一个码块进行频域上信号质量的平均，最终有助于这个传输块的成功解码。LTE 的设计中没有这种资源块映射的考虑，一方面是数据速率没有 NR 这样高，另一方面也是因为 LTE 的码块间是经过交织的。

上面的讨论主要是围绕下行传输。对于上行，NR 在 Release 15 中仅仅规定了对连续分配的射频性能要求，也就是说只有下行支持交织映射。如果想在上行支持频率分集，需要配置跳频模式。调度授权仅指示时隙当中第一组 OFDM 符号上数据传输使用的资源块，接下来的 OFDM 符号上会使用不同的资源块，这些不同的资源块和第一个 OFDM 上使用的资源块之间的偏移量是由网络配置的。网络通过 DCI 命令中的一个比特来动态控制跳频的开启。

9.10   下行预留资源

NR 标准的一个关键要求是确保向前兼容性。向前的意思是说如果 NR 标准未来引入新的特性，这些特性可以容易地引入系统，即不会引起向后兼容性的问题，对原有已经部署的 NR 网络造成太大的影响。为了满足这一要求，NR 标准设计了若干机制，其中最重要的一个机制就是为下行传输定义了预留资源。预留资源由网络通过半静态的方式对时频资源进行配置，从而使得这些资源周围的 PDSCH 可以进行速率匹配。

预留资源可以三种方式进行配置：

- 针对一个 LTE 载波配置。这样规避了 LTE 载波的小区参考信号，NR 载波可以部署在 LTE 载波上（LTE/NR 频谱共存），详见第 18 章。
- 针对一个 CORESET。
- 针对一组由位图指示的资源集。

NR 标准对上行没有设计预留资源。如实际系统需要避免在一些特定资源上传输，可以通过调度来实现⊖。

配置针对一个 CORESET 的预留资源，可以动态控制控制信令的资源是否可以为数据传输所重用（见 10.1.2 节）。在这种情况下，gNB 可以动态指示这些预留资源是否可以被 PDSCH 使用，这样这些预留资源不必周期性出现，而是在需要的时候可以立刻预留出来。

第三种配置预留资源是针对一组有位图指示的资源集，如图 9-13 所示，通过 2 个位图可以描述预留资源的配置：

- 第一个是关于时域的位图，NR 标准称之为"bitmap-2"。该位图指示一个时隙（或者一对时隙）内的一组 OFDM 符号。
- 在 bitmap-2 指示的一组 OFDM 符号内，NR 标准规定了另一个位图，称为"bitmap-1"。该位图指示任意一组需要被预留的资源块（每个资源块包括 12 个资源单元）。

图 9-13   配置预留资源

如果资源集的定义针对整个载波，那么 bitmap-1 的长度就必须和整个载波的资源块总

⊖   一个原因是在 Release 15 协议中，上行仅仅支持频域连续分配。如果使用 bitmap-1 指示预留资源，会导致频域非连续分配。

数相等。如果资源集的定义针对特定的 BWP，那么 bitmap-1 的长度就必须和 BWP 的资源块总数相等。

所有由 bitmap-2 指示的 OFDM 符号都拥有相同的 bitmap-1，换句话说，所有被 bitmap-2 指示的 OFDM 符号都会预留相同的资源单元。除此之外，频域上所有预留资源的配置单位都是资源块（由 bitmap-1 指示），也就是说一个（频域）资源块内所有的资源单元或者被预留或者不被预留。

配置为预留的资源，究竟是预留还是用于 PDSCH 传输是通过半静态或者动态的方式控制的。

对于半静态配置，NR 标准使用第三个位图（bitmap-3）来指定由 bitmap-1 和 bitmap-2 描述的预留资源或者针对一个 CORESET 的预留资源在哪些时隙上有效。bitmap-3 的颗粒度等于 bitmap-2 的长度（即一个或两个时隙），其长度为 40 个时隙，这样由三元组｛bitmap-1，bitmap-2，bitmap-3｝共同定义了 40 个时隙长度的时域周期内哪些资源是预留资源。

对于动态激活事先半静态配置的预留资源，是通过调度分配命令里面的一个指示位来表明特定传输是否需要预留资源。请注意，图 9-14 假设调度是按照一个时隙的时间粒度进行的，实际上如果传输的持续时间小于一个时隙，预留指示依然可以工作。所以 DCI 中的预留资源激活指示不应该看成对一个特定时隙的指示，而是应该看成对一个特定传输的指示。也就是说调度分配的 DCI 仅仅指示配置的预留资源集在调度分配有效的时间段内是否激活。

图 9-14　通过 DCI 指示，动态激活资源集

终端可以最多配置 8 个不同的预留资源集，每个资源集可以针对一个 CORESET 或者通过位图来描述。通过配置多个资源集，可以组合成多种预留资源模式，如图 9-15 所示。

图 9-15　动态激活多个配置的资源集

尽管可以为终端配置最多 8 个不同的资源集并且每个都可以动态激活，但是这 8 个配置并不能通过调度分配命令完全独立地激活。事实上，为了保证合理的控制信令开销，一

个调度分配命令里面最多包含两个指示。每个资源集会被归属于这两个指示中的一个，当其中一个指示发出激活、去激活命令之后，属于这个指示的所有资源集都会被相应地激活、去激活。图 9-15 的例子就是配置了 3 个资源集，其中资源集 #1 和资源集 #2 隶属于指示 #1，资源集 #2 和资源集 #3 隶属于指示 #2。注意图 9-15 的设计模式只是用于说明问题，并不一定在实际网络中使用。

9.11　参考信号

参考信号是事先定义的信号，其占用特定的下行时频资源单元。NR 标准规定了若干种不同的参考信号和不同的发送模式，用于不同场景下的接收。

LTE 的下行解调依赖于常开的小区特定参考信号，同样信道质量的估计、定时以及频率跟踪也依赖于小区特定参考信号。与 LTE 不同，NR 标准则针对不同的用途使用不同的下行参考信号，这样有助于优化用于特定目的的参考信号。而且这样做也与极简传输的原则相符，不同的参考信号只有在需要的时候才会被传输。其实 LTE 的后续演进版本也逐步向这个方向靠拢，但是 NR 可以最大化这种设计思想，因为 NR 完全不需要像 LTE 那样考虑对传统终端的影响。

NR 的参考信号包括：

- 解调参考信号（DM-RS），用于终端信道估计并进行 PDSCH 的相关解调。这类参考信号仅仅在 PDSCH 传输的资源块中出现。类似地，用于 PUSCH 的 DM-RS 也帮助 gNB 能够相干解调 PUSCH。用于 PDSCH 和 PUSCH 的 DM-RS 是本节的重点，而用于 PDCCH 和 PBCH 的 DM-RS 则分别在第 10 章和第 16 章中详细描述。
- 相位跟踪参考信号（PT-RS），可以看成是用于 PDSCH 或者 PUSCH 的 DM-RS 的一个扩展，以支持相位噪声补偿。和 DM-RS 相比，PT-RS 在时域上更加密集，但是在频域上相对稀疏。PT-RS 如果被配置使用，一定是和 DM-RS 一起出现，相关细节后续描述。
- 信道状态信息参考信号（CSI-RS），用于帮助终端获取下行信道状态信息。还可以配置 CSI-RS 为终端提供定时、频率跟踪以及移动性测量。CSI-RS 已在 8.1 节中详细描述。
- 跟踪参考信号（TRS），是一种稀疏的参考信号，用来帮助终端进行定时、频率跟踪。TRS 实际上是一组特定的 CSI-RS 配置，参见 8.1.7 节。
- 探测参考信号（SRS），是一种由终端发送的上行参考信号，用来帮助网络进行上行信道状态估计。SRS 具体在 8.3 节中详细描述。
- 定位参考信号（PRS），是一种下行参考信号，用来辅助定位。PRS 在 NR 标准 Release 16 中支持，具体在第 24 章中详细描述。

在下面的章节中，会详细描述用于 PDSCH 和 PUSCH 相干解调的解调参考信号。从每个 OFDM 符号上来看，上行和下行的 DM-RS 拥有相同的结构。对于上行 DFT 预编码的 OFDM，参考信号基于在 LTE 中大量使用的 Zadoff-Chu 序列，这样可以提高功放效率，但局限是调度器只能调度连续的上行频域分配，以及单层传输。本节最后还会讨论 PT-RS 相关内容。

9.11.1　基于 OFDM 的上下行传输所使用的 DM-RS

NR 标准对 DM-RS 的设计满足了不同部署场景和用例：前置的设计可以降低处理时延；支持最多 12 个正交的天线端口可以有效地支持 MIMO 的应用；传输持续时间从 2 到 14 个符号，一个时隙可以配置多达 4 个参考信号实例能够有效支持高速移动的场景。

将 DM-RS 放置在传输的前面，或者称为前置参考信号，有助于系统获得更低的处理时延。这种设计允许接收机更早进行信道估计。一旦接收机获得了信道估计，无论传输是否结束，接收机可以立刻对已经缓存的接收数据进行相干解调，而不需要将所有数据全部接收缓存下来才能进行处理。这一点也是资源映射的时候先映射到频域的原因。

NR 标准支持两种主要的时域结构，主要区别是第一个 DM-RS 符号的位置不同：

- 映射类型 A（mapping type A），第一个 DM-RS 符号位于时隙内第 2 个或者第 3 个 OFDM 符号。这种映射方式不管实际数据传输的起始位置，始终把 DM-RS 放置在时隙相对边缘的位置。这种映射方式主要用于数据传输占据了时隙绝大部分符号的场景。而放置在下行第 2 个或者第 3 个 OFDM 符号主要是希望 DM-RS 能够放置在时隙最开端的 CORESET 之后。

- 映射类型 B（mapping type B），第一个 DM-RS 符号位于数据分配的第一个 OFDM 符号中。DM-RS 的位置不是相对于时隙的起始位置，而是相对于数据传输的起始位置而定。这种映射方式最初主要考虑数据传输占据了一个时隙的一小部分符号的情况，有助于减小时延。

对 PDSCH 传输，DM-RS 不同的映射类型通过 DCI 动态地通知接收端（详见 9.11 节）。而对 PUSCH 传输，DM-RS 不同的映射类型需要半静态配置。

尽管前置参考信号对于降低时延有帮助，但是由于时域上分布不够密集，就不能很好适应信道的快速变化。为了支持高速移动的场景，一个时隙内可以最多配置额外三个 DM-RS 发送时刻。接收机的信道估计器可以利用这些额外的发送时刻进行更加准确的信道估计，比如通过一个时隙内时域上多个 DM-RS 时刻之间进行插值。但是接收机不能对不同时隙间的 DM-RS 进行插值，因为不同的时隙有可能发送给不同的终端或者使用不同的波束。这一点与 LTE 有非常大的区别，LTE 允许跨时隙的信道估计插值以提高信道估计性能，但这会限制多天线处理或者波束赋形的灵活性。

PUSCH 的 DM-RS 在时域上不同的分配可以参见图 9-16。图中包括了持续时间为单个符号的 DM-RS 和持续时间为两个符号的 DM-RS。设计两个符号的 DM-RS 主要是为了支持更多的天线端口。注意时域 DM-RS 的位置依赖于调度数据的传输持续时间。除此之外，不是所有的图 9-16 示意的模式都能够用于 PDSCH，比如在 NR 标准 Release 15 里，PDSCH 映射类型 B 仅仅支持持续时间 2、4 和 7。在 Release 16 中这些限制被解除，协议允许持续时间从 2 个符号到 13 个符号，这样可以更好地支持非授权频谱（详见第 19 章），同时也可以更好地支持 NR 和 LTE 之间动态频谱共享。对某些持续时间长度，PDSCH 的映射与 PUSCH 的映射略有不同[⊖]。

⊖　对与 LTE 共存的问题，NR 需要预留资源来避开 LTE 的 CRS。对这种情况，会在时域上移动 PDSCH 的 DM-RS 位置，保证与 LTE 的 CRS 不冲突。

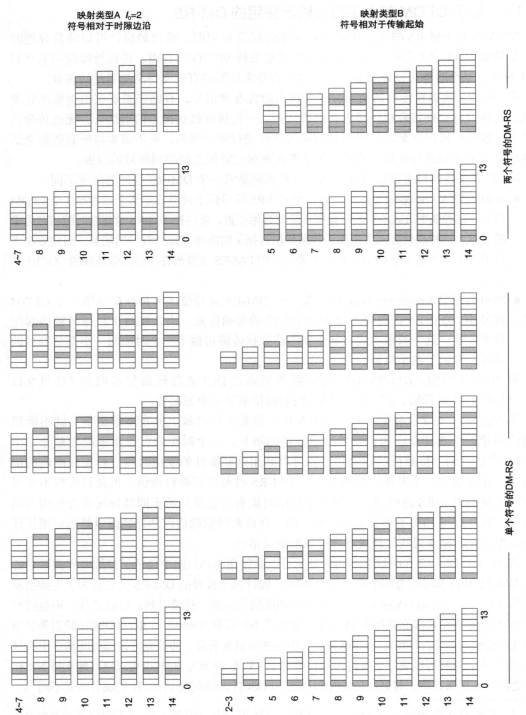

映射类型A　$l_0=2$
符号相对于时隙边沿

映射类型B
符号相对于传输起始

两个符号的DM-RS

单个符号的DM-RS

图 9-16　PUSCH DM-RS 时域分布

一次 DM-RS 发送可以包括多个正交的参考信号。这些参考信号通过频域或者码域进行区分。对持续 2 个符号的 DM-RS，也通过时域进行区分。NR 标准支持配置两种类型的解调参考信号：类型 1 和类型 2。两种类型在频域上的映射方式不同，因此支持的最大正交参考信号个数也不同。对单个符号 DM-RS，类型 1 可以支持最多 4 个正交的 DM-RS 信号；对两个符号的 DM-RS，可以支持最多 8 个正交的 DM-RS 信号。对单个符号 DM-RS，类型 2 可以支持最多 6 个正交的 DM-RS 信号；对两个符号的 DM-RS，可以支持最多 12 个正交的 DM-RS 信号。注意这里不要混淆参考信号类型（1 或者 2）和映射类型（A 或者 B），不同的映射类型可以和不同的参考信号类型混合搭配。

从频域上看，发送的参考信号功率谱最好具有较小的波动，这有助于获得频域上类似的信道估计质量。这就意味着参考信号在时域的自相关能量要集中。基于 OFDM 的调制，参考信号采用了一个伪随机序列，更准确地说采用了一个长度为 $2^{31}-1$ 的 Gold 序列。这个序列的自相关能量高度集中。序列生成对应的是频域上所有的公共资源块（CRB），但是实际传输的时候，没有理由去估计传输使用的频率资源之外的信道，因此只会选取数据传输使用的那些资源块进行传输。为所有的资源块统一产生参考信号序列，在不同的终端使用相同的时频资源时就提供了一套相同的序列，这一点在 MU-MIMO 模式下非常有用（如图 9-17 所示，在 MU-MIMO 模式下，相同资源块对应相同的序列，不同用户可以在这个相同伪随机序列之上再叠加正交序列，以保持用户间的隔离，后续会进行具体描述）。如果每个终端在使用相同的时频资源的时候底层的伪随机序列是不同的，即便在之上叠加一个正交序列，也没有办法保证参考信号之间的正交性。伪随机序列通过一个可配置的标识来生成，类似于 LTE 中的虚拟小区 ID 的概念。如果网络没有配置标识，则默认采用物理层小区 ID[⊖]。

回到类型 1 参考信号，在配置了参考信号传输的 OFDM 符号上，频域上每隔一个子载波会映射一个参考信号的伪随机序列。如图 9-18 就是一个仅有前置参考信号的示例，天线端口[⊖]1000 和 1001 在频域上使用了偶数编号的子载波。在频域上，在伪随机序列上叠加长度为 2 的正交序列，为这两个端口产生相互正交的两个参考信号。如果可以认为信道在四个连续的子载波上是平坦的，那么接收机端接收的两个参考信号也是正交的。天线端口 1000 和 1001 的参考信号使用相同的子载波，被称为属于 CDM 组 0，二者通过正交序列相互区分。而天线端口 1002 和 1003 的参考信号属于 CDM 组 1，二者共同使用奇数编号的子载波，也是通过正交序列相互区分。在频域上一个 CDM 组内，天线端口参考信号是通过码分来相互正交，不同 CDM 组间天线端口参考信号通过频分来相互正交。如果需要配置超过 4 个正交的天线端口，会使用两个相邻的 OFDM 符号来承载，上述的在一个 OFDM 符号上的频分和码分方法会在时域上相应扩展，最终可以支持多达 8 个正交的参考信号。

⊖ Release 16 中，CDM 组号也可以包含在生成序列中，以降低发送信号的立方度量。
⊖ 这里使用了下行天线端口的编号，对于上行传输，仅仅是天线端口的编号不同。

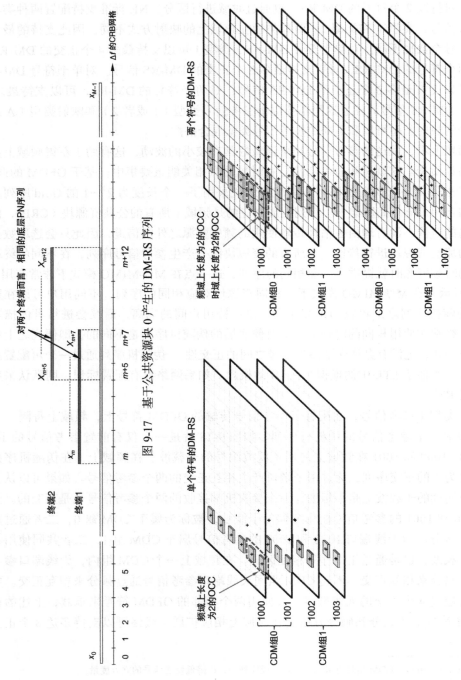

图 9-17　基于公共资源块 0 产生的 DM-RS 序列

图 9-18　DM-RS 类型 1

　　DM-RS 类型 2（见图 9-19）和类型 1 的结构类似，但是有一些区别，特别是可以支持的天线端口个数。类型 2 的每个 CDM 组占用相邻的 2 个子载波，然后通过长度为 2 的正交序列区分 CDM 组内的 2 个天线端口。每个 CDM 组在一个资源块内只占用 2 组子载波（每组为 2 个相邻子载波），因此总共有 12 个子载波的一个资源块就最多可以支持 3 个 CDM 组。与类型 1 类似，系统通过两个 OFDM 符号进行进一步扩展，最多支持 12 个正交的类型 2 参考信号。尽管类型 1 和类型 2 在结构上非常近似，但是二者还是有所区别。类型 1 在频域上更加密集，而类型 2 某种程度上牺牲了频域的密度，换得更多的复用容量，或者说支持更多的正交参考信号。在多用户 MIMO 配置下，这有助于支持更多同时传输的终端。

　　传输中使用的参考信号结构是由高层配置以及动态调度命令共同决定的。如果高层配置双符号参考信号，调度命令会指示终端在某次传输中应该使用单符号还是双符号的参考信号。调度命令还会通知终端哪些参考信号会被其他终端使用（或者更准确地说是哪些 CDM 组会被其他终端在此次调度传输中同时使用，如图 9-20 所示）。这样终端在数据映射的时候会避开自己和其他终端的参考信号，这一点就使得网络调度器可以灵活决定多用户 MIMO 配置下同时调度的用户数。对单用户空分复用（或者说单用户 MIMO）配置多个层传输，也是使用这种方法，每一层传输都把一些资源单元预留不用，这些资源单元对应不属于同一个 CDM 组的同一终端的其他层参考信号。通过这种预留操作，就可以避免对其他层参考信号产生层间干扰。

　　上述参考信号设计既用于上行又可以用于下行。注意对于基于预编码的上行传输（如图 9-11 所示），上行参考信号是在预编码之前加入的。因此最后传输的参考信号不是上述的结构，而是上述结构的预编码版本[⊖]。

9.11.2　基于 DFT 预编码的 OFDM 上行传输所使用的 DM-RS

　　DFT 预编码的上行传输只支持单层传输，主要适用于覆盖受限的场景。由于 DFT 预编码的主要目的就是降低立方度量，提升功放效率，进而可以提高覆盖。因此参考信号的结构也会与基于 OFDM 的传输使用的参考信号结构有所不同。从原理上来说，参考信号和上行信号在频域进行复用，都会让终端最终发送的总信号立方度量增加，从而降低功放效率。因此 NR 标准用时隙内的特定 OFDM 符号专门承载 DM-RS 的传输，也就是参考信号和传输数据在 PUSCH 上进行时分复用。这样参考信号自身的结构就保证了在这些符号里较低的立方度量。

　　在时域，上行参考信号和上述的类型 1 下行参考信号的映射方式一致。因为 DFT 预编码 OFDM 主要是用在覆盖受限的场景下，因此不需要支持类型 2 参考信号那样的结构，也就是说对多用户 MIMO 的支持能力不需要那么高。此外，因为多用户 MIMO 不是 DFT 预编码的主要应用场景，所以不需要针对所有的公共资源块来定义一个参考信号序列，针对传输的物理资源块定义序列就足够了。

　　⊖　一般来说，传输的参考信号还会经过与具体实现相关的多天线处理，也就是 9.8 节描述的空间滤波器 *F*。因此这里的"传输"应该从协议定义的角度来理解。

图 9-19 DM-RS 类型 2

没有同时调度的其他CDM组，全部用于数据传输　　　　　　同时调度的多个CDM组，预留一些资源单元

图 9-20　对同时调度的 CDM 组进行速率匹配

从频域上看，上行参考信号频域功率最好波动较小，这有助于对于参考信号占用的所有频率能够获得类似的信道估计质量。如上节所述，对于 OFDM 传输，这个目标是通过定义一个有较好自相关特性的伪随机序列来达到的。对 DFT 预编码 OFDM，一方面需要保证时域上功率波动小，以便得到较好的立方度量。另一方面又必须满足在不同的长度或者不同的调度带宽的情况下，都能够找到足够数量的参考信号序列。一种典型的能够满足这两方面要求的序列就是在第 8 章讨论的 Zadoff-Chu 序列。每个 Zadoff-Chu 序列都有一个组索引和序列索引，此外参考信号序列可以通过简单的线性相位旋转得到一组可用的序列，如图 9-21 所示。这一点和 LTE 设计原则完全一致。

尽管 Zadoff-Chu 序列提供了非常低的立方度量，但 PUSCH 采用 $\pi/2$-BPSK 调制可以得到更低的立方度量。这样 PUSCH 覆盖就会受限于较高的解调参考信号的立方度量（参考信号的立方度量高于 $\pi/2$-BPSK 调制，当然低于 QPSK 或者其他更高阶的调制）。为了减轻参考信号的影响，Release 16 支持一个替代的参考信号序列。这个参考信号序列是一个采用 $\pi/2$-BPSK 调制的伪随机序列，除了最短长度的序列外，均是通过计算机搜索的方法找出的序列。

图 9-21　通过对基序列进行相位旋转得到上行参考信号序列

9.11.3　相位跟踪参考信号

相位跟踪参考信号（Phase-Tracking Reference Signal，PT-RS）可以看作 DM-RS 的一

种扩展。PT-RS 用来跟踪在整个传输周期（比如一个时隙）内相位的波动，相位波动可能来自本振的相位噪声，一般越高的载波频率就会对应越大的相位噪声。这种参考信号的设计是在 NR 标准中才引入，在 LTE 的设计中没有类似的信号。这主要是因为 LTE 关注的是低载波频率，因此相位噪声不是特别大的问题。同时 LTE 有小区特定参考信号，某种程度上也能用于跟踪相位波动。因为 PT-RS 用来跟踪相位噪声，因此 PT-RS 在时域上密集而在频域上稀疏。PT-RS 只会和 DM-RS 一起出现，而且只有在网络配置了 PT-RS 的情况下才会发送 PT-RS。同样，根据当前使用的是 OFDM 还是 DFTS-OFDM，PT-RS 的结构也会有所不同。

对 OFDM，PT-RS 占用 PDSCH 或者 PUSCH 传输分配的第一个符号，并从该起始符号开始按 OFDM 符号计数，每计数到 L，PT-RS 就会占用一个 OFDM 符号并复位计数器，然后继续对后续符号计数。重复计数每次遇到 DM-RS 也会复位，因为并不需要在 DM-RS 后面立即插入一个 PT-RS 来估计相位噪声。时域的密度以可配置的方式与调度的 MCS 相关。

在频域上，PT-RS 每两个或者四个资源块发送一次，这是一种较为稀疏的频域结构。频域的密度与调度传输的带宽相关，较高的调度带宽配合较低的 PT-RS 频域密度。对于最小的调度带宽，不需要 PT-RS 传输。

为了降低相同频域资源上不同终端 PT-RS 相互冲突的风险，PT-RS 使用的子载波和资源块的具体位置与终端的 C-RNTI 相关。传输 PT-RS 的天线端口就是 DM-RS 天线端口组内编号最小的天线端口，图 9-22 就是一种 PT-RS 的配置。

图 9-22　PT-RS 映射到一个时隙和一个资源块的示例

对上行传输中的 DFT 预编码 OFDM，频域上 PT-RS 插入 DFT 预编码之前，而时域上的映射与 OFDM 的方式完全一致。

第 10 章

物理层控制信令

为了支持上下行传输信道的数据传输，需要设计一套相关的控制信令。这些控制信令一般被称为 L1/L2 控制信令，即来自物理层（L1）和 MAC 层（L2）的控制信令。

本章详细描述下行控制信令（包括调度授权和调度分配），以及承载终端反馈的上行控制信令。

10.1 下行

下行 L1/L2 控制信令包括下行调度分配（使终端知晓如何在一个分量载波上正确接收、解调、解码 DL-SCH）和上行调度授权（使终端知晓上行分配的资源以及上行 UL-SCH 传输应使用的传输格式）。除此之外，下行控制信令还包括一些特殊功能：比如传递一组时隙里上下行的符号信息、抢占指示和功率控制。

NR 标准只定义了一种控制信道，即物理下行控制信道（Physical Downlink Control CHannel，PDCCH）。总体上来说，NR 的 PDCCH 处理和 LTE 类似，都是让终端从可能发送 PDCCH 的一个或者多个搜索空间中盲检 PDCCH。然而由于 NR 和 LTE 拥有不同的设计目标，并且基于 LTE 的一些部署经验，NR 对 PDCCH 做了一定程度的优化：

- NR 中 PDCCH 占用的资源不会像 LTE 那样，扩散到整个载波带宽上。如第 5 章所描述的，并不是所有的 NR 终端都能够接收整个载波带宽，所以需要设计一种更加通用的控制信道结构。
- NR 中 PDCCH 的设计考虑了针对终端的波束赋形，这一点和 NR 的以波束为中心（beam-centric）的设计理念一致。波束赋形对高频带来的链路预算问题非常有帮助。

上述两点其实在 LTE Release 11 的 EPDCCH 设计中已经被涵盖。但是在实际 LTE 网络部署中，除了 eMTC 之外，EPDCCH 并没有被大规模使用。

LTE 中还定义了另外两种下行控制信道：PHICH 和 PCFICH。在 NR 标准里不需要这两种控制信道。LTE 使用 PHICH 来处理上行重传，主要用于服务上行同步 HARQ 传输机制。但是由于 NR 的 HARQ 不论上行还是下行，都统一使用异步 HARQ，所以 NR 就不再需要 PHICH。而对于 PCFICH，因为 NR 中控制资源集（CORESET）的大小不会动态变化，而且将未使用的控制资源用于数据传输，也是通过不同于 LTE 的方式完成的（具体方式下文详细描述），所以 NR 也不再需要 PCFICH。

在下面的章节中，将会详细介绍 NR 下行控制信道 PDCCH，包括 CORESET 的概念以及 PDCCH 传输所使用的时频资源。首先介绍 PDCCH 的处理，包括信道编码和调制，接着介绍 CORESET 的结构。一个载波可以有多个 CORESET，控制资源集会将资源单元映射到控制信道单元（Control Channel Element，CCE）。一个或者多个 CCE 聚合在一起承载 PDCCH。终端会通过盲检，在搜索空间中检测网络是否有 PDCCH 发送给该终端。如图 10-1 所示，一个 CORESET 可以对应多个搜索空间。在本章最后，会描述下行控制信息（Downlink Control Information，DCI）。

图 10-1 NR 中 PDCCH 处理概览（从终端的角度）

10.1.1 物理下行控制信道

PDCCH 的处理过程如图 10-2 所示，总体上说，相对于 LTE PDCCH，NR 标准的 PDCCH 处理与 LTE 的 EPDCCH 处理方式更为接近，而不是 LTE 的 PDCCH，即每个 PDCCH 独立处理。

PDCCH 上承载的净荷被称为下行控制信息（DCI）。其中会添加 24bit 的 CRC 校验来帮助检测传输错误并帮助接收机解码。相对于 LTE，CRC 的长度增加，这样就能更好地避免错误地接收控制信息，并且可以帮助终端接收机及早停止后续接收与解码。

与 LTE 的设计类似，通过扰码操作利用终端标识修改了发送的 CRC。当收到 DCI 之后，终端会采用相同的过程，根据接收的净荷计算加扰的 CRC，然后与收到的 CRC 比较。如果相同，就表明 DCI 被正确接收，并且属于该终端。因此，终端的标识是终端接收 DCI 并检测 CRC 的前提，而不是在 DCI 消息中显式标明。这会减小 PDCCH 承载的净荷长度，而且从终端的角度来看，一个 CRC 校验错误的 DCI 和一个发送给其他终端的 DCI 是没有区别的。注意终端的标识不一定是 C-RNTI，有时候组 RNTI 或者公共 RNTI 也可以用来标识终端，比如指示终端寻呼或者随机接入响应。

PDCCH 信道编码基于极化码，这是一种较新的编码方式。极化码的核心思想就是把多个无线信道变化为一组无噪声的信道和一组完全为噪声的信道，然后将信息比特在无噪声信道上传输。解码可以有多种实现方式，典型的方法是依次消去法和列表解码。列表解码是利用 CRC 作为解码过程的一部分，这意味着错误检测的能力相应降低。比如列表解码的列表长度为 8 就会导致错误检测损失 3bit 能力。由此 24bit 的 CRC 最终和 21bit 的 CRC 错误检测能力相仿。这也是 NR 比 LTE 采用更多 CRC 比特的一个原因。

图 10-2　PDCCH 处理

不同于传统 LTE 中的咬尾卷积码，极化码需要事先定义信息比特的最大长度，而咬尾卷积可以处理任意长度的信息比特 。在 NR 标准中，极化码设计为下行 PDCCH 最大支持 512 个编码比特（速率匹配前）和最多 140 个信息比特。这种长度的定义当然超过了 Release 15 的最大 DCI 长度，这主要是为了支持 NR 对 DCI 净荷未来可能的扩展。为了能够提前终止解码处理，CRC 不是添加在信息比特的尾部，而是分散插入，然后再进行极化编码。解码器也可以根据极化码路径度量提前终止解码处理。

速率匹配把编码比特匹配到 PDCCH 传输可用的资源。速率匹配包括缩短、打孔、重复三种模式，将编码比特分为 32 个子块进行块交织之后再速率匹配。缩短、打孔、重复三种模式中具体使用哪一个以及何时使用，其规则主要是考虑哪种能够最大化接收性能。

最后，经过编码和速率匹配的比特会被加扰，然后调制为 QPSK 模式，映射到 PDCCH 的资源单元上（具体见下文描述）。每一个 PDCCH 都有自己的参考信号，也就是说 PDCCH 可以充分利用天线波束赋形的增益。完整的 PDCCH 处理流程在图 10-2 中描述。

编码和调制后的 DCI 到资源单元的映射是通过控制信道单元（Control-Channel Element，CCE）和资源单元组（Resource Element Group，REG）来完成的。尽管这两个名字都是从 LTE 的设计中重用来的，但是具体的大小以及 CCE 到 REG 的映射都与 LTE 不同。

NR 中一个 PDCCH 可以使用 1、2、4、8 或 16 个连续的 CCE，其中使用的 CCE 的个数又可以称为聚合等级（aggregation level）。CCE 是终端在进行盲检时搜索空间的组成单元，具体参见 10.1.3 节。一个 CCE 包括 6 个 REG，每一个 REG 包括一个 OFDM 符号上的一个资源块。考虑到 DM-RS 的开销，每个 CCE 的 PDCCH 传输有 54 个可用资源单元（考虑 QPSK 调制，即 108bit）。

CCE 到 REG 的映射有交织模式和非交织模式。NR 标准设计两种不同模式的目的与 LTE 设计 EPDCCH 两种映射模式的目的相同，都是通过交织模式来提高频率分集增益，通过非交织模式来提供频选调度的能力以及干扰控制。CCE 到 REG 的映射在下一节 CORESET 的介绍中会详细描述。

10.1.2　控制资源集

NR 下行控制信令引入了一个核心概念：控制资源集（CORESET）。一个 CORESET 就是一个时间和频率的资源，在该资源上终端试图使用一个或者多个搜索空间解码可能的控制信道。CORESET 的大小和时频位置是由网络半静态配置的。因此，CORESET 在频域上，是有可能小于载波带宽的。这对 NR 非常重要，因为 NR 的载波可能带宽非常大，最多达到 400MHz，因此很多终端无法接收整个带宽信号。

LTE 没有 CORESET 的概念。LTE 标准规定在频域上，下行控制信令利用整个载波带宽来传输，在时域上，1 ～ 3 个 OFDM 符号（如果是最小的载波带宽，可以扩充至第 4 个 OFDM 符号）可以传输下行控制信令，也被称为控制区域。如果非要给 LTE 定义 CORESET，那么这个控制区域就是 LTE 的 "CORESET"。LTE 让控制信道扩散到整个载波带宽上，一方面是因为 LTE 的终端都支持 20MHz 的最大载波带宽（至少对 LTE Release 8 而言是这样），另一方面也是因为这样做可以获得较好的频率分集增益。但是在后续的 LTE 版本中，比如在 LTE Release 12 中引入的 eMTC 终端，也允许终端不必支持整个载波带宽。LTE 这种将 PDCCH 扩散到整个带宽的设计会导致干扰控制、干扰协调非常难于实现，相邻小区下行 PDCCH 之间很难在频域上相互协调。因此，从 LTE Release 11 开始引入的 EPDCCH 就是为了解决这些问题。但是 LTE 网络依然需要用 PDCCH 支持初始接入，以及为不支持 EPDCCH 的终端提供支持，因此 EPDCCH 并没有在 LTE 现有网络中大规模使用。而 NR 就没有 LTE 这样的兼容性问题，NR 从第一个版本就要求支持灵活的控制信道结构。

一个终端最多可以配置 4 个 BWP，每个 BWP 最多可以配置 3 个 CORESET。CORESET 在频域上的位置可以是所在 BWP 里以 6 个资源块为粒度的任意位置，如图 10-3 所示。但是终端不会去处理任何激活部分带宽之外的 CORESET。

图 10-3　CORESET 配置的示例

第一个 CORESET（CORESET 0）的信息是属于初始部分带宽配置信息的一部分。CORESET 0 的信息是由主信息块（Master Information Block，MIB）提供给终端的。通过 CORESET 0，终端可以得到控制信息，知道如何接收剩余的系统消息。当建立连接之后，网络会通过 RRC 信令为终端配置多个 CORESET，这些 CORESET 可能重叠。

在时域，CORESET 最长为 3 个 OFDM 符号，而且可以在一个时隙的任意位置[⊖]。不过为了方便接收数据，都会把 CORESET 放在一个时隙的起始位置。这一点和 LTE 非常类似，LTE 也是把控制信道放在一个子帧的起始位置。但是在 NR 标准里，在某些情况下将 CORESET 配置在非起始位置是有意义的，比如：为了取得非常低的时延，当网络准备好发送的时候，一个时隙已经开始了，如果能够把 CORESET 放在中间，就可以不必等待下一个时隙再发送。这里需要理解 CORESET 是针对一个终端定义的，而且 CORESET 仅仅指示这个终端有可能收到 PDCCH 的位置，并不代表 gNB 是否会发送 PDCCH。

依赖于前置的 PDSCH DM-RS 的具体位置（起始于一个时隙的第 3 个或者第 4 个 OFDM，见 9.11.1 节），最大 CORESET 的时域长度为 2 个或者 3 个 OFDM 符号。因为典型的配置下 CORESET 位于下行参考信号和下行数据前面。

LTE 控制区域的 OFDM 符号长度可以动态变化，并由 PCFICH 来指示当前子帧控制区域的具体长度。而 NR 的 CORESET 的长度是固定的，这有助于网络和终端的实现。从终端看来，如果可以直接解码 PDCCH 而不是先去解码 PCFICH，这种流水线操作则更为简单。采用流水线和实现友好的 PDCCH 结构对于以极低时延为目标的 NR 非常重要。但是从频谱利用率的角度来看，控制和数据之间动态共享资源确实能够提升效率。因此 NR 不但支持 PDSCH 的数据在 CORESET 结束之前发送，而且允许终端使用未使用的

⊖　CORESET 的时域位置是从所关联的搜索空间的配置中获得的。

CORESET 资源来传输数据，如图 10-4 所示。为了达到这种目的，NR 定义了一个通用的机制（预留资源）来处理这种问题，详见 9.10 节。预留资源可以和 CORESET 重叠，这样通过 DCI 指示的信息就可以让终端知道这些未使用资源是否承载了用户数据。如果 DCI 指示预留，对 PDSCH 的速率匹配就会将数据绕过这些预留资源，也就是绕过 CORESET。如果 DCI 指示可用，PDSCH 就使用这些预留资源来传输数据，也就是使用未占用的 CORESET 资源来传输数据。当然，对调度这个 PDSCH 的 DCI 命令，终端认为承载此 DCI 命令的 PDCCH 资源上面不会承载任何 PDSCH。

数据发送可以在
PDCCH结束前开始

在该CORESET里的
PDCCH（指示为预留）

数据传输占用未使用
CORESET的资源

图 10-4   数据传输不重用（左）CORESET 资源和重用（右）CORESET 资源，该例中终端
配置了两个 CORESET 资源

每个 CORESET 都有一个相关的 CCE 到 REG 的映射，映射是通过 REG 捆绑（bundle）这个概念来描述的。REG 捆绑是指终端可以认为一组 REG 的预编码是相同的。和 PDSCH 的资源块绑定类似，这个信息有助于提升信道估计的性能。

上文说过 CCE 到 REG 的映射可以分为交织模式和非交织模式，具体选择哪种取决于系统希望获得频率分集增益还是频率选择增益。一个 CORESET 只能有一种映射模式，但一个终端配置的多个 CORESET 可以配置为不同的映射模式。为一个终端同时配置不同映射模式在有的时候非常有用，比如若干 CORESET 被配置为非交织模式，这样终端可以获得频选调度模式，同时其余 CORESET 被配置为交织模式，从而当终端由于高速移动无法获得准确的信道状态信息的时候，终端可以随时回退到交织模式。

非交织映射的实现相对简单，REG 捆绑大小固定为 6。这样终端可以认为预编码在整个 CCE 上都是不变的。连续的 6 个 REG 形成一个 CCE。

而交织映射的实现略微复杂。在交织映射模式下，REG 捆绑的大小有两种可能。一种 REG 捆绑大小是 6，对各种 CORESET 的持续时长都可用。另一种 REG 捆绑大小依赖于 CORESET 持续时长，如果 CORESET 持续 1 个或者 2 个 OFDM 符号，则 REG 捆绑大小可以是 2 或者 6，如果 CORESET 持续 3 个 OFDM 符号，则 REG 捆绑大小可以是 3 或者 6。在交织模式下，组成一个 CCE 的 REG 捆绑通过一个块交织器扩展到频域上，由此获得频率分集。块交织器的行数是可配置的，如图 10-5 所示，这有助于处理不同的部署场景。

作为 PDCCH 接收处理的一部分，终端需要利用与候选 PDCCH 相关的参考信号来进行信道估计。PDCCH 使用单天线端口，也就是说网络发送是否使用发射分集或者多用户 MIMO 这些特性对 PDCCH 接收机都是透明的。

图 10-5　CCE 到 REG 映射的示例

PDCCH 拥有自己的解调参考信号，解调参考信号对应的伪随机序列生成方法与 PDSCH 解调参考信号的伪随机序列生成方法相同。频域上都是针对所有公共资源块生成伪随机序列，但是只在发送 PDCCH 的资源块上传输（例外情况会在下文讨论）。但在初始接入阶段，由于公共资源块的位置在系统信息里广播，终端还不知道公共资源块的位置，因此对于 PBCH 配置的 CORESET 0，其对应的随机序列是自 CORESET 里面第一个资源块开始生成。

一个候选 PDCCH 的解调参考信号会映射到 REG 中每 4 个子载波中的一个，也就是说引入解调参考信号的开销为 1/4，这个参考信号的密度是高于 LTE 的（LTE 的密度是 1/6）。LTE 之所以可以降低参考信号密度，是因为 PDCCH 解调使用的是小区参考信号，不管是否有 PDCCH，网络都会发送小区参考信号，所以终端可以通过时域和频域的插值获取更好的信道估计质量。使用每个候选 PDCCH 特定的参考信号确实会增加参考信号的开销，但是也会带来好处，比如能够针对各个终端进行波束赋形。通过对控制信道的波束赋形（相对于 LTE 中不赋形的控制信道[○]），NR 控制信道的覆盖和性能都有所提升，这也符合 NR 以波束为中心的设计理念。

当终端尝试对占用了若干个 CCE 的特定候选 PDCCH 进行解码的时候，终端首先计算 REG 捆绑的大小，然后做信道估计。考虑到网络可能在不同 REG 捆绑间使用不同的预编码，所以信道估计针对每个 REG 捆绑单独进行。一般来说，这种捆绑已经能够提供较好的 PDCCH 信道估计性能了。但是网络有可能配置终端以假设一个 CORESET 内所有连续的资源块都使用相同的预编码。这种情况下，终端可以进行频域插值以获得更好的信道估计性能。终端可以利用 PDCCH 之外的参考信号来估计信道，这有时也称为宽带参考信号，如图 10-6 所示。从某种程度上来说，这可以看作 LTE 小区参考信号的模仿版，当然对波束赋形也提出了一定的限制。

图 10-6 常用参考信号结构（左）和宽带参考信号结构（右）

与信道估计相关的还有准共址概念。如果终端知道两个参考信号是准共址的，可以提

○ LTE 的 EPDCCH 也引入了终端特定参考信号来支持波束赋形。

高信道估计的性能，这对 PDCCH 非常有用（具体参见第 12 章关于波束管理和空域准共址的描述）。为了实现准共址，每个 CORESET 都会配置一个传输配置指示（Transmission Configuration Indication，TCI），它提供了 PDCCH 天线端口与哪些天线端口准共址的信息。如果终端的一个 CORESET 与一个 CSI-RS 空间共址，终端可以利用 CSI-RS 决定如何接收这个 CORESET 里面的 PDCCH，如图 10-7 所示。在该示例中，网络为终端配置了 2 个 CORESET，一个 CORESET 有 DM-RS 和 CSI-RS #1 QCL，另一个 CORESET 有 DM-RS 和 CSI-RS #2 QCL。根据对 CSI-RS 的测量，终端可以选择对两个 CSI-RS 分别最优的接收波束。根据 QCL 信息，当终端在 CORESET #1 上监听可能的 PDCCH 传输的时候，就会使用合适的接收波束进行接收，同样的原则也适用于 CORESET #2。通过这个方法，终端可以在盲解码的框架下处理多个接收波束。

图 10-7　基于 PDCCH QCL 的波束管理示例

如果没有为 CORESET 配置 QCL 相关信息，终端就会默认 PDCCH 和 SSB 之间 QCL，也就是说时延扩展、多普勒扩展、多普勒频移、平均时延以及空域接收参数都和 SSB 相同。这是一个合理的假设，因为这个时候终端已经可以接收并解码 PBCH。

10.1.3　盲解码和搜索空间

下行控制信令用于多个场景，因此 DCI 的长度也是不同的。一个 DCI 由两个方面决定：DCI 长度和 DCI 类型。而某次传输的 DCI 类型和长度对终端而言事先并不可知。因此终端需要盲解码。在盲解码的过程中，终端需要知道编码速率。通过不同的假设（包括静荷长度和使用了多少时频资源），终端试图解码 DCI。如果网络确实发了控制信息，终端通过校验 CRC，可以找出有效的控制消息。控制信息的目的（也就是 DCI 类型）可能需要在盲检的过程中被确认。

通常方法是分别处理 DCI 长度和 DCI 类型。终端先处理 DCI 长度，盲解码不同长度的 DCI。如果解码成功，消息头的前几个 bit 指示 DCI 类型，这样终端依照 DCI 类型就知道如何理解后面的静荷。然而部分由于历史的缘故，NR 标准继承了 LTE 的设计，DCI 的长度和 DCI 的类型共同组成了 DCI 格式，尽管二者之间的耦合较 LTE 更松散。不同的长度 DCI 属于不同的 DCI 格式，但是也有若干不同的 DCI 格式拥有相同的长度。只有对长度相同但可能包含若干 DCI 格式的情况，才添加若干 bit 来指示 DCI 类型。

盲解码对终端来说是一个不可忽略的处理负担，下行链路控制信道设计的很大一部分与降低这种复杂度有关。有两个限制盲解码复杂度的重要手段：一是通过限制在时频域中的位置和不允许任意的聚集级别来限制 PDCCH 候选数；二是限制要监听的 DCI 大小的集合。

上节描述的 CCE 的结构可以帮助终端降低盲解码的尝试次数，但是依然不够。因此需要设计一种机制来进一步限制终端需要监听的候选 PDCCH 个数。显然从调度器的角度，并不希望限制可用的聚合等级，因为这样会降低调度灵活性，同时让发送端更加复杂。但要求终端在所有配置的 CORESET 里监听所有可能的 CCE 聚合等级，确实给终端的实现带来了过高的复杂度。为了能够一方面限制终端盲解码尝试的最大次数，另一方面尽可能不给调度器引入限制，NR 标准引入了搜索空间（search space）这个概念。一个搜索空间是一组拥有相同聚合等级的由 CCE 构成的候选控制信道，终端在搜索空间中尝试进行解码。因为存在多个聚合等级，终端就有多个搜索空间。一个搜索空间集是关联到同一个 CORESET 的不同聚合等级的搜索空间的集合。因此，通过配置 CORESET 和搜索空间集，设备可以监听具有不同聚合等级但使用相同时频资源的控制信道的存在。不同聚合等级的目的是控制 PDCCH 的码速率，从而能够执行 PDCCH 的链路自适应。聚合等级越高，给定固定 DCI 大小时的码率越低。因此，在信道条件不好的情况下，gNB 将选择比在有利信道条件下更高的聚集等级。

四个部分带宽中的每一个最多可配置 10 个搜索空间集（见图 10-8）。为每个搜索空间配置一个相关的 CORESET，以及搜索空间何时出现的信息。CORESET 的时域方面信息不被单独配置，而是直接从搜索空间集配置中获得。搜索空间集配置还包括关于每个聚合等级的 PDCCH 候选数的信息，以及要监听的 DCI 格式。终端不应该在其活动部分带宽之外接收 PDCCH，这符合部分带宽的总体目的。

图 10-8　搜索空间集配置的示例

在一个为搜索空间配置的监听时机，终端会试图在该搜索空间内解码候选的 PDCCH。

NR 标准总共定义了 5 种不同的聚合等级：1、2、4、8、16 个 CCE，也就是说有 5 种搜索空间。最高的聚合等级 16 在 LTE 中是不支持的，而 NR 为了能够支持更高的覆盖要求，支持聚合等级 16。每个搜索空间（或者说每个聚合等级）中可以支持的最大候选 PDCCH 个数是可以配置的。因此 NR 可以在不同聚合等级上灵活分配不同的盲解码次数，这一点比 LTE 更加灵活（LTE 各个聚合等级盲解码的个数是固定的），这主要是因为 NR 的部署场景更加广泛。比如对一个较小的小区，最高的聚合等级很少使用。因此对于有限的盲解码尝试次数，网络最好配置终端在较低的聚合等级上以使用这些尝试次数，而不是让终端在那些几乎不能使用的聚合等级上去尝试解码。

搜索空间集 0 是特殊的。它链接到 CORESET 0，并根据 MIB 中的信息进行配置。尽管搜索空间集 0 也可以用于其他目的，但是此搜索空间集的主要目的是能够接收系统的其余信息。其他搜索空间集可以使用 RRC 信令来配置，或者利用系统信息的一部分来配置，或者通过使用专用 RRC 信令来配置。

当终端尝试对一个候选 PDCCH 进行解码时，如果 CRC 校验正确，终端会认为这个控制信道信息是有效的，并处理相应信息（比如调度分配、调度授权等）。如果 CRC 校验不正确，终端会认为这个控制信息要么在传输过程中产生了无法恢复的错误，要么认为这个控制信息是发送给其他终端的，无论何种原因，该 PDCCH 会被终端忽略。

只有当网络将承载控制信息的 PDCCH 放在终端搜索空间的 CCE 上时，才可以将控制信息发送给该终端。比如图 10-9 中，终端 A 不会从 CCE 20 开始收到 PDCCH，而终端 B 则可以。同样，终端 A 可以使用 CCE 16 ~ 23 接收 PDCCH，而这个时候，终端 B 就不可以在 CCE 聚合等级 4 上接收 PDCCH，因为所有的聚合等级 4 支持的 CCE 都被终端 A 占用。因此，为了更加有效地使用 CCE，网络需要将不同用户的搜索空间尽可能错开（除非所有终端都能够监听全部的 CCE，从复杂度角度看这是不大可能的）。每个终端都会被配置一个或者多个终端特定的搜索空间。终端特定的搜索空间一般小于网络在该聚合等级上需要传输的 PDCCH 个数，因此网络需要设计一种机制来决定终端特定的搜索空间包含哪些 CCE。

一种可能是网络为每个终端都定义一个终端特定的搜索空间，类似于 CORESET 的配置方式。但是这需要显式的信令通知终端并且需要在切换的时候重配置。另一种方式是终端特定的搜索空间不是通过信令配置来决定，而是由终端标识，即由 C-RNTI 来决定。此外，某个终端在特定聚合等级上监听的 CCE 应该也随着时间进行变化，这样就可以避免两个终端之间始终相互阻塞。如果这两个终端在某个时刻相互冲突，那么在下一个时刻很有可能就不再相互冲突。在每个搜索空间内，终端都会尝试利用终端特定的 C-RNTI 标识[⊖]来解码 PDCCH。如果能够发现有效的控制信息，比如调度授权，则终端会依照调度命令进行接下来的操作。

　⊖　有时候会使用其他的标识，比如 CS-RNTI，用于半静态调度，详见第 14 章。以及 MCS-CRNTI，其使用方式与 C-RNTI 相同，但有更鲁棒的传输，如 10.1.16 节所述。

图 10-9　两个终端的搜索空间的示例

有时候网络希望将信令传输给一组终端，还有一种情况是在随机接入过程中，网络希望将信令传输给一个还没有分配唯一标识的终端。对这些情况，网络需要调度不同的预定义 RNTI，比如用 SI-RNTI 来指示调度系统消息的传输，用 P-RNTI 来指示寻呼消息的传输，用 RA-RNTI 来指示随机接入响应的传输，用 TPC-RNTI 来指示上行功率控制响应，INT-RNTI 用于指示抢占，SFI-RNTI 用于传递时隙相关信息。这些信息均不能依赖单个终端特定的搜索空间，因为会有多个终端需要同时监听该 PDCCH。在这种情况下，NR 标准定义了公共搜索空间的概念⊖。公共搜索空间是一组预定义的 CCE，这个空间被所有的终端所知晓，无论这些终端被分配何种标识。搜索空间是公用的还是特定于终端的，是搜索空间集配置的一部分。

表 10-1 总结了不同的 DCI 格式（在下一节中有更详细的描述）、搜索空间和 RNTI。DCI 格式的大小在很大程度上取决于配置以及存在哪些字段，因此在不说明相应配置的情况下很难说明 DCI 大小，但是用于上行链路和下行链路调度的 DCI 大小一般为 70bit 左右（不包括 CRC）。

表 10-1　DCI 格式、搜索空间和 RNTI 的总结

DCI 格式	搜索空间	可能的 RNTI[①]	用途
0_0	USS	C-RNTI	上行调度（回退）
	CSS 在 PCell		
	CSS 在 PCell	TC-RNTI	随机接入过程
0_1	USS	C-RNTI	上行调度
		SP-CSI-RNTI	激活半持续 CSI 上报
0_2	USS	C-RNTI	上行调度
		SP-CSI-RNTI	激活半持续 CSI 上报
1_0	USS	C-RNTI	下行调度（回退）
	CSS 在 PCell		
	CSS 在 PCell	SI-RNTI	调度系统消息
		RA-RNTI, msgB-RNTI	随机接入响应
		TC-RNTI	随机接入过程
		P-RNTI	寻呼消息
1_1	USS	C-RNTI	下行调度
1_2	USS	C-RNTI	下行调度
2_0	CSS	SFI-RNTI	时隙格式指示
2_1	CSS	INT-RNTI	抢占指示

⊖　虽然 NR 根据监听不同种类的 RNTI 定义了多个类型的公共搜索空间，不过对搜索空间概念的理解没有影响。

（续）

DCI 格式	搜索空间	可能的 RNTI[①]	用途
2_2	CSS	TPC-PUCCH-RNTI	PUCCH 功控
		TPC-PUSCH-RNTI	PUSCH 功控
2_3	CSS	TPC-SRS-RNTI	SRS 功控
2_4	CSS	CI-RNTI	上行取消指示
2_5		AI-RNTI	IAB 软资源可用
2_6	CSS	PS-RNTI	节能信息
3_0	USS	SL-RNTI, SL-CS-RNTI	NR Sidelink 调度
3_1	USS	SL-L-CS-RNTI	LTE Sidelink 调度

① C-RNTI 应理解为包括 C-RNTI、MCS-C-RNTI 和 CS-RNTI。

如前所述，盲解码对终端来说是不可忽略的处理负担。为了限制终端的复杂度，需要使用一个 "3+1" 的基线 DCI 大小预算。这意味着一个终端最多使用 C-RNTI（因此对于调度来说是处理延迟敏感）来检测 3 个不同的 DCI 长度，以及使用其他 RNTI（非延迟敏感）来检测一个 DCI 长度。在某些情况下，某些终端可能能够执行比 "3+1" 预算更多的盲解码，但不是全部终端都具有此功能。因此，这意味着若干 DCI 消息（格式），净荷大小必须对齐以满足终端处理能力的限制。DCI 大小的预算由一组复杂的大小对齐规则（有关详细信息，请参见文献 [90]）执行，其中使用了某些 DCI 格式填充以匹配其他 DCI 格式的大小。大小对齐的结果取决于终端必须监听的配置和 DCI 格式集，但是下面列举的典型设置会导致三种不同的 DCI 大小用于调度，一种 DCI 大小用于各种控制目的：

- 由 DCI 格式 0_0/1_0 决定的大小，在终端特定的搜索空间中使用 C-RNTI 进行监听或者在公共搜索空间中使用 C-RNTI 以及各种其他 RNTI 进行监听。
- 由 DCI 格式 0_1 给出的大小，在终端特定的搜索空间中使用 C-RNTI 进行监听。
- 由 DCI 格式 1_1 给出的大小，在终端特定的搜索空间中使用 C-RNTI 进行监听。
- 由 DCI 格式 2_x 系列给出的大小，在公共搜索空间中进行监听，并使用除 C-RNTI 以外的各种 RNTI。配置需要确保 2_x 系列中所有受监听的格式的大小相同。

当然除了上面列举的典型设置，也可以进行其他配置，例如仅使用格式 0_0/1_0 进行调度，从而在配置 2_x 格式时可以有更大的自由度。

"3+1" 预算不足以控制终端复杂度。因为即使 DCI 大小的数目是有限的，由于有多个搜索空间，因此还需要对盲解码尝试的总数进行限制。在 NR 中，盲解码尝试的次数取决于子载波间隔（以及时隙持续时间）。对于 15kHz、30kHz、60kHz、120kHz 子载波间隔，每个时隙最多可支持 44、36、22、20 次盲解码尝试，覆盖所有 DCI 大小——选择一个数字可在终端复杂性和调度灵活性之间提供良好的折中。然而，盲解码的数量不仅是复杂性的唯一度量，而且还需要考虑信道估计。对 15kHz、30kHz、60kHz、120kHz 的子载波间隔，所有的 CORESET 加在一起，一个时隙内终端最多可以支持 56、56、48、32 个CCE。这个最多支持的 CCE 数目包括所有 CORESET。这样，依赖于网络配置，最终候选

PDCCH 的个数就受限于盲解码尝试次数或者信道估计数目。CRC 检查的复杂度很低，因此监听多个具有相同净荷大小的 RNTI 的代价并不昂贵，而且几乎是"免费的"。

根据搜索空间集配置，盲解码尝试的次数可能因时隙而异。如图 10-8 的示例，与其他两个时隙相比，中间时隙中需要更多的盲解码尝试。或者说三个时隙中的两个时隙中不需要使用终端的所有盲解码能力。为了避免浪费盲解码能力，终端配置可以使得盲解码尝试的次数大于最大允许值，称为超售。优先级规则定义了在这种情况下，终端应该如何在不违反盲解码预算的前提下，优先考虑时隙中的公共搜索空间。

对载波聚合，上述盲解码过程可以直接应用于每个分量载波。相对于单载波，信道估计的数目以及盲解码最大尝试的次数都会相应增加，但是并不会随着分量载波的个数增加而线性增加。

10.1.4　下行调度分配：DCI 格式 1_0、1_1 和 1_2

上面主要描述如何通过 PDCCH 传输 DCI，下面介绍 DCI 的具体内容。首先介绍下行调度分配相关 DCI。下行调度分配 DCI 分为格式 1_1（非回退格式）和格式 1_0（回退格式），以及 Release 16 为了增强 URLLC 引入的格式 1_2。格式 1_2 基本上与格式 1_1 内容相同，但许多字段的大小具有更大的可配置性。有关 DCI 格式 1_2 的详细信息，请参阅第 20 章；本节的其余部分将重点放在格式 1_0 和格式 1_1 这两种 Release 15 已支持的格式上。

非回退格式 1_1 支持所有的 NR 特性。根据系统配置的特性，一些信息字段有可能出现或者不出现。比如网络没有配置载波聚合这个特性，就不需要在 DCI 中添加与载波聚合相关的信息字段。因此 DCI 格式 1_1 的大小实际上并不是一个固定的数，而是与配置相关。但是由于各个终端都知道自己配置的特性，所以也就知道了 DCI 的大小，因此终端可以进行盲检。

回退格式 1_0 的净荷比格式 1_1 少，因此能支持的 NR 特性也相对有限。格式 1_0 的信息字段通常不可配，因此大小也相对固定。这种回退格式的一个使用场景是网络给终端配置一些特性，但是尚不确认终端配置生效的时间段，例如由于传输错误导致终端的配置没有生效；另一个应用场景是减小控制信令的开销，很多情况下对调度一些较小数据的传输使用回退格式就足够了。

两种 DCI 格式的部分内容是相同的，如表 10-2 所示。但是由于支持不同的能力，DCI 格式也有些不同。DCI 格式承载的下行调度信息可以分成多个组，不同组的信息字段随着 DCI 格式的不同而不同。下行调度分配的 DCI 格式的内容描述如下：

- DCI 格式指示（1bit）。这个信息头指示了 DCI 是一个下行分配还是一个上行授权。在多种 DCI 格式的长度相同的情况下，这个指示位可以帮助终端区分 DCI 格式（比如回退 DCI 格式 0_0 和 1_0 的长度就是相同的）。
- 资源信息，包括：
  - 载波指示（0 或者 3bit）。当跨载波调度被配置之后，就需要这个信息字段来指示该 DCI 是针对哪个分量载波的。在比如用于给多个终端配置公共信令的时候，回退 DCI 格式里就不包含载波标识，因为不是所有的终端都支持或者被配置了载波聚合。

- 部分带宽指示（0 ~ 2bit），用于激活高层配置的 1 到 4 个部分带宽，在回退 DCI 中不存在。
- 频域资源分配。这个信息字段指示终端需要接收的 PDSCH 分配在分量载波的哪些资源块上。这个信息字段的长度取决于带宽的大小、资源分配的类型（比如类型 0、类型 1 或者在类型 0 和类型 1 之间动态切换，见 10.1.10 节）。回退格式 1_0 只支持资源分配类型 1，不需要支持完全灵活的分配类型。
- 时域资源分配（1 ~ 4bit）。这个信息字段指示时域上的资源分配（见 10.1.11 节）。
- VRB 到 PRB 的映射（0 ~ 1bit）。这个信息字段指示采用交织或者非交织的 VRB 到 PRB 的映射（见 9.9 节），仅仅用于资源分配类型 1。
- PRB 大小指示（0 ~ 1bit）。这个信息字段指示 PDSCH 捆绑大小（见 9.9 节）。

表 10-2　通过 C-RNTI 进行下行调度的 DCI 格式 1_0、1_1 和 1_2

信息字段		格式 1_0	格式 1_1	格式 1_2
格式指示		•	•	•[16]
资源信息	载波指示		•	•[16]
	BWP 指示		•	•[16]
	频域资源分配	•	•	•[16]
	时域资源分配	•	•	•[16]
	VRB 到 PRB 的映射	•	•	•[16]
	PRB 捆绑大小指示		•	•[16]
	预留资源		•	•[16]
	零功率 CSI-RS 触发指示		•	•[16]
	调度偏移		•[16]	
	信道接入类型	•[16]	•[16]	
	休眠指示		•[16]	
传输块相关	MCS	•	•	•[16]
	NDI	•	•	•[16]
	RV	•	•	•[16]
	MCS，第二个 TB		•	
	NDI，第二个 TB		•	
	RV，第二个 TB		•	
	优先级指示			•[16]
HARQ 相关	进程号	•	•	•[16]
	DAI	•	•	•[16]
	PDSCH 到 HARQ 反馈定时	•	•	•[16]

（续）

信息字段		格式 1_0	格式 1_1	格式 1_2
HARQ 相关	CBGTI		•	
	CBGFI		•	
	PDSCH 组号		•[16]	
	一次性 HARQ 请求		•[16]	
	PDSCH 组个数		•[16]	
	新反馈指示		•[16]	
多天线相关	天线端口		•	•[16]
	TCI		•	•[16]
	SRS 请求		•	•[16]
	DM-RS 序列初始化		•	•[16]
PUCCH 相关	PUCCH 功控	•	•	•[16]
	PUCCH 资源指示		•	•[16]

注：对于 Release 15 之后引入的字段，上标指示第一个支持这个字段的版本。

- 预留资源（0～2bit）。这个信息字段指示终端是否在 PDSCH 传输中使用预留资源（见 9.10 节）。
- 零功率 CSI-RS 触发指示（0～2bit），参考 8.1 节关于 CSI 参考信号的讨论。
- 信道接入类型和循环扩展（1bit）。用于非授权频谱中，以指示要使用的信道接入过程，参考第 19 章所述。
- 休眠指示（0～5bit），参考 14.5.4 节关于小区休眠和节电的讨论。

- 传输块相关信息：
  - MCS（5bit）。这个信息字段指示终端调制方式、编码速率和传输块大小，下文还会详细描述。
  - NDI（1bit）。这个信息字段指示新传数据，用以指示终端清除软缓存中的初传数据，见 13.1 节。
  - RV（2bit）。这个信息字段指示冗余版本，见 13.1 节。
  - 如果调度 2 个传输块（仅当在 DCI 格式 1_1 中使用空分复用调度 4 层以上的传输时），上述 3 个信息字段会为第二个传输块重复出现一遍。
  - 优先级指示（0～1bit）。这个信息字段从 Release 16 开始支持，用来增强 URLLC。指示上行传输（比如 HARQ 确认）的优先级。

- HARQ 相关信息：
  - HARQ 进程号（4bit）。这个信息字段指示终端此次传输应该使用哪个 HARQ 进程进行软合并。
  - DAI（下行分配索引，0、2 或 4bit）。这个信息字段只有在配置了动态 HARQ 码本的情况下才出现，具体参考 13.1.5 节。DCI 格式 1_1 支持 0、2 或 4bit，而 1_0

仅仅支持 2bit。

- PDSCH 到 HARQ 反馈定时（0～3bit）。这个信息字段指示相对于 PDSCH 传输，HARQ 反馈在何时发送。
- CBGTI（CBG 传输信息，0、2、4、6 或 8bit）。这个信息字段指示重传码块组信息，具体参考 13.1.2 节。只有配置了 CBG 重传，并且在 DCI 格式 1_1 的情况下，该信息字段才会出现。
- CBGFI（CBG 刷新信息，0～1bit）。这个信息字段指示软缓存刷新，具体参考 13.1.2 节。只有配置了 CBG 重传，并且在 DCI 格式 1_1 的情况下该信息字段才会出现。
- PDSCH 组索引（0～1bit）。在非授权频谱中指示 PDSCH 组，并控制 HARQ 码本，具体参考第 19 章。
- 请求 PDSCH 组个数（0～1bit）。在非授权频谱中指示 HARQ 反馈仅包括当前 PDSCH 组还是也包括其他 PDSCH 组，具体参考第 19 章。
- 一次性 HARQ 请求（0～1bit）。在非授权频谱中，为所有载波和 PDSCH 组的 HARQ 进程激活一个 HARQ 反馈，具体参考第 19 章。
- 新反馈指示（0～2bit）。在非授权频谱中指示 gNB 是否收到 HARQ 反馈，具体参考第 19 章。

- 多天线相关信息（只有在 DCI 格式 1_1 下才会出现）：
  - 天线端口（4～6bit）。该信息字段指示数据传输所使用的天线端口，以及其他终端使用的天线端口，具体参考第 9 章和第 11 章。
  - TCI（传输配置指示，0 或 3bit）。该信息字段指示下行传输的 QCL 关系，具体参考第 12 章。
  - SRS 请求（2bit）。该信息字段指示探测参考信号传输请求，具体参考 8.3 节。
  - DM-RS 序列初始化（0 或 1bit）。该信息字段用来选择 2 个预配置的 DM-RS 序列初始值。

- PUCCH 相关信息：
  - PUCCH 功率控制（2bit）。该信息字段用来通知终端调整 PUCCH 发射功率。
  - PUCCH 资源指示（3bit）。该信息字段通知终端从一组配置的资源中选择 PUCCH 的传输资源，具体参考 10.2.7 节。

DCI 格式 1_0 还用于寻呼（与 P-RNTI 一起）、随机接入响应（与 RA-RNTI 或 msgB-RNTI 一起）、系统信息传递（与 SI-RNTI 一起）或 PDCCH 触发的随机接入过程（与 C-RNTI 一起）。在所有这些情况下，尽管 DCI 大小相同，但 DCI 内容（部分）与概述的内容不同

10.1.5　上行调度授权：DCI 格式 0_0、0_1 和 0_2

上行调度授权 DCI 分为 DCI 格式 0_1（非回退格式）和 DCI 格式 0_0（回退格式）。

需要回退和非回退两种格式的原因与下行的一致，即回退模式的使用场景：一是用在网络给终端配置一些特性，但是在 RRC 重配期间尚不确认终端配置是否生效；另一个应用场景是为了减小控制信令的开销，很多情况下对调度一些小报文的传输使用回退格式就足够了。在非回退格式下，信息字段出现与否与终端是否配置相应的特性有关。还有第三种用于上行链路调度的格式，格式 0_2，在 Release 16 中作为增强的 URLLC 支持的一部分引入。与下行链路类似，格式 0_2 基于格式 0_1，但在字段大小方面增加了灵活性，详情见第 20 章。

上行 DCI 格式 0_0 和下行 DCI 格式 1_0 两种 DCI 格式的长度，通过填充冗余比特对齐，这样可以减小盲解码的尝试次数。

不同 DCI 格式的部分信息字段的内容是相同的，参见表 10-3。但是随着终端能力的不同，有些内容是不同的。上行调度授权 DCI 格式的信息可以分成多个组，每个组内部的信息字段随着 DCI 格式不同而不同。上行调度授权的 DCI 格式 0_1 和 0_0 的内容描述如下：

- DCI 格式指示（1bit）。这个信息头指示了 DCI 是下行分配还是上行授权。
- DFI 标志（1bit）仅在非授权频谱中存在，用作报头以指示 DCI 是上行授权还是下行反馈信息（DFI）请求，如第 19 章所述。
- 资源信息，包括：
  - 载波指示（0 或 3bit）。当配置了跨载波调度之后，就需要这个信息字段来指示该 DCI 是针对哪个分量载波的。回退 DCI 格式 0_0 里不包含载波指示。
  - UL 或者 SUL 指示（0 或 1bit）。该信息字段用来指示该授权与一个 SUL 相关还是与一个普通上行传输相关，参考 7.7 节。该信息字段只有在网络通过系统信息配置了 SUL 的情况下才会出现。
  - 部分带宽指示（0 ~ 2bit），用于激活高层信令配置的 1 ~ 4 个部分带宽，在回退 DCI 格式 0_0 中不存在。

表 10-3　上行调度使用的 DCI 格式 0_0、0_1 和 0_2

信息字段		格式 0_0	格式 0_1	格式 0_2
格式指示	DCI 格式	·	·	·[16]
	DFI 标志		·[16]	
资源信息	载波指示		·	·[16]
	UL 或者 SUL 指示	·	·	·[16]
	BWP 指示		·	·[16]
	频域资源分配	·	·	·[16]
	时域资源分配	·	·	·[16]
	跳频标志	·	·	·[16]
	信道接入类型		·[16]	
	休眠指示		·[16]	
	调度偏移		·[16]	
	无效符号模式指示		·[16]	·[16]

（续）

信息字段		格式 0_0	格式 0_1	格式 0_2
传输块相关	MCS	•	•	•16
	NDI	•	•	•16
	RV	•	•	•16
	UL-SCH 指示		•	•16
	优先级		•16	•16
HARQ 相关	进程号	•	•	•16
	DAI		•	•16
	CBGTI			
多天线相关	DM-RS 序列初始化			•16
	天线端口			•16
	SRI			•16
	预编码信息			•16
	PT-RS 和 DM-RS 关联			•16
	SRS 请求			•16
	CSI 请求			•16
功率控制	PUSCH 功率控制	•	•	•16
	beta 偏移			
	功控参数集			•16

注：对于 Release 15 之后引入的字段，上标指示第一个支持这个字段的版本。

- ▪ 频域资源分配。这个信息字段指示在一个分量载波上为终端发送 PUSCH 所分配的资源块。这个信息字段的长度取决于部分带宽的大小、资源分配的类型（比如类型 0、类型 1 或者类型 0 和类型 1 之间动态切换，见 10.1.10 节）。回退格式 0_0 只支持资源分配类型 1，不需要支持其他的分配类型。
- ▪ 时域资源分配（0 ～ 6bit）。这个信息字段指示时域上的资源分配（见 10.1.11 节）。Release 16 最多支持 6bit，见第 20 章。
- ▪ 跳频标志（0 或 1bit）。这个信息字段指示在资源分配类型 1 的情况下，是否使用跳频。
- ▪ 信道接入类型和循环扩展（0 或 2bit）。用于非授权频谱中，以指示要使用的信道接入过程，参考第 19 章所述。
- ▪ 调度偏移指示（1bit）。用于控制以节能为目的的跨时隙调度，具体参考 14.5.3 节。
- ▪ 休眠指示（0 ～ 5bit）。参考 14.5.4 节关于小区休眠和节电的讨论。
- ▪ 无效符号模式指示（0 或 1bit）。用于支持增强 URLLC，参考第 20 章所述。
- ● 传输块相关信息：
  - ▪ MCS（5bit）。这个信息字段指示终端调制方式、编码速率和传输块大小，下文还会详细描述。

- NDI（1bit）。这个信息字段指示该授权是用于新传数据还是重传数据。为了更好利用非授权频谱，Release 16 允许一个 DCI 消息调度最多 8 个传输块，因此需要高达 8 个 bit 来为每个传输块提供新传指示，详见第 19 章描述。
- RV（2bit）。这个信息字段指示冗余版本。类似于 NDI，Release 16 中可以加长该信息字段以支持一条 DCI 消息调度多个传输块。
- UL-SCH 指示（1bit）。用来指示 PUSCH 是否承载来自 UL-SCH 的数据。如果没有承载数据，说明 PUSCH 仅仅承载 UCI 反馈。
- 优先级指示（0 或 1bit）。为了更好支持 URLLC，Release 16 引入该信息字段以指示上行传输的优先级。
- HARQ 相关信息：
  - HARQ 进程号（4bit）。这个信息字段指示终端此次传输应该使用哪个 HARQ 进程。
  - DAI（下行分配索引）。这个信息字段指示当 UCI 在 PUSCH 上传输的时候，HARQ 的码本信息。DCI 格式 0_0 不支持该信息字段。
  - CBGTI（CBG 传输信息，0、2、4 或 6bit）。这个信息字段指示重传码块组信息，具体参考 13.1 节。只有配置了 CBG 重传，并且在 DCI 格式 0_1 的情况下，该信息字段才会出现。
- 多天线相关信息（只有在 DCI 格式 0_1 下才会出现）：
  - DM-RS 序列初始化（1bit）。该信息字段用来选择 2 个预配置的 DM-RS 序列初始值。
  - 天线端口（2 ~ 5bit）。该信息字段指示数据传输所使用的天线端口，以及其他终端使用的天线端口，具体参考第 9 章和第 11 章。
  - SRS 资源指示（SRI）。该信息字段用以指示 PUSCH 发送使用的天线端口和发送波束，具体参考 11.3 节。该信息字段的长度取决于配置的 SRS 组的个数以及使用基于码本还是非码本的预编码。
  - 预编码信息（0 ~ 6bit）。该信息字段用来选择预编码矩阵 W 和基于码本的预编码层数，具体参考 11.3 节。bit 数取决于天线端口的数目以及终端支持的最大秩。
  - PT-RS 和 DM-RS 关联（0 或 2bit）。该信息字段指示 PT-RS 和 DM-RS 之间的关联。
  - SRS 请求（2bit）。该信息字段指示终端发送 SRS 信号，具体参考 8.3 节。
  - CSI 请求（0 ~ 6bit）。该信息字段指示终端发送 CSI 报告，具体参考 8.1 节。
- 功率控制相关信息：
  - PUSCH 功率控制（2bit）。该信息字段用于通知终端调整 PUSCH 发射功率。
  - beta 偏移（0 或 2bit）。在配置了动态 beta 偏移信令的时候，该信息字段用来控制在 PUSCH 上传输的 UCI 所占用的资源，仅用在 DCI 格式 0_1 上，具体参考 10.2.8 节。
  - 功控参数集（0 ~ 2bit）。用于上行抢占时增加 PUSCH 传输功率，具体参考第 20 章。

10.1.6 时隙格式指示：DCI 格式 2_0

DCI 格式 2_0 用来将时隙格式指示（Slot Format Indicator，SFI）通知终端，具体参考 7.8.3 节。该格式还用于非授权频谱中搜索空间切换和资源块集的可用性（见第 19 章）。SFI 通过 PDCCH 结构采用 SFI-RNTI（多个终端共享该 RNTI）来传输。为了帮助终端的盲解码，终端可以配置最多 2 个候选 PDCCH，只有在这些 PDCCH 上才会传输 SFI。

10.1.7 抢占指示：DCI 格式 2_1

DCI 格式 2_1 用于将抢占指示通知终端。抢占指示通过 PDCCH 结构采用 INT-RNTI（多个终端共享该 RNTI）来传输。抢占指示相关细节在 14.1.2 节中描述。

10.1.8 上行功率控制命令：DCI 格式 2_2

DCI 格式 2_2 用于将功率控制命令通知终端，作为下行调度分配和上行调度授权里功率控制命令的补充。引入 DCI 格式 2_2 的主要目的是支持半持续调度的功率控制。对于半持续调度，由于没有动态的调度分配或者调度授权，网络无法通过动态调度传递 PUCCH 或者 PUSCH 的功控信息。因此，NR 标准引入了另外一种功控机制：DCI 格式 2_2。功控消息可以针对一组终端，这组终端都使用相同的与该组相关的 RNTI，消息里面包含每一个终端的功率控制比特。DCI 格式 2_2 与 DCI 格式 0_0 或者 1_0 的大小相同，这样可以减小盲解码的复杂度并且可以承载多个终端的功控比特。每个终端都被配置一个 TPC 相关的 RNTI，可以从 DCI2_2 中，找到这个终端对应的功控比特[⊖]。

10.1.9 SRS 控制命令：DCI 格式 2_3

DCI 格式 2_3 用于将上行 SRS 传输的功率控制命令通知终端，该信令让 SRS 的功率控制和 PUSCH 功率控制解耦。DCI 格式 2_3 的结构和 2_2 的结构类似，不过每个终端可以配置最多 2bit 的 SRS 请求以及 2bit 的功率控制。DCI 格式 2_3 和 DCI 格式 0_0 或 1_0 的大小相同，这样可以减小盲解码的复杂度。

10.1.10 上行取消指示：DCI 格式 2_4

取消指示在 Release 16 中用作上行链路终端之间抢占的一部分，如第 20 章所述。它是使用 DCI 格式 2_4 和 CI-RNTI 以及常规的 PDCCH 结构传输的。

10.1.11 软资源指示：DCI 格式 2_5

DCI 格式 2_5 在 Release 16 中引入，以支持 IAB 功能。其目的是指示 IAB 节点中的接入链路是否有特定的时间资源可用，参见第 22 章。使用 DCI 格式 2_5 的消息使用 AI-RNTI。

⊖ TPC-PUCCH-RNTI 用于 PUCCH 功控，TPC-PUSCH-RNTI 用于 PUSCH 功控。

10.1.12　DRX 激活：DCI 格式 2_6

为了降低终端功耗，Release 16 引入了唤醒信号和进入小区休眠的机制，这两种机制都依赖于 DCI 格式 2_6 作为必要的控制信号。14.5 节描述了唤醒信号和小区休眠。

10.1.13　Sidelink 调度：DCI 格式 3_0 和 3_1

Sidelink 数据传输，即两个终端直接交换数据。如第 23 章所述，既可以由终端自主处理，也可以由网络调度。在后一种情况下，DCI 格式 3_0 用于 Sidelink 调度信息，详见第 23 章。NR 网络也可以调度 LTE Sidelink 传输，在这种情况下，使用 DCI 格式 3_1。如有必要，这两种 DCI 格式通过填充格式 3_1 对齐格式 3_0 大小。

10.1.14　指示频域资源的信令

为了指定用于发送或者接收的频域资源，DCI 里定义了两个信息字段：资源块分配字段以及部分带宽指示。

资源块分配字段指定了数据传输使用的激活部分带宽上的资源块。NR 标准定义了三种不同的资源块分配方式，即类型 0、类型 1 和类型 2。前两种类型都是从 LTE 的设计中继承过来的，仅仅做少许修改[⊖]。LTE 的资源块分配是针对一个载波上的资源块进行分配，而 NR 是针对激活的部分带宽。Release 16 增加了第三种分配方式（类型 2），支持上行链路中交织的资源分配，请参见第 19 章以获取交织和相关的资源分配机制的描述。

类型 0 是一种基于位图进行分配的模式。当位图的长度和部分带宽上的资源块数目相同的时候，类型 0 就是最灵活的资源分配指示方式。这种位图模式允许网络以任意方式调度频域资源，但是这也就意味着在大带宽的配置下需要非常大的位图。比如一个部分带宽包含 100 个资源块，这样 PDCCH 需要承载 100bit 的位图。考虑到 DCI 还包含其他相关信息，这样不但会导致非常大的控制信令开销，而且会导致下行覆盖受限（一个 OFDM 符号上承载 100bit 等效于 15kHz 子载波间隔下数据速率达到 1.4Mbit/s，或者在更大的子载波间隔配置下更高的速率）。因此需要压缩位图的大小，同时又保持一定的资源分配灵活性。这是通过位图中每个比特指示的不是单独的一个资源块，而是一组连续的资源块来达到的。如图 10-10 上半部分所示，每个资源块组的大小是由部分带宽的大小来决定的。对每种部分带宽都可以有两种不同的配置，每种配置会导致不同的资源块组大小。

图 10-10　资源块分配类型 0 和类型 1 的图示（示例使用的部分带宽包含 25 个资源块）

⊖　在 LTE 中分别被称为资源分配类型 0 和类型 2。

资源块分配类型 1 不依赖于位图，相反，类型 1 将分配的资源块通过起始位置和长度来描述。因此这种类型也就不支持任意种类的资源块分配，而只能支持频域连续的分配方式，这样就可以减小资源分配的信令开销。

综上所述，资源分配的机制有四种：类型 0、类型 1、类型 2 以及在 DCI 中动态选择类型 0 或类型 1。回退 DCI 仅仅支持类型 1，因为对回退模式而言，较小的开销远比配置非连续资源的灵活性更为重要。

两种资源分配类型都是针对虚拟资源块（具体参考 7.3 节关于资源块类型的讨论）来进行分配。对于资源分配类型 0，VRB 到 PRB 的映射采用非交织映射，意味着 VRB 直接映射到对应的 PRB 上。而对于资源分配类型 1，VRB 到 PRB 的映射可以采用交织映射或者非交织映射。DCI 信令中通过 VRB 到 PRB 映射比特（如果存在，仅仅用在下行调度）来指示分配的信令究竟采用交织还是非交织映射。上行仅使用非交织映射。

回到部分带宽指示，这个信息字段用来切换激活部分带宽。这既可以指向当前激活部分带宽，也可以指向并激活其他部分带宽。当指向当前激活部分带宽的时候，这个 DCI 字段解释为资源分配应用于当前部分带宽。

但是如果部分带宽指示指向非激活部分带宽，情况会略微复杂。一般网络会为每个部分带宽配置传输参数，这样 DCI 的净荷长度在不同的部分带宽上也有可能不一样，比如每个部分带宽的频域大小不同，频域资源分配的比特数也会不一样长。而终端进行盲检的时候，会根据当前的激活部分带宽对应的 DCI 长度，而不是根据 DCI 指示的新部分带宽（此时终端还不知道新的部分带宽）对应的 DCI 长度。如果协议强制要求终端对每个部分带宽对应的 DCI 长度分别进行盲检，会给终端引入很大的复杂度。因此从当前激活部分带宽上获得的 DCI 信息必须"转换"到新的部分带宽上。这种转换不仅面临长度的变化，还包括一些新的传输参数，比如 TCI 状态就是针对每个部分带宽配置的。转换是通过对 DCI 信息字段填充或者打孔来匹配目标部分带宽的需求。通过转换，DCI 中指示的新的部分带宽会成为新的激活部分带宽，该调度授权也会用于新的部分带宽。在终端"3+1"DCI 长度预算不够用的情况下，类似转换方法也用于转换 DCI 格式 0_0 和 1_0。

10.1.15 指示时域资源的信令

DCI 动态指定发送或者接收的时域资源。DCI 可以指定一个时隙的一部分用于下行接收或者上行发送，而且这种时域资源的分配在不同时隙上可变，这就非常好地支持了动态 TDD（会导致下行或者上行传输只使用时隙的一部分，并且这种上下行分配在每个时隙都是变化的）或者上行控制信令使用的资源。此外，究竟在哪个时隙传输也在时域资源分配信令中指示，对于下行传输，信令和数据传输通常发生在同一个时隙。但是对于上行传输，信令和数据传输往往发生在不同的时隙。

最简单的指示方法是分别指示时隙号、起始 OFDM 符号以及使用的 OFDM 符号数目。但是这样可能导致大量无谓的开销。NR 标准采用基于可配表格的方法，在 DCI 中，时域资源分配对应的信息字段仅仅是这个表格的索引。网络提前通过 RRC 信令来配置时域资源分配的表格，具体参考图 10-11。

对于上行调度授权和下行调度分配，各自有一张表。每张表最多可以配置 16 行（在后续版本中会增加到 64 行），每一行包括：

- 时隙偏移：也就是分配的时隙和 DCI 所在的时隙之间的偏移。对于下行，时隙偏移可以是 0 ～ 3 之间的任意数，而对于上行可以是 0 ～ 7 之间的任意数。之所以上行的范围定义得那么大，主要是考虑上行传输调度未来需要与 LTE TDD 系统共存。
- 起始 OFDM：数据传输在一个时隙内使用的第一个 OFDM 符号。
- 时隙中的传输时长（以 OFDM 符号长度计）：不是所有的起始 OFDM 符号和持续长度的组合都可以放在一个完整的时隙里面。比如从 OFDM 符号 12 开始并持续 5 个 OFDM 符号，显然超出了一个时隙的边界，这就是一个无效的组合。因此，NR 标准要求起始 OFDM 和长度联合编码，以保证有效的组合（在图 10-11 中，两者分为两列显示是为了举例说明这个问题）。
- 对于下行，表格中 PDSCH 映射类型这一项用来标明 DM-RS 的位置，具体参考 9.11 节。相比于单独指示映射类型，这种方式提供了更大的灵活性。

图 10-11　时域资源分配信令（下行）

NR 允许配置时隙聚合，也就是说一个传输可以在最多 8 个时隙上重复相同的传输块，但这不是利用基于表格的动态信令来指示的，而是通过一条单独的 RRC 信令来配置的。时隙聚合主要用来解决覆盖受限的问题，因此对动态调整的需求比较低。

在 Release 16 中，可以在表中配置其他列以提供更多的信息。例如，当在非授权频谱中运行时，从表中额外的列中就可以获得调度的连续传输块的数量，参见 19.6.4 节。类似地，为了更好地支持 URLLC，如第 20 章所述，表中额外配置一列，指示传输应重复的次数。因此，与 Release 15 不同，Release 16 实际上可以通过动态地配置时域资源分配表来指示时隙聚合，即重复次数。

这里描述的可配置表格产生了一个非常灵活的框架。通过配置适当的表格，几乎可以支持任何场景和调度策略。然而，这也导致了鸡和蛋的问题，即需要配置表下行链路数据传输来传送 RRC 信令，但是要在下行链路中传输数据又必须先提供表格。因为系统消息的传输和用户数据的传输都使用 PDSCH，如果没有提供表格，终端甚至不可能接收系统信息。为了解决这个问题，NR 标准提供了默认的时域分配表，如果没有配置表格则使用默认表格。这些表格的条目适应用于系统信息传递的常见场景和一些用于用户数据传输的典型分配，详见第 16 章。在向终端提供必要的表配置之前，可以使用这些默认表。在许多情况下，默认表就足够了，在这种情况下就不需要再配置其他表格。

10.1.16 指示传输块大小的信令

为了正确接收下行传输，除了需要知道使用的资源块，终端还需要知道传输使用的调制方式和传输块大小。这些信息是通过 5bit 的 MCS 字段来隐式提供的。从原理上来说，NR 标准采用了和 LTE 类似的方法，也就是用一个表格来描述传输块大小，终端需要通过 MCS 以及分配的资源块来查表得到正确的传输块大小。但是 NR 需要支持更大的带宽，更宽范围的传输持续时间，以及更多种的开销（依赖于其他配置的特性，比如 CSI-RS）。这些都会导致需要更大的表格来处理大范围变化的传输块长度，从而导致 NR 需要修改 LTE 的传输块大小描述方法。NR 使用基于公式的方法和基于表格的方法，联合定义传输块大小以获得更大的灵活性，而不是单纯使用基于表格的方法。

具体来说，第一步是通过 MCS 字段来决定调制方式和编码速率。这是通过两个表格中的一个来确定的。当没有配置 256QAM 的时候，采用其中一个表格，而当网络为终端配置了 256QAM 的时候，就采用另外一个表格。5bit 的 MCS 字段可以指示 32 种可能，在未配置 256QAM 的情况下，其中 29 种用来将调制和编码方式通知终端，3 种预留给未来使用（预留的目的后续描述）。可使用的 29 种调制和编码方式，每个都对应一种调制方式和编码速率的组合。该组合本质上是传输的频谱效率（一般通过每个调制符号所承载的信息比特数来描述），协议支持的频谱效率的动态范围大致为 0.2 ～ 5.5bit/s/Hz。如果终端配置了 256QAM，总共 32 个组合中有 4 种预留，其余 28 种标明频谱效率为 0.2 ～ 7.4bit/s/Hz。还有一个替代表提供较低的频谱效率值，范围为 0.0586 ～ 4.5234bit/s/Hz。乍一看，降低频谱效率似乎很奇怪，但这样做是为了提高鲁棒性和降低错误概率，以便更好地支持高可靠性要求的信息。是使用一般的表格还是更鲁棒的表由调度终端的 RNTI 决定，C-RNTI 表示使用常规表，MCS-C-RNTI（如果配置）表示使用更鲁棒的表。

上述的查表映射和 LTE 是基本一致的。但是为了获得更灵活的方式，下面的操作和

LTE 就不同了。

　　针对给定的调制方式、调度资源块个数以及调度的传输持续时间，就可以计算出可以使用的资源单元个数。DM-RS 所占用的资源单元需要刨除出去，同样 RRC 信令配置的开销比如 CSI-RS 和 SRS 信令也同样需要刨除。剩余可以用于数据传输的资源单元，再结合可用的传输层数、调制方式以及从 MCS 中获取的编码速率就可以得到支持的信息比特。这个信息比特的数字会被量化以获得最终的传输块大小，同时保证码块的字节对齐，而且在 LDPC 编码的时候不需要比特填充。即使多次传输对应的分配的资源数量有小的波动，量化操作依然会选择相同的传输块大小。这在调度重传和初传使用不同的资源集的时候是有意义的。

　　本节一开始描述了 MCS 会预留 3 种或者 4 种调制和编码方式组合。这些预留用于指示重传。当重传的时候，传输块大小是不会发生变化的，所以并不需要通过信令来通知终端。而预留的 3 种或者 4 种调制和编码方式实质上就对应了不同的调制方式：QPSK、16QAM、64QAM 和 256QAM（如果配置的话）。这样调度器就可以在重传的时候使用任意的调制方式。显然这里假设终端已经正确接收到了初传的控制信令，如果没有正确收到初传的信令，重传的调度依然需要显式指示传输块的大小。

　　通过 MCS 获取传输块大小以及调度资源块数量的方法如图 10-12 所示。

图 10-12　计算传输块大小

10.2　上行

　　与 LTE 类似，NR 标准也需要定义上行 L1/L2 控制信令来辅助上下行数据在传输信道上传输。上行 L1/L2 控制信令包括：

- 对接收的 DL-SCH 传输块进行 HARQ 确认。
- 信道状态信息（CSI）。用来描述下行信道状态，以辅助网络下行调度以及多天线和波束赋形处理。

● 调度请求。用来指示需要上行资源进行 UL-SCH 传输。

NR 标准的上行传输信令中没有包含 UL-SCH 传输格式信息。正如 6.4.4 节所述，gNB 完全控制 UL-SCH 的传输，终端会始终按照网络的调度授权（包括其中指示的上行 UL-SCH 传输格式）来进行上行传输。因此网络提前知道 UL-SCH 使用的传输格式，不再需要额外的传输格式信息。

物理上行控制信道（Physical Uplink Control CHannel，PUCCH）用来承载上行控制信令。原则上，不论终端有没有在 PUSCH 上传输数据，UCI 可以同时在 PUCCH 上传输。但是，需要特别注意，当 PUCCH 和 PUSCH 在同一个上行载波上发送（或者更准确地说使用同一个功放）且在频域上相互分开的时候，终端可能需要一个较大的功率回退来满足频谱发射要求，这会直接影响上行覆盖。因此 NR 采用了和 LTE 类似的方法，允许 UCI 在 PUSCH 上传输，并将这种传输作为处理信令和数据同时传输的基线。当终端在传输 PUSCH 的时候，UCI 会和数据复用在授权的上行资源上，而不是使用 PUCCH 传输。NR 标准 Release 15 不支持 PUSCH 和 PUCCH 同时发送，但在后续版本可能会引入。

PUCCH 可以支持波束赋形，这是通过在空域上配置 PUCCH 和下行信号（诸如 CSI-RS 或者 SSB）的一个或者多个关联关系来完成的。从本质上来说，这种关联关系就意味着 PUCCH 可以使用接收下行关联信号的波束来进行上行发送。比如网络配置 PUCCH 和 SSB 相互关联，终端就可以选择接收 SSB 所使用的波束进行 PUCCH 发送。网络可以配置多个空域关联关系，并通过 MAC 控制信元来指示当前应使用哪个关联关系。

对于载波聚合，基线设计是让上行控制信息通过主小区进行传输。这主要是考虑载波聚合是非对称设计，终端一般支持的上行载波数目和下行载波数目并不一定是一致的。终端支持下行载波聚合的原因多种多样，但是上行载波聚合并不常见。通常下行流量较大，而上行载波聚合的实现比下行载波聚合更为复杂。因此，对于配置了多个下行分量载波的情况，一个上行载波可能需要承载许多 ACK/NACK，即使是支持上行载波聚合的终端。为了避免对单个载波造成过载，可以配置两个 PUCCH 组（PUCCH group），这样第一个组对应的反馈就会在主小区（PCell）上传输，而第二个组对应的反馈则会在 PUCCH-SCell 传输，具体可参考图 10-13。

图 10-13　多个 PUCCH 组

接下来的章节中会详细描述 PUCCH 基本结构以及 PUCCH 控制信令，同时还会介绍 PUSCH 上传输的控制信令。

10.2.1　PUCCH 基本结构

PUCCH 上承载的上行控制信息有多种格式。

格式 0 和格式 2（有时候称为短 PUCCH 格式）最多占用 2 个 OFDM 符号。在很多情况下，一个时隙的最后一个或者两个 OFDM 符号会被用来传输 PUCCH，比如传输下行数据传输的 HARQ 确认。短 PUCCH 格式包括：

- PUCCH 格式 0：最多传输 2bit，占据 1 个或者 2 个 OFDM 符号。一般用来承载下行数据传输的 HARQ 确认或者发送上行调度请求。
- PUCCH 格式 2：可以传输超过 2bit，占据 1 个或者 2 个 OFDM 符号。这个格式可以承载 CSI 上报，或者载波聚合情况下以及 CBG 重传情况下的多比特 HARQ 确认。

另外 3 个 PUCCH 格式，即格式 1、格式 3 和格式 4（有时称为长 PUCCH 格式），可以占用 4 ~ 14 个 OFDM 符号。NR 设计长 PUCCH 格式主要是考虑覆盖。如果 1 个或者 2 个 OFDM 符号的传输时长不能积累足够的能量，提供更长时间的 PUCCH 传输有助于提升覆盖距离。长 PUCCH 格式包括：

- PUCCH 格式 1：最多可以传输 2bit。
- PUCCH 格式 3 和 4：可以传输超过 2bit 的信息。格式 3 和 4 的区别在于复用的能力，也就是多少终端可以在相同的时频资源上同时传输 PUCCH。

因为 PUSCH 上行传输可以配置为 OFDM 传输或者 DFT 预编码 OFDM 传输，很自然会想到 PUCCH 是否也需要配置两种传输模式，但是为了减少选项，NR 标准并没有像 PUSCH 那样设计 PUCCH。PUCCH 的传输格式更多考虑如何实现更低的立方度量。但格式 2 是特例，格式 2 只支持 OFDM 传输。为了降低复杂度，PUCCH 仅支持协议透明的发射分集模式。也就是说，协议仅仅为 PUCCH 定义单个天线端口，如果终端配置多个传输天线，则由终端自行决定怎么利用多根天线，比如可以使用延时分集。

PUCCH 格式中的格式 0、1、2 和 3，也可用于交织资源映射，其传输分布在大量资源块上。如第 19 章所述，出于监管原因，这用于非授权频谱。

在下面的章节中，会在假设非交织映射的情况下，详细描述 PUCCH 格式。通过描述非交织映射，第 19 章可以非常方便地描述交织映射。

10.2.2　PUCCH 格式 0

PUCCH 格式 0 属于短 PUCCH 格式的一种，如图 10-14 所示。PUCCH 格式 0 最多可传输 2bit。一般用于传输 HARQ 确认信息或者调度请求。

序列选择是 PUCCH 格式 0 的基础。如果 PUCCH 格式 0 直接传输几个信息比特，网络通过相干接收获得的增益会非常有限。此外将信息比特和参考信号复用在一个 OFDM 符号内就无法保持非常低的立方度量。因此 NR 标准定义了一种不同的结构，即根据信息比特来选择传输使用的序列。传输的序列是对一个长度为 12 的基序列（该基序列和 DFT 预编码 OFDM 中生成参考信号的基序列是相同的，详见 9.11.2 节），根据信息比特来进行不同的相位旋转。因此基序列经过的相位旋转就承载了传输的信息。换句话说，就是传输的信息选择不同相位旋转的基序列。

图 10-14　PUCCH 格式 0 示例

一共有 12 个不同的相位旋转，也就是在基序列的基础上，提供了最多 12 个正交的序列。频域的线性相位旋转等效于时域上进行循环移位，因此有时候也用循环移位来描述。

为了最大化性能，相位旋转在 1bit 传输的情况下以为 $2\pi \cdot 6/12$ 单位，或者在 2bit 传输的情况下以 $2\pi \cdot 3/12$ 为单位。如果同时传输调度请求，对一个确认比特，相位旋转增加 $3\pi/12$，对两个确认比特，相位旋转增加 $2\pi/12$，如图 10-15 所示。

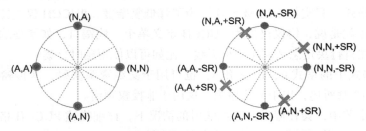

图 10-15　依照 HARQ 确认和调度请求进行相位旋转的示例

一个特定 OFDM 符号上承载的 PUCCH 格式 0 信号的相位旋转，不仅取决于传输的信息，还依赖参考旋转（由 PUCCH 资源分配机制提供，详见 10.2.7 节）。参考旋转的引入是为了复用多个终端同时在相同的时频资源上传输。比如两个终端同时发送一个 HARQ 确认时，可以通过参考相位旋转来区分用户，一个终端可以使用 0 和 $2\pi \cdot 6/12$，而另一个终端使用 $2\pi \cdot 3/12$ 和 $2\pi \cdot 9/12$。最后，通过循环移位跳变的方式为不同的时隙加入不同的相位偏移，引入的偏移是由伪随机序列定义的，背后的原因是这样能够将不同终端的干扰随机化。

PUCCH 格式 0 使用的基序列是通过系统消息提供的标识为每个小区独立配置的。除此之外，序列跳变（sequence hopping）通过时隙间的变化可以随机化不同小区间的干扰。

PUCCH 格式 0 使用随机化操作来白化干扰。

PUCCH 格式 0 一般在一个时隙的尾部发送，如图 10-14 所示。但是实际上 PUCCH 格式 0 可以在一个时隙的其他位置发送：

- 一个例子是用 PUCCH 格式 0 承载频繁的调度请求，网络最多可以每 2 个 OFDM 符号就配置一个 PUCCH 格式 0。
- 另一个例子是用 PUCCH 格式 0 承载频繁的下行 HARQ 确认。比如下行 HARQ 数据传输承载在高频载波上，而下行 HARQ 确认信令通过载波聚合或者 SUL 在中低频载波上发送。此时，如果系统希望获得低时延，需要在下行时隙结束后尽快让终端反馈 HARQ 确认。而由于上下行子载波间隔不一致，下行时隙的尾部并不一定对应上行时隙的尾部。这种情况则需要网络配置 PUCCH 格式 0 在上行时隙的其他位置发送。

当使用两个 OFDM 符号承载 PUCCH 格式 0 时，终端需要在两个符号上传输相同的信息。但是参考相位旋转以及频域资源在符号间会发生变化，本质上就是一种跳频机制。

10.2.3　PUCCH 格式 1

PUCCH 格式 1 将 PUCCH 格式 0 扩展为长 PUCCH。PUCCH 格式 1 依然最多只能传输 2bit，但是可以使用 4 ～ 14 个 OFDM 符号，每个 OFDM 符号占用一个频域资源块。PUCCH 格式 1 所使用的 OFDM 符号被划分为承载控制信息的 OFDM 符号以及承载参考信号的 OFDM 符号，这样网络就可以进行相干解调。具体分配多少 OFDM 符号用于承载控制信息，多少 OFDM 符号用于承载参考信号，实质上是寻找信道估计精度和信息能量的平衡。研究发现大致一半的 OFDM 符号用于承载参考信号对 PUCCH 格式 1 解码是一个比较好的方案。

一个或两个信息比特可以分别使用 BPSK 或者 QPSK 调制方式，然后调制信号和一个长度为 12 的低 PAPR 序列（与 PUCCH 格式 0 类似）相乘。与 PUCCH 格式 0 相同，PUCCH 格式 1 也使用序列的循环移位跳变来随机化干扰。PUCCH 格式 1 还利用一个正交 DFT 码（长度为承载控制信息的 OFDM 符号数目）对长度为 12 的调制序列进行时域上的块扩展。这种在时域上使用正交码的操作提高了系统复用的能力，这样多个终端即便使用相同的基序列和相位旋转，依然可以通过不同的正交码来复用相同的时频资源。

参考信号也是依照与信息比特类似的结构插入，也就是说长度为 12 的未调制序列通过一个正交序列进行块扩展，然后映射到参考信号对应的 OFDM 符号上。因此正交码的长度以及循环移位的长度共同决定了可以复用相同资源传输 PUCCH 格式 1 的终端数目。如图 10-16 所示，共有 9 个 OFDM 符号用于 PUCCH 传输，其中 4 个 OFDM 符号承载控制信息，而另外 5 个 OFDM 符号承载参考信号。因此最多 4 个终端（4 是由承载信息的正交码长度决定的，该正交码长度小于承载参考信号的正交码长度）可以共享相同的基序列以及循环移位。在这个例子中，假设小区级基序列已定，并且从 12 个可能的循环移位中选择 6 个（只选择 6 个是为了对抗时延扩展）来进一步区分用户，这样最多可以支持 24 个终端共享一个时频资源来传输 PUCCH。

图 10-16   PUCCH 格式 1 示例, 无跳频 (上) 和有跳频 (下)

相比短 PUCCH 格式, 更长的 PUCCH 格式的传输持续时间可以获得跳频的可能性, 以获得与 LTE 类似的频率分集的增益。但是 LTE 的跳频总是在载波带宽的两侧跳变, 并且因为 LTE 中使用两个时隙的 PUCCH 传输, 所以跳频总是在时隙的边界发生。NR 和 LTE 相比需要更大的灵活性, 这主要是因为: PUCCH 的传输持续时间是可以随着系统配置以及调度决策的变化而灵活变化的。此外, PUCCH 的传输只能在终端对应的激活部分带宽内, 因此跳频不是像 LTE 那样在整个载波带宽的边缘发生。因此跳频与否由 PUCCH 资源配置决定。跳频的频域位置由 PUCCH 的长度决定。如果允许跳频, 每一跳都会使用一个正交的块扩展序列。如图 10-16 所示, 如果未配置跳频, 则使用一组序列, 包含长度为 4 和长度为 5 的正交序列 (对应承载信息的 OFDM 符号数和承载参考信号的 OFDM 符号数)。而如果配置跳频, 则配置两组序列: 一组包含长度为 2 和长度为 2 的正交序列用于第一跳, 另一组包含长度为 2 和长度为 3 的正交序列用于第二跳。

10.2.4   PUCCH 格式 2

PUCCH 格式 2 是一种基于 OFDM 的短 PUCCH 格式, 但能传输超过 2bit 的信息。比如通过 PUCCH 同时传输 CSI 报告和 HARQ 确认, 或者传输多个 HARQ 确认。当然, PUCCH 格式 2 也可以通过联合编码承载调度请求。如果需要编码的比特数太多, CSI 报告会被丢弃，因为 HARQ 确认信息对系统来说更加重要。

　　PUCCH 格式 2 的整体传输结构非常简单。由于较大的净荷长度，会添加 CRC。如果控制信息（添加 CRC 后）最多只有 11bit，终端会使用 Reed-Muller 码进行编码，如果超过 11bit，会使用极化码[⊖]进行编码。然后对编码比特进行加扰和 QPSK 调制。扰码序列基于终端标识（C-RNTI）和物理层小区标识（或者一个可配置的虚拟小区标识）生成。这样就可以保证小区间以及使用相同时频资源的用户间干扰随机化。QPSK 符号会映射到 1 个或者 2 个 OFDM 符号的多个资源块的子载波上。一个伪随机 QPSK 序列会映射到每个 OFDM 符号的每 3 个子载波中的一个，用来为基站相干接收提供解调参考信号。

　　PUCCH 格式 2 所使用的资源块的个数是由净荷大小以及一个可配的最大编码速率决定的。如果净荷较小，则使用的资源块个数也较少，这样就可以保持有效编码速率基本恒定。可以使用的资源块个数的上限也是可配的。

　　PUCCH 格式 2 一般在一个时隙的末尾传输，如图 10-17 所示。但是和 PUCCH 格式 0 类似，PUCCH 格式 2 也有可能在时隙的其他位置传输。

图 10-17　PUCCH 格式 2 示例（CRC 只有在较大净荷的情况下才会添加）

10.2.5　PUCCH 格式 3

　　PUCCH 格式 3 可以看成将 PUCCH 格式 2 扩展为长 PUCCH 格式。PUCCH 格式 3 能传输超过 2bit 的信息，会占用 4 ～ 14 个 OFDM 符号，每个符号都可以使用多个资源块。因此

　　⊖　极化码编码也用于 DCI，但是极化码编码的细节和 UCI 略有不同。

格式 3 是所有 PUCCH 中净荷承载容量最大的格式。与 PUCCH 格式 1 类似，OFDM 符号被分为两组，一组只承载控制信息，一组只承载参考信号，这样可以保证较低的立方度量。

对于 11bit 或者以下的净荷，PUCCH 格式 3 会使用 Reed-Muller 编码，而对于 11bit 以上的净荷会使用极化码。编码后紧跟着加扰和调制，其中扰码序列基于终端标识（C-RNTI）和物理层小区标识（或者一个可配置的虚拟小区标识）生成。这样就可以保证小区间以及使用相同时频资源的用户间的干扰随机化。与 PUCCH 格式 2 相似，由于控制信息净荷较大，会添加 CRC。调制使用 QPSK，不过也可以配置为 π/2-BPSK 来进一步降低立方度量，当然这是以降低链路性能为代价的。

调制符号会映射到若干 OFDM 符号上，然后使用 DFT 预编码来降低立方度量、提高功放效率。参考信号序列的生成方式与基于 DFT 预编码的 PUSCH 传输一致（见 9.11.2 节），也很好地考虑了立方度量的问题。

PUCCH 格式 3 可以配置跳频来获得频率分集增益，如图 10-18 所示。当然也可以不配置跳频。参考信号占用的 OFDM 符号位置取决于是否使用跳频以及 PUCCH 传输持续时间，因为在每一跳必须配置至少一个 OFDM 符号承载参考信号。当然也可以配置更多的 OFDM 符号承载参考信号，比如每跳配置两个 OFDM 符号承载参考信号。

图 10-18   PUCCH 格式 3 示例（CRC 只有在净荷较大的情况下才会添加）

在映射 UCI 的时候，对于一些比较关键的信息，即 HARQ 确认、调度请求以及 CSI part 1，都会联合编码并且映射到靠近 DM-RS 的 OFDM 符号上。对于一些不太关键的信息则映射到剩余的 OFDM 符号上。

10.2.6　PUCCH 格式 4

PUCCH 格式 4（见图 10-19）和 PUCCH 格式 3 基本一致，只是支持码分复用，以方便不同终端复用相同的资源。同时 PUCCH 格式 4 在频域上最多支持一个资源块。每个承载控制信息的 OFDM 符号可以承载 $12/N_{SF}$ 个独立的调制符号。在 DFT 预编码之前，每个调制符号都需要通过一个长度为 N_{SF} 的正交序列进行块扩展。扩展系数可以是 2 或者 4，或者说支持 2 个或 4 个终端码分复用相同资源块。

图 10-19　PUCCH 格式 4 示例

10.2.7　PUCCH 传输使用的资源和参数

上文讨论了各种不同的 PUCCH 格式，涉及一组相关的参数。比如传输信号映射到哪些资源块、PUCCH 格式 0 的初始相位旋转、是否使用跳频以及 PUCCH 传输使用的 OFDM

符号数目。除此之外终端还需要知道应该使用哪些 PUCCH 格式以及对应的时频资源。

LTE（尤其是第一个版本）的上行控制信息、PUCCH 格式和传输参数基本固定。比如 LTE PUCCH 格式 1a/1b 用于 HARQ 确认，并且对应的时、频、码资源也相对固定，PUCCH 格式 1a/1b 的传输时间和对应的下行调度分配之间有一个固定的时间间隔。这确实是一个不太灵活的方案，不过也是一个低开销的方案。因此 LTE 的后期版本（比如针对载波聚合和其他高级的特性）也对 PUCCH 的设计进行了扩展，带来更多灵活性。

NR 标准从第一个版本就支持较为灵活的机制，这样才能够满足不同业务对时延、频谱效率、动态 TDD、不同终端载波聚合能力以及不同天线配置带来的不同反馈数目的需求。而灵活机制的核心设计就是引入了 PUCCH 资源集（PUCCH resource set）的概念。一个 PUCCH 资源集包含一个或多个 PUCCH 资源配置，每个资源配置包含了所使用的 PUCCH 格式，以及该格式对应的所有参数。第一个 PUCCH 资源集包含最多 32 个 PUCCH 资源，其余的 PUCCH 资源集每个最多包含 8 个 PUCCH 资源。最多可以配置 4 个 PUCCH 资源集，每个资源集都对应一定范围的 UCI 比特数。比如 PUCCH 资源集 0 可以处理最多包含 2bit 的 UCI 净荷，因此包含 PUCCH 格式 0 和格式 1；而其他 PUCCH 资源集则针对除了 PUCCH 格式 0 和格式 1 之外的其他格式。

当一个终端需要发送 UCI 的时候，首先根据 UCI 的净荷长度选择 PUCCH 资源集。同时 DCI 中的 PUCCH 资源指示确定使用 PUCCH 资源集中的哪个 PUCCH 资源配置（见图 10-20）。因此调度器可以控制上行控制信息所使用的时频资源。对于第一个资源集，包含最多 32 个资源，比 3bit PUCCH 资源指示所能指示的资源要多。对于这种情况，用于调度上行的 PDCCH 的第一个 CCE 的索引和 PUCCH 资源指示联合确定资源集中的 PUCCH 资源⊖。对周期性 CSI 上报以及调度请求机会都是通过半静态配置来选择 PUCCH 资源，PUCCH 资源本身作为 CSI 或者调度请求配置的一部分被提供。

10.2.8　通过 PUSCH 传输的上行控制信令

当终端通过 PUSCH 传输上行数据，或者说网络授权终端进行上行传输的时候，控制信令原则上依然可以同时通过 PUCCH 发送。但如上所述，这种情况下更倾向于复用 PUSCH 来传输数据和控制信令，而避免 PUSCH 和 PUCCH 同时发送。这样做可以为 DFT 预编码的上行传输降低立方度量，同时由于不会同时发送频域上分散的 PUSCH 和 PUCCH，射频指标诸如带外发射等更容易实现。因此 NR 标准采取了和 LTE 类似的方法，当有 PUSCH 传输的时候，UCI 会通过 PUSCH 发送。这个原则适用于上行 OFDM 传输机制和 DFT 预编码 OFDM 传输机制。

只有 HARQ 确认和 CSI 上报会被复用到 PUSCH 上。由于终端已经被调度了，因此就没有必要再发送调度授权请求。在这个时候，终端应该上报缓存状态报告，参见 14.2.3 节。

⊖　因此，通过配置 0bit PUCCH 资源指示的 DCI 格式 1_1，就隐含模仿了 LTE 的 PUCCH 资源分配机制。

原则上说，基站知道什么时候终端会反馈 HARQ 确认，这样就可以正确地对 PUSCH 上承载的 HARQ 确认和数据解复用。但是终端有一定的概率会丢失下行调度分配，在这种情况下基站期望 HARQ 确认而终端并没有发送。如果速率匹配模式依赖于是否有确认发送，那么这个情况下整个数据部分编码比特都会受到影响，可能导致 UL-SCH 解码失败。

图 10-20　PUCCH 资源集示例

一种避免这种错误的方法就是将编码后的 UL-SCH 流打孔加入 HARQ 确认，这样不管终端有没有加入 HARQ 确认，那些没有打孔的比特都不会受到影响，LTE 就采用这种方法。但是如果有大量的 HARQ 确认比特（由于比如载波聚合并且使用码块组重传机制），过多的打孔并不是一个很好的方案。因此 NR 标准限制为最多 2 个 HARQ 确认比特进行打孔。如果需要更多的比特，则会使用上行数据速率匹配的方式。为了避免上述错误，会通过 DCI 中的 DAI 信息字段来指示预留给上行 HARQ 的资源。这样不管是否丢失了之前的调度分配，终端都知道用于上行 HARQ 反馈的资源。

承载关键比特的 UCI（即 HARQ 确认）会映射到第一个解调参考信号后的第一个 OFDM 符号，而那些不太关键的比特的 UCI（即 CSI 报告）会映射到后续的 OFDM 符号。

不同于数据传输通过速率匹配来适配不同的空口信道，L1/L2 的控制信令不能进行速率匹配。功率控制可以在某种程度上作为匹配空口信道的选项，但是会导致时域上快速的功率波动，这样对射频特性会有负面影响。因此发射功率在 PUSCH 传输期间保持恒定，而网络通过调整分配给 L1/L2 控制信令的资源单元（也就是控制信令的编码速率）来适配不同的空口信道。除了通过半静态参数外，网络还可以通过 DCI 信令来指示提供给 UCI 传输的 PUSCH 资源。

第 11 章

多天线传输

多天线传输是 NR 标准的一项关键技术，特别对部署在高频点的 NR 格外重要。本章先描述多天线传输的背景知识，然后再详细介绍 NR 中采用的多天线预编码技术。

11.1 简介

在收发端采用多天线技术会给移动通信系统带来诸多好处：

- 因为天线间存在一定距离或者处在不同的极化方向上，所以不同天线经过的信道不完全相关。在发送端或者接收端使用多天线可以提供分集增益，对抗信道衰落。
- 通过调整发送端每个天线单元的相位乃至幅度，可以使发送信号存在特定的指向性，也就是将所有的发送能量集中在特定的方向（波束赋形）或者空间的特定位置。因为接收端所处位置得到了更多的发送能量，所以这种指向性可以提高传输速率以及传输距离。指向性还能够降低干扰，从而整体提高频谱效率。
- 与发射天线类似，接收天线也可以利用接收端指向性，把对特定信号的接收聚焦在信号对应的方向，从而降低来自其他方向的干扰信号的影响。
- 最后，接收机和发射机上的多天线，可以采用空分复用技术。也就是在相同的时频资源上并行传输多层的数据流。

在 LTE 中，多天线接收、发射被用于获得分集增益、指向性增益，以及空分复用增益。因此，多天线是获得高速率传输以及高频谱效率的一项关键技术。NR 与 LTE 不同的一点是 NR 需要支持高频部署，因此多天线技术变得尤为关键。

一般来说，更高的频率意味着更大的路损，也就是更小的通信范围。但是这个认知是基于多天线总尺寸随着频率升高随之减小的前提。比如，如果将载波频率提高 10 倍，那么波长也会降为原来的十分之一。这样天线间距的物理尺寸也就降为原来的十分之一，整个天线的面积则降为原先的百分之一。这就意味着能够被天线捕捉的能量下降 20dB。

如果接收天线尺寸保持不变，这样天线所捕捉的能量就保持不变。然而这就意味着天线尺寸相对载波波长而增加，也就是增加了天线的指向性。大尺寸天线获得的增益必须依赖于接收天线能准确地指向期望接收的信号的方向。

同样，如果保持发送端天线物理尺寸不变，也会增加发射天线的指向性。更高的指向性有助于提升高频覆盖的链路预算。当然尽管天线指向性能有效提高覆盖，但是高频覆盖在实际部署中依然遇到很多挑战，比如更高的空气穿损，以及更少的折射而导致的非直视环境的覆盖降低。所以对于点对点的无线链路，一般会在发送端和接收端同时采用高指向性天线并结合直视径，以使得高频通信获得较长距离的覆盖。

对移动通信系统而言，终端相对于基站所处的位置不同，终端自身也会随机旋转方向，采用固定的高指向性天线明显不合适。但是，通过对接收天线面积进行扩展来实现高指向性传输，也可以获得类似的效果，这是通过由许多较小的天线单元组成的天线面板来实现的。在载波频率增加而天线物理面积不变的情况下，一般是通过在天线面板上集成更多的天线单元来实现多天线系统。天线单元之间的距离一般与波长成正比，因此随着频率增加，天线单元的间距也会随之减少，相应地天线单元的个数就会随之增加。图 11-1 显示了一个支持 28GHz 频段的天线，该天线集成了双极化的 64 个天线单元。作为对比，一节 AAA 电池也放在图中，以显示天线面板的实际大小。

图 11-1　集成 64 个双极化天线单元的天线面板

相比于单个较大的天线，在天线面板里集成大量较小的天线单元，这样做的好处是通过独立调整各个天线单元发射的相位，可以方便地控制发射波束的方向。同样，接收端也可以采用图 11-1 所示的多天线面板来达到同样的效果，通过调整每个天线单元接收的相位来控制接收波束的方向。

总体上说，任何线性多天线传输技术都可以按照图 11-2 来建模。发送的信号可以看作矢量 $\bar{x}$，发送端可以同时发送 N_L 层的独立发送信号；通过一个变换矩阵 W（矩阵维度为 $N_T \times N_L$），映射到 N_T 个物理天线上；每个物理天线上发送的信号通过矢量 $\bar{y}$ 来表示。

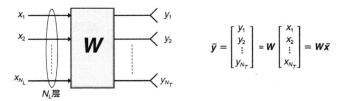

图 11-2　多天线传输的通用模型，将 N_L 层信号映射到 N_T 个物理天线上

图 11-2 所示模型适用于大多数多天线传输场景，但在实际产品中可以有不同的实现

　天线的指向性 D 大致与物理天线面积 A 除以波长 λ 的平方成正比。

方式，这有可能给多天线传输的性能设置各种限制。

一个常见的限制是产品中具体在哪个部位实现多天线处理（也就是实现矩阵 W），图 11-3 给出了两种例子：

- 一种是多天线处理在发射机模拟域实现，也就是在数模转换之后实现（见图 11-3 左侧）。
- 另一种是多天线处理在发射机数字域实现，也就是在数模转换之前实现（见图 11-3 右侧）。

图 11-3　模拟域多天线处理和数字域多天线处理

如图 11-3 右侧所示的数字域多天线处理的主要缺点是实现复杂，特别是需要每个天线单元都配置一个数模转换器。因此到了高频，当大量的天线单元被密集配置在一起时，产品中往往采用模拟域多天线处理，如图 11-3 左所示。对模拟域多天线处理，一般对每个天线进行相移以调整波束方向，如图 11-4 所示。

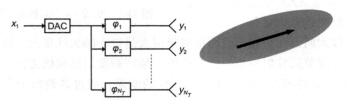

图 11-4　产生波束赋形的模拟域多天线处理机制

需要注意的是在高频，往往都是功率受限，而非带宽受限，因此波束赋形往往比高阶空分复用更为重要。而在低频却恰恰相反，由于频率资源受限，往往空分复用更为关键。

模拟域多天线处理往往意味着波束赋形是针对某个载波的，因此在下行方向，无法为分布在不同方位上的终端提供频分复用的传输。或者说，基站必须在不同的时刻为分布在不同方向上的终端服务，如图 11-5 所示。

图 11-5　时域（在不同时间上）对不同方向进行波束赋形

而在低频配置下，由于天线单元数目有限，多天线处理往往在数字域完成，如图 11-3 右侧所示，这意味着更加灵活的多天线处理能力。在数字域里，发送端可以任意地调整 $N_T \times N_L$ 的变换矩阵 $\boldsymbol{W}$ 里面的每个元素的相位和幅度，因此数字域的多天线处理非常灵活，甚至可以提供高阶的空分复用能力。同时数字域还允许为同一载波内多个数据层（layer）产生独立的变换矩阵 $\boldsymbol{W}$。这样发给不同方向上终端的数据可以放置在不同的频率上同时发送，如图 11-6 所示。

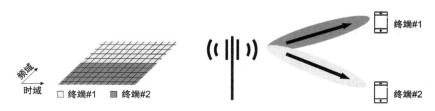

图 11-6   同时（频分复用）对不同方向进行波束赋形

数字域的多天线处理，由于每个天线的权值都是可以灵活控制的，我们经常把变换矩阵 $\boldsymbol{W}$ 称为预编码矩阵，把多天线处理称为多天线预编码。

模拟域和数字域的多天线处理的区别在接收端也同样存在。对模拟域多天线处理，多天线的处理作用在模拟域，即在模数转换之前完成。此时多天线处理往往限于一个时刻只能接收一个方向的接收端波束赋形，接收机把天线的接收方向调整为期望接收信号的方向。对两个方向信号的接收只能在不同时刻发生。

而数字域多天线处理能够为多天线处理提供足够的灵活性，可以支持来自多个方向、多个数据流的同时接收。与发送端类似，数字域多天线处理主要的问题就是实现复杂度，需要为每个天线单元提供一个模数转换器。

本章后面的内容将会更多关注多天线预编码技术，也就是多天线发射可以完全控制预编码矩阵的情形。而模拟域多天线处理所产生的限制，以及这些限制对 NR 标准设计的影响，都将在第 12 章详细讨论。

多天线预编码设计的一个重要的问题是，如果传输的数据使用预编码，为了相干解调，是否需要对解调参考信号（DeModulation Reference Signal，DM-RS）也进行相同的预编码。

如果 DM-RS 没有预编码，这意味着接收机需要知道发射机使用的预编码才能够进行相干解调。

如果参考信号和数据一起进行预编码，这样从接收机的角度看，预编码就成为整个信道的一部分，如图 11-7 所示。简单来说，接收机看到的不是"真正"的 $N_R \times N_T$ 信道矩阵 $\boldsymbol{H}$，而是一个维度为 $N_R \times N_L$ 的等效信道矩阵 $\boldsymbol{H'}$，该等效信道矩阵是由变换矩阵 $\boldsymbol{W}$ 和真实的信道 $\boldsymbol{H}$ 级联而成。这样发射机所使用的预编码对接收机来说就完全透明，发射机可以（至少从原理上）使用任何预编码矩阵而不需要通知接收机。

图 11-7   DM-RS 和数据一起进行预编码，这样多天线预编码对接收机就是透明的

11.2   下行多天线预编码

所有 NR 的下行物理信道的相关解调都依赖于该信道对应的 DM-RS。此外，终端需要假设网络侧已经把数据部分和 DM-RS 进行了相同的预编码，如图 11-7 所示。因此网络侧使用的任何下行多天线预编码对终端都是透明的，网络侧可以自由决定下行预编码。请注意，尽管下行多天线预编码对终端都是透明的，终端依然需要知道传输的层数，也就是网络侧预编码矩阵的列数。

下行多天线预编码对协议的影响主要集中在：为了支持网络侧选择预编码矩阵用于下行 PDSCH 传输，终端如何进行测量并且上报。这些预编码相关的测量以及上报机制都是 CSI 上报框架的一部分，在 8.2 节已经详细描述过。如 8.2 节所示，一个 CSI 上报包括一个或者多个下面的测量项目：

- 秩指示（RI）：终端建议的传输秩，或者说合适的下行传输层数 N_L。
- 预编码矩阵指示（PMI）：在网络侧采用终端建议的传输秩的前提下，终端建议的预编码矩阵。
- 信道质量指示（CQI）：如果网络侧采用终端建议的传输秩和预编码矩阵，终端建议采用的信道编码速率和调制方式。

因此终端上报的 PMI 就代表这是终端认为下行传输可用的最优预编码矩阵。每个 PMI 都对应一个预编码矩阵。所有可能的 PMI 对应的预编码矩阵合在一起称为预编码码本，终端会从中选出最优的 CSI。注意终端选择 PMI 是依据终端选择的 RI（对应 N_L），以及对网络侧 N_T 个天线端口的测量（每个天线端口都有对应的 CSI-RS 供终端测量）。对每个有效的 N_T 和 N_L 的组合，NR 标准至少定义了一个码本供终端使用。

需要注意的是，下行预编码码本仅仅是为了 CSI 上报使用，虽然协议定义了该码本，却并不意味着协议要求网络侧一定使用该码本中的预编码矩阵进行下行传输。网络侧可以使用任意预编码而不受协议限制。

绝大多数情况下，网络会直接使用终端通过 PMI 推荐的预编码矩阵。但是有些情况下，网络会使用不同的预编码矩阵。例如，当多天线预编码可以使得多个终端使用相同的时域和频域资源传输数据时，也就是我们通常所说的多用户 MIMO（Multi-User MIMO，MU-MIMO）。基于多天线预编码的 MU-MIMO 的原理就是，它不光需要将能量集中在终

端的方向，同时还需要尽可能避免对同时调度的其他 MU-MIMO 终端产生的干扰。在这种情况下，终端上报的 PMI 就未必合适，因为终端仅仅考虑自己的接收，而不考虑预编码矩阵对其他 MU-MIMO 终端产生的干扰。这种情况下，网络就需要综合考虑所有同时调度的终端上报的 PMI，然后为每个终端选择最佳的预编码矩阵。

为了更好地支持 MU-MIMO 的场景，网络往往需要知道各个终端信道更为详尽的信息。基于这个原因，NR 标准定义了两种不同的 CSI 模式。这两种模式，就是所说的类型 I CSI（Type I CSI）和类型 II CSI（Type II CSI），两种类型有不同的结构以及不同的码本。

- 类型 I CSI 主要用于单用户调度（非 MU-MIMO 场景）。每个终端可以支持高的传输层数（通过高阶空分复用）。
- 类型 II CSI 主要用于多用户调度，多个终端使用相同的时频资源传输数据，但是每个终端都只使用有限的传输层。

类型 I CSI 的码本相对简单，主要是考虑把能量聚焦在接收端。多个层传输所造成的层间干扰不是发射端码本选择时的主要考虑对象。层间干扰主要通过接收端的多天线接收来抑制。

类型 II CSI 码本明显比类型 I CSI 码本复杂，这有助于 PMI 提供更多的信道信息（更细的空域粒度）。而更多的信道信息有助于网络侧在选择下行预编码矩阵的时候，不仅考虑在终端聚焦网络侧的发射能量，还需要考虑限制在同一时频资源上传输的终端间的干扰。当然，更精细空域粒度的 PMI 反馈不可避免地会引入更大的信令开销。比如类型 I CSI 的 PMI 上报最多需要几十个比特，而类型 II CSI 的 PMI 上报则可能需要几百个比特。因此往往在低速移动的场景下才使用类型 II CSI 的 PMI 上报，因为低移动速度下，可以使用较长的上报周期而不过多影响性能。

下面我们会给出不同类型 CSI 的一些粗略描述，更详尽的内容参考文献 [100]。

11.2.1　类型 I CSI

类型 I CSI 有两个子类，即类型 I 单面板 CSI（Type I single-panel CSI）和类型 I 多面板 CSI（Type I multi-panel CSI），两个子类对应不同的码本。顾名思义，这两类对应网络侧不同的天线配置。

请注意，尽管设计码本的时候假设使用了一种天线配置，这并不意味着其他的天线配置就不能使用该码本。当终端基于下行的测量，向网络上报预编码矩阵的时候，终端并不对网络侧天线的配置做任何假设。也就是说，终端仅仅是基于估计每个天线端口的信道情况，从码本中选出最优的预编码矩阵。

1. 单面板 CSI

顾名思义，类型 I 单面板 CSI 的码本的设计场景是假设网络侧仅配置一个天线面板，该天线面板拥有 $N_1 \times N_2$ 个双极化天线单元。如图 11-8 所示的例子中，$(N_1, N_2) = (4, 2)$，也就是 16 个端口的天线[⊖]。

通常情况下，类型 I 单面板 CSI 码本中的预编码矩阵 W 可以表示为两个矩阵 W_1 和 W_2 的乘积。作为 PMI 的一部分，W_1 和 W_2 的信息会分别上报。

其中，矩阵 W_1 代表长期的且与频率无关的信道特性，终端对整个上报带宽只上报一个 W_1（宽带上报）。

而矩阵 W_2 则试图捕捉短期的且与频率相关的

图 11-8　类型 I 单面板 CSI $(N_1, N_2) =$ $(4, 2)$ 的一种典型天线结构

信道特性，终端对每个子带（subband）都会上报一个 W_2。或者根本不上报 W_2，对这类情况，终端在接下来选择 CQI 的过程中，会假设网络为每个物理资源块组（Physical Resource-block Group，PRG，见 9.8 节）选择一个随机的 W_2。这里并没有对网络采用的预编码矩阵设置任何限制，仅仅是为终端计算 CQI 提供一个假设前提。

矩阵 W_1 可以看作定义了一个波束（在某些情况下是一组相邻的波束），指向一个特定的方向。更具体地说，矩阵 W_1 可以表示为

$$W_1 = \begin{bmatrix} B & 0 \\ 0 & B \end{bmatrix}$$

其中，矩阵 B 的每一列都定义了一个波束，而矩阵 W_1 具有的 2×2 块状结构中，两个对角块则分别对应了两个极化方向。注意因为矩阵 W_1 被设计为捕捉长期的且与频率无关的信道信息，所以两个极化方向上会使用相同的波束方向。

选择矩阵 W_1，或者说矩阵 B，可以看成从一大堆可能的波束中选择一个特定的波束。因此码本中的矩阵 W_1 表示的就是波束方向。

对秩为 1 或者 2 的传输，矩阵 W_1 会定义一个波束，或者四个相邻波束。其中四个相邻波束分别对应 B 矩阵的四列，这种情况下，矩阵 W_2 会用来选择传输具体使用哪个波束。因为矩阵 W_2 用来上报每个子带的信息，所以可以再精细调整每个子带的波束方向。当然，矩阵 W_2 也可以用来调整极化间相位，那么矩阵 W_1 就只定义一个波束，对应的 B 是一个单列矩阵。

对传输秩 R 大于 2 的情况，矩阵 W_1 定义了 N 个正交的波束，这里 $N = [R/2]$。N 个波束连同每个波束的 2 个极化方向，组合生成了用于 R 个层传输的波束。而这种情况下，对应的矩阵 W_2 则提供了两个极化间的相位调整。一个终端最多支持 8 层传输。

2. 多面板 CSI

类型 I 多面板 CSI 的设计主要用于网络侧多个天线面板进行联合下行传输，因此设计充分考虑了不同面板之间保证相关性等问题。具体来说，多面板码本设计场景是假设网络

⊖　每个双极化天线单元包括两个天线端口，每个天线端口对应一个极化方向。

侧仅配置 2 个或者 4 个天线面板，每个都是一个二维的天线面板，也就是每个面板都可以表示为 $N_1 \times N_2$ 个双极化天线单元。如图 11-9 所示的例子中，有四个天线面板，每个面板 $(N_1, N_2) = (4, 1)$，也就是总共 32 个端口的天线。

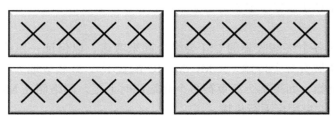

图 11-9　类型 I 多面板 CSI 的一种典型天线结构，4 个 $(N_1, N_2) = (4, 1)$
的双极化天线面板拥有共 32 个天线端口

区别于单面板 CSI，多面板 CSI 认为不同面板的天线端口间，不存在任何相关性。

类型 I 多面板 CSI 码本设计原理与类型 I 单面板 CSI 相似，预编码矩阵 $\boldsymbol{W}$ 都可以表示为两个矩阵 $\boldsymbol{W}_1$ 和 $\boldsymbol{W}_2$ 的乘积。其中矩阵 $\boldsymbol{W}_1$ 的结构与类型 I 多面板 CSI 码本设计相同，都是定义了各个面板和极化方向上的一组波束。区别在于，矩阵 $\boldsymbol{W}_2$ 不仅仅提供了极化间各个子带的相位调整，还提供了面板间各个子带的相位调整。面板间在各个子带上的相位调整是必需的，因为多面板 CSI 认为，不同面板的天线端口间不存在任何相关性。

类型 I 多面板 CSI 可以支持最多 4 层的空分复用。

11.2.2　类型 II CSI

NR 标准的第一个版本（3GPP Release 15）不仅仅定义了类型 I CSI，还定义了类型 II CSI。NR 标准 Release 16 对类型 II CSI 的定义进行了扩展和增强。这些扩展和增强某种程度上甚至改变了 PMI 上报的结构。因此本节会描述 Release 15 定义的类型 II CSI，下一节会描述 Release 16 增强的类型 II CSI。

类型 II CSI 提供了比类型 I CSI 更精细空间粒度的信道信息。与类型 I CSI 相似，类型 II CSI 也是基于宽带选择并从一组可能的波束中选择波束。此外，类型 II CSI 主要用于 MU-MIMO，所以每个终端最大支持 2 层传输，在 Release 16 中，每个 MU-MIMO 终端最大支持的层数扩展为 4。

与类型 I CSI 类似，Release 15 类型 II CSI 可以表示为两个矩阵的乘积

$$W_1 = W_1 W_2$$

其中矩阵 $\boldsymbol{W}_1$ 上报宽带的信息，其结构表示为

$$W_1 = \begin{bmatrix} B & 0 \\ 0 & B \end{bmatrix}$$

换言之，两种类型 CSI 的 $\boldsymbol{W}_1$ 都定义了一组波束，所不同的是，类型 I CSI 最终只上

报一个波束，而类型 II 则上报最多 4 个正交的波束。这四个波束对应 **B** 的四列。对每一个波束，以及这个波束对应的 2 个极化方向，W_2 都会提供一个与之对应的幅度值（宽带和子带）和一个相位值（子带）。

这样，类型 II CSI 捕捉了主要的传播路径和相应的幅度和相位，从而提供了关于信道的详细信息。

在网络侧，从各个终端收集的 CSI 会综合起来考虑，以保证一组终端可以同时在一组相同的时域、频域资源上传输（在 MU-MIMO 配置下），并相应地为每个终端设置合适的预编码矩阵。例如，如果某个波束被多个终端同时上报，网络侧在 MU-MIMO 配置下，就会避免选择这个波束用于下行传输。

11.2.3 Release 16 增强的类型 II CSI

如前所述，NR 标准 Release 16 对类型 II CSI 的定义进行了扩展和增强。Release 16 类型 II CSI 的原理与 Release 15 类型 II CSI 的原理类似，都是上报宽带的一组波束，然后为每个波束添加窄带的一组合并系数。每个上报的波束都会使用合并系数，通过线性合并为每一层生成一个预编码矢量。

尽管相邻子带间存在很强的互相关性，Release 15 定义的类型 II CSI 依然为每个子带单独上报合并系数。而 Release 15 这种为每个子带单独上报合并系数的设计，产生了很大的 CSI 上报开销。

因此，Release 16 一个对类型 II CSI 的重要增强就是利用频域的相关性来降低上报开销。与此同时，Release 16 定义的类型 II CSI 允许 PMI 报告的频域粒度提高两倍。这两个增强都是通过引入频域单元（frequency domain unit）的概念来实现的。每个频域单元对应一个子带或者半个子带，同时标准支持压缩频域的操作。

最后，Release 16 定义的类型 II CSI 为发射机的每个频域单元提供了一个推荐的预编码器。和 Release 15 为每个子带提供一个预编码器相比，频域粒度提高一倍（假设每个子带有两个频域单元）。除此之外，Release 16 定义的类型 II CSI 对每个频域单元的实际报告不是单独进行的，而是所有频域单元的联合报告。这种联合上报是对于 CSI 报告所涵盖的整个频段内所有的频域单元的联合报告。

更详细地说，对于 Release-16 类型 II CSI，给定的层 k，所有频域单元所报告的预编码器矢量可以表示为

$$\left[\boldsymbol{w}_k^{(0)} \cdots \boldsymbol{w}_k^{(N-1)} \right] = \boldsymbol{W}_1 \tilde{\boldsymbol{W}}_{2,k} \boldsymbol{W}_{f,k}^H$$

这里 N 是上报的频域单元个数。

请注意，矩阵 $\left[\boldsymbol{w}_k^{(0)} \cdots \boldsymbol{w}_k^{(N-1)} \right]$ 不是预编码矩阵（描述如何把传输层映射到各个天线端口），而是描述了对于某个传输层 k，所有频域单元对应的预编码器组成的矢量集。对 K 个传输层，就有 K 个这样的预编码矢量集，每个集合都包含 N 个预编码矢量。这样，最终

对于某个频域单元 n，描述如何把传输层映射到各个天线端口的预编码矩阵，可以描述为

$$W^{(n)} = \left[\boldsymbol{w}_0^{(n)} \cdots \boldsymbol{w}_{K-1}^{(n)} \right]$$

对某一传输层对应的预编码矢量 $\left[\boldsymbol{w}_k^{(0)} \cdots \boldsymbol{w}_k^{(N-1)} \right]$，$W_1$ 的定义和 Release 15 定义的类型 Ⅱ CSI 相同，都可以表示为

$$W_1 = \begin{bmatrix} \boldsymbol{B} & \boldsymbol{0} \\ \boldsymbol{0} & \boldsymbol{B} \end{bmatrix}$$

这里，$\boldsymbol{B}$ 矩阵的每一列都对应 L 个选择的波束。W_1 在所有的频域单元（宽带上报）和所有的层保持一致。

Release 16 定义的类型 Ⅱ CSI 的一个新设计就是引入压缩矩阵 $W_{f,k}^H$，矩阵的维度是 $M \times N$。压缩矩阵就是先对 N 个频域单元维度上做 DFT，将波束域转化为延迟域。然后从中选出 M 行值较小的。$W_{f,k}^H$ 是频率无关的，也就是所有的频域单元共用一个压缩矩阵，但每个层分别上报。

$W_{f,k}^H$ 的行数为 $M = \left\lceil p \cdot \dfrac{N}{R} \right\rceil$，其中，$R$ 是每个子帧频域单元的个数（$R=1$ 或者 $R=2$），p 是一个可配置的参数，描述压缩的比例。

最后，$\tilde{W}_{2,k}$（矩阵维度为 $2L \times M$）负责将延迟域映射回波束域。Release 15 类型 Ⅱ CSI 定义了所有子带的 W_2，是直接从频率域（子带）映射到波束域。但是 $\tilde{W}_{2,k}$ 负责从较小的延迟域映射到波束域，这样可以减小 $\tilde{W}_{2,k}$ 的大小，因此最终上报的开销减小。除此之外，标准还定义了一个因子 β，这个可配置的因子表明在总数为 $2LM$ 个总的可能上报中，有多少是不为 0 需要上报的。

综上，Release 16 增强类型 Ⅱ CSI 通过下面两个方法降低了开销：

- 延迟域相比于频域，拥有更小的维度，这是由参数 p 来控制的。
- $\tilde{W}_{2,k}$ 中只有一部分是非 0 的，这是由参数 β 来控制的。

如表 11-1 所示，根据下列参数的不同，Release 16 类型 Ⅱ CSI 共支持 8 种不同的配置：

- 需要上报的波束个数（L）。
- 压缩系数 p：给定配置下的具体值取决于上报的秩。
- 参数 β：$\tilde{W}_{2,k}$ 中非 0 元素的比例。

从表 11-1 中可以看出，除了降低开销并提高频域粒度，Release 16 类型 Ⅱ CSI 还将最大上报的秩扩展到 4，将最大选择 / 上报的波束个数扩展到 6。需要指出的是，尽管这种波束的扩展只能在有限场景下支持，比如配置 32 个天线端口的场景，上报的秩为 1 或者 2，并且频域粒度没有增强（即一个频域单元就是一个子带）。

表 11-1　Release 16 类型 II CSI 支持的配置

配置索引	L	p		β
		RI = 1, 2	RI = 3, 4	
1	2	1/4	1/8	1/4
2	2	1/4	1/8	1/2
3	4	1/4	1/8	1/4
4	4	1/4	1/8	1/2
5	4	1/4	1/8	3/4
6	4	1/2	1/8	1/2
7	6	1/4	N/A	1/2
8	6	1/4	N/A	1/2

11.3　上行多天线预编码

NR 标准支持最多 4 层的上行（即 PUSCH）多天线预编码。当然如第 9 章所述，如果上行传输采用 DFT 预编码 OFDM 技术，则只能支持单层的传输。

终端关于 PUSCH 的多天线预编码可以配置为两种模式，一种是基于码本的传输，另一种是基于非码本的传输。至于选择使用哪种模式，一般依据上下行信道是否具有互易性，或者说终端依靠下行测量可在多大程度上了解上行信道。

用于上行（PUSCH）的多天线预编码也会用在对应的 DM-RS 信号上。因此和下行类似，上行信道的预编码也对接收机透明，网络侧接收机不必知道上行发射机使用的预编码矩阵的信息就可以直接解调。但是这并不意味着终端可以自由地选择 PUSCH 预编码矩阵。在基于码本的预编码机制中，上行调度授权就包括网络侧要求终端使用的预编码信息。下行传输中网络可以自主决定是否使用终端上报的 PMI，和下行不同的是，上行传输中终端必须使用网络要求的预编码矩阵。在 11.3.2 节我们还会看到，即使在非码本传输中，网络也可以调整终端最终选择的上行预编码矩阵。

上行多天线传输的一个限制是终端可以多大程度上控制天线间相关性，或者说终端两个天线上发送的信号之间的相对相位多大程度上可以被终端控制。一般来说，在做多天线预编码的时候，需要准确调整各个天线端口的权值，其中包括特定的相移。这些权值会应用于不同天线端口发射的信号上。如果不能控制相关性，每个天线实际的权值或多或少就会变成一个随机值，这样权值就变得越来越没有意义了。

NR 标准支持各种不同的终端能力，其中一项终端能力就是关于天线端口间相关性的。该能力相关的取值包括：全相关（full coherence）、部分相关（partial coherence）和不相关（no coherence）。

- 全相关：网络认为在上行传输的时候，终端可以控制端口（最多 4 个）间的相对相位。
- 部分相关：网络认为终端在上行传输的时候，可以控制天线对（pairwise）相关性，也就是天线对内的两个端口间的相对相位可以准确控制，但是天线对之间的相位无法准确控制。

- 不相关：终端任意两个天线端口之间的相关性都无法保证。

11.3.1　基于码本的传输

基于码本的上行传输的基本设计准则是由网络决定一个上行传输的层数（秩）以及对应的预编码矩阵。作为上行调度命令的一部分，网络会通知终端相关的上行传输秩和预编码矩阵。在上行调度对应的 PUSCH 传输中，终端使用网络指定的预编码矩阵，把网络指定的层数映射到天线端口上。

为了选择一个合适的层数（秩）以及预编码矩阵，网络需要探测从终端的天线端口到网络侧接收天线之间的无线信道。为了能够探测信道，基于码本 PUSCH 传输的终端往往需要配置一个多端口 SRS。通过对 SRS 的测量，网络可以探测信道，并根据探测结果进一步得到合适的层数以及预编码矩阵。

网络不能任意选择预编码矩阵。对一个给定的天线端口 N_T（N_T=2 或者 N_T=4）和传输层数 N_L（$N_L \leq N_T$）的组合，网络只能从一组有限的预编码矩阵中选出最优的一个。这一组有限的预编码矩阵一般被称为"上行码本"。

图 11-10 所示给出了一个有关 2 天线端口的码本，包含了所有可用的预编码矩阵。

图 11-10　2 天线端口的上行码本

当网络选择预编码矩阵的时候，需要考虑终端的能力，即天线端口相关性的能力（见前述）。对不支持相关性的终端，单层传输只能使用码本中前两个预编码矩阵。

限制网络侧只能从码本里面选择前两个预编码矩阵，等同于选择第一个或者第二个天线端口进行传输。这实质上是天线选择（antenna selection），因为只选择一个天线进行上行发送，自然就不需要控制两个天线端口之间的相关性。换句话说，其余的预编码矢量则意味着不同天线端口信号的线性合并需要天线端口之间的相关性。

而对于两层的上行传输（N_L=2），也只能使用码本的第一个矩阵，它不涉及天线端口之间的任何相关性，可以用于不支持相关性的终端。

为了进一步说明全相关、部分相关和不相关，图 11-11 示例了 4 天线端口单层传输对应的预编码矩阵。和上面 2 天线端口的例子类似，不相关能使用的预编码矩阵被限制在天线选择对应的那些预编码矩阵。部分相关能使用的预编码矩阵允许天线端口对内可以线性合并，但是只在天线端口对之间做选择的那些预编码矩阵。而全相关则允许所有的 4 个天线端口之间进行线性合并。

图 11-11   4 天线端口单层传输的上行码本

NR 标准基于码本的 PUSCH 传输和 LTE 基于码本的 PUSCH 传输的设计原理基本一致，只不过 NR 增强了基于码本传输的设计，支持更广泛的应用场景。NR 对基于码本的 PUSCH 传输的一个增强就是引入了多个多端口 SRS⊖ 传输。对于这种多 SRS 传输，网络侧反馈会扩展 1bit 的 SRS 资源指示（SRS Resource Indicator，SRI）。通过 SRI 来指示网络选择了所有配置的 SRS 中的哪一个。终端在接下来的上行传输中，不但需要使用网络在调度授权中指示的预编码矩阵，而且还要把预编码矩阵输出的数据按照网络侧 SRI 指示的 SRS 资源那样映射到相应的天线端口上。如果终端使用了如第 8 章中介绍的空间滤波器 F，这通常意味着不同的 SRS 会使用不同的空间滤波器传输。终端经过预编码矩阵的上行数据需要通过 SRI 指示的 SRS 所使用的空间滤波器进行滤波。

再举例详细说明一下多 SRS 和基于码本的 PUSCH 传输之间的关系。如图 11-12 所示，终端上行有多个备选的波束可以使用，这些波束对应不同的终端天线面板以及各个面板上不同的波束方向。同时每个天线面板都配置多个天线单元，这些天线单元对应于每个多端口 SRS 的天线端口。终端从网络接收到 SRI，就会决定哪些波束用于 PUSCH 传输，同时收到的预编码信息（包括层数和预编码矩阵）将会决定在这些通过 SRI 选定的波束上如何发射上行信号。如图 11-12 上半部分所示，如果网络侧配置满秩（4 层）的上行传输，终端则使用网络选择的 SRS2 对应的那些波束做满秩传输。再如图 11-12 下半部分所示，如果网络配置单层传输，终端则利用预编码，在网络选择的 SRS2 对应的波束的基础上做进一步的波束赋形。

⊖   在 Release 15 里只支持 2 个 SRS。

图 11-12　依赖多 SRS 进行基于码本的上行传输。满秩传输（上）和单层传输（下）

基于码本的预编码一般用在上下行不具备互易性的场景下，在该场景下，必须针对上行信号进行测量，才能够决定上行适用的预编码矩阵。

11.3.2　基于非码本的预编码

基于码本的上行传输，是通过网络测量上行信号并通知终端如何进行预编码。而基于非码本的预编码，则是通过终端自己测量下行信号得到预编码信息并通知网络。基于非码本的预编码基本准则如图 11-13 所示，下面会详细讨论。

图 11-13　基于非码本的预编码

基于下行的测量，在实际系统中一般是对配置的 CSI-RS 进行测量，终端可以选择在终端看来最优的上行多层预编码矩阵。也就是说，非码本的预编码完全依赖上下行互易性，终端凭借下行的测量就可以得到上行信道的信息。因为没有对终端选择预编码矩阵做限制，所以被称为"基于非码本"。

预编码矩阵 W 的每一列都定义了对应层的一个数字"波束"。终端为 N_L 层的传输选择合适的预编码矩阵，可以看作终端为 N_L 层的传输选择 N_L 个不同的波束方向，矩阵的每一列就对应一个波束，每个波束对应一个数据传输的层。

原则上说，PUSCH 传输 N_L 个层可以直接基于终端选择的预编码矩阵。但是终端的预编码矩阵选择有时从网络看来并不是最优。因此 NR 标准为基于非码本的预编码额外设计了一个步骤，让网络可以修改终端选择的预编码矩阵。比如网络可以从预编码矩阵中删除一些列或者说波束。

为了能够让网络做出修改，终端会把选择的预编码矩阵先应用到一组配置的 SRS 上，终端会在预编码矩阵中的每个层（或者说每个波束）上发送一个 SRS，如图 11-13 中步骤 2 所示。基于接收到的 SRS 信号的测量，网络侧可以决定如何修改终端用于 PUSCH 传输的预编码矩阵。当网络侧决定如何修改终端的预编码矩阵之后，网络侧会通过调度授权中的 SRI 来指示终端使用配置的所有 SRS 中的一个子集，如图 11-13 中步骤 3 所示[○]。那些未被选择的波束上承载的 SRS 将不会在 SRI 中被指示。最后，终端在传输 PUSCH 的时候（见图 11-13 中的步骤 4），终端就会使用网络侧修改后的预编码矩阵，只有那些被 SRI 指示的 SRS 对应的预编码矩阵的列才会被使用。请注意这里 SRI 实际上也隐含定义了网络侧允许终端使用的层数。

需要注意的是，终端需要指示自己选择的预编码信息（见图 11-13 中的步骤 2），但是并不需要为每次上行传输都做出指示。实际中可以通过上行 SRS 传输来周期性更新终端选择的预编码矩阵（通过周期性 SRS 或者半持续性 SRS 来指示），也可以在网络请求时按需更新（通过非周期 SRS）。而与之相对的是，当网络侧需要指示自己修改的结果的时候，必须对每次 PUSCH 的传输做出指示。

○ 当终端配置为基于非码本的预编码的时候，和基于码本的上行预编码不同（SRI 仅指示一个 SRS，见 11.3.1 节），SRI 可以用来指示多个 SRS。

第 12 章

波束管理

　　第 11 章从总体上讨论了 NR 标准中采用的多天线技术，并重点介绍了多天线预编码技术。多天线预编码一般需要控制各个天线单元的幅度和相位，这就意味着需要发送端在数模转换之前，也就是在数字域执行多天线相关的处理。同样对于接收端，也需要在模数转换之后执行多天线处理。

　　然而在高频的场景下，大量密集分布的天线单元会迫使设备考虑在模拟域进行波束赋形。在模拟域进行多天线处理的粒度只能针对整个载波，也就是说一个特定的时刻波束只能指向一个方向。为不同方向的终端发送的下行数据就需要安排在不同的时刻分别传输。与之对应的是接收端模拟域波束赋形，接收波束在某一时刻也只能对准一个方向进行接收。

　　波束管理的终极目标就是建立和维护一个合适的波束对（beam pair）。在接收机选择一个合适的接收波束，在发射机选择一个合适的发射波束，联合起来保持一个良好的无线连接。

　　如图 12-1 所示，最优的波束对并不一定意味着发射机和接收机的波束正好对准对端的方向。由于在空口传播环境中可能存在障碍物，当发送端和接收端之间不存在直视径的情况下，一些反射径却可以提供相对较好的性能，如图 12-1 右侧所示。特别是高频下的波束管理必须能够处理这些情况，建立并保持优选的波束对。

图 12-1　下行方向波束对示例，有直视（左）和通过反射（右）

　　图 12-1 描述的是一个下行的传输，网络选择合适的波束发送信号，终端选择合适的波束接收信号。但是波束赋形对上行传输也是有效的，终端选择合适的波束发送信号，网

络选择合适的波束接收信号。

很多情况下一个下行传输的最优波束对往往对上行传输而言也是最优的波束对，反之亦然。在这种情形下，网络和终端只需明确地确定某个传输方向中的一个合适的波束对就足够了。同一波束对可以用于相反方向。否则，网络和终端就必须为下行链路和上行链路分别确认波束对。是否需要分别确认波束对与波束一致性（beam correspondence）有关，详见第 25 章。

一般来说，波束管理可以分为以下几个部分：

- 初始波束建立（initial beam establishment）。
- 波束调整（beam adjustment）：主要用来适应终端的移动和旋转，以及环境中的缓慢变化。
- 波束恢复（beam recovery）：用于处理快速变化的环境破坏当前波束对的情况。

12.1 初始波束建立

初始波束建立指的是为上下行方向初始建立波束对的功能和过程，例如在连接建立时。第 16 章将介绍小区初搜过程中终端如何获取网络发送的 SSB。一般网络会发送多个 SSB，这些 SSB 依次发送并且每个 SSB 都承载在不同的下行波束上。一方面 SSB 和下行波束相关联，另一方面 SSB 还和上行随机接入时机、前导码等资源相联系（见 17.1.4 节），这样网络就可以通过随机接入获知终端选择的下行波束，从而建立起初始波束对。

在随后的通信过程中，终端会假设网络的下行传输会一直沿用同样的空间滤波器，也就是说网络会一直保持被 SSB 使用的发射波束。因此终端会认为后续的下行接收完全可以沿用接收 SSB 的最优接收波束。同样，网络也会假设终端的上行传输会一直沿用同样的空间滤波器，也就是说终端会一直保持随机接入过程中使用的发射波束。因此网络会认为后续的上行接收完全可以沿用随机接入过程中使用的最优接收波束。

12.2 波束调整

当初始波束对建立起来之后，因为终端的移动、旋转等原因，需要定期地重新评估接收端波束和发送端波束的选择是否依然合适。即便终端完全静止不动，周边环境中一些物体的移动也有可能会阻挡或者不再阻挡某些波束对，这就意味着波束调整是必需的。波束调整还包括优化波束形状，比如相对于初始波束使用的宽波束，通过波束调整让波束更加狭窄。

因为波束对的波束赋形包括发送端波束赋形和接收端波束赋形，所以波束调整可以分为下面两个独立的过程：

- 现有接收端接收波束不变，重新评估和调整发送端的发射波束。

- 现有发送端发射波束不变，重新评估和调整接收端的接收波束。

如上所述，对上行和下行都需要波束调整。但是如果可以假设波束一致性，那么波束调整只需要在一个方向上执行。比如仅仅在下行方向上调整，调整结果也适用于上行。

12.2.1　下行发送端波束调整

下行发送端波束调整的主要目的是在终端接收波束不变的情况下，优化网络发射波束。

为了达到这个目的，终端可以测量一组参考信号，这些参考信号会对应一组下行波束（见图12-2）。假设网络使用模拟波束赋形，网络必须按顺序依次发送不同的下行波束，也就是波束扫描。

图 12-2　下行发送端波束调整

测量的结果上报网络，网络会依照测量结果决定是否调整当前波束。请注意，这里的调整并不意味着一定会选择一个终端测量的波束，网络也可以自行选择，比如选择一个介于两个上报波束方向之间的波束。

请注意，当测量发送端不同的发射波束的时候，终端接收波束需要在测量过程中一直保持不变，这样测量的结果才能反映针对这个接收波束的不同的发射波束的质量。

为了能够实现如图12-2所示的针对一组波束进行的测量和上报，NR标准使用了基于报告配置（见8.2节）的上报框架。更准确地说，测量和上报通过一个报告配置来描述，并且这个报告配置以L1-RSRP作为上报量。

测量不同波束的参考信号集合则应该由报告配置中的NZP-CSI-RS资源组所定义。如8.1.6节中所描述，这样一个资源组，包括一组配置的CSI-RS或一组SSB。波束管理的测量可以基于CSI-RS或SSB。其中基于CSI-RS的L1-RSRP测量必须基于单端口CSI-RS或者双端口CSI-RS。如果是双端口CSI-RS，那么上报的L1-RSRP是每个端口上L1-RSRP测量的线性平均。

终端可以最多针对4个参考信号（可以是CSI-RS或者SSB）进行测量上报，这样一个上报实例可以针对多达4个波束进行上报。每个这样的上报包括：

- 指示该上报所针对的参考信号，或者说波束（最多4个）。
- 最强波束的L1-RSRP。
- 上报剩余的波束（最多3个）的L1-RSRP和最强波束的L1-RSRP的差值。

12.2.2　下行接收端波束调整

下行接收端波束调整的主要目的是在网络发射波束不变的情况下，找到终端最优的接收波束。为了达到这个目的，需要再次给终端配置一组下行参考信号，这些参考信号都是从网络的同一个波束上发出的。这个波束就是当前的服务波束。如图 12-3 所示，终端执行接收端波束扫描，来依次测量配置的一组参考信号。通过测量，终端可以调整自己当前的接收波束。

与下行发送端波束调整对应，下行接收端波束调整可以配置一个测量报告。但是由于接收端波束调整是在终端内部进行的，所以没有针对接收端波束调整的报告量（report quantity）。根据 8.2 节，报告量会被设置为 "None"。

图 12-3　下行接收端波束调整

为了支持接收端的模拟波束赋形，资源集中不同的参考信号必须在不同的 OFDM 符号中发送，这样就可以让接收端扫描波束来测量参考信号。同时终端会假设网络发出的资源集中的参考信号都是使用相同的空间滤波器，也就是相同的发射波束。配置的资源集有一个重复标志，该标志指示终端是否能够假设资源集中所有的参考信号都是使用同一个空间滤波器。因此当一个资源集用来帮助终端进行下行接收波束调整的时候，这个标志应该被置位。

12.2.3　上行波束调整

上行波束调整和下行波束调整的目的一致，都是为了维持一个合适的波束对。上行波束调整需要为终端选择一个合适的上行发射波束，以及为网络选择一个合适的上行接收波束。

如上讨论，如果假设波束一致性存在，而且已经获取了合适的下行波束对，那么上行波束管理就没有必要了，下行的波束对可以直接用于上行。当然也可以只获得上行波束对，这样下行波束管理就没有必要。

当需要进行上行波束调整的时候，测量和调整的方法和下行波束调整类似，不过这个时候，网络需要配置 SRS 来进行测量，而非 CSI-RS 或者 SSB。

12.2.4　波束指示和 TCI

下行波束赋形对终端可以是完全透明的，也就是说终端不需要知道网络使用的是何种波束。

但是 NR 标准同时也支持波束指示（beam indication）。这意味着网络通知终端，一个特定的 PDSCH 或 PDCCH 传输使用了与配置的参考信号（CSI-RS 或者 SSB）相同的波束（或者说相同的空间滤波器）。

更具体地说，波束指示是通过 RRC 配置和称为传输配置指示（Transmission Configuration Indication，TCI）的下行 MAC 信令来通知终端的。每个 TCI 状态包括一个参考信号（CSI-RS 或者 SSB）的信息，通过关联 TCI 和一个特定下行传输（PDCCH 或者 PDSCH），网络就通知终端：下行传输使用了与 TCI 关联的参考信号相同的空间滤波器。

一个终端最多可以配置 64 个备选 TCI 状态。对 PDCCH 的波束指示，RRC 信令对每个配置的 CORESET 指派配置的备选状态的一个子集。通过 MAC 信令，网络可以动态地从每个 CORESET 对应的备选状态子集中指示一个特定的 TCI 状态为有效。当终端监听某个 CORESET 的 PDCCH 时，终端会认为该 PDCCH 一定会使用 MAC 指定的 TCI 相关联的参考信号使用的波束（即相同的空间滤波器）。换句话说，如果终端事先决定了对下行参考信号合适的接收端波束，就认为可以用这个波束来接收 PDCCH。

对 PDSCH 的波束指示，根据调度偏移的不同有两种选项。这里调度偏移指的是 PDSCH 的发送时刻和承载该 PDSCH 调度命令的 PDCCH 发送时刻之间的时间偏移。

如果该偏移超过 N 个符号[⊖]，那么用于该调度分配的 DCI 可能会直接为 PDSCH 发送相应的 TCI 状态。为了让 DCI 能够指示 TCI 状态，网络需要从配置的候选状态中选出最多 8 个 TCI 状态并事先配置给终端。这样 DCI 只需要预留 3 个 bit 的指示就可以让终端知晓准确的 TCI 状态。

如果调度偏移小于或等于 N 个符号，那么终端可以直接认为 PDSCH 传输和 PDCCH 传输是 QCL。换句话说，MAC 层为 PDCCH 指示的 TCI 状态可以直接用于 PDSCH。

之所以限制基于 DCI 信令的全动态 TCI 选择只用于调度偏移大于某一特定值的情况，简单地说，主要是因为如果偏移过短，终端没有办法在这么短的时间内从 DCI 中解码出 TCI 的信息，并且在接收 PDSCH 之前相应地调整接收波束。

12.3　波束恢复

在某些场景下，由于环境的变化，导致原先建立的波束对突然被阻挡，网络和终端没有足够的时间来进行波束调整。为了处理这种情况，NR 标准定义了一套处理这种波束失败的流程。有时候也会称之为波束（失败）恢复。

从很多方面看来，波束失败和现有的无线通信技术，诸如 LTE 中的无线链路失败（Radio-Link Failure，RLF）的概念非常相近。事实上，也确实可以用 RLF 恢复的流程来恢复失败的波束。但是考虑到如下理由，NR 标准引入一套新的流程来处理波束失败：

- 一般 RLF 都是针对终端移动出网络覆盖范围的情况，并不频繁发生。但是波束赋形，特别是对窄波束的使用，由于波束对的快速衰落导致波束失败的频率会远远高于 RLF。
- RLF 一般意味着丧失了服务小区的覆盖，因此和新小区或者新的载波必须重新建立连接。而当波束失败之后，只需要重新在当前小区建立新的波束对就可以重新建立连接。正因为只需要重新建立波束对，往往这种重建过程通过底层的功能就可以完成，这样就可以快速地完成恢复，而不需要像 RLF 那样需要高层介入，也避免了 RLF 恢复所耗费的时间。

⊖　N 的具体值与 UE 能力和频段相关。

因此波束失败 / 恢复包括如下步骤：

- 波束失败检测（beam-failure detection）：终端检测到发生了波束失败。
- 备选波束认定（candidate-beam identification）：终端试图发现新的波束，或者说可以恢复连接的新波束对。
- 恢复请求传输（recovery-request transmission）：终端发送一个波束恢复请求给网络。
- 网络响应波束恢复请求。

12.3.1　波束失败检测

一个波束的失败，定义为下行控制信道（PDCCH）的解码错误概率超过了一定的阈值。但是在实际中，类似于 RLF，一般终端都会用下行参考信号的质量来判断波束失败，而不是真正地测量 PDCCH 的错误概率。这称为假设性错误率（hypothetical error rate）测量。更准确地说，终端应该通过测量 PDCCH QCL 的周期性 CSI-RS 或者 SSB 的 L1-RSRP 来判断波束是否失败。

因此，终端会默认通过对 PDCCH TCI 状态关联的 CSI-RS 或者 SSB 这些参考信号的测量来判断波束失败。当然 NR 标准也支持网络显式配置一个单独的 CSI-RS，来方便终端测量、判断波束失败。

每次当测量的 L1-RSRP 低于一个配置的阈值的时候，就会被称为一个波束失败实例（beam-failure instance）。当连续波束失败实例的个数超过一个配置的阈值的时候，终端就会认为检测到波束失败，并触发波束失败恢复流程。

12.3.2　新备选波束的认定

作为波束恢复的第一步，终端会尽力寻找一个新的波束对，以期恢复连接。为了达到这个目的，网络会给终端事先配置一个资源组，该资源组包括一组 CSI-RS 或者一组 SSB。这些参考信号每一个都对应着一个特定的下行波束，因此实质上这个资源组就对应了一组备选波束。

与正常的波束建立过程类似，终端通过测量参考信号的 L1-RSRP 来从备选的波束中选出合适的波束。如果 L1-RSRP 超过了一个配置的阈值，终端就会认为这个波束能够用于恢复连接。需要注意的是，终端从备选下行发射波束中选择下行波束的同时，还要选择合适的终端接收波束。换言之，终端需要选择完整的波束对。

12.3.3　终端恢复请求和网络响应

如果波束失败被检测到，并且新的备选波束对也已经找到，那么终端会执行波束恢复请求。恢复请求的目的是通知网络：终端检测到波束失败。当然恢复请求中可能也包含终端检测到的备选波束的信息。

波束恢复请求本质上是一个两步的非竞争随机接入请求[⊖]，包括前导码发送和随机接入

⊖ 第 17 章会详细介绍随机接入过程。

响应。每一个备选波束都对应一个特定的前导码配置（RACH 的时机以及前导码序列，见第 17 章）。当终端认定了一个新备选波束，与之对应的前导码配置也随之确认。除此之外，前导码传输的上行波束也会和选定的下行波束对应。

需要注意的是，每个备选的波束不一定和一个唯一的前导码配置相关联。实际中会有如下可能：

- 每个备选波束都对应一个唯一的前导码配置，在这种情况下，网络可以直接通过接收的前导码来确认下行波束。
- 备选波束被划分为若干组，每组都对应一个唯一的前导码配置，不同组对应不同的前导码配置。这种情况下，接收的前导码只能确认选择的下行波束属于哪个组。
- 所有的备选波束都对应同一个前导码配置。这样的情况下，接收的前导码仅仅能够指示发生了波束失败以及终端请求波束失败恢复。

在假定所有备选的波束对来自同一个站点的情况下，可以认为在到达接收机时随机接入传输有良好的定时对齐。但是可能会有大的路损变化，因此波束恢复请求会包含功率提升（power ramping，见 17.1.5 节）的参数。

在终端执行波束恢复请求之后，就会在下行监听网络的响应。终端会认为网络如果响应了请求，传输的 PDCCH 一定与选择的新波束对应的参考信号是 QCL。

监听恢复请求响应开始于发送请求四个时隙之后，如果在一个配置的特定时间窗内，始终都没有收到网络发送的响应，终端就会根据配置的功率提升参数，提升功率后再次发送恢复请求。

12.4　多收发节点传输

NR 标准 Release 16 对下行多收发节点（multi-TRP）传输进行增强。多收发节点传输指的是两个地理位置分离的节点同时发送 PDSCH，如图 12-4 所示。比如这两个传输点在物理上可以是两个小区站点。从终端看来多节点传输依然可以看成一个逻辑小区的传输。

多收发节点传输带来多个潜在的好处：

- 对某个特定的终端，利用多个传输点的功率，多收发节点传输可以增加下行传输的总功率。
- 可以增加信道的秩。单个节点的时候在直视径的情况下秩会受限。

图 12-4　多收发节点传输

NR 标准 Release 16 中，多收发节点传输有两种实现方式，即：基于单 DCI 的传输（single-DCI-based transmission）和基于多 DCI 的传输（multi-DCI-based transmission），如图 12-5 所示。顾名思义，这两种方式的区别在于调度 DCI 的结构不同。这两种方式不同之处还在于两个节点发送同一个 PDSCH 还是两个独立的 PDSCH。

图 12-5　基于单 DCI 和基于多 DCI 的多收发节点传输

12.4.1　基于单 DCI 的多收发节点传输

对基于单 DCI 的传输（见图 12-5 左侧），单一的 DCI 调度多个节点发送一个多层传输的 PDSCH。各个节点可能发送不同的传输层。

NR 标准里，基于单 DCI 的多收发节点传输要求从不同传输点传输的 PDSCH 层应该具有不同的 QCL 关系。如前所述，通过 MAC CE 最多可以为终端配置 8 个可能的 TCI 状态的集合。基站通过调度 DCI，从 TCI 状态的集合中动态地指定某个 TCI 状态（即动态地指定 PDSCH 的 QCL 关系）。为了实现基于单 DCI 的多收发节点传输，Release 16 支持一个 DCI 同时指示两个不同的 TCI 状态（表示两种不同的 QCL 关系）。这两个 TCI 状态分别为 PDSCH DMRS 端口的不同集合（实际上就是不同的 PDSCH 传输层）提供了不同的 QCL 关系。第一个 TCI 状态为最低 CDM 组的 DMRS 端口提供了 QCL 关系（见第 9 章），而第二个 TCI 状态为剩余的 DMRS 端口提供了 QCL 关系。

由于基于单 DCI 的多节点传输中来自两个传输点的传输对应于同一 PDSCH 的不同层，因此这里有一个隐含的假设，即来自两个传输点的传输是严格时间同步的。

12.4.2　基于多 DCI 的多收发节点传输

对基于多 DCI 的传输（见图 12-5 右侧），多个 DCI 调度多个节点，每个节点通过各自的 PDCCH 发送各自的 DCI，调度各自的 PDSCH（对应各自的传输块）。每个 PDSCH 最大的秩是 4，也就是说对某个终端最大的秩是 8。

由于这两个 PDSCH 可以独立地接收，所以原则上可以假设来自两个传输点的定时不严格同步。然而，为了允许终端使用单个 DFT 来同时接收两个传输，NR 标准这里存在一个假设：对于基于多 DCI 的传输，来自两个传输点的传输在时间上也是严格同步的。

对基于多 DCI 的多收发节点传输，有两个传输块，每个传输节点发送一个传输块。因此，需要两个独立的 HARQ 反馈，每个传输块一个反馈。如图 12-6 所示，HARQ 反馈有两种选择：

- 通过一个 PUCCH 联合反馈。
- 利用两个 PUCCH 分别反馈。

　　尽管图 12-5 和图 12-6 表明发送 DCI 的节点和发送 PDSCH 的节点是同一节点，事实上这并不是必需的。如前面的讨论，NR 标准支持 PDCCH 和 PDSCH 拥有独立的 QCL 关系，这意味着 PDCCH/DCI 也可以从一个与 PDSCH 不同的节点发送出来。图 12-5 和图 12-6 清晰地描述了一个最直接的场景。甚至我们可以设想多 DCI 传输中多个 DCI 实际上从同一传输点发出（仍然通过两个不同的 PDCCH）。在这种情况下，单 DCI 和多 DCI 之间的区别本质上是多 DCI 传输总是传输两个不同的传输块，而单 DCI 传输通常只有一个传输块。

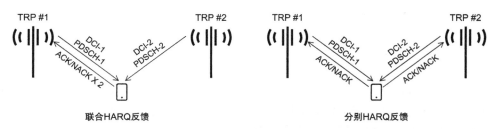

图 12-6　多 DCI 多收发节点传输中的联合 HARQ 反馈和分别 HARQ 反馈

第13章

重传协议

由于接收信号质量的变化，在无线信道上的传输容易产生错误。这种变化在一定程度上可以通过链路自适应来抵消，如第 14 章所述。但是，链路自适应无法抵消接收机噪声和不可预测的干扰变化。因此，几乎所有的无线通信系统都会采用前向纠错（Forward Error Correction，FEC）的形式，在发送信号中添加冗余信息，使得接收机能够纠正错误。这一机制要追溯到香农的开创性工作[65]。在 NR 中，LDPC 就是一种纠错编码，如 9.2 节所述。

尽管有了纠错码，在诸如过高干扰或者噪声水平下接收到的数据单元还是会存在错误。由 Wozencraft 和 Horstein 第一次提出了混合自动重传请求（Hybrid Automatic Repeat Request，HARQ）[68]，HARQ 结合了纠错编码和错误数据单元重传两种机制，已经广泛地应用于许多现代通信系统中。对于通过纠错编码生成的数据单元，如果接收机仍然检测到错误，会请求发射机进行重传。

在 NR 中，MAC、RLC 和 PDCP 三层协议均提供了重传功能，在前面第 6 章开篇介绍中已经提及。之所以有这种多层重传结构，是为了在状态报告的反馈速度和可靠性之间寻求折中。MAC 层 HARQ 机制在接收到每个下行传输块后，将传输成功或者失败的结果反馈给 gNB，从而可以实现非常快速的重传（对于上行传输，由于接收机和调度器在同一个节点中，因此不需要显式反馈）。尽管从原理上可以达到极低的 HARQ 反馈错误率，但随之带来的是传输资源（例如功率）的过多消耗。在许多情况下，合理的反馈错误率在 0.1% ~ 1% 之间，因此，HARQ 的残留错误率也会达到大致近似的水平。很多情况下这个残留错误率已经足够低，但也有其他特殊情况存在。一个明显的例子是要求超可靠低时延递交的数据服务，在这种情况下，如果需要降低反馈的错误率，就必须接受反馈信令开销的增加，或者额外增加不需要依赖于反馈信令的重传，但这会带来频谱效率的降低。

低错误率不仅适用于 URLLC 类业务，从数据速率的角度来看也很重要。高速率的 TCP 业务需要数据包近乎无错地递交到 TCP 层。举个例子，对速率超过 100Mbit/s 的持续数据，要求丢包率小于 10^{-5} [61]。其原因在于，TCP 假设数据包的错误是网络拥塞引起的，因此任何数据包的出错都会触发 TCP 拥塞避免机制，从而导致数据速率随之降低。

相比于 HARQ 确认，RLC 状态报告的传输频率较低，从而获得可靠性为 10^{-5} 或更低错误率的开销相对较小。因此，HARQ 和 RLC 组合起来可以获得较小往返时间和适度反馈开销的良好结合，即 HARQ 机制的快速重传和 RLC 的可靠数据递交互为补充。

PDCP 协议也能处理重传，而且能确保按序递交。PDCP 层重传主要用于 gNB 之间的切换，因为低层协议在切换中都会被清空。未确认的 PDCP PDU 可以被转发到新的 gNB，然后发送给终端。如果终端已经收到部分 PDU，PDCP 重复检测机制会丢弃掉重复的数据包。PDCP 协议还可用于在多个载波上发送相同的 PDU 来获得选择分集增益，接收端的 PDCP 会丢弃掉多个载波上成功接收的重复信息。

在下面几节，会对 HARQ、RLC 和 PDCP 协议的原理做详细讨论。请注意，这些协议已经存在于 LTE，并提供与 NR 基本相同的功能，但 NR 的版本对其进行了增强来显著降低时延。

13.1　带软合并的 HARQ

HARQ 协议是 NR 中最主要的重传方式。当接收到错误的数据包时，会发送重传请求。尽管接收机无法解析数据包，但接收到的信号仍包含有用信息，如果丢弃错误的数据包，会导致有用信息丢失。带软合并的 HARQ 就解决了这个问题，通过带软合并的 HARQ，将接收到的错误数据包存储在缓存里，随后与重传的数据包进行合并，得到一个合并的数据包，合并后的数据包比单个数据包更为可靠，因此会基于合并的信号进行纠错解码。

尽管 HARQ 协议本身主要在 MAC 层，但软合并属于物理层的功能。码块组的重传，即部分传输块的重传，从规范角度讲是由物理层完成的，尽管也同样可以作为 MAC 层的一部分来进行描述。

NR 标准的 HARQ 机制基本和 LTE 类似，都是由多个停止等待协议组成，每个对应一个传输块。在停止等待协议中，发射机在每次发送传输块后会停止并等待确认。这种简单机制只需要反馈 1bit 以指示对于传输块肯定或否定的确认。但是，由于发射机在每次传输后都会停止，吞吐量较低。因此，采用多个停止等待进程并行处理，一个进程在等待确认时，发射机可以用另一个 HARQ 进程发送数据。如图 13-1 所示，接收机在处理第一个 HARQ 进程接收到的数据时，可以用第二个进程继续接收，诸如此类。这种多个 HARQ 进程并行处理形成一个 HARQ 实体的结构，具有停止等待协议的简单性，同时也允许数据的连续传输，应用于 LTE 和 NR。

接收机的每个载波对应一个 HARQ 实体。当一个终端的下行空分复用大于四层时——此时两个传输块可以在一个传输信道上并行传输，如 9.1 节所述，可以由一个有两套 HARQ 进程的 HARQ 实体提供支持，每个 HARQ 进程有独立的 HARQ 确认。

图 13-1 多个 HARQ 进程

图 13-2 码块组重传

NR 标准在上行和下行都采用异步（asynchronous）HARQ 协议，即上行或下行传输的 HARQ 进程通过下行控制信息（Downlink Control Information，DCI）显式指示。LTE 下行采用同样的机制，但上行采用同步协议（尽管 LTE 的后续版本也增加了对异步协议的支持）。为什么 NR 标准在上行和下行两个方向都采用了异步协议？有几个原因。一个原因是同步 HARQ 不适用于动态 TDD。另一个原因是对于在 NR Release 16 中引入的非授权频谱，如第 19 章所述，因为不能保证同步方式下重传时刻的无线资源，所以采用异步方式效率更高。因此，NR 在上行和下行都固定采用异步机制，最大 16 个进程。NR 的最大 HARQ 进程数比 LTE[⊖]更多，目的是支持射频拉远的设备，因为射频拉远会带来一定程度的前传延迟，同时，高频部署的时隙长度更短，也需要更多的进程。重要的是，最大 HARQ 进程数的增加并不意味着往返时间更长，因为并非要使用到全部的进程，因此，这只是可能的进程数的上限。

大的传输块在编码前会被分割成多个码块，每个码块附带自己 24bit 的 CRC（传输块还有总的 CRC）。这已经在 9.2 节中讨论过，分割的原因主要是考虑到复杂度，码块的大小需要在保证良好性能的同时保持合理的解码复杂度。因为每个码块有自己的 CRC，单个码块的错误和整个传输块的错误都可以检测到。一个随之而来的问题是重传整个传输块，还是只重传接收到的错误码块。对于数据速率为每秒几千兆 bit 的传输，会产生非常大的传输块，一个传输块包含几百个码块。如果只有一个或少数几个码块出错，相比于只重传错误的码块，重传整个传输块会导致频谱效率低下。举个例子，对于突发干扰的情况，某些 OFDM 符号比其他符号受扰更为严重，造成只有某些码块错误，如图 13-2 所示，14.1.2 节讨论的下行传输抢占就是这样的例子。

为了正确接收到上述示例中的传输块，只需要重传错误的码块就够了。而与此同时，如果需要 HARQ 机制能够定位到单个码块，那么控制信令的开销会很大。因此，NR 引入了码块组（CodeBlock Group，CBG）的概念。如果配置了 CBG 的重传，反馈就是基于每个 CBG，而不是基于每个传输块，只有接收到的错误 CBG 才会重传，这样比重传整个传输块消耗的资源更少。根据初传的码块数目不同，可以配置 2、4、6 或者 8 个 CBG。请注意，一个码块所属的 CBG 在初传时就已经确定，在重传中不会发生改变。这样是为了避免在两次重传中码块重新分割而产生错误的情况。

从规范角度看，CBG 的重传是由物理层处理的。这种划分并没有什么技术原因，只是为了减少 CBG 级重传对规范的影响。但由此带来的后果是，不能将一个已经接收到的错误传输块的 CBG 的重传和另一个传输块的 CBG 的新传混合在同一个 HARQ 进程中传输。

13.1.1　软合并

HARQ 机制的一个重要部分就是采用了软合并（soft combining），这意味着接收机将

⊖　LTE 中，FDD 使用 8 个进程，而 TDD 根据上下行配置，最多使用 15 个进程。

从多次传输接收到的信号进行合并。根据定义，HARQ 重传必须发送与初传相同的信息比
特集。但是，每次重传可以选择不同的编码
比特集发送，只要这些编码比特代表相同的
信息比特集。在 NR 中，根据重传比特跟初
传比特相同与否，软合并方案通常分为追逐
合并（Chase Combing，CC）（首次提出见
文献［20］），以及增量冗余（Incremental
Redundancy，IR）。对于增量冗余，每次重
传与初传不必相同，而是生成代表相同信息
比特集的多个编码比特集[63, 67]。如 9.3 节
所述，NR 中的速率匹配用于生成不同冗余
版本的编码比特集，如图 13-3 所示。

图 13-3   增量冗余示例

除了接收到的 E_b/N_0 累积带来的增益，
增量冗余还能通过每次重传获得编码增益（直到达到母码率）。在初始码率高的情况下，
增量冗余比纯能量累积（追逐合并）的增益更大[22]。此外，根据文献［31］所示，增量
冗余相比于追逐合并的性能增益大小还依赖于每次传输之间的相对功率差。

到目前为止的讨论中，都是假设接收机已经接收到之前发送的所有冗余版本。如果所
有的冗余版本都提供了数据包相同的信息量，那么冗余版本的顺序并不是关键。但是，对
于某些编码结构，不是所有的冗余版本都具有相同的重要性。NR 中的 LDPC 码就是这种
情况，系统比特比奇偶校验比特更为重要。因此，初传应该至少包含全部系统比特和部分
奇偶校验比特。未包含在初传里的奇偶校验比特可以包含在重传中。这就是如 9.3 节所述，
在循环缓冲区中首先插入系统比特的原因。如此定义了循环缓冲区的起点，使得 RV0 和
RV3 能够自解码，即包含系统比特的典型场景。这也是图 13-3 中所示 RV3 位于时钟 9 点
位之后的原因，因为这样可以包含更多的系统比特。冗余版本的默认顺序是 0、2、3、1，
每偶数次版本的重传通常是可以自解码的。

不管是采用追逐合并还是增量冗余的 HARQ 软合并，都会由于重传而导致数据速率
降低，因此可看作是隐式的链路自适应。但相比于基于瞬时信道条件显式估计的链路自适
应，带软合并的 HARQ 是基于解码的结果来隐式调整编码速率。就总吞吐量而言，这种
隐式的链路自适应优于显式的链路自适应，因为只有在需要时，即当前面较高速率的传输
无法被正确解码时，才会增加冗余。而且，因为不去尝试预估信道变化，所以无论终端移
动速度如何都同样有效。既然隐式的链路自适应能够带来系统吞吐量的增益，由此而来的
一个自然的问题就是为什么一定需要显式的链路自适应。一个主要原因是显式的链路自适
应可以减少时延。尽管从系统吞吐量的角度考虑，隐式的链路自适应就已足够，但是从时
延的角度看终端用户的服务质量可能无法接受。

为了软合并能够正确工作，接收机需要知道什么时候要在解码前进行软合并，什么时

候要清空软缓存，即接收机需要区分接收的是初传（在初传前要清空软缓存）还是重传。类似地，发射机必须知道是重传接收到的错误数据还是发送新数据。这是由新数据指示（New-Data Indicator，NDI）来完成的，会在接下来的下行和上行 HARQ 两节中分别进一步讨论。

13.1.2　下行 HARQ

下行新传和重传数据的调度方式相同，可以在任何时间在下行激活部分带宽内任意的频域位置上发送。调度分配包含 HARQ 相关的控制信令——HARQ 进程号、新数据指示、配置了 CBG 重传的 CBGTI 和 CBGFI，以及上行发送确认所需要的信息，如定时和资源指示。

当接收机在 DCI 上接收到一个调度分配后，会尝试对传输块进行解码，也可能是对前面几次传输进行了软合并之后的传输块进行解码，如上文所述。由于初传和重传一般采用相同的方式进行调度，终端需要知道这次传输是新传还是重传，因为新传需要清空软缓存，而重传需要进行软合并。因此下行发送的调度信息中包含了一个显式的新数据指示，用于标记该调度的传输块。新数据指示本质上是 1bit 的序列号，在新传输块时会反转。当接收到一个下行调度分配时，终端会检查新数据指示，判断当前传输应该与 HARQ 进程软缓存里已经接收到的数据进行软合并，还是应该清空软缓存。

新数据指示是传输块级的。但是如果配置了 CBG 的重传，终端需要知道哪个 CBG 要进行重传，并且相应的软缓存是否要清空。这是通过 DCI 中两个附加的信息字段码块组传输信息（CBG Transmission Information，CBGTI）和码块组刷新信息（CBG Flushing out Information，CBGFI）来处理的。CBGTI 用位图来指示下行传输中某个特定的 CBG 是否存在（见图 13-4）。CBGFI 用 1bit 来指示 CBGTI 所标明的 CBG 要清空还是要做软合并。解码操作的结果，即解码成功的肯定确认或者解码不成功的否定确认，会在上行控制信息中反馈给 gNB。如果配置了 CBG 重传，则用每比特对应一个 CBG 的位图代替表示整个传输块的单个比特的方式来进行反馈。

图 13-4　码块组重传示例

13.1.3　上行 HARQ

上行采用与下行相同的异步 HARQ 协议。调度授权里包含了 HARQ 所需的相关信息——HARQ 进程号、新数据指示，以及如果配置了 CBG 重传的 CBGTI。

为了区分是新传还是重传的数据，采用了新数据指示。当请求发送新的传输块时，新数据指示会反转，否则该 HARQ 进程先前的传输块要进行重传（这种情况下 gNB 可以进行软合并）。CBGTI 的用法与下行类似，用于指示 CBG 重传情况下要重传的 CBG。请注意，上行不需要 CBGFI，这是因为软缓存位于 gNB，由 gNB 基于调度决策来决定是否要清空缓存。

13.1.4　上行确认的定时

在 LTE 中，规范固定了从接收下行数据到发送确认的时间。对于全双工传输（例如 FDD），LTE 可以在数据接收完成大概 3ms 后发送确认⊖。对于上下行半静态配置的半双工场景（例如 LTE 中的半静态 TDD），也可以采用类似的方法。但不幸的是，这种事先定义好的确认定时机制，与 NR 基石之一的动态 TDD 不能很好地融合，因为上行 / 下行方向是由调度器动态控制的，不能确保在下行传输后一个固定的时间有上行的机会。在期望发送上行的时刻也会受到在同频段共存的其他 TDD 部署的限制。而且，即使可能在每个时隙将传输方向从下行改为上行，也是不可取的，因为这会增加转换的开销。因此，NR 采用了适用于动态控制的一种更灵活的确认发送机制。

在下行 DCI 中的 HARQ 定时字段用于控制上行确认的发送定时。这个 3bit 的字段用作 RRC 配置表的索引，指示相对于 PDSCH 接收何时发送 HARQ 确认（见图 13-5）。在这个具体的例子中，在上行发送确认前，下行调度了三个时隙。每个下行分配中配置了不同的确认定时索引，结合 RRC 配置表，这三个时隙的确认在同一时间发送（如下所述，这些确认复用在同一时隙里）。

图 13-5　确认定时的确定

此外，由于 NR 标准的设计考虑到极低时延，因此能够在接收完下行数据后立即发送确认，这比 LTE 的定时关系更快。所有终端都支持表 13-1 所示的基准处理时间，某些终

⊖　从接收下行数据到发送确认的时间取决于定时提前量，LTE 中最大可能的定时提前为 2.3ms。

端还可选支持更快的处理时间。支持能力是根据每种子载波间隔来上报的。处理时间的一部分在符号级是恒定的，即与子载波间隔在时域上成正比，而另一部分处理时间与子载波间隔无关。因此，尽管表中所列的处理时间与子载波间隔有依赖关系，但不是直接成正比。而且处理时间还依赖于参考信号的配置，如果在该时隙的后部给终端配置了额外的参考信号，终端至少要等到某些额外的参考信号收到后才能开始处理，这样总的处理时间就更长了。尽管如此，由于 NR 标准设计中强调了低时延的重要性，处理还是比 LTE 快很多。

表 13-1　最小处理时间（PDSCH 映射类型 A，PUCCH 上反馈）

DM-RS 配置	终端能力	子载波间隔				LTE Release 8
		15kHz	30kHz	60kHz	120kHz	
前置	基准	0.57ms	0.36ms	0.30ms	0.18ms	2.3ms
	进阶	0.18 ~ 0.29ms	0.08 ~ 0.17ms			
额外	基准	0.92ms	0.46ms	0.36ms	0.21ms	
	进阶	0.85ms	0.4ms			

为了正确发送确认，终端不仅要通过上面所述的定时字段知道在什么时候发送，还需要知道在资源域的哪个位置（频率资源和码域的某些 PUCCH 格式）进行发送。在 LTE 最初设计时，主要是通过 PDCCH 用于传输调度的位置来获取。对于 NR 而言，由于发送确认定时的灵活性，这种方案就不够了。如果两个终端在不同时刻被调度，但被指示在相同时间发送确认，就需要给终端分配不同的资源。这是通过 PUCCH 资源指示（PUCCH resource indicator）来完成的，用 3bit 索引来代表八个 RRC 配置的资源集之一，如 10.2.7 节所述。

13.1.5　HARQ 确认的复用

在上一节，HARQ 确认定时的例子显示了多个传输块需要同时响应确认。其他需要同时在上行发送多个确认的例子还有载波聚合和 CBG 重传。NR 支持将多个传输块（和 CBG）的确认复用为一个多比特的确认消息。多个比特可以采用半静态码本或动态码本进行复用，通过 RRC 配置选择二者之一。

半静态码本可以看作是由时域维度和分量载波（或 CBG 或 MIMO 层）维度组成的二维矩阵，两个维度都是半静态配置。时域的大小取决于图 13-5 配置的 HARQ 确认定时的最大和最小值；载波域的大小取决于所有分量载波上同时发送的传输块（或 CBG）的数量。在图 13-6 的例子中，确认定时分别为 1、2、3、4；三个载波分别配置了 2 个传输块、1 个传输块和 4 个 CBG。因为码本大小是固定的，那么一个 HARQ 报告里传输的比特数是已知的（图 13-6 的例子中为 4·7 = 28bit），由此可以选出合适的上行控制信令的格式。矩阵的每一个元素代表解码输出，即对应传输的肯定或否定确认。该示例没有使用码本所有可能的传输机会，对于矩阵中没有对应传输的元素，会发送一个否定的确认。这样提供了鲁棒性：在下行分配丢失时，向 gNB 发送否定确认，可以重传丢失的传输块（或 CBG）。

图 13-6 半静态 HARQ 确认码本示例

半静态码本的一个缺点是 HARQ 报告可能过大。对于分量载波数较少以及没有 CBG 重传的情况，问题不大，但如果载波数量较大并配置了 CBG 重传，而其中又只有少数载波和 CBG 同时使用，这可能会成为问题。

为了解决某些场景下半静态码本可能过大的缺点，NR 还支持动态码本。实际上，除非系统配置了其他码本，否则动态码本就是默认配置。在动态码本配置下，只有被调度的载波⊖的确认信息才会上报；而不像半静态码本，无论是否被调度，所有载波都需要上报。因此，码本（见图 13-6 中的矩阵）大小是随着被调度的载波数动态变化的。在图 13-6 的示例中，HARQ 报告只包含加黑的元素，省略不加黑的元素（对应未被调度的载波），这会减少确认消息的大小。

如果下行控制信令没有错误，采用动态码本更为简单直接。但是，如果下行控制信令出现错误，终端和 gNB 对于被调度的载波数的理解可能不一致，这会导致不正确的码本大小，并可能对全部载波的反馈报告造成破坏，而不仅是下行控制信令丢失的载波。举个例子，假设终端在连续两个时隙被调度进行下行传输，但是第一个时隙的 PDCCH 调度分配丢失。终端只发送第二个时隙的确认，而 gNB 尝试接收两个时隙的确认，这会导致不匹配。

为了应对这种错误的情况，NR 标准采用了在下行分配 DCI 里包含下行分配索引（Downlink Assignment Index，DAI）。DAI 字段分为两部分：DAI 计数器（cDAI）和载波聚合配置下的总 DAI（tDAI）。DAI 计数器指示了到收到 DCI 为止下行调度传输的次数，

⊖ 这里的描述使用"载波"这一术语，但同样的原则也适用于 CBG 的重传或 MIMO 情况下多个传输块。

首先按照载波维度计数，然后按照时间维度计数。总 DAI 指示了到目前为止所有载波上的下行传输总数，即当前最高的 cDAI 值（见图 13-7 中的示例）。DAI 计数器和总 DAI 都是十进制的，但实际上分别用 2bit 表示，循环计数，即信令中是按照图中的数字模四取余。在图 13-7 的例子中，动态码本需要表明 17 个确认（编号为 0 ~ 16）。而与此相比的半静态码本，无论传输的数量如何，都需要 28 个元素。

图 13-7　HARQ 确认动态码本示例

此外，该示例中分量载波 5 上丢失了一次传输。如果没有 DAI 机制，会导致终端和 gNB 的码本不一致。只要终端收到至少一个分量载波，就知道了总 DAI 值，因此也就知道了此时的码本大小。而且，根据收到的 DAI 计数器的值，还可以推断出丢失的是哪个分量载波，在码本的这个位置上即认为是否定的确认。

当某些载波配置了 CBG 重传时，动态码本分为两部分，非 CBG 载波的码本和 CBG 载波的码本。根据上文所述的原则分别处理每个码本。分开处理是因为对于 CBG 载波，终端需要根据最大的 CBG 配置对每个载波生成反馈。

13.2　RLC

无线链路控制（Radio-Link Control，RLC）协议从 PDCP 获取数据生成 RLC 的 SDU，然后通过 MAC 层和物理层递交到接收机对应的 RLC 实体。如图 13-8 所示，RLC 的多个逻辑信道复用为一个 MAC 的传输信道。

图 13-8 MAC 和 RLC

终端的每个逻辑信道都配置一个 RLC 实体，RLC 实体负责如下一个或多个功能：

- RLC SDU 分段
- 重复删除
- RLC 重传

不同于 LTE，NR 的 RLC 协议中不支持级联和按序递交。这是出于减少整体时延的仔细考虑而做出的选择，在下面章节里会进一步讨论。这也影响了报头的设计。请注意，每个逻辑信道有一个 RLC 实体，一个小区（或分量载波）有一个 HARQ 实体，这意味着 RLC 的重传可以和初传在不同的小区（或分量载波）。这不同于 HARQ 协议中重传和初传要绑定在同一分量载波。

不同业务有不同需求：对于某些业务（如大文件传输），重要的是数据的无错递交；而对于其他应用（如流媒体业务），少量丢包则不是问题。因此，根据应用的需求，RLC 可以在三种不同的模式运行：

- 透明模式（Transparent Mode，TM），RLC 完全透传，实际上是被绕过的。没有重传，没有重复检测，也没有分段和重组。这种配置用于给多个用户发送信息的控制面广播信道，例如 BCCH、CCCH 和 PCCH。消息的大小经过挑选，以保证所有期望的终端都能以很高的概率接收到信息，因此既不需要分段来应对信道条件的变化，也不需要重传来保证数据的无错传输。而且，在这些信道上，由于没有建立上行，终端无法反馈状态报告，重传也是不可行的。
- 非确认模式（Unacknowledged Mode，UM）支持分段但是不支持重传。这种模式用于不需要无错递交的情况，例如 VoIP。
- 确认模式（Acknowledged Mode，AM）是 DL-SCH 和 UL-SCH 的主要工作模式。支持分段、重复删除和错误数据的重传。

下面几节描述 RLC 协议的运行，以确认模式为重点。

13.2.1　序列编号和分段

在非确认模式和确认模式里，每个输入的 SDU 附带一个序列号，对于非确认模式，序列号长度为 6 或 12bit，对于确认模式，序列号长度为 12 或 18bit。如图 13-9 所示，序列号包含在 RLC PDU 报头中。对于不分段的 SDU，RLC PDU 就是直接在 RLC SDU 上简单地附加报头。请注意，可以预先生成 RLC PDU，因为在不分段的情况下，报头不依赖于调度传输块大小。从时延角度看这是有好处的，这也是报头结构相比于 LTE 发生改变的原因。

然而，取决于 MAC 复用后传输块的大小，传输块中（最后一个）RLC PDU 的大小不一定与 RLC SDU 的大小相匹配。为了解决这个问题，可以将一个 SDU 分割成多个分段。如果没有分段，也许会需要使用填充，这会导致频谱效率的降低。因此，需要通过动态改变 RLC PDU 的数量，以及分段来调整最后一个 RLC PDU 的大小，来填满传输块，以确保传输块的高效利用。

图 13-9 从 RLC SDU 生成 RLC PDU（假设报头结构为确认模式）

分段很简单，最后一个预处理的 RLC SDU 可以被分为两段，更新第一个分段的报头，并添加第二个分段的报头（因为第二个分段不在当前传输块里传输，所以时间要求不严格）。每个 SDU 分段和原来未分段的 SDU 序列号相同，该序列号作为 RLC 报头的一部分。为了区分 PDU 包含的是一个完整的 SDU 还是一个分段，RLC 报头里添加了一个分段信息（Segmentation Information，SI）字段，用于指示该 PDU 是一个完整的 SDU、SDU 的第一个分段、SDU 的最后一个分段，或介于 SDU 第一个和最后一个分段之间的一个分段。此外，在 SDU 分段情况下，除去第一个分段之外的所有分段，都包含了一个 16bit 的分段偏移（Segmentation Offset，SO），用于指示该分段代表了 SDU 的哪部分字节。

报头中还包含一个轮询比特（Poll bit，P），在确认模式下用于请求状态报告，如下文所述；以及一个数据/控制指示（Data/Control Indicator），用于指示 RLC PDU 是包含发往/来自逻辑信道的数据，还是 RLC 运行所需的控制信息。

上文所述的报头结构适用于确认模式。非确认模式的报头与之类似，但不含轮询比特和数据/控制指示。而且，只有在分段的情况下才包含序列号。

在 LTE 里，RLC 还可将多个 RLC SDU 级联成一个 PDU。但 NR 中为了减少时延并没有这个功能。如果要支持级联，由于不能预先知道调度传输块的大小，要等到接收到上行授权后才能组装 RLC PDU。因此，终端需要提前足够的时间来接收上行授权以便有足够的处理时间。如果没有级联，RLC PDU 可以在接收上行授权前就预先组装，从而减少了接收上行授权和实际上行传输之间所需的处理时间。

13.2.2　确认模式和 RLC 重传

重传丢失的 PDU 是 RLC 确认模式的主要功能之一。尽管 HARQ 协议可以处理大多数错误，但正如本章开篇所述，二级重传机制是有益的补充。通过检查接收到的 PDU 的序列号，可以检测出丢失的 PDU 并请求发送端重传。

NR 的 RLC 确认模式与 LTE 类似，除了 NR 不支持确保按序递交的重排序。把按序递交从 RLC 中去除也有助于减少总时延，因为后面的数据包可以立即转发，而不必等到先前丢失数据包的重传递交到高层后。这对于减小缓冲区的内存需求也有积极意义。LTE 的 RLC 协议支持按序递交，一个 RLC SDU 要等到之前所有的 SDU 都正确接收到才能转发到高层。举个例子，由于瞬时的干扰突发导致丢失了一个 SDU，这会在相当长一段时间阻塞后续 SDU 的递交，尽管这些 SDU 对于应用是有用的，这对于以极低时延为目标的系统无疑是不可取的。

确认模式的 RLC 实体是双向的，即数据可以在两个对等实体之间双向流动。接收 PDU 的实体需要给发送 PDU 的实体反馈确认。接收端以状态报告（status report）的形式将丢失 PDU 的信息提供给发送端。状态报告可以由接收机主动发送或者发射机请求发送。为了跟踪传输中的 PDU，报头里采用了序列号。

确认模式下，两端的 RLC 实体都维护两个窗口，分别是发送窗和接收窗。只有发送窗内的 PDU 才能发送，序列号小于窗口起始点的 PDU 已经被接收端 RLC 确认。与之类似，接收机只接受序列号在接收窗内的 PDU。接收机还会丢弃重复的 PDU，因为只能递交一份 SDU 到高层。

图 13-10 的简单示例能够更好地帮助理解 RLC 的重传。如图所示，有两个 RLC 实体，一个在发送节点，一个在接收节点。在确认模式下，每个 RLC 实体具有发射机和接收机双重功能，但在该示例中仅讨论一个方向，因为另一个方向是完全相同的。在示例中，序列号从 n 到 $n+4$ 的 PDU 在发送缓存中等待发送。在 t_0 时刻，序列号为 n 的 PDU 和之前的 PDU 都已经发送并且正确接收到，但是只有 $n-1$ 和 $n-1$ 之前的 PDU 已经被接收机确认。如图所示，发送窗从 n 开始，即第一个未被确认的 PDU；接收窗从 $n+1$ 开始，即下一个期望接收的 PDU。当接收到 PDU n 时，SDU 重组并递交到高层，即 PDCP 层。对于包含一个完整 SDU 的 PDU，重组就是简单地去除报头，但对于一个分段的 SDU，要等到承载所有分段的 PDU 都接收到之后该 SDU 才能递交。

图 13-10　确认模式下的 SDU 递交

在 t_1 时刻，PDU 传输继续，PDU $n+1$ 和 $n+2$ 已经发送，但是在接收端只有 PDU $n+2$ 到达。一旦收到一个完整的 SDU 就立刻递交到高层，因此 PDU $n+2$ 被转发到 PDCP 层，无须等待丢失的 PDU $n+1$。PDU $n+1$ 丢失的一个原因可能是正在进行 HARQ 重传，所以还未从 HARQ 递交到 RLC。与前面的图相比，发送窗保持不变，因为 PDU n 及后续的 PDU 还未被接收机确认。由于发射机并不知道这些 PDU 是否已经被正确接收，因此这些 PDU 可能需要重传。

由于 PDU $n+1$ 丢失，当 PDU $n+2$ 到达时，接收窗不会更新。接收机会启动 t-Reassembly 定时器，如果定时器超时前丢失的 PDU $n+1$ 还未收到，则会请求重传。幸运的是，这个例子中定时器超时前，在 t_2 时刻收到 HARQ 协议发来的丢失的 PDU。接收窗前进，并且由于丢失的 PDU 已经到达，重组定时器停止，递交 PDU $n+1$ 用于重组 SDU $n+1$。

RLC 还负责重复检测，使用与重传处理相同的序列号。如果 PDU n+2 再次到达（并且在接收窗内），尽管已经收到，也会被丢弃。

如图 13-11 所示，PDU $n+3$、$n+4$ 和 $n+5$ 继续发送。在 t_3 时刻，$n+5$ 及之前的 PDU 都已发送。只有 PDU $n+5$ 到达，而 PDU $n+3$ 和 $n+4$ 丢失。与上面的情况类似，这会导致重组定时器启动。但是在这个例子里，定时器超时前没有 PDU 到达。定时器在 t_4 时刻超时，触发接收机发送一个包含状态报告的控制 PDU，向对端实体指示丢失的 PDU。为了避免不必要的状态报告延迟，以及对重传时延的负面影响，控制 PDU 的优先级高于数据 PDU。发射机在 t_5 时刻收到状态报告，知道 $n+2$ 及之前的 PDU 都已正确接收到，发送窗前进。丢失的 PDU $n+3$ 和 $n+4$ 重传，并且这次被正确接收到。

图 13-11　重传丢失的 PDU

最终，在 t_6 时刻，所有的 PDU，包括重传的 PDU，都已经发送并且被成功接收。由于 $n+5$ 是发送缓存里最后一个 PDU，发射机通过在最后一个 RLC 数据 PDU 的报头里设置一个标志，向接收机请求状态报告。当接收机收到设置了标志的 PDU 时，会发送请求的状态报告，确认 $n+5$ 及之前所有的 PDU。发射机接收到状态报告后，表明所有的 PDU 都已经正确接收到，发送窗前进。

如前所述，状态报告可以由多种原因触发。但是，为了控制状态报告的数量，避免过多状态报告对回传链路产生洪泛，可以使用状态禁止定时器。有了状态禁止定时器，状态报告在定时器确定的每个时间间隔内最多只发送一次。

上述示例中假设每个 PDU 都承载一个非分段的 SDU。分段 SDU 的处理方式相同，但一个 SDU 要等到所有的分段都收到后才会递交到 PDCP 协议。状态报告和重传是基于单个分段的，只需要重传丢失的分段。

重传时，RLC 的 PDU 可能与 RLC 重传调度的传输块大小不匹配，在这种情况下重新分段遵循与初始分段相同的原则。

13.3　PDCP

分组数据汇聚协议（Packet Data Convergence Protocol，PDCP）负责：

- 头压缩
- 加密和完整性保护
- 分离承载的路由和复制
- 重传、重排序和 SDU 丢弃

配置头压缩是为了减少无线接口传输的比特数，在接收端有相应的解压缩功能。尤其是对于净荷比较小的数据包，如 VoIP 和 TCP 确认，未压缩的 IP 报头大小与净荷自身的大小差不多，IPv4 头为 40 字节，IPv6 头为 60 字节，可以占到发送总比特数的 60% 左右。将报头压缩到几个字节，可以很大程度提高频谱效率。NR 标准中的头压缩是基于鲁棒性头压缩（RObust Header Compression，ROHC）[36]——一种标准的头压缩框架，ROHC 也应用于其他一些移动通信技术，如 LTE。ROHC 定义了多种压缩算法，用配置文件来表示，每种配置文件针对一个特定的网络层和传输层协议的组合，例如 TCP/IP 和 RTP/UDP/IP。头压缩用于压缩 IP 数据包，因此只适用于数据部分，不适用于 SDAP 报头（如果存在的话）。

完整性保护确保数据来自正确的源，而加密则防止窃听。通过配置，PDCP 可以负责这两项功能。完整性保护和加密都可用于数据面和控制面，并且只适用于净荷，而非 PDCP 控制 PDU 或 SDAP 报头。

对双连接和分离承载（对双连接更深入的讨论见第 6 章），PDCP 可以提供路由和复制功能。在双连接下一些无线承载由主小区组管理，而另一些由辅小区组管理。分离承载还有可能跨越这两个小区组。PDCP 的路由功能就是负责把不同承载的数据流路由到正确的小区组，以及处理在分离 gNB 场景下中央单元（gNB-CU）和分布单元（gNB-DU）的流量控制。

复制意味着相同的数据可以在两个单独的逻辑信道上传输，同时通过配置来保证两个逻辑信道映射到不同的载波上。复制可以与载波聚合或双连接结合使用，以提供额外的分集。如果使用多个载波发送相同的数据，则至少在一个载波上正确接收数据的可能性会增加。如果接收到同一个 SDU 的多个副本，接收端 PDCP 会丢弃重复的副本。这种选择分集对提供极高可靠性至关重要。对于下行，发送端复制取决于实现，而对于上行需要在规范中显式支持。Release 15 可以配置最多 2 个副本，Release 16 中副本的数量最多到 4（见第 20 章）。

重传功能，包括可能确保按序递交的重排序，也是 PDCP 的一部分。一个随之而来的问题是，为什么在低层已经有其他两个重传功能，即 RLC 的 ARQ 和 MAC 的 HARQ，PDCP 还要具备重传的能力。一个原因是不同 gNB 之间的切换。在切换时 PDCP 会将未递交的下行数据包从旧 gNB 转发到新 gNB。在这种情况下，新 gNB 会建立新的 RLC 实体（和 HARQ 实体），原来的 RLC 状态丢失。PDCP 的重传功能确保数据包不会因切换而丢失。在上行，终端的 PDCP 实体会处理所有未递交到 gNB 的上行数据包的重传，因为在切换时 HARQ 的缓存会被清空。

为了减少总时延，RLC 不保证按序递交。在很多情况下，数据包的快速递交比保证按序递交更为重要。但是，如果按序递交很重要，也可配置 PDCP 来提供此功能。

重传和按序递交（如果配置了）是在同一个协议里联合处理的，除了不支持分段，操作与 RLC ARQ 协议类似。每个 SDU 关联了一个计数值，它是 PDCP 序列号和超帧号的组合。计数值用于标识丢失的 SDU 以及请求重传，而且如果配置了重排序，在递交到上层之前还用于对接收到的 SDU 进行重排序。重排序一般会先将接收到的 SDU 缓存，直到所有编号低于此的 SDU 都已经递交后才转发到高层。如图 13-10 所示，这与 SDU $n+2$ 要等到 $n+1$ 成功接收并递交后才会递交类似。每个 PDCP SDU 还可能配置一个丢弃定时器，当定时器超时的时候，相应的 SDU 会被丢弃，不再发送。

第 14 章

调　　度

NR 本质上是一个受调度的系统，意味着由调度器决定何时向哪些终端分配时间、频率和空间资源，以及使用何种传输参数，其中包括数据速率。调度可以是动态或半静态的。动态调度是基本的工作方式：调度器在每个时间间隔（如时隙）决定要发送和接收的终端。由于动态调度的决策非常频繁，因此跟上业务量需求和无线信道质量的快速变化，从而有效地利用资源是有可能的。半静态调度则意味着提前将传输参数发送给终端，而不是动态的。

下面讨论动态下行和上行调度，随后是非动态调度，最后是与调度相关的节能机制。

14.1　动态下行调度

接收信号质量的小尺度波动和环境的大尺度变化是任何无线通信系统与生俱来的组成部分。在过去，这种变化是个问题，但随着基于信道调度的采用，可以利用这些变化选择终端无线条件好的时候进行传输。当小区里有足够多的终端有数据待传时，在某个时间点上很可能有一些信道条件好的终端能够高速传输数据。这种选择良好无线链路用户发送而获得的增益通常称为多用户分集。信道变化越大，小区用户数越多，则多用户分集增益越大。在 3G 标准的后续版本 HSPA [19] 中引入了基于信道的调度，LTE 和 NR 也在使用。

在调度领域有大量文献讨论如何利用时频域的变化（例如文献 [26] 及其中的参考文献）。近来，人们对各种大规模多用户 MIMO [53] 也产生了很大兴趣，通过使用大量天线单元来生成极窄"波束"，或者说，在空间域将不同用户隔离。在某些特定情况下，使用大量天线会呈现出称为"信道硬化"的效应。本质上就是消除了无线信道质量的快速波动，当然这是以更复杂的空域处理为代价来简化时频域的调度问题。

NR 的下行调度器负责动态控制发送的目标终端。网络给每个被调度的终端提供调度分配（scheduling assignment），其中包含 DL-SCH[⊖]传输的时频资源信息、调制编码方式、HARQ 相关信息，以及第 10 章所述的多天线参数。大多数情况下，在 PDSCH 上调度分

　　⊖　载波聚合情况下每个分量载波都有一个 DL-SCH（或 UL-SCH）。

配紧靠在数据之前发送，但是调度分配中的定时信息也可以在该时隙后面的 OFDM 符号或者更晚的时隙上调度。这样做是为了下面所述的带宽自适应。改变部分带宽需要时间，所以数据传输和收到的控制信令可能不在同一时隙内。

重要的是，NR 中并没有标准化调度的行为，只是标准化了一套支撑设备商特定调度策略的机制。调度器所需的信息取决于采用哪种特定的调度策略，但大多数调度器至少需要如下信息：

- 终端的信道条件，包括空域特性。
- 不同数据流的缓存状态。
- 不同数据流的优先级，包括等待重传的数据量。

此外，如果实现了干扰协调功能，相邻小区的干扰情况也是有用信息。

终端的信道条件信息可以通过几种方式获得。原则上，gNB 可采用任何可用的信息，但常用的是终端上报的 CSI，如 8.1 节所述。网络可以配置终端的 CSI 报告包含时域、频域和空域的信道质量。如果要在相同的时频资源上调度两个终端，即作为多用户 MIMO 的候选，那么也需要用于估计空间隔离度的空间信道的相关度。如果假定信道的互易性，那么上行采用 SRS 发送的探测也可以用于估计下行信道质量。此外，还可采用诸如不同备选波束的信号强度测量等其他信息。

由于下行调度器和发送缓存位于同一节点，因此很容易获取缓存状态和业务优先级。不同业务流的优先级排序与实现相关，但至少对于相同优先级的数据流，重传通常会优先于新数据的传输。鉴于 NR 旨在处理比之前的技术（如 LTE）更广泛的业务类型和应用，在很多场景下会比过去更强调调度器的优先级处理。除了从不同数据流中选择数据外，调度器还会选择发送的持续时间。例如，对于时延关键的业务，其数据映射到某个逻辑信道，选择一个时隙的一部分来传输是有好处的，而对另外一个逻辑信道上的其他业务，采用整个时隙来传输的传统方法可能是更好的选择。也有可能是这种情况：考虑到时延的因素和资源的短缺，使用少量 OFDM 符号的紧急传输需要抢占正在进行的使用整个时隙的传输。在这种情况下，被抢占的传输可能被破坏，需要重传，但考虑到低时延传输的优先级非常高，这是可以接受的。NR 还有一些机制可以缓解抢占的影响，参见本节下行抢占处理。

不同下行调度器之间可以相互协作以提高总体性能，例如可以通过避开一个小区内在特定频率范围上的传输来减少对另一个小区的干扰。在（动态）TDD 的情况下，不同小区之间还可以协调传输方向（上行或下行），以避免小区间有害干扰的情况。这类协调可以在不同时间尺度上进行，通常情况下，小区间协调比每个小区自己的调度决策速度慢，否则对连接不同 gNB 的回传要求会过高。

在载波聚合的情况下，针对每个载波进行调度决策，分别发送调度分配，即网络调度终端从多个载波上同时接收多个 PDCCH 和数据。一个 PDCCH 可以指向同一个载波，称为自调度；或者指向另一个载波，通常称为跨载波调度（见图 14-1）。在跨载波调度中发送数据的载波和发送 PDCCH 的载波参数集不同的情况下，调度分配中的定时偏移，例如调度分配对应于哪个时隙，要遵循 PDSCH 的参数集（而非 PDCCH 参数集）。

图 14-1　自调度和跨载波调度

不同载波的调度决策不是孤立进行的。恰恰相反，需要对给终端分配的不同载波协同调度。例如，如果在一个载波上调度了某块数据，那么一般不应在另一个载波上再调度相同的数据。但是为了提高可靠性，原则上也可以在多个载波上调度相同的数据。多载波发送相同数据提高了单个载波接收的成功率。接收机的 RLC（或 PDCP）层可配置为删除从多个载波成功接收到的重复数据。下行的复制功能是发送端实现的一种选择，而上行的复制功能则需要标准的支持。第 20 章将讨论 Release 16 在这一领域的增强。

下行抢占处理

如上所述，动态调度意味着在每个时间间隔做出调度决策。在很多情况下该时间间隔就是一个时隙，即每个时隙都要进行调度决策。时隙长度取决于子载波间隔，子载波间隔越大，时隙长度越短。原则上短时隙可用于更低时延的传输，但是由于子载波间隔增加的同时循环前缀也随之缩短，因此不适用于所有部署场景。因此，如 7.2 节所讨论的，NR 支持一种对于低时延更有效的方式，即允许从一个时隙的任意 OFDM 符号开始，只用部分时隙传输。这使得在不牺牲时间色散鲁棒性的情况下实现了极低时延。

如图 14-2 所示，终端 A 的下行调度持续一个时隙。在终端 A 的传输过程中，终端 B

图 14-2　下行抢占指示

的时延关键数据到达 gNB，需要立即调度。通常情况下，如果有可用的频率资源，则终端 B 的传输和终端 A 正在进行的传输不会调度重叠的资源。但是在网络高负荷的情况下，除了将原先终端 A 的（部分）资源用于终端 B 的时延关键的传输之外别无选择。这也称为终端 B 的传输抢占终端 A 的传输，一个后果是终端 A 会明显受到影响，因为终端 A 假定承载数据的一些资源突然被终端 B 的数据占用。

NR 标准中有几种可能的方式来处理抢占的影响。一种方式是依靠 HARQ 的重传。由于终端 A 的资源被抢占，无法对数据进行解码，因此会上报失败确认给 gNB，gNB 可以紧接着重传数据。gNB 可以重传整个传输块，也可以在采用基于 CBG 的重传时只重传受影响的码块组，如 13.1 节所述。

还有一种可能的方式指示终端 A 的部分资源被抢占，用于其他用途。这通过在数据传输时隙后的一个时隙给终端 A 发送一个抢占指示（preemption indicator）来标明。抢占指示采用 DCI 格式 2_1（关于不同 DCI 格式的详细说明见第 10 章），包含对每个配置的小区对应一个 14bit 的位图。可以通过配置用位图的每个比特表示整个部分带宽在时域上的一个 OFDM 符号，或者表示一半部分带宽在时域上的两个 OFDM 符号。此外，网络还给终端配置监听抢占指示的周期，例如每第 n 个时隙监听抢占指示。

规范没有规定终端收到抢占指示后的行为，不过合理的行为是清空被抢占的时频区域对应的软缓存，以避免软缓存破坏而导致重传。从终端处理软缓存的角度来看，终端监听抢占指示越频繁越好（理想情况是抢占发生后网络会立即发送抢占指示）。

在上行抢占的情况下，终端需要使用本来用于其他终端的上行资源（这将在第 20 章中讨论），包括 Release 16 里的相关增强。

14.2 动态上行调度

在动态调度情况下上行调度器的基本功能与下行类似，即动态控制哪些终端在哪些上行资源上使用哪些参数进行传输。

对于下行调度的讨论一般也适用于上行，但二者有本质上的区别。例如，上行的功率资源在终端之间分布，而下行的功率资源由基站集中控制。而且，单个终端的最大上行发射功率往往远低于基站的输出功率，这对调度策略影响重大。上行甚至会出现需要发送大量数据而没有足够功率的情况，即一般是功率受限而非带宽受限，而下行的情况通常恰恰相反。因此，相比于下行，上行调度更多采用多个终端的频分复用。

调度器会给每个被调度的终端提供一个调度授权（scheduling grant），指示所用 UL-SCH 的时间、频率、空间资源的集合，以及相应的传输格式。终端只在收到有效授权的情况下才会发送上行数据，没有授权就不会发送数据。

上行调度器完全控制终端所用的传输格式，即终端必须听从调度授权。唯一例外的是，当终端的发送缓存中没有数据时，无论授权如何，都不发送任何数据。当网络调度没有数据待传的终端时，通过这种方式避免了不必要的传输，可以降低整体干扰水平。

终端根据网络配置的一套准则来控制逻辑信道的复用（见 14.2.1 节）。因此调度授权调度一个终端，而非显式调度一个特定的逻辑信道，即上行是基于每个终端而不是每个无线承载来调度的（尽管在下文所述的优先级处理机制中，原则上调度是可以基于每个无线承载的）。上行调度如图 14-3 右半部分所示，调度器控制传输格式，终端控制逻辑信道复用。相比于终端自主选择数据速率的方案，调度器通过严格控制上行的行为来最大化地利用资源，因为自主方案通常需要调度决策保留一些余量。调度器负责选择传输格式也意味着它需要详细而准确的终端状态信息，包括缓存状态和可用功率，而终端自主控制传输参数的方案则不需要。

图 14-3　NR 中的下行和上行调度

如 10.1.11 节所述，DCI 中指示了终端上行传输的持续时间。下行调度分配的发送时间一般非常靠近数据的发送时间，而上行的情况却不同。因为授权是用下行控制信令发送的，一个半双工的终端在发送上行前需要改变传输方向。而且，根据上下行分配的情况，也许需要在同一个下行时机发送多个上行授权来调度多个上行时隙[⊖]。因此，上行授权的定时字段很重要。

如图 14-4 所示，终端还需要一定的时间来准备传输。从整体性能的角度来看，准备时间越短越好。但是从终端复杂度的角度来看，处理时间不可能任意短。LTE 中终端准备上行传输的时间可以大于 3ms。对于更专注时延设计的 NR，因为更新了 MAC 和 RLC 报头结构，所以从总体的技术上已经大大减少了准备时间。表 14-1 总结了从接收到授权到发送上行数据的时延。从数字来看，处理时间取决于子载波间隔，但不是与子载波间隔成正比。还可以看到定义了两种终端能力，所有终端都需要满足基准要求，但终端也可以声明是否具备更强的处理能力，这可以用于时延关键的应用。

⊖　Release 16 在非授权频谱扩展中可以用一个授权调度多个上行传输，见第 19 章。

图 14-4 上行调度到未来时隙的示例

表 14-1 从接收授权到发送数据的最小处理时间

终端能力	子载波间隔				LTE Rel 8
	15kHz	30kHz	60kHz	120kHz	
基准	0.71ms	0.43ms	0.41ms	0.32ms	3ms
进阶	0.18～0.39ms	0.08～0.2ms			

与下行类似,上行调度器可以从信道条件、缓存状态和可用功率中获取有用信息。但是,因为发送缓存和功率放大器都在终端侧,所以需要下面所述的报告机制上报信息给调度器。而在下行,调度器、功率放大器和发送缓存都在同一节点。如前面已提到的,上行优先级的处理也是上下行调度的区别之一。

14.2.1 上行优先级处理和逻辑信道复用

不同优先级的多个逻辑信道可以通过 MAC 的复用功能复用到同一传输块上。除非上行调度授权可以提供传输所有逻辑信道上全部数据的足够资源,否则需要将逻辑信道按照优先级排序后进行复用。但是,与下行优先级排序取决于调度器的实现不同,上行的复用是根据终端内的一套明确定义的规则来进行的,其参数由网络设置。之所以这样做,是因为调度授权针对的是终端的一个特定上行载波,而非明确指向载波内某个特定的逻辑信道。

一个简单的方法是按照严格的优先级顺序来处理逻辑信道。但这样会把所有资源都分给高优先级的信道,直到缓存为空,这可能导致较低优先级的信道一直得不到处理而被"饿死"。通常情况下,运营商反而更愿意给低优先级业务至少提供一些吞吐量。此外,由于 NR 标准旨在对很多种不同类型业务进行混合处理,因此需要更为精细化的方案。例如,文件上传的业务不必采用时延关键业务的授权。

在 LTE 中就已存在饿死的问题,这是通过给每个信道分配保证数据速率来解决的。网络按照优先级递减的顺序给逻辑信道提供服务,直到保证数据速率为止。只要调度数据速率不小于保证数据速率之和,就可以避免饿死。超过保证数据速率后,就按照严格的优先级顺序进行服务,直到授权被全部利用或者缓存为空。

NR 采用类似的方式,但是鉴于 NR 在不同的传输持续时间和更广泛的业务类型支持方面的灵活性,需要采用更先进的方案。一种可能的方案是定义不同的配置文件(profile),每个配置文件代表一个所允许的逻辑信道组合,并在授权中显式通知使用哪种配置文件。但是，NR 中采用哪种配置文件是通过授权中的其他可用信息间接得知的，而非显式通知。

当终端接收到上行授权后，会执行两步操作。首先，终端确定此次授权能够复用哪些逻辑信道；其次，终端确定给每个逻辑信道分配哪部分资源。

第一步，终端根据给定的授权确定哪些逻辑信道可以传输数据。这可以看作一个隐含得到的配置文件。对于每个逻辑信道，可以为终端配置如下参数：

- 该逻辑信道允许使用的子载波间隔集合。
- 该逻辑信道可调度的 PUSCH 最长持续时间。
- 服务小区集，即该逻辑信道允许传输的上行分量载波集合。

此外，在 Release 16 还可以动态通知上行传输的优先级——"普通"或"高"，如第 20 章所述。

只有调度授权符合配置限制条件的逻辑信道才被允许使用该授权进行传输，即能够在该特定时刻复用。另外，对于使用配置授权的上行传输也可以限制逻辑信道的复用，使得并非所有的逻辑信道都被允许使用配置的授权。

3GPP 中将复用规则和 PUSCH 的持续时间耦合在一起，是出于能够控制时延关键的数据是否允许利用本来用于时间不关键数据的授权。

举个例子，假定有两个数据流，分别属于不同的逻辑信道。一个逻辑信道承载时延关键的数据，被赋予了高优先级；另一个逻辑信道承载非时延关键数据，被赋予了低优先级。gNB 基于终端提供的缓存状态信息做出调度决策。假设缓存里之前只有非时间关键的数据，所以 gNB 在相当长的一段持续时间内调度 PUSCH。当终端接收调度授权时，时间关键的信息到达终端。如果没有限制 PUSCH 最长持续时间，终端可能会在相当长的传输时间里传输时延关键数据（可能和其他数据进行了复用），因此可能无法满足该特定业务的时延要求。一个更好的替代方案是，对时延关键数据，单独请求短的 PUSCH 持续时间用于传输，这可以通过配置合适的 PUSCH 最长持续时间来实现。由于承载时延关键业务逻辑信道配置的优先级比承载非时延关键业务信道的优先级高，所以在短的 PUSCH 持续时间内非时延关键业务不会阻塞时延关键数据的传输。

包含子载波间隔的原因与持续时间类似。当终端配置了多个子载波间隔时，更小的子载波间隔意味着更长的时隙，上面的推论也适用于这种情况。

限制特定逻辑信道所用的上行载波，是出于不同载波的传播条件可能不同或者双连接的考虑。两个频率差异很大的上行载波的可靠性不同。对接收至关重要的数据最好在低频载波上传输，以确保良好的覆盖；而非敏感数据可以在高频载波上传输，覆盖不一定连续。另一个动机是复制，即多个逻辑信道传输相同数据，以获得 6.4.2 节所述的分集增益。但是如果两个逻辑信道在相同的上行载波上传输，那么通过复制获得分集增益的最初动机就不存在了。Release 16 对上行复制做了进一步扩展，详见第 20 章。

到这一步，基于已配置的映射相关参数，在当前授权下允许数据传输的逻辑信道集合就建立起来了。如何在有数据传输并且能够传输的逻辑信道之间分配资源的问题还需要不同的逻辑信道复用来回答。这是通过给每个逻辑信道配置优先级相关的参数集来完成的。参数集由下面三部分组成：

- 优先级
- 优先比特率（Prioritized Bit Rate，PBR）
- 桶内空间可用时长（Bucket Size Duration，BSD）

优先比特率和桶内空间可用时长的共同作用类似于 LTE 中的保证比特率，但是 NR 标准中可以对应不同的传输持续时间。优先比特率和桶内空间可用时长的乘积就是一个比特桶，即在一段特定时间内给定逻辑信道上最少要传输的比特。每个传输时刻，逻辑信道按照优先级降序排列进行传输，尽量满足最小传输比特数的需求。当所有逻辑信道都被满足后，桶内空间剩余的容量按照严格优先级顺序分配。

优先级处理和逻辑信道复用如图 14-5 所示。

14.2.2 调度请求

上行调度器需要知道终端有数据待传，因此该终端需要得到调度。对没有数据待传的终端不需提供上行资源。因此，调度器至少要知道终端是否有数据需要传输，是否应当给予授权。这称为调度请求（Scheduling Request，SR）。调度请求适用于没有有效调度授权的终端，对于已经有有效授权的终端可以给 gNB 提供更详细的调度信息，见下节的讨论。

调度请求是一个由终端向上行调度器请求上行资源的标志。因为根据定义，请求资源的终端没有 PUSCH 资源，所以终端使用预先配置的专用周期性 PUCCH 资源在 PUCCH 上发送调度请求。之所以使用专用的调度请求机制，是因为根据在哪个资源上发送请求即隐含可知请求调度的终端标识，而无须直接提供标识。当优先级高于已经在发送缓存里的数据的数据到达终端，而终端又没有授权，因此无法发送数据时，终端会在下一个可能的时刻发送调度请求，gNB 收到请求后就可以给终端分配一个授权（见图 14-6）。

这与 LTE 所采用的方式类似，但 NR 支持给单个终端配置多个调度请求。一个逻辑信道可以映射到零个或多个调度请求配置。这样 gNB 不仅知道终端有数据在等待传输，还知道是什么类型的数据。对旨在支持更广泛业务类型的 NR 来说，这些对于 gNB 都是有用信息。例如，gNB 可能想调度终端传输时延关键的信息，而非时延不关键的信息。

可以给每个终端分配专用的 PUCCH 调度请求资源，周期从两个 OFDM 符号到 80ms，其中短周期用于支持时延高度关键的业务，长周期用于低开销的业务。因为在一个给定时刻只能发送一个调度请求，所以当多个逻辑信道有数据待传时，合理的行为是为最高优先级的逻辑信道触发调度请求。调度请求在后续的资源上不断重复，直到从 gNB 得到授权为止，重复次数的上限可以配置，还可以配置一个禁止定时器来控制调度请求的发送频率。在终端有多个调度请求资源的情况下，重复次数和禁止定时器都是根据每个调度请求资源来配置的。

图 14-5　四种不同调度数据速率和两种不同 PUSCH 持续时间下逻辑信道优先级排序示例

图 14-6　调度请求操作示例

对于未配置调度请求资源的终端，终端依靠随机接入机制请求资源。这相当于一个基于竞争的资源请求机制。基于竞争的机制一般适用于小区内终端数量大、业务量低的场景，因此调度的强度低。在业务强度高的情况下，最好为终端建立至少一个调度请求资源。

14.2.3　缓存状态报告

具有有效授权的终端不需要请求上行资源。但是，调度器为了确定要给每个终端授权的资源数量，还需要本节所讨论的缓存状态信息，以及下节讨论的可用功率信息。这些信息通过上行传输中的 MAC 控制信元发送给调度器（见 6.4.4 节关于 MAC 控制信元和 MAC 报头通用结构的讨论）。如图 14-7 所示，其中一个 MAC 子报头的 LCID 字段置为预留值，用以指示缓存状态报告是否存在。

图 14-7　MAC 控制信元里的缓存状态报告和功率余量报告

从调度角度看，每个逻辑信道的缓存信息都是有用的，虽然这会导致开销很大。因此逻辑信道分为最多八个逻辑信道组，并按组进行上报。缓存状态报告里的缓存大小字段指示该逻辑信道组里所有逻辑信道待传数据的总量。根据一个报告里包含多少个逻辑信道组和缓存状态报告颗粒度的不同，NR 标准定义了四种不同的缓存状态报告格式。可以基于如下原因触发缓存状态报告：

- 比当前发送缓存中数据优先级高的数据到达时（即该比当前传输优先级高的逻辑信道组里有数据），因为这可能会影响调度决策。
- 由定时器控制的周期性上报。
- 代替填充。如果匹配调度传输块所需的填充量大于缓存状态报告，此时插入一个缓存状态报告来代替填充，因为这样可以更好地利用可用净荷为调度提供有用信息。

14.2.4　功率余量报告

除了缓存状态，每个终端的可用发射功率也是上行调度器所关心的。调度比可用发射功率所能支持的更高的数据速率是不合理的。在下行，因为功率放大器和调度器位于同一节点，调度器能够立刻知道可用功率。而在上行，可用功率，或者说功率余量（power headroom），需要被提供给 gNB。因此，终端用与发送缓存状态报告类似的方式发送功率余量报告给 gNB，即只有终端在 UL-SCH 上被调度传输时才发送报告。功率余量报告可以由以下原因触发：

- 由定时器控制的周期性发送。
- 路损改变（当前功率余量和上次报告的功率余量之差大于一个可配置的门限）。
- 代替填充（与缓存状态报告代替填充的原因相同）。

也可以通过配置禁止定时器来控制两次功率余量报告的最小时间间隔，从而减轻上行的信令负荷。

NR 标准中定义了三种不同类型的功率余量报告：类型 1、类型 2 和类型 3。在载波聚合或双连接的情况下，一条信令（MAC 控制信元）中可以包含多个功率余量报告。

类型 1 功率余量报告反映了只在载波的 PUSCH 上传输时的功率余量。假设终端在一段时间内某个特定的分量载波上被调度进行 PUSCH 传输，那么类型 1 就对该分量载波有效。该报告包括功率余量和对应分量载波 c 的最大每载波发射功率 $P_{\mathrm{CMAX},c}$ 的值。$P_{\mathrm{CMAX},c}$ 的值是显式配置的，因此对于 gNB 是已知的，但由于可以对普通上行载波和补充上行载波分别配置 $P_{\mathrm{CMAX},c}$，两者都属于同一个小区（即关联同一个下行分量载波），gNB 需要知道终端到底使用了哪个 $P_{\mathrm{CMAX},c}$ 值，并且报告的是哪个载波。

可以注意到，功率余量并不是对最大每载波发射功率和实际载波发射功率的差值的衡量，而是对 $P_{\mathrm{CMAX},c}$ 和假定发射功率没有上限情况下所使用的发射功率的差值的衡量（见图 14-8）。因此，功率余量完全有可能是负值，表明在报告功率余量的时刻，每载波发射功率受限于 $P_{\mathrm{CMAX},c}$，即在给定可用发射功率的情况下，网络调度了比终端可支持的更高的数据速率。由于网络知道在报告功率余量所对应时刻终端所用的调制编码方式和用于传输的资源大小，假设下行路损不变，网络就可以确定调制编码方式和分配资源大小的有效组合。

当没有真正的 PUSCH 传输时，终端也可以上报类型 1 功率余量。这可以看作是假定默认传输配置（即最小可能分配的资源）下的功率余量。

类型 2 功率余量报告与类型 1 类似，但假定 PUSCH 和 PUCCH 同时上报，这在 NR 标准中还未完全支持，但计划在后续版本完善。

类型 3 功率余量报告用于处理 SRS 转换，即终端在没有配置发送 PUSCH 的一个上行载波上发送 SRS。这类报告的目的在于评估备选上行载波的质量，如果认为发送 SRS 的上行载波更好，则（重）配置终端使用这个载波进行上行传输。

功率控制可以对不同的波束对链路执行

图 14-8　功率余量报告示例

不同的功率控制（见第 15 章），与之相比，功率余量报告是针对载波，并不直接考虑对波束的操作。一个原因是网络可以控制哪个波束用于传输，所以对于某个功率余量报告，网络可以对相应的波束做必要的处理。

14.3   调度和动态 TDD

NR 的关键特性之一就是支持动态 TDD，即调度器动态地决定传输方向。尽管从描述上使用的是动态 TDD 这个术语，但原则上该框架一般也适用于半双工模式，包括半双工 FDD。由于半双工的终端不能同时发送和接收，因此需要把两个方向的资源分开。如第 7 章所提及的，可以通过三种不同的信令机制给终端提供信息，表明资源是用于上行还是下行传输：

- 调度终端的动态信令。
- 使用 RRC 的半静态信令。
- 一组终端共享的动态时隙格式指示，主要用于非调度终端。

调度器负责调度终端的动态信令，即上述三项的第一项。

对于具备全双工能力的终端，调度器可以独立调度上行和下行，需要上行和下行调度器一起协调决策的场景有限。

另一方面，对于半双工的终端，调度器需要确保不会要求终端同时接收和发送。如果配置了半静态上下行模式，调度器需要遵从这种模式，例如，不能在已配置仅用于下行的时隙调度上行传输。

14.4   无动态授权的传输——半持续调度和配置授权

如上所述，动态调度是 NR 的主要工作模式。对于每个传输间隔，例如时隙，调度器使用控制信令指示终端发送或接收。它可以灵活地根据业务的行为快速变化，但显然需要相关的控制信令。而在某些情况下是不期望发送控制信令的。因此 NR 也支持不依赖于动态授权的传输机制。

在下行，终端支持半持续调度（Semi-Persistent Scheduling，SPS），这是通过 RRC 信令配置终端数据传输的周期来实现的。半持续调度的激活使用与动态调度相同的 PDCCH，但是用 CS-RNTI 代替普通的 C-RNTI$^\ominus$。与动态调度类似，PDCCH 还承载了时频资源的必要信息，以及其他所需要的参数。根据公式，可以从下行数据传输开始的时间推导出 HARQ 进程号。激活半持续调度后，终端根据 RRC 配置的周期，使用激活传输的 PDCCH 里指示的传输参数，定期地接收下行数据传输$^\ominus$。由于只使用了一次控制信令，因此降低了

$\ominus$ 每个终端都有两个标识，即用于动态调度的"普通" C-RNTI 和用于激活/去激活半持续调度的 CS-RNTI。

$\ominus$ Release 15 可以配置 10ms 或大于 10ms 的周期，在后续版本中周期会缩小，如第 20 章所述。

开销。启动半持续调度后，终端继续监听 PDCCH 候选集上的上行和下行调度命令。这对偶发大量数据传输的情况是有用的，因为在这种情况下半持续分配是不够用的。这种方法也可用于处理 HARQ 重传，因为 HARQ 重传是动态调度的。

上行采用的是没有动态授权的配置授权。支持两种配置授权，区别在于激活的方式不同（见图 14-9）：

- 配置授权类型 1，由 RRC 提供上行授权，包括授权的激活。
- 配置授权类型 2，由 RRC 提供传输周期和用于激活 / 去激活传输的层 1/ 层 2 控制信令（与下行的方式类似）。

图 14-9　采用配置授权的上行传输

这两种方案的好处类似，即减少控制信令的开销，以及在一定程度上减少上行数据传输前的时延，因为在数据传输之前无须调度请求授权的过程。

类型 1 通过 RRC 信令设置所有的传输参数，包括周期、时间偏移、频率资源，以及上行传输所用的调制编码方式。当接收到 RRC 配置后，在由周期和偏移给定的时刻，终端开始采用配置授权进行传输。偏移是为了控制在哪个时刻允许终端传输。一般来说，RRC 信令中没有激活时间的概念，终端一旦正确接收到 RRC 配置，配置就立即生效。根据 RRC 命令是否需要 RLC 重传来递交，生效时间点可能会不同。为了避免歧义，RRC 配置中包含了相对于 SFN 的时间偏移。

类型 2 类似于下行的半持续调度。RRC 信令用于配置周期，而传输参数通过 PDCCH 激活来提供。如果缓存中有数据，终端接收到激活命令后，会根据预先配置的周期进行传输。如果没有数据需要传输，终端不会发送任何数据，类似于类型 1。请注意，在这种情况下不需要时间偏移量，因为 PDCCH 发送时刻就明确定义了激活时间。

终端通过在上行发送 MAC 控制信元来确认激活 / 去激活配置授权类型 2。如果接收到激活命令时没有数据待传，网络就不知道没有传输是因为终端没有收到激活命令，还是因为发送缓存为空。所以发送确认消息有助于解决这种歧义。

这两种方案都可能给多个终端配置重叠的上行时频资源。这种情况就要由网络区分来自不同终端的传输。

当上行或下行的传输是动态调度时，DCI 中动态指示 HARQ 进程号。而对于半持续调度和配置授权没有动态指示 HARQ 进程号，因此必须通过其他方式推导出进程号。这是通过将进程号和周期性配置中的绝对时隙编号（下行半持续调度）或符号编号（上行配置授权）相关联来实现的。因此，终端和 gNB 对于 HARQ 进程号的理解相同，不存在歧义。

14.5 节能机制

分组数据业务经常是突发的，传输偶尔活跃一段时间后会保持更长时间的静默。从延迟角度看，每个时隙（甚至更频繁地）监听下行控制信令，以接收上行授权或下行数据，并且立即响应业务行为的变化，这样做是有好处的。但同时这也给终端带来功耗的开销。一个典型终端的接收机电路的功耗是相当可观的，而电池的使用寿命是终端用户最重要的指标之一。

对终端功耗进行建模是一项复杂的任务，依赖于很多因素。终端在 RRC_IDLE 只偶尔检测寻呼，因此功耗最低。所以只要有可能，在大多数情况下终端都会迁移到空闲态，要么由网络发起，要么终端自己发起。但是，终端要发送数据就需要进入连接态，即 RRC_CONNECTED。终端在这两种状态之间进行迁移需要花费时间，因为当终端从 RRC_IDLE 迁移到 RRC_CONNECTED 时需要配置许多参数，要重新建立上下文。因此，终端通常在最后一个数据包被发送后，在迁移到空闲态之前保持在连接态几秒钟，以防有数据包需要发送。这个时候中间态 RRC_INACTIVE 就有用处了，因为网络保留终端的上下文，这样当终端迁移到 RRC_CONNECTED 时减少了信令量。

因为终端只能在 RRC_CONNECTED 接收数据，在连接态还需要考虑终端功耗——出于显而易见的原因，终端一直处于空闲态是没有好处的。尽管名字叫作连接态，但大多数时间，活动态的终端通常不是一直接收（或发送）数据。终端只是监听 PDCCH，以检测调度信息是否存在。这样做最终的结果是，从时间方面看终端通常大多处于空闲模式，但从能耗方面看活动模式下大部分能量都花在了监听 PDCCH 上，而没有任何数据被接收（或发送）。小部分能耗才是由实际的数据接收或发送所产生。

为了解决这些矛盾的需求——更长的电池使用寿命和更短的延迟，NR 包括了几种节能机制。其中一个基本的机制是不连续接收（DRX），在 NR 标准第一版就引入了 DRX，同时还引入了带宽自适应和载波激活/去激活。Release 16 还引入了诸如唤醒信号、跨时隙调度延迟的动态控制，以及小区休眠等其他手段。在第 19 章中会介绍用于非授权频谱的搜索空间组切换以控制监听 PDCCH 的频率，它是可以用于降低终端功耗的另一种手段。除了这些标准化的机制之外，还可以采用很多与实现具体相关的技术。例如，当配置终端每个时隙都监听 PDCCH，但终端在一个时隙的开始没有接收到任何有效的调度命令时，终端就可以在该时隙其余的时间睡眠。这有时也称为**微睡眠**（microsleep）。

14.5.1　不连续接收

DRX 的基本机制是给终端配置一个 DRX 周期。配置了 DRX 周期的终端只在活动态监听下行控制信令，而其余时间会关闭接收机电路进入睡眠。这带来了功耗的显著降低——周期越长，功耗越低。当然，这就意味着调度器会受限，因为按照 DRX 周期只能在终端被激活的时候对终端进行处理。

在很多情况下，如果终端已经被调度并且正在接收或发送数据，那么很可能在近期会再次被调度。一个原因是，可能无法通过一次调度机会发送缓存中的所有数据，因此需要更多的调度机会。如果要等到 DRX 周期的下一个激活期（尽管可以这么做），那么会造成额外的延迟。因此，为了减少延迟，终端在被调度后会在活动态保持一段时间，这个时间是可配置的。这是通过终端每次被调度后启动（重启）不活动定时器来实现的，终端会保持唤醒直到定时器超时，如图 14-10 所示。由于 NR 可以处理多个参数集，因此 DRX 定时器用毫秒来定义，以避免 DRX 周期与某个参数集绑定。

图 14-10　DRX 工作

上行和下行 HARQ 重传都是异步的。如果终端无法解码下行调度的传输，那么典型的情况是 gNB 在初传之后很快就重传数据。因此，DRX 功能具有一个可配置的定时器，在接收到错误的传输块后启动定时器，用于 gNB 调度重传时唤醒终端的接收机。定时器的值最好设置为匹配 HARQ 协议的往返时间，而往返时间取决于实现。

将（长）DRX 周期和终端被调度后保持唤醒的一段时间组合起来的机制可以适用于大多数场景。但是，某些服务（尤其是 VoIP（voice-over-IP））的特征是定期传输一段时间，然后一段时间没有活动或者活动非常少。为了处理这类业务，可以在上述长周期的基础上可选附加短 DRX 周期。终端通常遵循长 DRX 周期，但是如果最近被调度过，则会遵循短 DRX 周期一段时间。处理 VoIP 这种场景可以通过设置短 DRX 周期为 20ms 来完成，因为语音编解码器通常每 20ms 递交一个 VoIP 数据包。而长 DRX 周期用于处理谈话之间的长静默期。

除了通过 RRC 配置 DRX 参数，gNB 还可以终止"唤醒持续时间（on duration）"，并指示终端遵循长 DRX 周期。如果 gNB 知道下行没有额外的数据待传输，因此不需要终端保持激活，那么采用这种方法可以降低终端功耗。

14.5.2　唤醒信号

相比于终端一直保持活动态，这里描述的 DRX 机制对终端功耗有显著的改进。然而，如果没有下行数据要发送，那么网络可以通知终端再睡眠一个长 DRX 周期，而不是定期醒来后监听一段时间 PDCCH 再进入睡眠，这样对终端功耗会进一步改进。因此，Release 16 引入了唤醒信号（wake-up signal）。如果配置了唤醒信号，终端在开始长 DRX 周期之前会醒来一段时间检查唤醒信号，这个时间是配置的。如果被告知无须唤醒，那么终端会在下一个长 DRX 周期回到睡眠状态，例子参见图 14-11。唤醒信号采用 DCI 格式 2_6，用来支持节能。可以使用 DCI 格式 2_6 来同时发送多个唤醒信号，每个比特表示针对某个特定终端的唤醒信号。相比于完全搜索其他不同的 DCI 格式和 PDCCH 候选，检查唤醒信号需要的能量通常较少。再加上检查唤醒信号的持续时间远小于（长）DRX 周期的唤醒持续时间，这对于功耗是有增益的。

图 14-11　Release 16 中的唤醒信号

14.5.3　从节能角度考虑的跨时隙调度

NR 标准允许在 PDCCH 之后立刻开始数据传输，或者通过适当的配置，可以和 PDCCH 同时发送数据，见第 10 章所述。从时延角度看这无疑是有好处的，但也需要终端保持打开接收机并缓存接收到的信号，至少直到 PDCCH 解码完成。在很多情况下，终端没有被调度，缓存接收信号是徒劳无功的。从这个角度看，PDCCH 之后的时隙发送 PDSCH 这种跨时隙调度是有好处的，因为无须缓存接收到的信号。NR 标准支持跨时隙调度，这是通过配置合适的时域资源分配表来实现的，见第 10 章。如果时域资源分配表配置为所有时域分配都在下一个时隙，那么终端在实现时原则上就可以不用缓存信号。但是，由于跨时隙调度会应用于所有的传输，这会增加时延，尤其是有大量数据需要传输时。因此在 Release 16 中，可以使用 DCI 中的 1bit 指示在两个预先配置的值之中选择其一，通过动态信令指示最小调度偏移。如果指示给终端的最小时隙偏移为 0，则时域分配表中所有的条目都是有效的，终端需要准备好在 PDCCH 之后立刻（或者与 PDCCH 同时）开始接收 PDSCH，因此需要缓存接收到的信号。另一方面，如果指示的最小时隙偏移为 1（以 1 为例），则时域资源分配表中所有时隙偏移为 0 的条目都是无效的。因此，终端无须缓存接收到的信号，可以一直睡眠到下一个时隙，即 PDSCH 传输的时隙，如图 14-12 所示，这样就可以节约能耗。最小时隙偏移的动态指示对分别使用 DCI 格式 0_1 和 1_1 的上行和下行单播数据都适用，但不适用于使用 DCI 回退格式的传输，例如系统信息和随机接入响应。显然，因为最小时隙偏移指示的是未来的某个时隙开始生效，所以不适用于当前时隙。

图 14-12　通过动态信令指示最小时隙偏移进行节能

14.5.4   小区休眠

为了在载波聚合场景下改进功耗，Release 16 中引入了 SCell 休眠（dormancy）。对于休眠小区，终端不再监听 PDCCH，但还是会一直进行 CSI 测量和波束管理。尽管认为休眠小区是活动的，但从终端角度看小区很少活动，这样就节约了电量。去激活小区是节能的另一种手段，但这样就无法提供 CSI 报告，并且相比于从休眠中恢复，激活 SCell 所花费的时间更长。

休眠机制基于部分带宽框架。除了配置一个或多个普通的部分带宽，还会配置一个不监听 PDCCH 的休眠部分带宽。因此休眠小区就是将休眠部分带宽作为激活部分带宽的小区。通过转换到其他部分带宽，小区解除休眠。

休眠部分带宽和普通部分带宽之间的转换是通过层 1/ 层 2 控制信令来完成的。除了 DCI 格式 0_1 调度上行传输和 DCI 格式 1_1 调度下行传输之外，还可以使用承载唤醒信号的 DCI 格式 2_6。

DCI 格式 2_6 用于终端在 DRX 下监听唤醒信号。在这种情况下除了发送唤醒信号之外还可以发送一个最多为 5bit 的休眠指示，见图 14-13。休眠指示的每个比特对应一个由 RRC 配置的 SCell 组，指示相应的 SCell 组是否要进入休眠。

图 14-13   DCI 格式 2_6 中的唤醒信号（WUS）和休眠指示

对于没有处于 DRX 的终端可以使用 DCI 格式 0_1 和 1_1。DCI 格式 0_1 和 1_1 中增加了最多 5bit 的休眠指示，用来指示 SCell 组是否休眠，与 DCI 格式 2_6 的方式相同。如果 DCI 大小增加会产生问题，则还可以在 DCI 格式 1_1 中配置独立的休眠指示，通过对最多 15 个配置的 SCell 设置资源分配字段为保留值的方式，重新解读其他比特为位图，位图的每一比特都代表一个配置的 SCell。显然，在这种情况下无法同时调度数据。

14.5.5   带宽自适应

NR 标准支持很大的传输带宽，单载波最高到几百 MHz。这对于大净荷的快速递交非常有用，但对于净荷较小或者没有调度的时候监听控制信道就不是那么必要了。因此，在第 5 章已经提到，NR 标准支持接收机带宽自适应，这样终端可以使用较窄带宽监听控制信道，只在调度大量数据时才打开全带宽，从而降低终端功耗。这可以看作是频域上的不连续接收。

可以通过 DCI 中的部分带宽指示来打开宽带接收机。如果部分带宽指示的与当前激活的部分带宽不同，那么激活的部分带宽就发生了改变（见图 14-14）。改变激活的部分带宽所需的时间取决于几个因素，例如中心频率是否发生改变，接收机是否需要重新调谐，但改变花费的时间应当在一个时隙的数量级。一旦激活，终端就采用新的更大的部分带宽进行工作。

图 14-14　带宽自适应原理说明

一旦需要更大部分带宽的数据传输完成，就可以采用相同的机制恢复到初始的部分带宽。还可以通过配置定时器来处理部分带宽的转换，而不是通过显式的信令。在这种情况下，一个部分带宽配置为默认的部分带宽。如果没有显式配置默认的部分带宽，则从随机接入过程中获取到的初始部分带宽就用作默认的部分带宽。一旦接收到 DCI 指示非默认的部分带宽，就启动定时器。当定时器超时时，终端切回默认的部分带宽。通常默认的部分带宽更窄，这样有助于降低终端消耗。

NR 标准引入带宽自适应带来一些设计上的问题，这些问题在 LTE 中并不存在，尤其是与处理控制信令相关的问题，因为很多传输参数都是按照每个部分带宽来配置的，因此不同部分带宽的 DCI 净荷大小可能不同。一个明显的例子就是频域资源分配字段，部分带宽越大，频域资源分配字段的比特数就越多。只要下行数据传输和 DCI 控制信令所使用的部分带宽相同就不会有问题[⊖]。但是，对于部分带宽自适应就存在问题了，因为一个部分带宽下接收到的 DCI 中的部分带宽指示可能指向的是另一个大小不同的部分带宽来进行数据接收。当 DCI 中的部分带宽索引指向不同于当前的另一个部分带宽时，就产生了如何解读 DCI 的问题，因为检测到的 DCI 中的 DCI 字段可能与索引字段所指向的部分带宽的 DCI 不匹配。

解决这个问题的一种方式可以是盲监听多种 DCI 净荷大小，每种大小对应一个配置的部分带宽，但这样做意味着终端的负担很重。一种替代方式是将检测到的 DCI 字段重新解读为索引所指向的部分带宽。选择了一种通过填充或缩短比特字段的简单方式来匹配假设调度所使用的部分带宽。当然，这对调度决策会有一些限制，但是一旦新的部分带宽被激活，终端就使用新的 DCI 大小来监听下行控制信令，数据调度再度具有完全的灵活性。

尽管本文是从下行角度描述的不同部分带宽的处理，但上行也可以采用相同的方式来重新解读 DCI。

⊖　严格来说，只要 PDCCH 和 PDSCH 所使用的部分带宽的大小和配置相同就可以了。

第 15 章

上行功率和定时控制

本章的主题是上行功率控制和上行定时控制。功率控制的目的是控制干扰，因为本小区内的传输是正交的，所以干扰主要针对其他小区。定时控制确保不同终端在相同的时刻被接收，这是保持不同传输之间正交性的先决条件。

15.1 上行功率控制

NR 的上行功率控制是一套算法和工具，通过控制不同上行物理信道和信号的发射功率，尽可能确保网络以合适的功率水平接收信号。对于上行物理信道，简单来说合适的功率就是物理信道所承载的信息能够被正确解码所需的接收功率。同时，发射功率又不能太高，否则会对其他的上行传输造成不必要的过高干扰。

合适的发射功率取决于信道特性，包括信道衰减和接收端的噪声及干扰水平。还应注意的是，基站所需的接收功率直接依赖于数据速率。如果接收功率太低，那么要么提高发射功率，要么降低数据速率。换句话说，至少对于 PUSCH 传输，功率控制与链路自适应（速率控制）之间存在着紧密联系。

与 LTE 功率控制[26]类似，NR 的上行功率控制基于下面的组合：

- 开环（open-loop）功率控制，包括对部分路损补偿（fractional path-loss compensation）的支持，即终端基于下行测量来估计上行路损，并相应地设置发射功率。
- 闭环（closed-loop）功率控制，基于网络配置的显式功率控制命令。这些功率控制命令实际上是基于网络先前测量的上行接收功率确定的，因此被称为"闭环"。

NR 上行功率控制与 LTE 的主要区别，或者更确切地说是扩展，是可以基于波束进行功率控制（见 15.1.2 节）。

15.1.1 功率控制基线

PUSCH 发射功率控制可以简化为用如下公式描述：

$$P_{\text{PUSCH}} = \min\left\{ P_{\text{CMAX}}, P_0(j) + \alpha(j) \cdot PL(q) + 10 \cdot \log_{10}(2^{\mu} \cdot M_{\text{RB}}) + \Delta_{\text{TF}} + \delta(l) \right\} \qquad （15\text{-}1）$$

其中

- P_{PUSCH} 为 PUSCH 发射功率。
- P_{CMAX} 为每载波最大允许的发射功率。
- $P_0(.)$ 为网络可配置的参数，可以简单描述为目标接收功率。
- $PL(.)$ 为上行路损的估计。
- $\alpha(.)$ 为网络可配置的参数，用于部分路损补偿（$\leqslant 1$）。
- μ 与 PUSCH 传输所用的子载波间隔 Δf 相关。更具体地说，$\Delta f = 2^{\mu} \cdot 15\text{kHz}$。
- M_{RB} 为 PUSCH 传输所分配的资源块数目。
- Δ_{TF} 与 PUSCH 传输所用的调制方式和信道编码速率相关[⊖]。
- $\delta(.)$ 为闭环功率控制调整的功率。

上面的公式描述了每载波的上行功率控制。如果终端配置了多个上行载波（载波聚合和／或补充上行），则根据公式（15-1）对每个载波分别进行功率控制。功率控制公式中的 $\min\{P_{\text{CMAX}}, \cdots\}$ 部分确保了每个载波的功率不会超出每载波最大允许的发射功率。然而，终端在所有配置的上行载波上的总发射功率是有限的。所以为了保持不高于总功率的限制，需要协调不同上行载波的功率设置（更多细节参见 15.1.4 节）。在 LTE/NR 双连接的场景下也需要这样的功率协调。

现在来更详细地描述上面功率控制公式的各部分。这里首先忽略参数 j、q 和 l。这些参数的影响会在 15.1.2 节讨论。

公式 $P_0 + \alpha \cdot PL$ 表示支持部分路损补偿的基本开环功率控制。对于全路损补偿，即 $\alpha = 1$，在上行路损估计 PL 准确的假定下，开环功率控制调整 PUSCH 的发射功率，使得接收功率与"目标接收功率" P_0 一致。P_0 作为功率控制的配置参数，通常取决于目标数据速率，以及接收机所经历的噪声和干扰水平。

终端根据某些下行信号的测量来估计上行路损。路损估计的准确性在一定程度上取决于上／下行链路的互易性。特别地，对于 FDD 模式下的对称频谱，路损估计无法捕获路损中频率相关的特性。

在部分路损补偿中，即 $\alpha < 1$，路损不会被完全补偿，接收功率会根据终端在小区所处的位置而变化，即距离基站越远的终端，路损越高，接收功率越低。因此必须通过调整相应的上行数据速率来进行补偿。

部分路损补偿的好处是减小了对邻区的干扰。这是以服务质量的较大变化为代价的，即降低了小区边缘终端的数据速率。

$10 \cdot \log_{10}(2^{\mu} \cdot M_{\text{RB}})$ 项反映了：如果其他项都没有变化，接收功率和发射功率应该与分配的传输带宽成正比。因此，在全路损补偿（$\alpha = 1$）的情况下，P_0 可以更精确地描述为

⊖　缩写 TF（Transport Format）是在早期 3GPP 技术中所使用的术语，但并未明确用于 NR。

归一化（normalized）的目标接收功率。尤其是在全路损补偿时，P_0 为假定在一个 15kHz 参数集的资源块上传输的目标接收功率。

Δ_{TF} 尝试描述由于采用不同的调制方式和信道编码速率，每个资源单元的信息比特数发生变化时所需的接收功率如何变化。更确切地说，

$$\Delta_{TF} = 10 \cdot \log((2^{1.25 \cdot \gamma} - 1) \cdot \beta) \quad (15\text{-}2)$$

其中，γ 是 PUSCH 传输的信息比特数，归一化为用于传输的资源单元个数，不包括解调参考符号的资源单元。

在 PUSCH 上传输数据时，β 因子等于 1，但如果 PUSCH 承载了层 1 控制信令（UCI），那么 β 可以设为其他值[⊖]。

可以注意到，忽略 β 因子后，Δ_{TF} 的表达式本质上就是改写的香农信道容量 $C = W \cdot \log_2(1 + SNR)$，加上一个额外的因子 1.25。换句话说，$\Delta_{TF}$ 可视为按照 80% 香农容量的链路容量建模。

当确定 PUSCH 发射功率时，并不总是将 Δ_{TF} 包含在内，原因如下：

- Δ_{TF} 只用于单层传输，即上行多层传输时 $\Delta_{TF}=0$。
- 通常情况下可以禁用 Δ_{TF}。例如，Δ_{TF} 不能与部分功率控制联合使用。调整发射功率来补偿不同的数据速率与调整数据速率来补偿由于部分功率控制导致的接收功率变化，二者会互相抵消。

最后，$\delta(.)$ 是与闭环功率控制相关的功率调整。网络可以基于测量到的接收功率，通过功率控制命令（power-control command）按某个步长来调整 $\delta(.)$，从而调整发射功率。功率控制命令在上行调度授权（DCI 格式 0_0 和 0_1）的 TPC 字段中携带，也可通过 DCI 格式 2_2 共同携带多个终端的功率控制命令。每个功率控制命令由 2bit 组成，对应于四种不同的调整步长（–1dB，0dB，+1dB，+3dB）。包含 0dB 调整步长的原因是每个调度授权里都包含功率控制命令，但并非每次授权都需要调整 PUSCH 发射功率。

15.1.2　基于波束的功率控制

前面的讨论忽略了开环参数 $P_0(.)$ 和 $\alpha(.)$ 中的参数 j，路损估计 $PL(.)$ 中的参数 q，以及闭环功率调整 $\delta(.)$ 中的参数 l。这些参数的主要目的是在上行功率控制时考虑波束赋形。

1. 多个路损估计进程

在上行使用波束赋形的情况下，根据公式（15-1）来计算发射功率的上行路损估计 $PL(q)$ 应当体现用于 PUSCH 传输的上行波束对的路损（包含了波束赋形增益）。在上下行波束一致的情况下，可以通过测量在相应下行波束对上传输的下行参考信号来估计路损。由于上行传输的波束对可能在不同的 PUSCH 传输之间发生改变，因此终端可能需要保持对应于不同备选波束对的多个路损估计，即基于不同下行参考信号测量的路损估计。当在

⊖　请注意，当 PUSCH 承载 UCI 时，也可用 $10 \cdot \log(\beta)$ 来等价描述。

某个特定波束对上真正传输 PUSCH 时，根据功率控制公式（15-1），采用该波束对的路损估计来确定 PUSCH 发射功率。

这可以通过公式（15-1）中路损估计 $PL(q)$ 的参数 q 来实现。网络给终端配置一套下行参考信号（CSI-RS 或 SSB）用于估计路损，每个参考信号与特定的 q 值相关联。为了避免对终端的要求过高，最多可以有四个并行的路损估计进程，每个进程对应于一个特定的 q 值。网络还会配置调度授权里的 SRI 值到最多四个不同的 q 值的映射。结果就是生成了调度授权里的 SRI 值到最多配置的四个下行参考信号之一的映射，即间接表示每个 SRI 值到最多四个路损估计之一的映射，每个路损估计反映了一个特定波束对的路损。当 PUSCH 传输的调度授权里包含 SRI 时，与该 SRI 相关联的路损估计用于确定所调度 PUSCH 传输的发射功率。

图 15-1 所示的过程为两个波束对的情况。终端配置了两套下行参考信号（CSI-RS 或 SSB），分别在第一个和第二个波束对的下行被发送。终端同时运行两个路损估计进程，第一个波束对的路损 $PL(1)$ 基于参考信号 RS-1 的测量，第二个波束对的路损 $PL(2)$ 基于参考信号 RS-2 的测量。SRI=1 与 RS-1 通过参数 q 相关联，因此间接关联 $PL(1)$。同样，SRI=2 与 RS-2 相关联，因此间接关联 $PL(2)$。当给终端的 PUSCH 调度授权中的 SRI 置为 1 时，终端根据路损估计 $PL(1)$，即基于对 RS-1 的测量估计的路损，来确定 PUSCH 的发射功率。因此，在假定波束一致的情况下，路损估计反映了 PUSCH 传输所用波束对的路损。如果给终端的 PUSCH 调度授权 SRI=2，则路损估计 $PL(2)$ 反映了 SRI=2 所对应波束对的路损，用于确定调度的 PUSCH 传输的发射功率。

图 15-1　动态波束管理情况下使用多个功率估计进程进行上行功率控制

2. 多个开环参数集

在 PUSCH 功率控制公式（15-1）里，开环参数 P_0 和 α 与 j 相关。这简单地反映出可能有多个开环参数对 $\{P_0, \alpha\}$。不同的开环参数用于不同类型的 PUSCH 传输（随机接入 "消息 3" 传输，参见第 17 章；无授权 PUSCH 传输；调度 PUSCH 传输）。然而，调度 PUSCH 传输也可能有多个开环参数对，此时可以根据 SRI 选择用于特定 PUSCH 传输的参数对，类似于上文所述路损估计的选择。这实际上也意味着开环参数 P_0 和 α 取决于上行波束。

在 NR 标准中，随机接入消息 3 的功率设置对应于 $j=0$，α 始终为 1。换句话说，消息 3 的传输不使用部分功率控制。此外，对于消息 3，参数 P_0 可以基于随机接入的配置来计算。

对于其他 PUSCH 传输，可以给终端配置不同的开环参数对 $\{P_0(j), \alpha(j)\}$，对应于不同的 j 值。参数对 $\{P_0(1), \alpha(1)\}$ 用于无授权 PUSCH 传输，而其余的参数对则与调度 PUSCH 传输相关。上行调度授权里每个 SRI 的可能值与一个配置的开环参数对相关联。当 PUSCH 传输的调度授权里包含一个特定的 SRI 时，在确定该调度 PUSCH 的发射功率时采用同该 SRI 相关联的开环参数。

多个开环参数集还可用于上行抢占。Release 16 增强支持上行抢占，见第 20 章。

3. 多个闭环进程

最后一个参数是闭环进程的参数 l。PUSCH 功率控制可以配置两个独立的闭环进程，分别对应 $l = 1$ 和 $l = 2$。与多个路损估计和多个开环参数集类似，l 的选择（即闭环进程的选择）可以与调度授权里包含的 SRI 相关联，每个 SRI 的可能值关联一个闭环进程。

15.1.3 PUCCH 功率控制

PUCCH 功率控制基本上遵循与 PUSCH 功率控制相同的原则，但有一些细微的差别。首先，PUCCH 功率控制里没有部分路损补偿，即参数 α 始终等于 1。

此外，PUCCH 功率控制的闭环功率控制命令是在 DCI 格式 1_0 和 1_1 上发送，也就是在下行调度分配里携带，而不是像 PUSCH 功率控制的闭环功率控制命令是在上行调度授权里携带。一个原因是，上行 PUCCH 传输的是 HARQ 确认，是作为下行传输的响应。这类下行传输通常都与 PDCCH 的下行调度分配相关联，因此相应的功率控制命令可以在 HARQ 确认传输之前发送，用于调整 PUCCH 发射功率。与 PUSCH 类似，也可以通过 DCI 格式 2_2 联合携带多个终端的功率控制命令。

15.1.4 多个上行载波情况下的功率控制

上面的过程描述了在单个上行载波的情况下如何设置给定物理信道的发射功率。对于每个载波，都有最大允许的发射功率 P_{CMAX}，而功率控制公式中的 $\min\{P_{CMAX}, \cdots\}$ 则确保了每个载波的发射功率都不会超过 $P_{CMAX}{}^{\ominus}$。

在很多情况下，可以给终端配置多个上行载波：

- 载波聚合场景下的多个上行载波。
- SUL 情况下额外的补充上行载波。

除了每载波最大允许的发射功率 P_{CMAX} 外，对所有载波的发射功率之和也有一个限制 P_{TMAX}。对于配置了多个 NR 上行载波用于传输的终端，P_{CMAX} 显然不应该超过 P_{TMAX}。然而，所有配置的上行载波的 P_{CMAX} 之和很可能或者说往往会超过 P_{TMAX}。原因是终端不会经常在所有配置的上行载波上同时发送，而终端又往往倾向于可以用最大允许的功率 P_{TMAX}

⊖　请注意，相比于 LTE，至少 NR 在 Release 15 中没有规定在一个载波上同时发送 PUCCH 和 PUSCH，因此在给定的时刻，一个上行载波上最多只有一个物理信道在传输。

发射。因此，可能出现根据公式（15-1）计算的每个载波发射功率之和大于 P_{TMAX} 的情况。在这种情况下，每个载波上的功率要按比例缩小，以确保终端最终的发射功率不会超过最大允许的值。

另外一种需要注意的情况是，终端工作在 LTE 和 NR 双连接下，LTE 和 NR 上行同时发送。请注意，至少在 NR 部署的初期，双连接是标准的工作模式，因为 NR 标准的第一版只支持非独立组网的 NR 部署。在这种情况下，LTE 的传输可能会对 NR 传输的可用功率形成限制，反之亦然。基本原则是，LTE 的传输优先，即根据 LTE 上行功率控制[26]计算出的功率用于 LTE 载波的发送。然后，NR 的传输可以使用剩余的功率，由功率控制公式（15-1）得出。

LTE 优先于 NR 的原因是多方面的：

- NR 标准中包括了对于 NR/LTE 双连接的支持，目的是尽可能避免对 LTE 标准造成任何影响。由于在 NR 上同时传输而对 LTE 的功率控制施加限制则意味着这样一种影响。
- 至少在最初，LTE/NR 双连接是由 LTE 承载控制面信令，即 LTE 作为主小区组（MCG）。因此，LTE 链路对于保持连接性更为关键，优先于"次要的"NR 链路是有意义的。

15.2　上行定时控制

NR 小区内的上行是正交的，意味着接收到的同一小区内不同终端的上行传输不会互相产生干扰。为了保持这种上行正交性（uplink orthogonality），对于给定参数集，要求上行时隙边界在基站侧（近似）对齐。更具体地说，接收信号的时间不对齐应当落在循环前缀内。为了确保接收端时间对齐，NR 标准引入了发送定时提前（transmit-timing advance）机制。该机制与 LTE 的定时提前机制类似，主要区别在于，NR 对于不同参数集使用不同的定时提前步长。

终端的定时提前介于终端观测到的下行时隙起点和上行时隙起点之间，一般为负的偏移量。网络通过控制每个终端合适的偏移量，能够控制基站接收各个终端的信号定时。相比于靠近基站的终端，远离基站的终端经历更大的传播延迟，因此需要提前发送上行，如图 15-2 所示。示例中第一个终端距离基站更近，经历的传播延迟 $T_{\text{P},1}$ 较小。因此对于这个终端，较小的定时提前偏移 $T_{\text{A},1}$ 就足以补偿

图 15-2　上行定时提前

传播延迟，确保基站侧的正确定时。但是，对于第二个终端，距离基站很远，经历的传播延迟较大，需要更大的定时提前。

网络基于对每个终端上行传输的测量来确定各个终端的定时提前量。因此，只要终端有上行数据发送，基站就可以用来估计上行接收定时，发送定时提前命令。探测参考信号可用作常规的测量信号，但原则上基站可以使用终端发送的任何信号来进行测量。

网络基于上行测量确定每个终端所需的定时校正。如果需要校正某个特定终端的定时，网络会对该终端发送定时提前命令，指示终端相对于当前的上行定时而延迟或提前。用户特定的定时提前命令作为 MAC 控制信元在 DL-SCH 上发送。定时提前命令通常不太频繁，例如每秒一至几次，频率的高低直接取决于终端的移动速度。

到目前为止，所描述的上行定时过程与 LTE 所采用的大体相同。如上所述，定时提前的目的是将时间上的不对齐保持在循环前缀的长度内，因此系统选择循环前缀的一部分作为定时提前的步长。但是，由于 NR 支持多个参数集，子载波间隔越大，循环前缀越短，因此定时提前的步长依据激活的上行带宽部分所给定的子载波间隔，与循环前缀长度成比例缩放。

如果终端在一个（可配置的）周期内未收到定时提前命令，那么终端即认为上行失步。在这种情况下，终端在上行发送 PUSCH 或 PUCCH 之前，必须通过随机接入过程重新建立上行定时。

对于载波聚合，终端可能会在多个分量载波上传输。处理这种情况的直接方式是对于所有的上行分量载波都使用相同的定时提前量。但是，如果不同的上行载波是从不同的地理位置接收来的，例如有些载波使用了射频拉远单元，而另一些没有，那么这些不同的载波会需要不同的定时提前量。一个相关的例子是在双连接情况下不同上行载波终结于不同的基站。为了处理这样的场景，采用了同 LTE 类似的方法，将上行载波划分为所谓的定时提前组（Timing Advance Group，TAG），不同的 TAG 有不同的定时提前命令。组内所有分量载波服从相同的定时提前命令。定时提前步长由组内所有载波中最大的子载波间隔来确定。

第 16 章

小区搜索和系统信息

小区搜索包括了终端查找新小区的功能和过程。在终端初始进入系统覆盖范围时开始执行小区搜索。为了实现移动性，无论终端连接到网络还是处于空闲态 / 非激活态，终端在系统内移动时都持续地进行小区搜索。基于同步信号块（SSB）的小区搜索用于初始小区搜索和空闲态 / 非激活态的移动性，还可用于连接态的移动性，尽管连接态的小区搜索也可以基于给终端显式配置的 CSI-RS。

16.1 SSB

为了终端在开机进入系统时能够找到小区，以及在系统内移动时能够找到新小区，每个 NR 的小区会在下行周期性地发送同步信号，同步信号包括两部分：主同步信号（Primary Synchronization Signal，PSS）和辅同步信号（Secondary Synchronization Signal，SSS）。PSS/SSS 和物理广播信道（Physical Broadcast Channel，PBCH）一起，称为同步信号块（Synchronization Signal Block，SS block，SSB）。[○]

SSB 与 LTE 的 PSS/SSS/PBCH^{[26]○}用途及结构都很类似。但是，二者仍有一些重要的差别。这些差别的起源至少可以追溯到 NR 某些特定的需求和特性，包括以减少"常开"信号数量为目标（如 5.2 节的讨论），以及初始接入时进行波束赋形的可能性。

16.1.1 基本结构

同 NR 所有的下行传输一样，SSB 也是基于 OFDM 的。换句话说，SSB 是在基本的 OFDM 网格上传输的一组时频资源（资源单元），如 7.3 节所述。图 16-1 所示为一个 SSB 传输的时频结构。可以看出，SSB 在时域持续 4 个 OFDM 符号，在频域持续 240 个子载波：

- PSS 在 SSB 的第一个 OFDM 符号上发送，在频域上占据 127 个子载波，其余子载

○ 有时 SSB 只包含 PSS 和 SSS。但这里还是把 PSS、SSS 和 PBCH 三元组称为 SSB。

○ 尽管 LTE 中也使用术语 PSS、SSS 和 PBCH，但 LTE 中没有使用过术语 SS block。

波为空。

- SSS 在 SSB 的第三个 OFDM 符号上发送，与 PSS 占据相同的子载波。SSS 两端分别空出 8 个和 9 个子载波。
- PBCH 在 SSB 的第二个和第四个 OFDM 符号上发送。另外，PBCH 传输还使用 SSS 两端各 48 个子载波。

图 16-1   由 PSS、SSS 和 PBCH 组成的 SSB 的时频结构

因此，每个 SSB 中用于 PBCH 传输的资源单元总数为 576 个。请注意，这些 PBCH 占据的资源单元还包含了用于 PBCH 相干解调的解调参考信号 DMRS。

SSB 可以使用不同参数集发送。但是为了避免终端需要同时搜索不同的参数集，大多数情况下对于给定的频段只定义一套 SSB 参数集。

表 16-1 列出了 SSB 可用的参数集，连同相应的 SSB 带宽和持续时间，以及每个参数集适用的频率范围[○]。请注意，60kHz 参数集不能用于任何频率范围的 SSB。相反，240kHz 参数集可以用于 SSB，尽管该参数集目前不支持其他的下行传输。支持 240kHz 参数集的原因是为了能够实现每个 SSB 极短的持续时间。对于网络有很多波束（即对应大量 SSB）的情况，这些 SSB 在时间上复用，以便于进行波束扫描，在这种场景下 240kHz 参数集就很有意义（详细内容参见 16.2 节）。

表 16-1   SSB 参数集和相应的频率范围

参数集（kHz）	SSB 带宽[①]（MHz）	SSB 持续时间（μs）	频率范围
15	3.6	≈ 285	FR1（<3GHz）
30	7.2	≈ 143	FR1
120	28.8	≈ 36	FR2
240	57.6	≈ 18	FR2

① SSB 带宽等于所用的子载波个数（240）乘以子载波间隔。

⊖ 请注意，尽管 30kHz SSB 参数集的频率范围与 15kHz 参数集的频率范围完全重合，但对于较低频率范围内的频段，大多数情况下只支持一个参数集。

16.1.2　频域位置

在 LTE 中，PSS 和 SSS 总是位于载波的中心位置。因此，一旦一个 LTE 终端找到 PSS/SSS，就找到了载波，也就知道了载波的中心频率。这种将 PSS/SSS 始终放置于载波中心方式的缺点是，如果终端事先不知道载波频域的位置，则必须在所有可能的载波位置，即载波栅格上搜索 PSS/SSS。

为了能够更快地进行小区搜索，NR 标准采用了不同的方式。SSB 不是始终位于载波中心（位于载波中心意味着 SSB 的位置要与载波栅格一致），而是位于每个频段内一组有限的可能位置，称作同步栅格。终端只需要在稀疏的同步栅格上搜索 SSB，而不是在每个载波栅格的位置上搜索 SSB。

由于载波可以位于更密集的载波栅格上的任意位置，也就是说 SSB 可能不会位于载波中心。这甚至会导致 SSB 与资源块网格不对齐。因此，一旦终端找到 SSB，网络就必须显式通知终端 SSB 在载波上确切的频域位置。这是通过 SSB 自身携带的信息完成的，更具体地说，是 PBCH 所携带的信息（见 16.3.3 节），以及剩余广播系统信息（详见 16.4 节）。

16.1.3　SSB 的周期

SSB 是周期性发送的，周期可以在 5ms 到最大 160ms 之间变化。但是，终端在进行小区初始搜索，以及在非激活态 / 空闲态为移动性而进行小区搜索时，可以假定 SSB 至少每 20ms 重复一次。这使得终端在频域搜索 SSB 时，知道必须要在每个频点停留多长时间才能得出 PSS/SSS 不存在的结论，然后转到同步栅格里的下一个频点。

20ms 的 SSB 周期是 LTE 的 PSS/SSS 5ms 周期的四倍。选择更长的 SSB 周期是为了提高 NR 网络的能效，并且遵循如 5.2 节所述的极简设计范例。更长 SSB 周期的缺点在于，终端必须在每个频点停留更长的时间，以确定该频点有没有 PSS/SSS。但是通过上述的稀疏同步栅格，终端需要搜索 SSB 频域位置的数量会减少，这样就可以得到补偿。

尽管终端在小区初始搜索过程中假定 SSB 至少每 20ms 重复一次，但是出于某些原因，还是会有采用更短或更长 SSB 周期的情况：

- 更短的 SSB 周期可用于连接态的终端更快地进行小区搜索。
- 更长的 SSB 周期可用于进一步提高网络的能效。终端在初始接入时可能搜索不到 SSB 周期大于 20ms 的载波。但是在载波聚合场景下，连接态的终端仍可使用这样的载波作为辅载波。

16.2　SS 突发集——时域上多个 SSB

SSB 和对应的 LTE 信号的一个关键区别是，网络可能以波束扫描的方式发送 SSB，即以时分复用的形式在不同波束上发送不同的 SSB（见图 16-2）。波束扫描中的 SSB 集合称为同步信号突发集（SS burst set）[⊖]。请注意，上一节所讨论的 SSB 周期是一个特定波束内 SSB 传输之间的时间间隔，实际上就是 SS 突发集的周期。

图 16-2　一个 SS 突发集周期内多个 SSB 时分复用

通过对 SSB 使用波束赋形技术，增加了单个 SSB 传输的覆盖范围。对 SSB 传输进行波束扫描也使得接收端对上行随机接入的接收能够进行波束扫描，以及对下行随机接入响应进行波束赋形。关于 NR 随机接入过程的详细讨论见第 17 章。

尽管 SS 突发集的周期可以在最小 5ms 到最大 160ms 之间灵活设置，但是每个 SS 突发集总是受限于 5ms 的时间间隔，要么在每 10ms 帧的前半帧，要么在后半帧。

对于不同的频段，SS 突发集里 SSB 的最大数目不同：

- 对于 3GHz 以下的频段，一个 SS 突发集里最多可以有 4 个 SSB，即最多能够扫描 4 个波束。
- 对于 3GHz 到 6GHz 之间的频段，一个 SS 突发集里最多可以有 8 个 SSB，即最多能够扫描 8 个波束。
- 对于更高的频段（FR2），一个 SS 突发集里最多可以有 64 个 SSB，即最多能够扫描 64 个波束。

为什么对于更高的频段，一个 SS 突发集内 SSB 的最大数目以及可以扫描 SSB 波束的最大数目都更高呢？有如下两个原因：

- 高频场景下通常都会使用更多的波束，每个波束的宽度更窄。
- 由于 SSB 的持续时间取决于 SSB 参数集（见表 16-1），对于低频场景，因为必须使用更低的 SSB 参数集（15kHz 或 30kHz），一个 SS 突发集内大量的 SSB 则意味着巨大的开销。

不同参数集的 SSB 在时域上可能位置的集合会不同。例如，图 16-3 中所示的是 15kHz 参数集情况下一个 SS 突发集周期内可能的 SSB 位置。可以看到，前 4 个时隙中的任何一个时隙都可能发送 SSB[⊜]。每个时隙上最多能发送两个 SSB，第一个可能的位置位于符号 2 ～ 5，第二个可能的位置位于符号 8 ～ 11。请注意，每个时隙第一个和最后两个

⊖　SS 突发集的概念源自 3GPP 早期的讨论，当时认为 SSB 组成 SS 突发，SS 突发组成 SS 突发集。最终没有用到中间态 SS 突发分组的概念，但是保留了全部 SSB 组成 SS 突发集的概念。

⊜　对于工作在 3GHz 以下，SSB 只能位于前两个时隙里。

OFDM 符号没有被 SSB 所占用。这些未被占用的 OFDM 符号，可用于给已经连接到网络的终端发送上行和下行控制信令，对于所有的 SSB 参数集都同样如此。

图 16-3　15kHz 参数集下 SS 突发集里 SSB 可能的时域位置

应当注意到，图 16-3 中所示的是 SSB 可能的位置，即实际上 SSB 不一定在图中所示的所有位置上发送。一个 SS 突发集内可能会发送一个到最大数目个 SSB，SSB 的数目取决于被扫描的波束个数。

此外，如果发送 SSB 的数目小于最大值，则不必在连续的 SSB 位置上发送，而是如图 16-3 所示的 SSB 位置的任何子集都可以用作 SSB 的发送。例如一个 SS 突发集里有 4 个 SSB 的情况，可能是前两个时隙每个时隙两个 SSB，也可能是图 16-3 中四个时隙每个时隙一个 SSB。

一个 SSB 的 PSS 和 SSS 只取决于物理小区标识（见下）。因此，一个小区内所有 SSB 的 PSS 和 SSS 是相同的，终端无法根据 PSS 和 SSS 来确定获取到的 SSB 在 SSB 位置集合中的相对位置。出于这个原因，每个 SSB（更具体地说是 PBCH）都包含了一个"时间索引"，用于显式提供 SSB 在可能的 SSB 位置序列里的相对位置（详见 16.3.3 节）。获取SSB 相对位置的信息很重要，原因如下：

- 终端据此来确定帧的定时（见 16.3.3 节）。
- 把不同的 SSB（实际上就是不同的波束）和不同的 RACH 时机关联。反过来说，这是在随机接入的接收过程中网络侧使用波束赋形的先决条件（详见第 17 章）。

16.3　PSS、SSS 和 PBCH 的详细说明

到目前为止我们已经描述了 SSB 的总体结构及其三个组成部分：PSS、SSS 和PBCH。我们还描述了多个 SSB 在时域上如何组成 SS 突发集，以及 SSB 如何映射到特定的 OFDM 符号。本节将描述 SSB 各组成部分的详细结构。

16.3.1　PSS

终端进入系统首先要搜索的信号就是 PSS。在这个阶段，终端还不知道系统的定时。

而且，尽管终端是在给定的载波频率上搜索小区，但由于终端内部参考频率的误差，终端和网络的载波频率之间可能会存在很大偏差。尽管存在这些不确定性，但系统设计使得 PSS 仍可以被检测到。

终端一旦找到了 PSS，就同步到 PSS 周期。然后终端可以使用网络的发送作为产生内部频率的参考，从而在很大程度上消除终端和网络之间的频率偏差。

如上所述，PSS 占据 127 个资源单元，映射为一个 PSS 序列 $\{x_n\} = x_n(0), x_n(1), \cdots, x_n(126)$（参见图 16-4）。

有三种不同的 PSS 序列 $\{x_0\}$、$\{x_1\}$ 和 $\{x_2\}$，分别对应一个长度为 127 的基序列（M 序列）[66] 的不同循环移位，M 序列为 $\{x\} = x(0), x(1), \cdots, x(126)$，根据如下递归公式生成（参见图 16-5）：

$$x(n) = x(n-7) \oplus x(n-3)$$

初始值：$[x(6)\ x(5)\ x(4)\ x(3)\ x(2)\ x(1)\ x(0)] = [1\ 1\ 1\ 0\ 1\ 1\ 0]$

图 16-5　基序列（M 序列）的生成，从中得出三个不同的 PSS 序列

图 16-4　PSS 的结构

通过对基序列（M 序列）$x(n)$ 应用不同的循环移位，根据如下公式可以生成三个不同的 PSS 序列 $x(n)$、$x_1(n)$ 和 $x_2(n)$：

$$x_0(n) = x(n)$$
$$x_1(n) = x(n + 43 \bmod 127)$$
$$x_2(n) = x(n + 86 \bmod 127)$$

对于某个特定小区，使用三个 PSS 序列中的哪一个是由物理小区标识（Physical Cell Identity，PCI）决定的。终端在搜索新小区时，必须搜索全部三个 PSS。

16.3.2　SSS

终端一旦检测到 PSS，也就知道了 SSS 的发送定时。通过检测 SSS，终端可以确定该小区的 PCI。NR 总共有 1008 个不同的 PCI，但是由于终端已经检测到 PSS，所以会将 PCI 备选集减少到三分之一。因此有 336 个不同的 SSS，与已经检测到的 PSS 组成完整的 PCI。请注意，由于终端已知 SSS 的定时，因此与 PSS 相比，每个序列的搜索复杂度降低，能够支持很大数目的 SSS 序列。

SSS 的基本结构与 PSS 相同（见图 16-4），也是由 127 个子载波组成。

更详细地说，每个 SSS 由两个基序列（M 序列）根据如下递归公式生成：

$$x(n) = x(n-7) \oplus x(n-3)$$
$$y(n) = y(n-7) \oplus y(n-6)$$

实际的 SSS 序列由这两个 M 序列相加合成，两个序列应用不同的移位：

$$x_{m_1, m_2}(n) = x(n + m_1) + y(n + m_2)$$

16.3.3　PBCH

PSS 和 SSS 是有特定结构的物理信号，而 PBCH 则是更为传统的物理信道，在 PBCH 上发送的是经过信道编码的信息。PBCH 承载主系统信息块（Master Information Block，MIB），其中包含了少量信息，终端要根据这些信息来获取网络广播的剩余系统信息[⊖]。

表 16-2 列出了 PBCH 所承载的信息。请注意，根据载波是工作在低频段（FR1）还是高频段（FR2），信息内容有些许差别。

表 16-2　PBCH 承载的信息

信　息	比特数
SSB 时间索引	0 (FR1)/3(FR2)
小区闭锁标志	2
PDSCH 第一个 DM-RS 的位置	1
SIB1 参数集	1
SIB1 配置	8
公共资源块（CRB）网格偏移	5 (FR1)/4(FR2)
半帧比特	1
系统帧号（SFN）	10
循环冗余校验（CRC）	24

如上文所述，SSB 时间索引标识了该 SSB 在 SS 突发集里的位置。16.2 节中已经提及，在 SS 突发集里明确定义了每个 SSB 的位置，即 SSB 包含在第一个或第二个 5ms 的半帧中。终端根据 SSB 时间索引，以及半帧比特（half-frame bit）（见下），可以确定帧边界。

SSB 时间索引由两部分组成：
- PBCH 加扰编码的隐式部分。
- PBCH 净荷里的显式部分。

PBCH 可以采用 8 种不同的加扰模式，隐含指示了最多 8 种 SSB 时间索引。当工作在 6GHz 以下（FR1）时，一个 SS 突发集里最多 8 个 SSB 就足够了[⊜]。

对于工作在 NR 更高的频率范围（FR2），一个 SS 突发集里最多可以有 64 个 SSB，这意味着需要额外的 3bit 来指示 SSB 时间索引。这额外的 3bit 作为显式信息包含在 PBCH 净荷里，只有工作在 10GHz 以上才需要。

⊖　严格来说 PBCH 里有部分信息不属于 MIB（见下文）。

⊜　工作在 3GHz 以下最多只有 4 个 SSB。

小区闭锁标志（CellBarred flag）由 2bit 组成：

- 第一个比特，可以看作是真正的小区闭锁标志，指示终端是否允许接入该小区。
- 假定网络不允许终端接入该小区，第二个比特，也称为同频重选（Intra-frequency-reselection）标志，指示是否允许终端在同频的其他小区上接入。

若检测到小区被闭锁，并且也不允许接入同频的其他小区，终端可以并且应该立即重新启动异频的小区搜索。

部署了一个小区但又阻止终端接入，这可能看起来很奇怪。在历史上，此功能用于某个特定小区在维护期间临时阻止接入。但是，在 NR 中此功能有了额外的用途：由于可能部署非独立网络，终端应当通过相应的 LTE 载波接入网络。在 NSA 部署中，通过设置 NR 载波的小区闭锁标志，网络阻止 NR 终端尝试通过 NR 载波接入系统。

PDSCH 第一个 DM-RS 的位置指示了假定 DM-RS 映射类型 A 情况下第一个 DM-RS 符号在时域的位置（见 9.11 节）。

SIB1 参数集提供了用于发送系统信息 SIB1 的子载波间隔（见 16.4 节）。同样的参数集还用于随机接入过程中的下行消息 2 和消息 4（见第 17 章）。尽管 NR 标准对于数据传输支持四种参数集（15kHz、30kHz、60kHz 和 120kHz），但对于某个给定频段只能有两种参数集。因此，SIB1 的参数集用 1bit 表示就足够了。

SIB1 配置提供的信息包括：搜索空间、相应的 CORESET，以及终端为监听 SIB1 调度所需的 PDCCH 相关参数，见 16.4 节。

CRB 网格偏移（grid offset）提供了 SSB 和公共资源块网格之间的频率偏移信息。如 16.1.2 节所述，SSB 在载波的频域位置是灵活的，甚至不必与载波的 CRB 网格对齐。但是，对于 SIB1 的接收，终端需要知道 CRB 网格。因此，PBCH 必须提供 SSB 和 CRB 网格之间的频率偏移信息，使得终端在接收 SIB1 之前就能得到。还可以通过设置网格偏移为一个"特别大"的值来指示 SIB1 不存在。没有 SIB1 的小区也是有用的，例如当一个载波配置仅用作 SCell 时。

请注意，CRB 网格偏移只提供了 SSB 和 CRB 网格之间的相对偏移。SSB 在整个载波上的绝对位置信息在 SIB1 里提供。

半帧比特指示了 SSB 是位于 10ms 秒帧的前 5ms 还是后 5ms。如上所述，半帧比特和 SSB 时间索引一起，用于终端确定小区的帧边界。

上面的所有信息（包括 CRC）在联合进行信道编码以及速率匹配后，填充到 SSB 的 PBCH 净荷里。

尽管上面所有信息都由 PBCH 承载，并且联合进行了信道编码以及 CRC 保护，但严格来说，某些信息并不是 MIB 的一部分。假定在 80ms 时间间隔（8 帧）内以及一个 SS 突发集的所有 SSB，MIB 是不变的。因此，一个 SS 突发集内不同 SSB 的时间索引是不同的，SSB 时间索引、半帧比特和 SFN 的最低 4 个有效 bit 是在 MIB 之外由 PBCH 承载的信息[⊖]。

⊖ 由于 SFN 每 10ms 更新一次，MIB 之外放置 SFN 的最低 3 个有效 bit 其实就足够了。

16.4　剩余系统信息

系统信息是对终端在网络中正常工作所需要的全部公共（非终端特定）信息的统称。通常，系统信息由不同的系统信息块（System Information Block，SIB）来承载，每个系统信息块包含不同类型的系统信息。根据终端是否已经连接到网络，SIB 有不同的递交方式：

- 如果终端已经连接到网络，会使用专用的 RRC 信令。一个简单的例子就是工作在非独立模式，LTE 用于初始接入和移动性。在这种情况下终端已经通过 LTE 连接，在建立 NR 载波时系统信息通过 LTE 递交给 UE。另一个例子就是在载波聚合场景下增加一个载波，已经存在的 NR 连接用于发送专用的 RRC 信令。
- 如果终端没有连接到网络，会使用广播信令。对于独立模式，当终端处于空闲态且没有有效的系统信息时，就是这样的情况。

LTE 也广播系统信息，但是 NR 更进一步。在 LTE 中，始终在整个小区范围内周期地广播所有的系统信息，但这也意味着即使小区里没有终端，也要发送系统信息。

NR 标准采用了不同的方式，MIB 上只承载非常有限的系统信息，超出的信息分为两部分。

SIB1，有时也称作剩余最小系统信息（Remaining Minimum System Information，RMSI），包含了终端在接入系统前需要获取的系统信息。SIB1 总是在整个小区范围内周期地广播。SIB1 的一个重要任务是给终端提供初始随机接入所需要的信息（见第 17 章）。

SIB1 以 160ms 为周期，通过普通的调度在 PDSCH 上传输。如上所述，PBCH/MIB 提供了 SIB1 传输所用的参数集、搜索空间和调度 SIB1 所用的 CORESET。MIB 中的 SIB1 配置字段用作预先定义表格的索引。标准中根据频段不同有多张表格。从合适的表格中获得 CORESET 的信息。有了 CORESET（称作 CORESET#0），终端根据特殊的系统信息 RNTI（System Information RNTI，SI-RNTI）的指示来监听 SIB1 的调度。

CORESET#0 的位置和搜索空间通过检测到的 SSB 所对应的表格给出。SSB 和 CORESET#0 有三种复用模式，见图 16-6，但不是所有的复用模式对所有频段都可用。

图 16-6　SSB、CORESET#0 和 SIB1 的 PDSCH 的复用

模式 1 用于 FR1。CORESET#0 的大小与载波带宽相匹配，CORESET#0 最小约为 5MHz，最大为 20MHz，对低频段是合理的。这也就意味着 5MHz 是可能的最小载波带宽，否则就放不下 CORESET#0。

模式 2 和 3 用于 FR2，尽管模式 1 也可以用于 FR2。采用模式 2 和 3 的原因是考虑到 SSB 波束扫描的效率和系统信息的递交。通过 SSB 和 CORESET#0 的频分复用，可以减少在时域上的持续时间，因此可以支持更为快速的波束扫描，这是以增加最小载波带宽的要求为代价的。

SIB1 在 PDSCH 上的调度是用携带 SI-RNTI 的 PDCCH 来完成的，使用 CORESET#0 的某个搜索空间发送。但是，如第 7 章所述，NR 的数据传输采用了部分带宽的概念。可以配置多个部分带宽，但需要至少一个能够接收数据。因此初始下行部分带宽等于 CORESET#0 的资源块，也就是初始下行带宽取决于频段和子载波间隔，最多 96 个资源块。尽管终端一旦进入连接态就可以配置额外的部分带宽，但大多数情况下一个部分带宽就足够了。在只配置一个部分带宽的情况下，最好是能够覆盖整个载波带宽。因此在 SIB1 里发送初始下行部分带宽就避免了配置额外的部分带宽或受限于 CORESET#0 的较窄带宽。

剩余的 SIB（不包括 SIB1）所包含的系统信息是终端在接入系统前不需要获取的。同 SIB1 类似，这些 SIB 也可以周期地广播。或者这些 SIB 也可以按需（on demand）发送，即只在连接态的终端显式请求时才发送。这就意味着小区在当前没有终端驻留时，网络可以避免周期性广播这些 SIB，从而提高网络的能效。

第 17 章

随机接入

在大多数情况下，NR 的上行传输使用由网络 / 小区为特定传输分配的专用资源进行。因此，不会与小区内其他终端的传输产生冲突。这适用于 PUSCH 上调度的数据传输和 PUCCH 上调度的控制信令。对于探测参考信号 SRS 的传输也是如此。

请注意，当我们说到上行传输分配了专用资源时，这并不一定意味着来自不同终端的上行传输在时频资源上没有重叠。例如，在某些情况下来自不同终端的 PUCCH 传输可能会共享相同的时频资源，但是通过不同的序列来区分。对于 SRS 传输也是如此，见第 8 章。不同的上行传输还可以通过空域，即多个接收天线来区分。在这种情况下，空域的区分通常是通过对不同传输采用不同的解调参考信号（DM-RS）来实现的，网络分别估计每个终端的信道，不会被其他终端的 DM-RS 传输干扰。基于这些信道估计，接收机可以利用多根接收天线将互相重叠的传输区分开。有时也称不同的 DM-RS 为不同的 DM-RS 资源。

在大多数情况下，上行传输的定时也是由网络以闭环的方式来控制的，以确保不同的上行传输都在一个较窄的时间窗内接收到，见 15.2 节。

但是，在终端从空闲 / 非激活态初始接入网络时，由于没有连接，也就没有给该终端分配用于初始传输的专用资源。终端必须在和其他终端共享的上行资源上进行初始传输，也就是在多个终端碰巧同时使用该资源会造成冲突。

此外，在初始接入阶段，网络无法基于之前接收到的传输来精确控制终端的发送定时。终端只能根据从网络收到的广播信号的定时（在 NR 中是接收到的 SSB 的定时）来确定自己的发送定时。那么上行传输的接收定时会存在至少两倍传播时间的误差。这会有两个影响：

- 除了特别小的小区，从不同终端接收到的信号之间最大不对齐可能会超过循环前缀。无法保持相邻 OFDM 子载波之间的频域正交性，会导致用户间干扰，或者需要额外的保护频带。
- 可能需要额外的保护时间，以避免因接收到不同时域资源上发送的信号重叠造成的干扰。

因此特别设计了随机接入过程来处理这种冲突和缺少精确定时控制的场景。NR 基本的随机接入过程由如下 4 步组成（见图 17-1）：

- 步骤 1：终端发送一个前导码（preamble），也称作物理随机接入信道（Physical Random-Access CHannel，PRACH）。前导码是为降低接收复杂度而特别设计，但缺少精确的定时控制。如下详述，前导码可能会重复发送，逐步提高发射功率直到收到随机接入响应（步骤 2）。

- 步骤 2：网络发送随机接入响应（Random-Access Response，RAR）表明接收到了前导码，并根据接收到前导码的定时，发送定时对齐命令来调整终端的发送定时。

图 17-1 四步随机接入过程

- 步骤 3/4：终端和网络交换消息（上行"消息 3"以及随后的下行"消息 4"），目的是解决多个终端同时发送相同的前导码而导致的冲突，也称作竞争解决（contention resolution）。

在详细描述 NR 随机接入过程时，这里假定的是初始接入场景。但是正如 17.5 节将要讨论到的，NR 随机接入过程还可用于其他场景，例如：

- 切换过程中，需要与新小区建立同步时。
- 终端由于太长时间没有上行传输而导致失步，需要在当前小区重新建立上行同步时。
- 终端没有分配专用的调度请求资源，需要请求上行调度时。
- 需要请求非广播的系统信息发送时，如第 16 章中简要讨论过的。

随机接入的基本过程有部分也用于波束恢复（beam recovery）过程（见 12.3 节）。

请注意，在某些情况下，终端实际上配置了专用的资源，就是专用的前导码，用于随机接入传输。这称为基于非竞争的随机接入（Contention-Free Random Access，CFRA），与之相对的是基于竞争的随机接入（Contention-Based Random Access，CBRA），在公共资源上进行接入，实际上就是和其他终端共享前导码。

17.1 步骤 1——前导码的发送

如上所述，随机接入前导码也称为物理随机接入信道（PRACH），相比于随机接入过程步骤 2～步骤 4，前导码的发送（步骤 1）对应于一个特殊的物理信道。

17.1.1 RACH 配置和 RACH 资源

在 SIB1 的随机接入配置中给出了前导码发送的详细说明。例如，随机接入配置提供了小区中可以发送前导码的时频资源的信息。还会提供小区内哪些前导码可用的信息，以及前导码发射功率的相关参数。RACH 配置还提供了 SSB 索引到 RACH 时机的映射，这对于毫米波频段下初始波束的建立非常关键，见第 12 章。

由于发送前导码缺少具体的发送定时控制，目标小区何时接收前导码存在不确定性。不确定性的范围取决于小区内的最大传播延迟。对于大小在几百米的小区，不确定程度大概为几微秒数量级。但是对于比较大的小区，不确定程度大概可以到 100 微秒或更多。

一般情况下，由网络调度器来确保在可能接收前导码的上行资源上没有其他传输。为了能够做到这样，网络需要考虑前导码接收定时的不确定性。在实际中，调度器需要提供额外的保护时间，来捕获这种不确定性（见图 17-2）。请注意，NR 标准中并没有规定保护时间，这只是调度限制的结果。因此，完全可以根据需要来提供不同的保护时间以匹配前导码接收定时的不确定性（例如，由于小区的大小不同导致的不确定性的范围不同）。

图 17-2　前导码发送所需的保护时间

图 17-3 说明了 RACH 资源的总体结构，即可以发送前导码的时频资源。小区内的前导码可以在特定帧内一个可配置的时隙子集（RACH 时隙）上发送。RACH 时隙集每 N 帧重复，N 的取值范围从 $N = 1$（即每帧都有 RACH 时隙）到 $N = 16$（每 16 帧有 RACH 时隙）。一个帧内 RACH 时隙的数目取决于小区 RACH 配置，范围从 1 到 8。

图 17-3　总体 RACH 资源由 RACH 时隙集合中一组连续的资源块组成，每个 RACH 资源周期性重复该时隙模式

此外，这些 RACH 时隙中可能存在多个频域的 RACH 时机（RACH occasion），共同覆盖 $K \times M$ 个连续的资源块，其中 M 为 RACH 时机的频域大小，即分配进行前导码测量的频率资源的大小，用资源块数目表示；K 为频域上 RACH 时机的数目。因此，一个 RACH 时隙里最多可以有来自不同终端的 K 个的前导码频分复用。

RACH 时机的频域大小取决于前导码类型（长前导码或短前导码，见下），由 M 给定。此

外，正如后面将看到的，对于给定的前导码，子载波的实际数目并不完全匹配整数个资源块，意味着 RACH 时机频域的子载波数目会稍大于 RACH 时机上发送前导码的实际子载波数目。

对于给定的前导码类型，即特定的前导码带宽，小区内所有可用的 RACH 时频资源可以描述为：

- 可配置的 RACH 周期，范围从 10ms 到最大 160ms。
- RACH 周期内可配置的 RACH 时隙集合（全部在同一帧）。
- 可配置的 RACH 频域资源，由资源中第一个资源块的索引以及 RACH 时机频分复用的数目给定。

我们将会看到，取决于小区所用前导码的集合，在时域一个 RACH 时隙也可能有多个 RACH 时机。

17.1.2   前导码基本结构

图 17-4 说明了 NR 生成随机接入前导码的基本结构。前导码是基于长度为的前导码序列 p_0，p_1，$\cdots$，p_{L-1} 生成的，并在应用到传统的 OFDM 调制前进行了 DFT 预编码。因此，前导码可看作是一个 DFTS-OFDM 信号。应当注意到，前导码可以等同看作是传统的 OFDM 信号，只不过是基于对序列 p_0，p_1，$\cdots$，p_{L-1} 进行离散傅里叶变换得到的频域序列 P_0，P_1，$\cdots$，P_{L-1} 生成的。

图 17-4   NR 随机接入前导码生成的基本结构

然后 OFDM 调制器的输出重复 N 次，再插入循环前缀。因此，对于前导码，不是每个 OFDM 符号都插入循环前缀，而是 N 个重复的符号块只插入一次。

NR 前导可以采用不同的前导序列。类似于上行 SRS，前导序列基于 Zadoff-Chu 序列[23]。如 8.3.1 节所述，质数长度的 ZC 序列用于基本的 NR 前导序列，共有 $L-1$ 个不同的序列，每个对应唯一的根序列索引（root-sequence index）。

可以由对应不同根序列索引的 Zadoff-Chu 序列生成不同的前导序列，而且相同根序列的不同循环移位也可以生成不同的前导序列。如 8.3.1 节所述，这些序列天生就是相互正交的。但是，在接收端，只有两个序列的相对循环移位大于序列的接收定时之差，才能保持正交性。因此，实际上只有循环移位的一个子集能用于生成不同的前导码，其中可用移位的数目取决于接收定时最大的不确定程度，即小区的大小。对于较小的小区，通常可使用较大数目的循环移位。而对于较大的小区,可用循环移位的数目通常较小。

　　小区可用循环移位的集合称为零相关域(zero-correlation zone)参数,在 SIB1 的小区随机接入配置里提供。零相关域参数实际上指向了一张特定的表格,对于给定的零相关域参数,表格中每一行对应可用循环移位的集合。"零相关域"名称的来源是,不同零相关域参数表示不同循环移位距离的循环移位集合,从而为定时不对齐提供了更大或更小的"域",可以保证正交性(=零相关)。

　　一个小区最多可以有 64 个不同的前导码,每个前导码用前导码索引(preamble index)来标识,索引的取值范围为 0 ~ 63。小区可用的前导码由小区 RACH 配置中的根序列索引给出。按照提供的根序列索引确定了根序列,使用所有可能的循环移位(限制了零相关域)生成最多 64 个不同的前导码。如果无法生成足够数量的前导码,即给定的零相关域如果没有足够多的循环移位,则会从下一个根序列的循环移位生成额外的前导码。这可能还会再从另一个根序列继续生成,直到生成 64 个前导码为止。

　　我们将会看到,一个小区内的 64 个前导码可能不会全部用于普通的基于竞争的随机接入。剩余的前导码可用于基于非竞争的随机接入,例如移动性和切换,见 17.5 节。

17.1.3　长前导码和短前导码

　　NR 标准定义了两种类型的前导码,分别称为长前导码和短前导码。顾名思义,两种类型的前导码的区别在于前导序列的长度(参数 L)。前导码发送所使用的参数集(子载波间隔)也不同。前导码类型是小区随机接入配置的一部分,即一个小区仅有一种类型的前导码可用作初始接入。

1. 长前导码

　　长前导码是基于长度 $L = 839$ 的序列生成的,子载波间隔为 1.25kHz 或 5kHz。因此,长前导码所用的参数集不同于其他的 NR 传输。长前导码源自 LTE 随机接入的前导码[26],仅可用于 6GHz 以下(FR1)的频段。

　　如表 17-1 所示,长前导码有四种不同的格式,每种格式对应特定的参数集(1.25kHz 或 5kHz)、特定的重复次数(图 17-4 里的参数 N),以及特定长度的循环前缀。前导码格式也是小区随机接入配置的一部分,即每个小区限制使用一种前导码格式。可以注意到,表 17-1 中前两种格式与 LTE 前导码格式 0 和格式 3 相同[14]。

表 17-1　长前导码的格式

格式	参数集(kHz)	重复次数	CP 长度(μs)	前导码长度(不含 CP)(μs)
0	1.25	1	≈ 100	800
1	1.25	2	≈ 680	1600
2	1.25	4	≈ 15	3200
3	5	1	≈ 100	800

上文描述了 RACH 资源是由时域上的一组时隙，以及频域上的一组资源块组成的。对于长前导码，虽然使用的参数集不同于其他的 NR 传输，但还是应当从 15kHz 参数集的角度看待时隙和资源块。长前导码的时隙为 1ms，资源块的带宽为 180kHz。因此，一个参数集为 1.25kHz 的长前导码在频域上占据 6 个资源块，而参数集为 5kHz 的长前导码则占据 24 个资源块。

可以观察到，表 17-1 中的前导码格式 1 和格式 2 的长度超过一个时隙。这与 17.1.1 节所讨论的在长度为 1ms 的 RACH 时隙内前导码发送的假设相矛盾。但是，RACH 时隙只是指示前导码发送的可能起始位置。如果前导码发送延续到后一个时隙，这意味着调度器只需要确保该时隙相应的频域资源上没有其他传输即可。

2. 短前导码

短前导码是基于长度 $L = 139$ 的序列生成的，所用的子载波间隔与 NR 常规子载波间隔一致。更具体地说，短前导码使用的子载波间隔如下：

- 6GHz 以下（FR1）的场景为 15kHz 或 30kHz。
- 更高的 NR 频段（FR2）的场景为 60kHz 或 120kHz。

在短前导码的情况下，17.1.1 节所讨论的 RACH 资源与前导码的参数集相同。因此无论前导码参数集是多少，短前导码在频域上始终占据 12 个资源块。

表 17-2 列出了短前导码可用的格式。不同格式的标签（label）源自 3GPP 标准化的讨论，事实上 3GPP 曾经讨论过更大的前导码格式集。表中假定前导码的子载波间隔为 15kHz。对于其他参数集，前导码的长度以及循环前缀的长度与子载波间隔成反比。

表 17-2　短前导码格式

格式	重复次数	CP 长度（μs）	前导码长度（不含 CP）(μs)
A1	2	9.4	133
A2	4	18.7	267
A3	6	28.1	400
B1	2	7.0	133
B2	4	11.7	267
B3	6	16.4	400
B4	12	30.5	800
C0	1	40.4	66.7
C2	4	66.7	267

短前导码一般比长前导码更短，而且所用 OFDM 符号数更少。因此在大多数情况下，一个 RACH 时隙里可能有多个前导码传输在时间上复用。换句话说，对于短前导码，不仅在频域上有多个 RACH 时机，时域上一个 RACH 时隙里也有多个 RACH 时机（见表 17-3）。

表 17-3　一个 RACH 时隙内短前导码时域 RACH 时机的数目

	A1	A2	A3	B1	B4	C0	C2	A1/B1	A2/B2	A3/B3
RACH 时机数目	6	3	2	7	1	7	2	7	3	2

可以注意到，表 17-3 还包括了标为 A1/B1、A2/B2 和 A3/B3 的几列。这几列对应于表 17-2 里格式 "A" 和 "B" 的混合使用，其中格式 A 用于 RACH 时隙里除了最后一个 RACH 时机之外其他所有的 RACH 时机。请注意，除了格式 B 的循环前缀更短之外，前导码格式 A 和 B 是相同的。

出于相同的原因，表 17-3 中没有直接出现格式 B2 和格式 B3，因为 B2 和 B3 始终与相应的格式 A（A2 和 A3）联合使用。

3. 用于非授权频谱的 "短" 前导码

第 19 章将描述 Release 16 对 NR 进行了扩展，支持在非授权频谱中工作。为此引入了额外的前导码类型。这些前导码与上文所讨论的短前导码结构相同，但序列长度 L 不同，序列长度分别为 $L = 517$ 和 $L = 1151$。这些前导码只能用于 30kHz（$L = 571$ 时）和 15kHz（$L = 1151$ 时）的前导码子载波间隔。

序列长度越长意味着前导码带宽越大。引入这些更大带宽的前导码的原因在于可以提供足够的前导码发射功率，尽管工作在非授权频谱所允许的发射功率密度（W/Hz）受限。

17.1.4　SSB 索引到 RACH 时机和前导码的映射

如上一章所述，一个 SS 突发集内有多个 SSB，每个 SSB 关联到 MIB/PBCH 中广播的一个 SSB 索引。实际上，不同的 SSB，或者说不同的 SSB 索引，对应 SSB 发送的不同下行波束。

NR 标准初始接入的一个关键特性是，在初始接入阶段就可以建立合适的波束对，并在接收端应用模拟波束扫描接收前导码。这是通过将 SSB 索引映射到 RACH 时机和 / 或前导码来实现的。因为不同的 SSB 时间索引实际上对应着不同下行波束发送的 SSB，这就意味着网络可以基于接收到的前导码来确定终端位于哪个下行波束。然后这个波束可以用作给终端后续下行传输的初始波束。

此外，如果 SSB 时间索引和 RACH 时机的关联关系是一个给定的时域 RACH 时机对应一个特定的 SSB 时间索引，那么网络就及时知道终端发送的前导码对应何时发送的某个特定的下行波束。假定存在波束一致性，网络就可以集中上行接收机波束在对应的方向来波束赋形接收前导码。实际上这就意味着接收机波束会在覆盖区域扫描，与对应发送 SSB 的下行波束扫描是同步的。

请注意，前导码发送的波束扫描只适用于接收端采用模拟波束赋形的情况。如果采用的是数字波束赋形，则可以同时从多个方向波束赋形接收前导码。

为了将某个 SSB 时间索引与一个特定的随机接入时机以及特定的前导码集合相关联，

小区的随机接入配置指定了每个 RACH 时间 / 频率时机里 SSB 时间索引的个数，还指定了每个 SSB 时间索引的前导码个数。

每个 RACH 时间 / 频率时机 SSB 时间索引的个数可以大于 1，表明一个 RACH 时间 / 频率时机对应多个 SSB 时间索引。但是 SSB 时间索引个数也可以小于 1，表明一个 SSB 时间索引对应多个 RACH 时间 / 频率时机。

在后一种情况下，每个 RACH 时机对应一个 SSB 索引，即 RACH 时机自身就指示了 SSB 索引。这样，每个 SSB 索引可以映射到相同的前导码集合。

相反，在前一种情况下，每个 RACH 时机对应多个 SSB 索引，这些不同的 SSB 索引映射到不同的前导码集合。

SSB 时间索引到 RACH 时机的映射顺序如下：

- 首先在频域上。
- 其次在时域上一个时隙内，假定小区配置的前导码格式允许一个时隙内有多个时域的 RACH 时机（仅适用于短前导码）。
- 最后在时域上不同 RACH 时隙之间。

图 17-5 举例说明了在如下假设下，SSB 时间索引和 RACH 时机的关系：

- 频域上两个 RACH 时机。
- 时域上每个 RACH 时隙有三个 RACH 时机。
- 每个 SSB 时间索引与四个 RACH 时机相关联。

图 17-5   SSB 时间索引与假定 RACH 时机的关联（示例）

17.1.5   前导码的功率控制和功率提升

如上所述，发送前导码所需的发射功率存在很大的不确定性。因此，前导码的发送引入了功率提升（power-ramping）机制，可以重复发送前导码，每次发送都会提高发射功率。

终端基于下行的路损估计，结合网络配置的前导码目标接收功率来确定前导码初始发射功率。终端基于捕获 SSB 的接收功率来估计路损，还根据 SSB 确定用于发送前导码的 RACH 资源。这与如下假设一致：如果前导码传输是以波束赋形方式接收的，则相应的 SSB 是以相应的波束成形（beam-shaper）方式发送的。如果在预先确定的窗口内未收到随机接入响应（见下），则终端可以认为网络没有正确接收到前导码，很可能是由于前导码的发射功率太低。如果这种情况发生，那么终端会将前导码发射功率提升一个可配置的特定偏移量，重复发送前导码。终端会继续提升发射功率，直到接收到随机接入响应，或者达到可配置的最大重传次数，或者达到可配置的前导码最大发射功率为止。在后两种情况下，随机接入尝试宣告失败。

17.2 步骤2——随机接入响应

终端一旦发送随机接入前导码，就会等待随机接入响应，即来自网络的响应，表明网络正确接收到了前导码。随机接入响应在传统的下行 PDCCH/PDSCH 上传输，其中 PDCCH 是在公共搜索空间上传输的。

随机接入响应包括以下几部分：

- 网络检测到的随机接入前导码索引，表明该响应对哪个前导码有效。
- 网络基于前导码的接收定时而计算出的定时校正。终端要根据校正信息在后续上行发送前更新上行传输的定时。
- 调度授权，指示终端用于传输后续消息 3 的资源（见下）。
- 临时标识（TC-RNTI），用于终端和网络之间进一步的通信。

如果网络检测到多个（来自不同终端的）随机接入尝试，那么各自的响应消息可以合并成一条消息发送。因此，网络在 DL-SCH 上调度响应消息，并使用为随机接入响应预留的标识 RA-RNTI，通过 PDCCH 指示给终端。由于此时终端可能还未分配唯一的标识 C-RNTI，所以需要使用 RA-RNTI。所有发送了前导码的终端都要在可配置的时间窗内监听层 1/ 层 2 控制信道，以接收随机接入响应。标准里没有固定响应消息的定时，这是为了网络能够响应多个并发的接入。这也为基站的实现带来了灵活性。如果终端在时间窗内没有检测到随机接入响应，那么会按照上文所述提升功率，以更高的功率重新发送前导码。

只要在同一资源上进行随机接入的终端使用不同的前导码，就不会发生冲突，并且从下行信令中的信息也很清楚地知道该响应与哪个或哪些终端相关。然而，在一定程度上存在发生竞争的可能性，即多个终端同时使用相同的随机接入前导码。在这种情况下，多个终端会对同一个下行响应消息做出反应，就发生了冲突。冲突解决在后续的步骤里，讨论见下。

终端接收到随机接入响应后，会调整上行发送定时，继续步骤 3。如果基于非竞争的随机接入使用专用的前导码，那么这就是随机接入过程的最后一步，因为在这种情况下不需要解决竞争。而且，终端已经分配了一个唯一的标识 C-RNTI。

在下行波束赋形的情况下，随机接入响应要遵循 SSB（即在小区初始搜索阶段捕获到的 SSB）所用的波束赋形。这很重要，因为终端要使用接收端的波束赋形，就需要知道如何指向接收波束。通过使用与 SSB 相同的波束来发送随机接入响应，终端知道可以使用与小区搜索阶段确定的接收波束相同的波束来接收。

17.3 步骤 3/4——竞争解决

17.3.1 消息 3

在步骤 2 后，终端上行在时间上已经同步。但是，在终端发送或接收用户数据前，网络必须给终端分配一个小区内唯一的标识，即 C-RNTI（除非终端已经分配了 C-RNTI）。根据终端的状态，可能还需要额外的消息交互来建立连接。

在步骤 3，终端使用步骤 2 随机接入响应里分配的 UL-SCH 资源，给 gNB 发送必要的消息。

上行消息一个重要的部分是包含了终端标识，因为在步骤 4 的竞争解决机制里要使用该标识。如果终端对于无线接入网是已知的，即处于 RRC_CONNECTED 或 RRC_INACTIVE 状态，那么已经分配的 C-RNTI 就用作终端标识[⊖]。否则需要使用核心网终端标识，而且 gNB 需要在步骤 4 响应上行消息之前联系核心网（见下文）。

17.3.2 消息 4

随机接入过程的最后一步包含一个用于竞争解决的下行消息。请注意，发生随机接入并发的多个终端，在步骤 1 使用相同的前导序列，在步骤 2 监听同一个响应消息，所以具有相同的临时标识。因此随机接入过程的步骤 4 是解决竞争的一步，以确保终端不会错误地使用其他终端的标识。根据终端是否已经具有有效的标识（C-RNTI），竞争解决机制有所差别。请注意，网络从步骤 3 接收到的上行消息中就知道终端是否存在有效的 C-RNTI。

如果终端已经分配了 C-RNTI，那么竞争解决是通过使用 C-RNTI 在 PDCCH 上对终端进行寻址来处理的。终端在 PDCCH 上检测到自己的 C-RNTI，就宣告随机接入尝试成功，不需要 DL-SCH 发送竞争解决相关的信息。由于 C-RNTI 对终端是唯一的，非目标终端会忽略该 PDCCH。

如果终端没有有效的 C-RNTI，竞争解决消息是通过使用 TC-RNTI 来寻址的，相应的 DL-SCH 包含了竞争解决消息。终端会比较该消息中的标识和步骤 3 中发送的标识。终端只有观察到步骤 4 接收到的标识和步骤 3 发送的标识相匹配，才会宣告随机接入过程成功，并将步骤 2 的 TC-RNTI 变为 C-RNTI。由于上行同步已经建立起来，在这一步里下行信令采用了 HARQ 机制，标识匹配的终端会在上行发送 HARQ 确认。

若终端没有在 PDCCH 上检测到 C-RNTI，或者没有匹配到标识，就会认为随机接入过程失败，需要从步骤 1 重新开始随机接入过程。这些终端不会发送 HARQ 反馈。此外，在步骤 3 发送上行消息后的特定时间内没有接收到步骤 4 下行消息的终端也会宣告随机接入过程失败，需要从步骤 1 重新开始。

⊖ 终端标识包含在 UL-SCH 的 MAC 控制信元里。

17.4 补充上行的随机接入

7.7 节讨论了补充上行（Supplementary UpLink，SUL）的概念，即一个下行载波可能与两个上行载波相关联（非 SUL 载波和 SUL 载波），SUL 载波一般位于较低频段，从而可以增强上行覆盖。

SUL 小区（即包含了一个辅助的 SUL 载波）在 SIB1 里指示。因此终端在初始接入小区前，需知道要接入的小区是否是 SUL 小区。如果该小区是 SUL 小区，而且终端支持给定频段组合的 SUL 操作，那么初始随机接入可能通过 SUL 载波或者非 SUL 的上行载波进行。小区的系统信息给 SUL 载波和非 SUL 载波分别配置其各自的 RACH，具备 SUL 能力的终端通过对所选 SSB 的 RSRP 进行测量比较，同时根据系统信息里提供的载波选择门限，来决定使用哪个载波进行随机接入：

- 如果 RSRP 大于门限，则在非 SUL 载波上执行随机接入。
- 如果 RSRP 小于门限，则在 SUL 载波上执行随机接入。

因此，实际上终端对于 SUL 载波的选择是要求（下行）路损大于一个特定的值。

进行随机接入传输的终端会使用与发送前导码相同的载波发送随机接入消息 3。

对于终端进行随机接入的其他场景，即处于连接态的终端，可以通过显式配置终端使用 SUL 载波或非 SUL 载波作为发送随机接入的上行载波。

17.5 初始接入之后的随机接入

正如在本章开头提及的，NR 随机接入过程不仅用于终端从空闲 / 非激活态初始接入网络。本节将简述发生随机接入过程的其他情况。

17.5.1 切换中的随机接入

当连接态的终端要切换到新小区时，可能与新小区的同步不够良好。这对于异步的网络部署尤其如此，因为异步网络下小区之间互相没有严格同步。在这种情况下，终端通过首先进行随机接入建立与新小区的同步和 RRC 连接。在已经处于连接态的终端进行随机接入的情况下，可能给终端分配一个专用的前导码索引，对应于一个特定的前导码序列和特定的序列移位，用于随机接入到新小区。那么随机接入到新小区就是基于非竞争的，避免了在接入新小区时发生冲突的风险。

请注意，如果新小区包含对应不同 SSB 的多个波束，则实际使用的前导码和确切的 PRACH（时间和频率）时机取决于前导码索引和所选的 SSB 索引，与 17.1.4 节所述的初始接入选择的方式类似。

17.5.2 SI 请求的随机接入

在上一章里描述了系统信息（System Information，SI）是如何发送给终端的，还描述了 SI 消息是如何广播的，因此对于空闲 / 非激活态的终端总是可用。或者 SI 消息也可以不广播，那么处于空闲 / 非激活态的终端就需要通过 SI 请求显式地请求 SI。

终端请求发送 SI 消息的一种方式是先通过传统的随机接入进入连接态，然后通过传统的 RRC 信令显式请求 SI 消息[⊖]。但是，NR 标准也支持空闲 / 非激活态的终端不必进入连接态，而使用随机接入流程直接请求 SI 消息。

如上一章所述，SIB1 包含的信息有：剩余系统信息块到 SI 消息的映射、每个 SI 消息的发送周期以及 SI 消息是否广播。如果某个 SI 消息不广播，SIB1 里还会包含请求配置（随机接入配置和前导码索引）。终端通过用给定的随机接入配置和前导码索引进行随机接入，就直接指示了请求发送 SI。

SIB1 可能对所有不广播的 SI 消息只提供一个请求配置，或者也可以对每个不广播的 SI 消息分别提供各自的请求配置，即不同的前导码索引。在前一种情况下，网络检测到 SI 请求就会发送全部不广播的系统信息，而后一种情况只会发送请求的系统信息。如何选择其一取决于二者之间的折中，一方面，不同 SI 请求会造成 RACH 资源开销过大；另一方面，尽管可能终端实际上只需要某个特定的 SI 消息，发送全部的 SI 消息也会造成开销过大。

再一次，当小区有多个波束赋形的 SSB 时，与系统信息请求相关联的前导码索引会和检测到的 SSB 进行合并，以确定具体的前导码和 PRACH 时机，与 17.1.4 节所述的初始随机接入类似。

17.5.3　通过 PDCCH Order 重新建立同步

如果连接态的终端保持不活动，即在一段时间内没有进行上行传输，可能会失去与网络的同步。如果网络检测到上行失步，则会触发终端进行随机接入，称为 PDCCH Order。

PDCCH Order 使用 DCI 格式 1_0，将频域置为全 1，指示该 DCI 不是用于下行调度分配，而是用于随机接入的 PDCCH Order。DCI 包含了专用的前导码索引，用于终端进行基于非竞争的随机接入。DCI 还包含了 SSB 索引，指示应当使用哪个 SSB 来确定发送随机接入的 RACH 时机。

17.6　两步 RACH

到目前为止所讨论的 NR 标准随机接入过程是由四个步骤组成的：

- 步骤 1：上行发送前导码 /PRACH。
- 步骤 2：下行（在 PDSCH 上）发送随机接入响应。
- 步骤 3/4：上行（在 PUSCH 上）发送消息 3，然后网络响应（消息 4）来解决冲突（在 PDSCH 上）。

这种四步随机接入过程也称为四步 RACH，在 NR 标准的第一版（3GPP Release 15）

⊖　请注意，SIB1 是在接入系统之前唯一需要的 SIB，所以总会广播 SIB1。

就引入了。

Release 16 引入了一种两步随机接入过程作为补充，或称两步 RACH[⊖]。两步随机接入过程经过了简化，将步骤 1 和步骤 3 合并成步骤 A，将步骤 2 和步骤 4 合并成步骤 B。更具体地说，两步随机接入过程包括：

- 步骤 A：前导码 /PRACH 和 PUSCH 数据传输一起在上行发送，称为消息 A。
- 步骤 B：一次下行传输（称为消息 B）指示接收到消息 A，提供时间对齐并解决步骤 A 可能会产生的冲突。或者，我们将在 17.6.2 节看到，消息 B 也可能包括回退指示，用于指示终端回退到四阶段 RACH。

类似于四步随机接入过程的步骤 1，步骤 A（前导码和消息 A 的 PUSCH 一起发送）也可能会重复发送，每次都提升发射功率，直到收到响应（步骤 B）为止。

相比于四步 RACH，两步 RACH 的主要好处在于随机接入过程更短，可以更快接入。但应当注意到，如果消息 A 在被网络检测到以前要重复发送多次，快速接入带来的好处会迅速减少。

对于工作在非授权频谱（见第 19 章），两步 RACH 还有个额外的好处，由于前导码和 PUSCH 同时发送（即步骤 2 和步骤 4 合并成步骤 B），意味着 LBT 次数减少，开销和延迟也相应减少。

两步 RACH 的主要缺点是每次发送前导码都要发送消息 A 的 PUSCH（对应于四步 RACH 的消息 3），会带来额外的开销，前导码可能会发送多次，直到收到步骤 B 的随机接入响应为止。因此，相比于消息 3 的 PUSCH，消息 A 的 PUSCH 由于缺少严格的时间对齐，所以效率较低。

17.6.1　两步 RACH——步骤 A

如上所述，两步随机接入过程的步骤 A 包括了前导码和 PUSCH 联合发送。

1. 前导码发送

两步 RACH 与四步 RACH 的前导码发送本质上是完全一样的：

- 所使用的前导码类型与四步 RACH 相同。
- 通过 RACH 时机和前导码索引来关联 SSB 索引的原理与四步 RACH 相同。

两步 RACH 的 RACH 时机可以与四步 RACH 的 RACH 时机配置相同或不同。如果四步 RACH 和两步 RACH 使用相同的随机接入配置（即相同的 RACH 时机集合），两步 RACH 的前导码取自每个 SSB 索引所关联的非竞争前导码集合（这些前导码对于两步 RACH 就变成了基于竞争的前导码）。通过这样的方式，网络可以区分基于竞争的前导码是关联到两步 RACH 还是四步 RACH。这很重要，因为网络对于接收到的前导码传输在两步 RACH 和四步 RACH 的响应是不同的。如果两步 RACH 和四步 RACH 的 RACH 时

⊖　标准中的四步 RACH 和两步 RACH 分别称为类型 1 随机接入和类型 2 随机接入。

机不同，则使用相同的前导码集合。

2. PUSCH 发送

消息 A 的 PUSCH 传输在很多方面与其他的 PUSCH 传输相像，但还是有些区别：

- 消息 A 的 PUSCH 传输不是被调度的，即没有授权终端专用的资源用于传输。相反，如下所见，用于消息 A 的 PUSCH 传输的资源由 RACH 时机和前导码索引给定。
- 在进行消息 A 的 PUSCH 传输时没有上行闭环定时控制。因此，相比于其他上行传输，消息 A 的 PUSCH 传输到达的定时不对齐可能较大。因此可能需要额外的保护时间和保护频带来处理来自消息 A 的 PUSCH 传输造成的小区内干扰，或者对消息 A 的 PUSCH 传输造成的小区内干扰。

类似于 PRACH 在 RACH 时机上发送，消息 A 的 PUSCH 传输在 PUSCH 时机（PUSCH occasion）上发送，见图 17-6。

PUSCH 时机在时域的大小可以从最小 1 个符号到最大 14 个符号（图 17-6 中假定为 3 个符号）。PUSCH 时机在频域的大小可以从最小 1 个资源块到最大 32 个资源块（图 17-6 中假定为 5 个资源块）。

图 17-6　一个时隙内的 PUSCH 时机（PO）

在一个时隙内，时域上最多可以有 6 个 PUSCH 时机时分复用，连续的 PUSCH 时机之间可能有保护间隔（图 17-6 中假定 3 个 PUSCH 时机时分复用）[⊖]。保护间隔可以为 0 个符号（即没有保护间隔）到最多 3 个符号（图 17-6 中假定保护间隔为 1 个符号）。考虑到消息 A 的 PUSCH 传输定时没有严格的控制，保护间隔的目的是避免在接收端连续的 PUSCH 时机上消息 A 的 PUSCH 传输之间互相重叠。

PUSCH 时机在频域上也可以频分复用，频域上 PUSCH 时机之间可以配置一个资源块作为保护频带（图 17-6 中假定配置了保护频带）。与时域的保护符号类似，为了处理来自不同终端消息 A 的 PUSCH 传输接收定时不对齐而可能产生的干扰，就会需要保护频

⊖ 一个时隙 PUSCH 时机时分复用的最大数目受限于消息 A 的 PUSCH 持续时间（符号数）以及配置的保护间隔的大小。

带。如果定时不对齐超过了循环前缀，那么就无法保持频域正交性，需要保护频带来避免 PUSCH 之间的干扰，或者至少能够减少这种干扰。

PUSCH 时机除了在时频域分隔开之外，在空域也可以分隔消息 A 的 PUSCH 传输。这是通过对不同的消息 A 的 PUSCH 传输使用不同的 DM-RS 端口 / 序列来实现的。除了 PUSCH 时机，PUSCH 资源单元（PUSCH Resource Unit，PRU）的概念定义了特定 PUSCH 时机和特定 DM-RS 端口 / 序列的组合，在 3GPP 关于两步 RACH 的工作中使用了这一概念。术语 PRU 在最终的标准中完全没有使用，而是被更为复杂的术语"带 DM-RS 资源的 PUSCH 时机"替代。为了简化描述，这里我们仍然使用术语 PRU。

3. PRACH 时隙到 PUSCH 资源的映射

如 17.1.1 节所述，在 RACH 时隙发送 PRACH/ 前导码，每个 RACH 时隙在时域和频域通常有多个随机接入时机。尽管前面的描述是在四步 RACH 的背景下，但对于两步 RACH 也同样有效。

对于两步 RACH，每个 RACH 时隙关联到一组消息 A 的 PUSCH 时机，这些 PUSCH 时机与 DM-RS 端口 / 序列相关联，这里称为 PRU 集。图 17-7 所示为一个 PRU 集的结构。PRU 集最多为 4 个连续时隙（图 17-7 中假定为 3 个时隙），其中每个时隙可能包含时域和频域上多个 PUSCH 时机。

图 17-7　1 个 PRU 集跨度为 3 个时隙，每个时隙 9 个 PUSCH 时机

此外，如上所述，每个 PUSCH 时机对应 N_{DMRS} 个 PRU，其中 N_{DMRS} 为可用 DM-RS 端口 / 序列的数目。

PRU 集及其相关联的 PRU 和 PUSCH 时机特征如下：

- PRU 集的时隙数目（最多 4 个时隙）
- 一个时隙内时域的 PUSCH 时机数目
- 每个 PUSCH 时机的长度（用符号数表示）
- 一个时隙内每个 PUSCH 之间保护符号的数目
- 频域的 PUSCH 时机数目
- 每个 PUSCH 时机的带宽（用资源块表示）
- 第一个 PUSCH 时机的频域位置

- 频分复用的 PUSCH 时机之间是否有一个资源块的保护频带
- 不同 DM-RS 端口 / 序列的数目，即每个 PUSCH 时机的 PRU 数目

每个 RACH 时隙（用于两步 RACH 的 RACH 时机所在的时隙）对应一个特定的 PRU 集，该 PRU 集位置相对于 RACH 时隙的时间偏移 T_{PUSCH} 是可配置的，如图 17-8 所示。在一个 RACH 时隙内，每个 RACH 时机 / 前导码的组合映射到 PRU 集中一个特定的 PRU。

图 17-8 RACH 时隙到 PRU 集的映射

换句话说，终端一旦选择了用于发送前导码的 RACH 时机和具体的前导码，就知道要使用哪个 PRU 发送消息 A 的 PUSCH。同样地，网络一旦在一个 RACH 时机检测到了前导码，就知道要在哪个 PRU 上接收消息 A 的 PUSCH 传输。

如果一个 RACH 时隙内 RACH 时机 / 前导码组合的数目超过了可用的 PRU 数目，多个 RACH 时机 / 前导码组合可能会映射到同一个 PRU。在这种情况下，原则上两个终端可以使用不同的 RACH 时机 / 前导码组合进行两步 RACH，但在消息 A 的 PUSCH 传输中会产生"冲突"。原则上是可以检测到 PUSCH，但这需要空间隔离，并且不能基于 DM-RS（对于两个传输使用同一个 PRU 也是相同的情况）来进行 PUSCH 解调的信道估计，而是要从接收到的前导码来做信道估计。

17.6.2　两步 RACH——步骤 B

两步随机接入过程的步骤 B（即消息 B 传输）是用一个新的 MsgB-RNTI 对 PDCCH 进行编码，以传统的 PDCCH/PDSCH 方式来发送的，MsgB-RNTI 与四步 RACH 随机接入过程中所用的 RI-RNTI（17.2 节）不同。请注意，类似于四步 RACH 随机接入响应，可以在同一条消息 B 的 PDSCH 中发送多个两步 RACH 随机接入响应给多个终端。

取决于网络是否能够检测并解码消息 A 的 PUSCH 传输，两步 RACH 随机接入响应有两种方式。

如果网络能够解码消息 A 的 PUSCH 传输，就会发送成功的 RAR，包括如下信息：

- 定时调整（Timing-adjustment，TA）命令（12bit）

- C-RNTI（16bit）
- 竞争解决标识（48bit）

消息 B 的 PDSCH 中还可能包含 RRC 信令，例如连接建立消息。但是在消息 B 的 PDSCH 中只可能有一条这样的 RRC 信令，即不能在同一个消息 B 的 PDSCH 里复用多个终端的多条 RRC 信令。

如果网络检测到前导码，但是无法正确解码消息 A 的 PUSCH，就会发送回退的 RAR。回退的 RAR 所包含的信息与四步 RACH 的随机接入响应相同，指示终端要继续进行随机接入过程，这点与四步 RACH 一样，即在回退的 RAR 中包含了用于上行发送消息 3 的调度授权。

17.6.3　选择两步 RACH 还是四步 RACH

为了支持传统（Release 16 之前）的终端，小区必须配置四步 RACH，至少对于初始接入是这样。如果要配置两步 RACH，对于支持两步 RACH 的终端必须要有方式来选择使用四步 RACH 还是两步 RACH。

选择两步 RACH 还是四步 RACH 可以基于终端到小区站点的距离，如果接收信号强度（RSRP）超过一个可配置的值，则采用两步 RACH，否则应采用四步 RACH。

网络还可以配置两步 RACH 发送消息 A 的最大次数。如果达到最大发送次数而没有收到随机接入响应，终端应当切换到四步 RACH。

第 18 章

LTE/NR 互通和共存

新一代移动通信技术通常都是最先部署在大话务量和对新业务能力需求大的区域，然后取决于运营商的策略，或快或慢地逐渐扩展。在逐步部署期间，通过新旧技术的混合组网来提供全面覆盖，而终端会不断移动，频繁进出新技术覆盖的区域。因此，至少从第一个 3G 网络推出以来，新旧技术之间的无缝切换就成为一个关键要求。

此外，即使在新技术已经部署的区域，通常为了确保对不支持新技术的旧终端的服务连续性，前几代移动系统必须保留并且并行工作相当长一段时间。大多数用户会在几年内转移到支持最新技术的终端上。但是仍有少量旧终端会继续存在很长时间。随着集成在其他设备里非个人直接使用的移动终端数量的增长，例如停车计时器、读卡器、监控摄像头等，这种情况越来越普遍。这类终端的使用寿命可能超过 10 年，而且在生命周期里会期望一直保持连接性。这就是尽管 3G 和 4G 网络已经相继部署，但仍然有很多第二代 GSM 网络在运行的一个重要原因。

然而，除了在两种技术之间能够平滑切换以及并行部署，NR 和 LTE 的互通远非于此：

- NR 允许与 LTE 的双连接（dual-connectivity），意味着终端可以同时连接到 LTE 和 NR。正如第 5 章里已经提到的，NR 的第一个版本就依赖于这种双连接，由 LTE 提供控制面，NR 只提供额外的用户面能力。
- NR 可以与 LTE 部署在相同的频谱内，频谱容量可以在二者间动态共享。这种频谱共存使得在已经被 LTE 占据的频谱内更平滑地引入 NR。

18.1 LTE/NR 双连接

LTE/NR 双连接的基本原理与 LTE 双连接[26]相同（也见图 18-1）：

- 终端同时连接到无线接入网的多个节点上（在 LTE 里是 eNB，在 NR 里是 gNB）。
- 有一个主节点（通常可以是 eNB 或 gNB）负责无线接入控制面。换句话说，网络侧的信令无线承载终结于主节点，主节点处理终端所有基于 RRC 的配置。

- 有一个，或者通常情况下有多个辅节点（eNB 或 gNB），为终端提供额外的用户面链路。

18.1.1　部署场景

图 18-1　双连接的基本原理

在 LTE 双连接下，终端同时连接的多个节点在地理上通常是分开的。例如，终端可能同时连接到一个微蜂窝层和其上重叠覆盖的宏蜂窝层。

LTE/NR 双连接也是相同的场景，即终端同时连接到微蜂窝层和其上重叠覆盖的宏蜂窝层。尤其是 NR 在高频段作为微蜂窝层，部署在已有 LTE 宏蜂窝层之下（见图 18-2）。LTE 宏蜂窝层提供主节点，确保即使高频微蜂窝层的连接暂时中断也能保持控制面。在这种情况下，NR 提供了极高容量和极高数据速率，而双连接中的低频 LTE 宏蜂窝层为不够健壮的高频微蜂窝层提供了额外的支撑。请注意，这与上面所述的 LTE 双连接的场景基本相同，除了在微蜂窝层中使用 NR 而非 LTE。

在 LTE 和 NR 共站的情况下也存在 LTE/NR 双连接（图 18-3）[⊖]。例如，在 NR 部署初期，运营商可能想要将已经部署的 LTE 站点网格给 NR 重用，以避免新增部署站点的成本。在这种情况下，双连接通过聚合 NR 和 LTE 载波的吞吐量，能够给终端用户带来更高的数据速率。在单一无线接入技术的情况下，通过载波聚合（Carrier Aggregation）的方式将同一节点载波合并传输更为高效（见 7.6 节）。但是，NR 不支持与 LTE 的载波聚合，因此需要双连接来支持聚合 LTE 和 NR 的吞吐量。

图 18-2　多层场景下的 LTE/NR 双连接

图 18-3　共站部署的 LTE/NR 双连接

当 NR 工作在低频段，即与 LTE 相同或相近的频段时，共站部署尤为重要。不过，当两种技术工作在不同频段时也可以采用共站部署，其中就包括 NR 工作在毫米波频段（图 18-4）的情况。在这种情况下，NR 无法提供整个小区范围内的覆盖。但是，网络的 NR 部分还是承载了大部分业务，从而使得 LTE 部分专注于为处于弱覆盖位置的终端提供服务。

在图 18-4 中的场景中，通常 NR 的载波带宽远大于 LTE。只要有 NR 的覆盖，大多数

⊖　请注意在这种情况下逻辑上还是有两个不同的节点（一个 eNB 和一个 gNB），尽管这两个节点很可能是在同一物理硬件中实现。

情况下 NR 载波上的数据速率会显著高于 LTE，使得吞吐量聚合的重要性降低。因此在这种场景下，双连接的主要好处是在高频部署下增强网络的鲁棒性。

图 18-4　不同频段共站部署的 LTE/NR 双连接

18.1.2　架构选项

由于 LTE 和 NR 两种不同的无线接入技术同时存在，并且 5G 新的核心网将来可替代传统的 4G 核心网（EPC），因此 LTE/NR 双连接的架构有几种不同的选项（option）（见图 18-5）。图中标出的不同选项都是源自早期 3GPP 讨论的 NR 可能的架构选项，最终 3GPP 一致同意支持其中的一个子集（见第 6 章关于非双连接的其他选项）。

图 18-5　LTE/NR 双连接的不同架构选项

18.1.3　单发工作

在 LTE 和 NR 双连接的场景下，一个终端在多个上行载波（至少一个 LTE 上行载波和一个 NR 上行载波）上发送。由于射频电路的非线性，在两个载波上同时发送会在发射机的输出产生互调产物。根据发射信号的不同载波频率，一些互调产物可能落入终端接收机频段内，产生"自干扰"，也称为互调失真（InterModulation Distortion，IMD）。IMD 会增加接收机噪声，导致接收机灵敏度降低。通过提高对终端的线性要求可以降低 IMD 的影响。但是，这会给终端成本和能耗带来负面影响。

为了在不提高所有终端射频要求的情况下减少 IMD 的影响，NR 针对"困难频段组合"引入了双连接单发（Single-Tx）的概念。困难频段组合指的是 LTE 和 NR 的特定频段组合，对于这些组合，同时在 LTE 和 NR 上行载波发送所产生的低阶互调产物可能落入相应的下行频段内。单发工作意味着即使终端工作在 LTE/NR 双连接模式下，也不会在 LTE 和 NR 上行载波上同时发送。

在单发工作的情况下，LTE 和 NR 的调度器需要联合调度，以防止上行同时发送。这需要在 eNB 和 gNB 的调度器之间协调。3GPP 标准明确支持这种标准的节点间信息交互。

单发工作天然造成了终端的上行传输在 LTE 和 NR 上时分复用，即没有一个上行是连续的。但是，对于下行，仍然期望能够充分利用所有下行载波。

对于 NR，由于调度的高自由度和 HARQ 的灵活性，在 NR 标准不受影响的前提下能够很容易地实现单发。但对于 LTE 连接的情况则有些不同，LTE FDD 是基于同步的 HARQ，终端接收到下行传输后要在特定数目的子帧上发送上行 HARQ 反馈。受单发的限制，并非所有的上行子帧都可以发送 HARQ 反馈，从而限制哪些子帧可用于下行传输。

在 LTE 自身内部也存在同样的情况，更具体地说，就是在 FDD/TDD 载波聚合中当 TDD 作为主载波时[26]。这种情况下，TDD 载波的上行发送本来就是非连续的，TDD 载波还需要承载 FDD 载波下行传输的上行 HARQ 反馈。为了处理这种情况，LTE Release 13 对 FDD 载波引入了类似于 TDD 的定时关系，例如可用于上行反馈，称为上下行参考配置（DL/UL reference configuration）[26]。在受单发工作限制的 LTE/NR 双连接情况下，可以采用同样的功能来支持 LTE 下行连续发送。

在 LTE FDD/TDD 载波聚合的场景中，上行限制是由小区级的上下行配置造成的。另一方面，双连接单发工作的限制是为了避免 LTE 和 NR 上行载波的同时传输，但是不同终端之间并没有紧密的相互依赖性。因此，不同终端不可用的上行子帧集合不必相同。因此为了使得 LTE 上行负荷更为均衡，单发工作下的上下行参考配置可以在时间上以终端为单位轮转。

18.2　LTE/NR 共存

前几代移动通信系统的引入总是伴随着新的技术部署在新的频段上。NR 亦是如此，NR 开放了对于毫米波频段的支持，而该频段此前从未用于移动通信。

尽管毫米波基站采用了大量的天线单元，以提高波束赋形的能力，但高频段的覆盖依然难尽人意。如果需要 NR 提供广域覆盖的能力，则必须使用低频段的频谱。

然而，现有的技术（主要是 LTE）已经占据了大多数低频段频谱。因此，在很多情况下低频段的 NR 需要部署在 LTE 已经使用的频谱中。

NR 部署在 LTE 已用频谱上的最简单方式是静态频域共享，即 LTE 的部分频谱迁移到 NR（见图 18-6）。

但是，这种方式有两个缺点。

至少在初期，大部分业务仍然通过 LTE 进行。而同时，静态频域共享减少了 LTE 的可用频谱，这样更难满足业务需求。

此外，静态频域共享会导致每种技术的可用带宽减少，也就导致了每个载波的峰值速率降低。对于支持 LTE/NR 双连接工作的新终端可以通过使用双连接进行补偿。但是对于传统的 LTE 终端，会直接影响到终端能够达到的速率。

更具吸引力的方案是将 LTE 和 NR 在同一频谱上进行动态共享，如图 18-7 所示。频谱共存为每种技术保留了完整的带宽以及相应的峰值速率。而且，频谱的总容量可以通过动态分配的方式来匹配每种技术的业务情况。

图 18-6　LTE 频谱迁移到 NR　　　　　图 18-7　LTE/NR 频谱共存

实现 LTE/NR 频谱共存的根本手段是 LTE 和 NR 的动态调度。而且，NR 还有其他特性在 LTE/NR 频谱共存中发挥作用，包括：

- NR 的 15kHz 参数集兼容 LTE，使得 LTE 和 NR 工作在共同的时间 / 频率网格上。
- NR 向前兼容的设计原则，如 5.1.3 节里所列。还包括基于位图来定义预留资源，以及 LTE 的载波配置等，如 9.10 节所述。
- NR PDSCH 的映射可以规避资源单元与 LTE CRS 的冲突（详细描述见下）。

正如在 5.1.11 节已经提及的，LTE/NR 共存有两种主要场景（见图 18-8）：

- 上下行共存
- 只有上行共存

图 18-8　上下行共存与只有上行共存

部署补充上行载波是只有上行共存的一个典型应用场景（见 7.7 节）。

在通常情况下，上行共存比下行更为简单，很大程度上可以通过调度协调和限制来支持。应当协调 NR 和 LTE 的上行调度来避免 LTE 和 NR 的 PUSCH 传输冲突。而且，还应当限制 NR 调度器避开用于 LTE 上行层 1 控制信令（PUCCH）的资源，反之亦然。根据 eNB 和 gNB 在哪一层交互，这类协调和限制的动态程度或多或少。

对于下行，也应当采用调度协调来避免 LTE 和 NR 传输之间的冲突。但是，LTE 下行包括一些"常开"的非调度信号，它无法轻易通过调度绕开。这包括（详见参考文献 [26]）：

- LTE 的 PSS 和 SSS，在频域 6 个资源块的 2 个 OFDM 符号上，每 5 个子帧发送一次。
- LTE 的 PBCH，在频域 6 个资源块的 4 个 OFDM 符号上，每个系统帧（10 个子帧）发送一次。
- LTE 的 CRS，在频域上均匀发送，根据 CRS 天线端口数目不同，在时域上每子帧的 4 个或 6 个符号里发送[⊖]。

⊖　在 MBSFN 子帧上只发送 1 或 2 个符号。

相比于依靠调度来规避，NR 预留资源的概念（见 9.10 节）可用来对 NR PDSCH 进行速率匹配，以绕开 LTE 的这些信号。

可以通过 9.10 节描述的位图来定义预留资源，在 LTE 的 PSS/SSS 周围进行速率匹配。更具体地说，通过 { 位图 1，位图 2，位图 3} 三元组给定的一个预留资源定义如下（也见图 18-9）：

- 位图 1 的长度等于频域上 NR 资源块的数目，指示了 LTE 的 PSS 和 SSS 在哪 6 个资源块上传输。
- 位图 2 的长度为 14（一个时隙），指示了 PSS 和 SSS 在 LTE 子帧的哪 2 个 OFDM 符号上传输。
- 位图 3 的长度为 10，指示 PSS 和 SSS 在 10ms 系统帧的哪 2 个子帧上传输。

图 18-9　预留资源的配置，对 LTE PSS/SSS 周围的 PDSCH 做速率匹配。请注意此图假定 NR 参数集为 15kHz

上面是在假定 NR 采用 15kHz 的参数集的情况下。请注意，基于位图来使用预留资源不仅限于 15kHz 参数集，类似于围绕 LTE PSS 和 SSS 进行速率匹配的方法原则上也可用于 NR 的其他参数集，例如 30kHz。

对 LTE 的 PBCH 周围也可以用相同的方法进行速率匹配，唯一的区别在于位图 2，此时位图 2 指示的是 PBCH 在哪 4 个符号上传输，而位图 3 指示的是单个子帧。

对于 LTE 的 CRS，NR 标准明确支持对与重叠覆盖的 LTE 载波 CRS 相对应的资源单元周围的 PDSCH 进行速率匹配。为了能够正确接收速率匹配的 PDSCH，终端需要配置如下信息：

- LTE 载波带宽和频域位置，以允许 LTE/NR 的共存，尽管 LTE 载波带宽可能与 NR 载波带宽不同、载波中心位置不同。
- LTE 的 MBSFN 子帧配置，因为这会影响 LTE 子帧内发送 CRS 的 OFDM 符号集合。
- LTE 的 CRS 天线端口数目，因为这会影响发送 CRS 的 OFDM 符号集合和频域上每个资源块里 CRS 资源单元的数目。
- LTE CRS 位移，即 LTE CRS 在频域的确切位置。

在 Release 16 中，在 LTE CRS 周围进行速率匹配扩展支持多种 LTE CRS 模式，这对于载波聚合非常有用。请注意，在 LTE CRS 周围进行速率匹配仅适用于 NR 参数集为 15kHz 的情况。

第 19 章

NR 非授权频谱技术

NR 的第一个版本主要是以授权频谱为中心进行设计的，但从一开始就考虑了在以后的版本中扩展到非授权频谱。授权频谱意味着运营商对某个频率范围拥有独占授权，这会带来许多好处，因为运营商可以更好地进行网络规划并控制网络干扰。因此，授权频谱有助于保证服务质量和实现广域覆盖。然而，运营商可以使用的授权频谱的数量可能是有限的，并且通常来说获得频谱授权需要付出相应的成本。

另一方面，非授权频谱是开放给任何人免费使用的，前提是需要遵守一系列规则，例如关于最大发射功率的规定。由于非授权频谱可以被任何人使用，其干扰状况通常比授权频谱更不可预测。因此，如果无法控制干扰，网络服务质量和可用性就无法得到保证。此外，在非授权频谱中的最大发射功率是受到限制的，因此不太适用于广域覆盖。Wi-Fi 和蓝牙是使用非授权频谱的通信系统的两个例子。

在 Release 16 中，NR 标准在授权频谱的基础上被扩展到支持非授权频谱，主要针对5GHz 和（稍后支持的）6GHz 频段。NR 既支持授权辅助接入（Licensed-Assisted Access，LAA），也支持非授权频谱的独立模式，见图 19-1。

图 19-1　NR 在非授权频谱工作：授权辅助接入（左和中）和独立模式（右）

在 LAA 框架中，授权频段中的载波用于初始接入和移动性，非授权频段中的一个或多个载波则用于提高容量和数据速率，二者结合使用。这与第 4 章描述的 LTE-LAA 类似。当 NR 使用非授权频谱时，如果授权载波使用的是 LTE，则采用 LTE-NR 双连接框架，这与 NR 非独立组网的工作方式相同。如果授权载波使用的是 NR，则可以使用 NR 双连接框架或载波聚合框架。

　　另一方面，非授权频谱的独立模式意味着 NR 无须授权载波的支持就可以在非授权频谱中运行。初始接入和移动性完全使用非授权频谱进行处理。这使得 NR 可以在没有授权频谱的情况下进行部署，这对于 NR 在工厂等场景的本地部署很有价值。

　　本章的余下部分将讨论非授权频谱的目标频段和在这些频段中运营的监管要求，然后描述 NR 为了支持在非授权频谱中的工作而添加的增强功能。

19.1　NR 的非授权频谱

　　非授权频谱存在于多个频段。原则上，NR 可以利用任何非授权频段，但 Release 16 的工作重点集中在 5GHz 和 6GHz 频段。其中一个原因是 5GHz 频段有相当大的带宽，与 2.4GHz 频段相比负载相对较低。

19.1.1　5GHz 频段

　　如图 19-2 所示，5GHz 频段在全世界大部分地区都是可用的，但在不同地区之间存在一些差异，详见文献 [86]。5GHz 频段的监管相当成熟，该频段已经被 Wi-Fi 和 LTE/LAA 等技术使用多年。5GHz 频段通常被划分为称为信道的 20MHz 带宽的分片，在描述信道接入机制时将大量使用信道这个术语。

图 19-2　不同地区的非授权频段概况

　　5GHz 频段的较低部分，即 5150MHz ～ 5350MHz，通常用于室内场景，在大多数地区的最大发射功率为 23dBm。这一频段总共有 200MHz 可用，分为两部分，每部分 100MHz。在 5470MHz 以上频段的最大发射功率可达 30dBm，在许多地区允许室外部署。不同地区的频谱数量有所不同，但最大可用带宽可达 255MHz。

除了最大发射功率（通常以 EIRP 值的形式给出）的限制外，在某些频段和某些地区还存在附加要求。这些要求影响到无线接口的技术设计，将在后面章节中进一步讨论。这些监管要求包括对功率谱密度、最大信道占用时间和最小占用带宽的限制，以及对动态频率选择、发射功率控制和先听后说机制的规定等。

对功率谱密度（Power Spectral Density，PSD）的限制意味着当使用较小带宽时终端不能进行满功率发射。例如，在 5150MHz ～ 5350MHz 范围内，欧洲法规将功率谱密度限制为 10dBm/MHz。因此，除非使用的载波带宽不少于 20MHz，否则终端不能以 23dBm 的最大允许发射功率进行发射。原则上，满足监管要求的一种方法是限制输出功率。然而，这将在某些情况下使网络覆盖受到限制，例如当要传输的净荷很小并且传输仅需使用载波带宽的一小部分时。因此，在非授权频谱中运营时通常需要分配相对较大的带宽，见图 19-3。这不仅有助于解决覆盖问题，而且有助于满足在某些频段中定义的最小占用带宽的要求。

图 19-3　通过增加带宽满足功率谱密度限制

最大信道占用时间（Channel Occupancy Time，COT）（即允许连续传输的最长时间）也会受到限制。例如，在日本，COT 的最大值是 4ms，即将传输时长限制为最多 4ms，而在欧洲等其他地区，COT 的最大值是 8ms 甚至 10ms。文献［87］中描述了欧洲对非授权频谱的使用有两种机制，一种用于基于帧的设备（Frame-Based Equipment，FBE），另一种用于基于负载的设备（Load-Based Equipment，LBE）。这两种机制分别适用于现已失效的 Hiperlan/2 标准和 Wi-Fi。NR 标准引入了一种可以支持 FBE 或 LBE 两种框架的信道接入机制，具体使用哪种框架取决于部署场景。最后，还需要规定通过停止发射机发射，使信道处于空闲状态的时间比例。这些要求都会对 NR 的调度行为产生影响。

动态频率选择（Dynamic Frequency Selection，DFS）意味着发射机必须连续评估是否需要让出频谱以供他用。如果检测到这种应用需求，则发射机必须在特定时间（例如 10s）内让出频谱，并且在至少经过特定时间（例如 30min）之前不再使用它。这样做的目的是保护其他系统（主要是雷达）的可用性，这些系统对使用非授权频谱具有更高的优先级。

发射功率控制（Transmit Power Control，TPC）是指发射机应该能够将发射功率降低到最大允许功率以下，以便在需要时降低整体干扰水平。

先听后说（Listen Before Talk，LBT）是一种信道接入机制，在这种机制中，发射机在每次传输之前监听信道上的所有活动，保证在信道被占用时不进行传输。因此，它是一种比 DFS 更动态的共存机制。在某些地区，例如欧洲和日本，要求使用 LBT，而在其他地区，例如美国，则没有对 LBT 的要求，但是对有害干扰做出了规定。

19.1.2　6GHz 频段

目前监管机构正在讨论 6GHz 频段。6GHz 频段提供了大量的频谱，如图 19-2 所示，欧洲有 500MHz，美国有 1200MHz。虽然在一些地区有关 6GHz 的监管细节仍有待落实，但 5GHz 和 6GHz 频段之间的一个主要区别是，5GHz 频段中存在的现有的移动技术在 6GHz 频段中并不存在。5GHz 频段已经被 Wi-Fi 和 LTE/LAA 等技术使用了很多年。从技术角度来看，这种状况的影响是当考虑 5GHz 频段中的信道是否可用于 NR 发射机时，需要重用现有的能量阈值。NR 使用与 LTE-LAA 相同的由 ETSI BRAN[87] 规定的能量阈值。另一方面，迄今为止（2020 年 2 月）6GHz 频段仅用于固定卫星服务，尚未用于移动通信系统。因此，对于 6GHz 频段的监管框架应该这样实行：不应允许一种技术比另一种技术以更优先的方式接入频谱。

19.2　非授权频谱的技术组件

如前所述，接入非授权频谱的方法与使用授权频谱不同，这些差异会影响技术解决方案。与 LTE 不同的是，LTE 在相对较晚的阶段增加了对非授权频谱的支持，而 NR 从一开始就已经将接入非授权频谱的需求作为向前兼容的重点考虑。因此，Release 15 中有许多 NR 技术组件就是为非授权频谱量身定制的。例如，极简传输、灵活帧结构和动态 TDD 等技术组件对于在非授权频谱中工作都是非常有价值的。

极简设计是使用非授权频谱的一个重要方面。由于非授权频谱中的信道接入通常要求先听后说，因此"常开"的信号是难以使用的，如果信号频繁出现并且必须在特定时间进行传输，那么更是如此。LTE 中的小区特定参考信号就是这种信号的例子。不过，在 NR 中由于采用了极简设计，常开信号的数量非常少。SSB 是唯一重要的常开信号，在 NR 的独立部署模式中，UE 仅每 20ms⊖期望接收一次 SSB，在非独立部署模式中该时间可能更长。

NR 的灵活帧结构是可用于非授权频谱的另一项技术。30kHz 子载波间隔非常适合非授权频谱的 5GHz 和 6GHz 频段。对于辅小区也可以使用 15kHz 子载波间隔作为 30kHz 的替代方案。然而更重要的是，在 Release 15 中已经存在这样一种可能：信号传输仅占用一个时隙的一部分，有时称之为"微时隙"，如第 7 章所述和图 19-4 所示。将微时隙与信道接入流程相结合是非常有益的。终端一旦获得对信道的接入权就应立即开始传输，以避免信道被另一个终端占用。信号传输除了可以在任何 OFDM 符号开始处进行之外，还可以通过扩展循环前缀获得小于 OFDM 符号粒度的传输开始时间。NR 中的前置解调参考信号和通常较短的处理时间也非常有利于有效地使用非授权频谱。

⊖　在连接模式下，终端也可能期望跟踪参考信号存在。

图 19-4　将传输与时隙边界解耦以更好地支持非授权频谱

动态 TDD 作为 NR 标准处理非对称频谱的基本功能，也可用于非授权频谱的操作。在采用半静态上下行分配的情况下，系统尝试使用信道的机会受到严重限制。此外，一旦 gNB 成功接入信道，动态 TDD 就允许在下行和上行链路之间以灵活的方式共享信道，而不受半静态上下行分配的限制。

然而，尽管 NR 已经为开发非授权频谱做好了充分准备，但仍然需要一些增强功能来实现更完善的支持。在非授权频谱操作中使用的增强功能包括：动态频率选择、发射功率控制、信道接入流程、资源块映射、配置授权传输和 HARQ 反馈等。在 Release 16 中还增加了一些较小的增强功能，以支持非授权频谱中的操作，例如去除 PDSCH 映射类型 B 中仅支持 2 个、4 个和 7 个 OFDM 符号的限制，以支持从 2～13 个符号的任意持续时间。下面将简要概述上述技术组件，并在以后各节中做更详细的说明。

动态频率选择用于在检测到来自雷达系统的干扰时清空信道。这是针对某些频段的特殊要求。动态频率选择也会在站点上电激活时使用，目的是为站点的传输找出尚未使用或仅被使用很少部分的频谱。动态频率选择不需要通过标准的增强来支持，在 gNB 中实现特定的算法就足够了。

在某些地区针对某些频段还有对发射功率的控制，要求发射机能够将发射功率相对于最大输出功率降低 3dB 或 6dB。这纯粹是实现方面的问题，在标准中不可见。

信道接入流程（包括先听后说）可以确保载波在被传输占用之前自由使用。这是一个重要的功能，允许在 NR 和其他技术（如 Wi-Fi）之间公平地共享频谱。在一些地区，特别是欧洲和日本，这是一个强制性功能。NR 标准中引入的信道接入流程与 LTE/LAA 中的信道接入流程以及 Wi-Fi 中使用的信道接入流程都非常类似。

19.3　非授权频谱中的信道接入

在非授权频谱中接入无线信道在某些方面与接入授权频谱是不同的。在授权频谱中，调度器控制小区中的所有传输活动，并且可以跨多个终端协调频谱的使用。诸如 SSB 之类的周期性传输也可以定期发生。另一方面，在非授权频谱中的情况则完全不同。非授权频谱中需要容纳多个无法进行调度协调的用户终端，这些终端可能使用完全不同的无线接入技术，因此需要额外的资源调度机制，NR 标准为此定义了两种方法：

- 动态信道接入（即 LBE）依赖于先听后说，其中发射机监听信道上的潜在传输活动，应用随机退避机制，并且通常遵循与 Wi-Fi 相同的基本原则。在一些监管地区，例如日本和欧洲，在非授权频谱中强制要求先听后说，而在其他一些地区则较为宽松。19.3.1 节将更详细地描述动态信道接入流程。

- 半静态信道接入（即 FBE）不使用随机退避机制，而是允许在信道可用的前提下在特定时间点开始传输，如 19.3.2 节所述。如果可以长期保证没有任何其他无线技术共享一个信道，例如在一个有限的、受控制的区域（如特定的建筑物）实行监管或专属运营时，就可以使用这种方法。

通过动态或半静态信道接入流程成功接入信道之后，就可以在称为信道占用时间（COT）的时间段内使用信道。在 COT 期间，可以在通信节点之间完成一个或多个传输突发，传输突发可以是下行传输或上行传输。

下面将详细描述动态和半静态信道接入流程。

19.3.1　动态信道接入流程

动态信道接入流程基于先听后说，其中发射机在传输之前监听信道上的潜在传输活动，并在发生冲突时使用随机退避时间。这与 Wi-Fi 和 LTE-LAA 的原理相同，可以使这些技术公平地共享非授权频谱。需要注意的是，LBT 比 DFS 的操作更为动态，因为它是在每个传输突发之前执行的。因此，LBT 可以在基本以毫秒为单位的非常快的时间尺度上跟踪信道使用的变化。在成功完成信道接入流程之后，就可以在 COT 期间使用信道了。

NR 标准中主要定义了两种类型的动态信道接入流程：

- 类型 1（也称为"LBT cat4"），用于在 COT 的起始处开始上行或下行数据传输[⊖]。
- 类型 2，用于 19.3.1 节描述的 COT 共享和发现突发的传输。根据 COT 中传输间隙的持续时间，信道接入类型 2 有三种子类型：
  - 类型 2A（也称为"LBT cat2"），当 COT 间隙为 25 或更大时使用，用于传输发现突发。
  - 类型 2B，COT 间隙为 16 时使用。
  - 类型 2C（有时并不准确地称为"LBT cat1"），在 COT 间隙小于等于 16 时使用。

下面更详细地描述不同类型的信道接入流程。

1. 信道接入流程类型 1 和先听后说

信道接入流程类型 1（"LBT cat4"）用于在同一 COT 内发起一个或多个传输。发起者可以是 gNB 或终端，通过执行随机退避的 LBT 流程来评估信道是否可用，如图 19-5 所示。

首先，发起者监听信道并等待，直到某频率信道至少在被称为延迟周期的一段时间内可用为止。延迟周期由一个 16μs 加若干个 9μs 时隙组成，延迟周期的长度取决于优先级类别，如表 19-1 所示。如果在每个 9μs 时隙中至少有 4μs 时间内的接收能量低于阈值，则

⊖　在标准化讨论期间也讨论了"LBT cat3"，但最终未包含在标准中。cat3 与 cat4 类似，但使用固定大小的竞争窗口。

说明信道可用。采用至少 25μs 长[−]的延迟周期，目的是避免与其他节点传输的接收数据确认响应产生冲突，如果接收节点在接收数据后最多 16μs 发送确认响应，则不会出现其他节点在发送确认响应之前抢占信道的风险。

图 19-5　信道接入流程类型 1

表 19-1　不同优先级类别的竞争窗口大小

优先级类别		延迟周期 $T_d = 16 + m \times 9\,(\mu s)$	可能的 CW 值 $\{CW_{min}, \cdots, CW_{max}\}$	最大 COT[①] (ms)
1	DL	25	{3, 7}	2
	UL	34		2
2	DL	25	{7, 15}	3
	UL	34		4
3	DL	43	{15, 31, 63}	8 或 10
	UL		{15, 31, 63, 127, 255, 511, 1023}	6 或 10
4	DL	79	{15, 31, 63, 127, 255, 511, 1023}	8 或 10
	UL			6 或 10

① 监管要求可以将突发长度限制为比表中更小的值。如果没有其他技术共享信道，则使用 10ms，否则使用 6ms。通过插入一个或多个间隙，6ms 可增加到 8ms。间隙的最小持续时间为 100μs。不包含任何间隙的最大持续时间为 6ms。

―――――

[−] 时间 25μs 在 Wi-Fi 中称为 AIFS（帧间仲裁空间），等于 16μs 的 SIFS（短帧间空间）和 9μs 时隙持续时间之和。

一旦信道（至少）在延迟周期内被确认可用，发射机就启动随机退避操作，即等待一段随机的时间。退避过程首先在竞争窗口（Contention Window，CW）内用一个随机数初始化退避计数器。该随机数来自均匀分布 [0，CW]，以 9μs 的倍数表示传输前信道必须保持可用的持续时间。竞争窗口越大，平均退避值就越大，发生冲突的可能性就越低。如果信道在每个 9μs 时隙被检测到空闲，则退避计数器减 1；反之，每当信道被检测到繁忙时，则退避计数器保持不变，直到信道空闲时间达到延迟周期。每个 9μs 时隙的空闲检测遵循与前面描述的相同规则，即接收能量应低于阈值。一旦退避计数器归零，随机退避过程就完成了，此时发射机已经获得了信道，并且可以使用信道进行传输，直至达到该优先级类别所对应的最大信道占用时间。

采用随机退避机制是为了避免多个发射机之间的冲突。如果没有随机退避机制，等待信道变为可用的两个节点将同时开始传输，从而导致冲突，并且很可能导致两个传输都被破坏。在随机退避的情况下，多个发射机同时尝试接入信道的可能性大大降低。

随机退避机制定义了四种不同的优先级类别，每个优先级类别都有单独的竞争窗口，并且竞争窗口的最大值和最小值不同，如表 19-1 所示。定义不同优先级类别的目的是高优先级业务能够使用较小的竞争窗口来更快地接入信道，而低优先级业务则使用较大的竞争窗口，从而增加在低优先级数据之前传输高优先级数据的可能性。优先级类别是按照每个逻辑信道配置的。同样，对于不同的优先级类别使用不同的延迟周期，使得高优先级业务可以在更短的时间内感知信道状态，并且比低优先级业务更快地捕获信道。此外，如表 19-1 所示，下行传输具有比上行传输更短的延迟周期。因此在高负载下，下行传输比上行传输发生概率略高。换句话说，服务于多个用户的 gNB 与仅服务于某个用户进行上行传输的 UE 相比，赢得信道竞争的可能性稍大。

根据在参考间隔时间内发射机接收到的 HARQ 反馈，可以对竞争窗口的大小进行调整，参考间隔（经过简化后）覆盖 COT 的开始阶段。对于每个接收到的 HARQ 反馈，如果接收到的是 HARQ 失败反馈[⊖]，则将竞争窗口 CW 翻倍（大约），直到达到 CW_{max} 为止。如果收到的是 HARQ 成功反馈，则竞争窗口被重置为最小值 $CW = CW_{min}$。采用这样的流程的原因是当传输不成功时，就应该不那么激进地使用信道，因为传输不成功很可能是由与其他传输发生冲突造成的，从而表明系统负载很高。仅在 COT 开始处关注 HARQ 反馈的意图是，COT 中第一次传输的失败可能是由冲突造成的，在这种情况下应该更新竞争窗口大小，而 COT 中后面的 HARQ 失败反馈都不是由冲突造成的，因此不应影响竞争窗口大小。

对于预配置授权情况下的下行和上行传输，可以直接根据在上行和下行反馈信道上传输的 HARQ 反馈分别进行竞争窗口的调整（参见 19.5.3 节）。对于动态调度的上行传输，下行并不会发送明确的反馈信息，此时竞争窗口的调整取决于新数据指示，新数据指示在每次新传数据时会翻转，而在重传数据时不翻转。

⊖　此处描述稍有简化。标准中详细描述了如何处理捆绑反馈应答的不同场景，详见文献 [88]。

如前所述，如果在每个 9μs 时隙内至少有 4μs 测得的能量低于阈值，则认为信道可用。阈值的设定取决于几个参数，例如信道带宽[⊖]，但最重要的考虑因素是，载波频率是否长期与其他无线接入技术（例如 Wi-Fi）共享使用，或者网络部署能否保证仅由 NR 使用。阈值也可能取决于系统工作所在的频段^[88]。

对于前一种情况，NR 在 5GHz 频段内与其他技术共存于同一载波上，此时 20MHz 载波的最大阈值较为保守地设置为 –72dBm。与之相对应的是 Wi-Fi 使用的两个阈值，如果未检测到 Wi-Fi 前导码，则阈值为 –62dBm，如果检测到 Wi-Fi 前导码，则阈值为 –82dBm。因此，NR（和 LTE-LAA）选择 –72dBm 可以看作在两个 Wi-Fi 阈值之间的折中。这也意味着 NR 倾向于认同 Wi-Fi 的设置。

对于后一种情况，当 NR 是使用载波频率的唯一技术时，对于 20MHz 的信道，除非监管部门要求使用更低的阈值，否则阈值设置为 –62dBm。对于上行传输，可以使用 RRC 信令来配置阈值，以满足监管要求。

2. 信道接入流程类型 2 和 COT 共享

如前所述，信道接入流程类型 1 适用于在一个 COT 内发起传输的过程。在一个 COT 内可以仅有单个传输，例如从 gNB 到终端的数据传输。然而，一旦传输发起方（可以是 gNB，也可以是终端）获得了对无线信道的使用权，它实际上就可以进行不同节点之间的多个传输，每个传输互相紧随，在这种情况下除了初传之外[⊖]，其他传输不需要经过完整的类型 1 流程。根据 COT 内两个传输突发之间的间隔不同，可以使用不同的简化信道接入流程，即称为类型 2A、2B 和 2C 的信道接入流程。使用哪种流程取决于两个传输突发之间间隔的大小。

如果在上一次传输之后的 16μs 之内发生下一次传输，则在传输突发之间不需要进行信道空闲检测，如图 19-6 所示。这称为信道接入流程类型 2C，有时也称为 LBT cat1（这种叫法并不准确，因为并没有发生 LBT 操作，而只有对突发间隔长度的限制）。传输突发持续时间限制为最大 584μs。这种短突发不但可以携带少量用户数据，更重要的是还可以携带上行控制信息，例如 HARQ 反馈报告和 CSI 报告。本质上，在为下行传输执行的类型 1 流程中，（只要不超过最大 COT）也可以"搭载"进行上行传输。

图 19-6　COT 共享示例

⊖ 阈值与信道带宽成比例，因此本质上是针对功率谱密度的阈值而非功率阈值。

⊖ COT 共享有一些限制。对于 gNB 发起的 COT，支持 DL-UL 和 DL-UL-DL 共享，而对于终端发起的 COT，只允许 UL-DL（有限制的）共享。

信道接入流程类型 1 使用的 25μs 的延迟周期在被设计时考虑了与类型 2C 和 COT 共享在传输反馈信息时的配合——只要下一次传输在 16μs 之内发生，至少 25μs 的延迟周期就可以确保尝试使用类型 1 获取信道的另一个发射机无法中断正在进行的 COT。

在 COT 共享中也可能使用较长的共享间隔，但需要执行信道检测和信道接入流程类型 2A 或 2B。本质上，类型 2A 和 2B 可以被视为没有随机退避的类型 1，如果检测到信道空闲，就声明其可用，如果检测到信道繁忙，就说明 COT 共享失败，并且无法使用此 COT 中的 COT 共享进行传输。

如果 COT 共享间隔为 16μs，则使用信道接入流程类型 2B，并且需要在传输之前的 16μs 间隔内检测到信道空闲。

如果 COT 共享间隔为 25μs 或更长（但传输仍发生在 COT 内），则使用信道接入流程类型 2A。在下一个传输突发之前至少 25μs 必须检测到信道空闲。类型 2A 也可用于业务占空比最大为 1/20 且信道占用时间不超过 1ms 的非单播传输，例如在 19.8.2 节中讨论的独立模式下控制信息（如 SSB）的不频繁传输。

为了使用 COT 共享，传输突发之间的间隔通常需要很小，甚至要小于一个 OFDM 符号的持续时间。因此，以 OFDM 符号为粒度的常规时域资源分配是不足够的。这个问题是通过使用扩展循环前缀，使得传输开始可以早于 OFDM 符号边界来解决的，参见图 19-7。循环前缀控制信令是上行调度授权的一部分，包括非扩展循环前缀和以下三种不同的扩展循环前缀选项：$C_2 T_{\text{symb}} - T_{\text{TA}} - 16\mu s$、$C_3 T_{\text{symb}} - T_{\text{TA}} - 25\mu s$ 和 $T_{\text{symb}} - 25\mu s$。

图 19-7　下行和上行共享 COT 情况下上行扩展循环前缀示意图（本示例中假设 16μs 间隔和 $C_2=1$）

当共享相同 COT 的下行突发和上行突发之间的间隔为 16μs 时，通常使用 $C_2 T_{\text{symb}} - T_{\text{TA}} - 16\mu s$ 的扩展循环前缀，并结合信道接入流程类型 2B。在上述表达式中包括定时提前是为了确保在 gNB 处下行和上行之间的间隔为 16μs，尽管终端的发射机已经应用了定时提前量，图 19-6 显示了下行到上行 COT 共享的示例。类似地，$C_3 T_{\text{symb}} - T_{\text{TA}} - 25\mu s$ 的扩展循环前缀可用于创建 25μs 的间隔，通常与信道接入流程类型 2A 结合使用。另外也可能使用不补偿定时提前的 $T_{\text{symb}} - 25\mu s$ 的扩展循环前缀。

上述表达式中的整数参数 C_2 和 C_3 通过 RRC 信令配置。使用这些参数的原因是需要处理时间提前量较大的场景。如果 C_2 和 / 或 C_3 未设置为大于 1 的值，则这些表达式可能计算出扩展循环前缀长度为负值，这显然是不可能的。

如 19.6.4 节所述，上行调度授权中会指示要使用的扩展循环前缀的长度。扩展循环前缀在下行链路中也是有用的，其原因与在上行链路中类似。然而，由于下行传输过程通常由产品实现来决定，因此标准中并没有相关规定。

19.3.2　半静态信道接入流程

如果网络部署能够确保没有其他技术长期使用相关频谱，例如通过监管或者部署在特定的受控区域中，那么就可以使用半静态信道接入作为 LBE 的替代方案。在上行链路中，终端可以配置为使用动态或半静态信道接入，而在下行链路中则由产品实现决定。

在半静态信道接入流程中，可以在规定的时间启动 COT，也就是说，可以每 T_x 毫秒启动一个 COT，前提是在启动前信道至少空闲 9μs。两个连续启动时间点之间的间隔 T_x 可以配置为 1ms 到 10ms。另外还要求每个 COT 之间必须出现至少 5% T_x（至少 100μs）的间隙，以便使其他发射机有机会获得无线信道。如果在 COT 开始时发现信道繁忙，则下一次尝试启动 COT 是在下一个启动时间点，如图 19-8 所示。

图 19-8　半静态信道接入流程示例

如果在一个 COT 内两个信道占用的时间间隔不超过 16μs，则可以用与动态信道接入类似的方式使用 COT 共享。如果占用间隔更长，则信道必须被检测到至少 9μs 的空闲。

19.3.3　载波聚合和宽带操作

前面描述的信道接入流程的假设场景是使用单独一个 20MHz 载波。这是一个合理的假设，因为许多法规要求将整个频谱划分为 20MHz 的信道。然而，在非授权频谱中 NR 的操作并不限于单个 20MHz 载波，而是与在授权频谱中操作的情况类似，也可以支持更大的带宽。根据信道接入流程中信道（有时被粗略地称为 "LBT 带宽"）的含义不同，NR 定义了两种支持更大带宽的方法：

- 载波聚合，即多个载波可以聚合在一起，以获得所需的总带宽，每个载波对应于一个最大 20MHz 的信道。
- 宽带载波，即载波的带宽可以大于 20MHz，但是出于信道接入的目的被分为多个信道。在这种情况下也可以使用载波聚合，但是每一个带宽大于 20MHz 的载波需要分割成 20MHz 的信道。

载波聚合是很直接的方法。使用多个分量载波，每个分量载波的带宽最大为 20MHz，从信道接入的角度来看，每个分量载波对应于一个信道。每个分量载波是单独调度的，不过在信道接入流程中可能存在载波之间的依赖性，可以在多个载波之间共享一个退避计数器，也可以每个载波维护自己的退避计数器。

如果在多个分量载波之间共享单个退避计数器，则一旦退避计数器归零并且传输中涉及的每个载波都被确认为空闲达到至少 25μs，就可以在多个载波上发送传输突发。如图 19-9 中左侧所示。

如果使用多个退避计数器，即每个分量载波一个，则一旦某个载波的退避计数器归零，就可以在该载波上进行传输。不同载波的退避计数器可能在不同时刻归零。原则上，载波可以因此在不同的时刻开始数据传输。然而在实践中，"早期"载波在所有载波完成其退避程序之前并不能开始数据传输，因为在一个载波上的传输将对相邻载波上的监听产生负面影响，如图 19-9 中右侧所示。

图 19-9　多载波 LBT，单退避计数器（左），多退避计数器（右）

在第二种方法，即宽带载波操作中，有一个（或多个）大于 20MHz 的载波，每个宽带载波必须被划分为多个 20MHz 信道，并在这些信道上执行信道接入流程。这是通过将整个载波带宽分割成若干资源块集来实现的，每个资源块集对应一个信道（或 "LBT 带宽"），用于实现信道接入。尽管信道接入流程按照资源块集来操作，但是实际传输是跨整个载波进行调度的，这取决于信道接入流程中被确认为可用的调度资源。举例来说，假设一个 80MHz 载波由 4 个资源块集组成，每个资源块集对应一个 20MHz 信道。如果这些资源块集中的三个被其各自的信道接入流程确认为可用，而第四个资源块集不可用，则调度器不能调度与第四个资源块集相对应的资源块。由于传输应该在信道接入流程成功之后很快开始，因此对于大于 20MHz 的下行载波，可用于执行调度分配和装配相应传输块的时间非常短（以微秒为单位）⊖。载波聚合方法在这方面更为宽松，由于不存在跨载波调度的依赖性，因此可以提前执行调度决策和传输块组装。对于宽带载波上的上行传输，仅当所有调度资源块的信道接入流程都成功并且在频率上是连续的时候，终端才会进行传输。因此，如果一个或多个调度资源块属于未能成功完成信道接入的资源块集，那么在任何调度的资源块集上都不会发生上行传输。

⊖　处理这种情况的一种可能是 gNB 为基于每个资源块组的信道接入流程的一个或几个可能结果（例如，所有资源块组都被确认为可用）推测性地准备 PDSCH 传输。显然这是次优的方案，但是实现比较简单。

如图 19-10 所示，在宽带载波上的操作还需要在资源块集之间设置保护带。选择保护带大小的目标是，在不需要滤波的情况下确保在一个资源块集上的传输不会对不可用于传输的相邻资源块集造成严重干扰。保护带可以通过 RRC 信令配置，也可以根据射频要求产生。

图 19-10　使用保护带的单载波宽带操作示例

对于不超过 20MHz 的载波和大于 20MHz 的载波，可以通过组公共信令向终端指示一些载波或一些资源块集在下行传输突发期间是不可用的。这对于终端是有益的，终端可以在未用于下行数据传输的载波或资源块集上不监听 PDCCH 来达到降低功耗的目的。

19.4　下行数据传输

通过在协议中增加上文描述的信道接入机制后，在非授权频谱中的下行数据传输很大程度上与在授权频谱中是类似的。许多特定于非授权频谱的要求可以由特定的产品实现来处理。例如，通过使用已经在 NR Release 15 中定义的资源分配机制的适当调度决策，可以将传输扩展到更大的分布式带宽上，以满足对功率谱密度的限制。

在成功完成信道接入流程之后，gNB 可以如前面章节所述开始对一个或多个终端进行数据传输的调度。在 NR 的灵活帧结构中数据传输不受时隙边界的限制，这一有用特征减少了从信道接入成功到数据突发传输之间（以及在 COT 共享的情况下传输突发之间）的延迟。NR 的前置 DM-RS 设计中，PDSCH 映射类型 B 的参考信号位于传输的开始处，这一功能减少了终端的数据处理时间。为了充分利用这些优点，PDSCH 映射类型 B 扩展到支持从 2 到 13 个符号的任意 PDSCH 长度（在 Release 15 中，作为终端能力的一部分，下行传输仅支持 2 个、4 个和 7 个符号的 PDSCH 长度，尽管在协议通用描述中是支持任意长度的）。

19.4.1　下行 HARQ

在 Release 16 中增强了用于响应下行数据传输的 HARQ 反馈机制，包括可以复用多个确认反馈的码本功能。简言之，如第 13 章所述，Release 15 的设计基于 gNB 控制终端发送 HARQ 确认的时间点，以及在时域中 PDSCH 传输与相应反馈之间的一对一映射。这样的假设可能并不适用于非授权频谱，因为非授权频谱中下行数据传输和上行反馈信息的精确定时都受制于信道接入流程是否成功，这就要求增强非授权频谱中的 HARQ 设计。

在授权频谱中，gNB 通过 HARQ 定时字段指示终端何时应该发送 HARQ 反馈，如第

13 章所述。这为 HARQ 反馈的发送提供了灵活性，对于非授权频谱中的操作也是必需的。然而，一旦 gNB 通知终端何时发送 HARQ 反馈，终端就别无选择而只能发送。这与在非授权频谱中工作时所需的信道接入流程不能很好地配合，因为在非授权频谱中如果信道接入流程不成功，终端可能无法发送 HARQ 反馈。如果所有终端的处理速度都非常快（见 13.1.4 节），并且几乎可以在接收到 PDSCH 传输之后立刻生成确认反馈，则原则上终端可以在同一 COT 内反馈 HARQ 结果。然而至少有些终端的解码能力是比较弱的，无法在同一 COT 内发送确认反馈，而必须推迟到稍后的时间点发送。

此外，即使终端发送了 HARQ 反馈，gNB 也可能不能正确接收到。从 gNB 的角度来看，无法区分这是由于终端上行信道接入流程失败还是由于未能正确接收终端发送的 HARQ 反馈。由于时域上 PDSCH 与相应反馈之间存在一对一的映射关系，如果 gNB 未能在预定时间点检测到 HARQ 反馈，gNB 将不得不假设反馈为 NACK，并重新传输所有对应的 PDSCH。虽然在授权频谱上丢失 PUCCH 传输的可能性不大，但是在非授权频谱上由于冲突造成的丢失 PUCCH 传输的可能性要大得多。

最后，终端还有可能漏检 PDCCH 传输，在这种情况下终端和 gNB 可能对要反馈确认的 PDSCH 传输的数量有不同的理解。为了处理这种情况，可以使用如第 13 章所述的 DAI 字段来计算反馈码本大小。对于每个 PDSCH 传输，DCI 信令中的 cDAI 字段递增 1，表示到当前 PDCCH 为止已经被调度的 PDSCH 数量。终端通过比较接收到的不同 PDCCH 之间的 cDAI 值，可以确定其是否漏检了 PDCCH，并且在生成 HARQ 反馈时将此考虑在内。在 Release 15 中，DAI 字段只有 2 比特，因此当 DAI 达到最大值后将被重置为零。这样做的问题是终端将无法识别四个或更多的 PDCCH 丢失，从而无法正确计算反馈码本大小。在授权频谱中，不太可能丢失四个或更多连续的 PDCCH，因此 DAI 大小的限制并不是问题。然而，在非授权频谱中传输之间发生碰撞的可能性更大，使得 DAI 大小的限制成为一个问题。

为了处理这样的问题，Release 16 中引入了将 HARQ 反馈推迟到稍后时间点进行传输的可能性。如第 10 章所述，HARQ 定时指示字段指向了一个由 RRC 配置的表，从中可以获得 HARQ 反馈定时。通过将表中的一个条目设置为"稍后"，gNB 可以指示终端暂时不发送 HARQ 反馈，而是将 HARQ 反馈保存起来，直至稍后的时间点才进行发送，见图 19-11。

图 19-11　相同 COT 和交叉 COT 的 HARQ 反馈

为了解决有限的 DAI 字段长度和丢失多个连续 PDSCH 传输对动态 HARQ 码本的影响，在增强的动态 HARQ 码本中引入了 PDSCH 组的概念。最多可以配置两个 PDSCH 组，每个 PDSCH 组操作独立的 DAI 字段⊖，而在 PUCCH 上传输的确认反馈可以包含两个组。下行控制信令在调度 PDSCH 传输时包含组号，用于协助终端确定 HARQ 码本大小和反馈结果。此外，在下行控制信令中引入了新的反馈指示符（Feedback Indicator，NFI），指示 gNB 是否已经接收到针对某个组的前一反馈确认消息。每当 gNB 正确接收到针对一个组的反馈确认消息时，新的反馈指示符就被翻转。通过使用反馈指示符，终端可以确定在发送的反馈中是否需要包含针对相应组的前一下行传输的反馈。

图 19-12 提供了一个操作示例。图中左侧的前两个下行传输属于 PDSCH 组 0 并且被终端成功接收（至少接收到下行控制信令，数据解码可以成功也可以不成功），而终端未检测到随后两个下行传输，原因可能是与非授权频谱上的其他一些应用发生冲突。其结果是，当到了第 5 时隙传输 PDSCH 组 0 的 HARQ 反馈的时刻，gNB 期望包含针对四个 PDSCH 传输的反馈报告，而终端仅检测到两个 PDSCH 传输，因此仅反馈这两个传输的结果。换句话说，在终端和 gNB 之间关于 HARQ 反馈的大小的理解是不匹配的，因而PUCCH 的解码将失败。

图 19-12　针对多个 PDSCH 组的 HARQ 反馈

在第 5 时隙（开始部分）中也可以存在下行传输，这个下行传输将在稍后的时间点被反馈确认。如果终端的处理速度足够快，可以及时解码下行传输，并在第 5 时隙发送上行 HARQ 反馈，则可以检测到两个丢失的下行传输，但是在本示例中并不是这种情况。第 5 时隙中的下行传输被指示为 PDSCH 组 1 的一部分，并且指示该传输的反馈确认在稍后的反馈报告中发出。

⊖　请注意 DAI 的大小增加了；信令中包含当前组的 cDAI 和 tDAI，以及另一组的 tDAI。

在稍后的时间点，PDSCH 组 1 中发生两个下行传输。由于 gNB 没有正确接收到 PDSCH 组 0 的 HARQ 反馈报告，gNB 通过不翻转两个组的新反馈指示符来请求针对这两个组的反馈，反馈指示符指示终端在反馈报告中不仅要包含对 PDSCH 组 1 的反馈，也要包含对尚未确认的 PDSCH 组 0 的反馈。

在上述示例中出现了两个下行传输丢失，但是使用 PDSCH 组的方案在丢失四个连续下行传输的情况下也能工作。如果没有 PDSCH 组，将无法处理只有两个 DAI 比特的情况。

除了上述使用动态码本的反馈报告之外，还可以使用一次性反馈报告，请求终端报告所有 HARQ 进程的状态（肯定或否定的反馈确认）。这是通过在调度下行传输的 DCI 中设置一个标志位来实现的，终端检测到该标志位后，作为响应将发送所有 HARQ 进程的状态反馈报告。

19.4.2　参考信号

非授权频谱的参考信号结构与 Release 15 基本相同。

用于 PDSCH 映射类型 B 的 DM-RS 被扩展，以提供仅调度部分时隙的额外灵活性。PDSCH 映射类型 B 不再局限于长度为 2 个、4 个或 7 个符号的传输，而是扩展为支持第 9 章中所述的从 2 到 13 个符号的任意长度的传输。

Release 15 中的 CSI-RS 配置非常灵活，合理的配置是将 CSI-RS 资源限制在资源块集内。标准中并不排除配置跨多个资源块集的 CSI-RS，但是一旦 DCI 格式 2_0 指示配置了 CSI-RS 的一个或多个资源块集为不可用时，终端就会认为这些资源上不存在 CSI-RS 传输。

TRS 本质上是一种特殊的 CSI-RS，如第 9 章所述。Release 15 中 TRS 可以配置在 52 个资源块上，而在 Release 16 中只能配置在 48 个资源块上。其原因是为了确保跟踪参考信号的配置与资源块集的大小相适应。

19.5　上行数据传输

与下行传输相比，对非授权频谱中上行数据传输的增强对标准产生的影响更大。

19.5.1　交织传输

NR 标准对非授权频谱操作进行增强的一个主要目的是适应监管法规的要求，这些要求不仅包括对终端可能使用的最大输出功率的限制，而且包括对最大功率谱密度的限制，例如在一些监管地区要求最大功率谱密度限制为 10dBm/MHz。理论上，解决这个问题的一种方法是重用基本的 NR 结构，并将发射功率设置为符合对输出功率和功率谱密度的监管限制。然而，这将在某些情况下限制网络覆盖，例如当要传输的净荷很小并且传输仅需要载波带宽的一小部分时。这时将传输的净荷分布在更大的带宽上，使发射功率最大化是更好的方法。尽管理论上这个方法在下行可以通过资源分配类型 0 来实现（资源分配类型

0 是用于下行非连续频域资源分配的方法），但是在 Release 15 中上行仅支持资源分配类型 1。因此作为上行资源分配机制的一部分引入了交织的方式和资源分配类型 2，作为将传输分散到更大带宽上的一种方法。这不仅有助于解决覆盖问题，而且有助于满足某些监管地区规定的最小占用带宽要求。

为了支持交织传输，对于带宽大于 10MHz 的载波，整个载波带宽被划分为若干个交织。交织的数量取决于子载波间隔，子载波间隔为 15kHz 时划为 10 个交织，子载波间隔为 30kHz 时划为 5 个交织。因此，对于 15/30kHz 的子载波间隔，每个第 10/ 第 5 个资源块属于同一个交织。

交织的资源位置基于公共资源块（Common Resource Block，CRB），即相对于基准参考点 Point A。采用公共参考点可以使交织结构更清晰并且资源分配更简单。否则，不同的部分带宽可能需要使用不同的交织索引来指向相同的底层交织，这将造成不同用户之间针对 PUSCH 和 PUCCH 的调度和资源分配的额外复杂性。

交织的含义如图 19-13 所示，交织 i 由 CRB m, $m + M$, $m + 2M$, … 组成，其中 M 表示交织的数量（5 或 10，取决于子载波间隔）。注意，部分带宽中的第一个资源块不一定属于第一个交织。

图 19-13　交织的含义

如果终端被配置为在上行使用交织传输，则使用 PUSCH 资源分配类型 2。调度授权包含用于传输的交织和资源块集的信息（详见 19.6.3 节）。PUCCH 传输也可以使用交织结构，前提是要按照 19.7.1 节的描述对 PUCCH 格式进行修改。

如果未配置交织模式，则资源分配与 Release 15 中所规定的相同，即 PUSCH 使用资源分配类型 0，并且 PUCCH 的结构如第 10 章中所述。

19.5.2　上行数据传输的动态调度

与 Release 15 类似，在非授权频谱中的上行数据传输可以依赖于动态调度或预配置调度授权。

上行传输的动态调度是相对直接的方式。gNB 向终端提供调度授权，终端按照 Release 15 规定的程序执行。Release 16 中功能增强的方面主要是支持交织传输以及如 19.6.4 节所述的通过单个调度授权调度多个传输块，还有 19.3 节描述的在上行传输之前所需的信道接入流程。调度授权的内容也有所扩展，包含用于增强的资源分配和扩展循环前缀的相关信息，以及终端在传输之前应用信道接入流程所必需的信息。请注意，由于 gNB 在发送调度授权时并不知道信道接入流程是否成功，因此不能保证终端会在上行按照调度授权发送数据。这与在授权频谱中的工作不同，后者（假设终端正确接收到调度授权）是保证上行传输的。

在 NR 的第一个版本中，一个调度授权会触发一个传输块的传输。这在非授权频谱中也是有效的。然而，由于上行传输通常受制于在发送调度授权后结果不可预测的信道接入流程，因此成功的上行传输要求下行和上行信道接入流程都是成功的。为了降低这一过程的成本，并且能够一次传输更大量的数据，Release 16 中下行传输的一个调度授权可以调度多个上行传输块，参见图 19-14。上行传输块在不同的时隙（或"微时隙"）中逐一传输。如果没有这些增强功能，对于每个上行传输都需要遵循信道接入流程和（可能的）相关退避程序在下行发送新的调度授权。

图 19-14　一个 DCI 调度单个上行传输（左）和多个上行传输（右）

调度授权还包含针对每个传输块的新数据指示和冗余版本信息，而调制和编码方式以及频域资源分配对所有调度的传输块都是相同的。

原则上，在授权频谱中使用单个调度授权来调度多个上行传输也是一种减少开销的有益方式，但是由于上面讨论的原因，这种方式应用于非授权频谱中的益处是更加显著的。

动态调度所需的调度请求与 Release 15 的处理方式相同，并遵循信道接入流程。对调度请求禁止定时器的处理略有修改。如果终端由于信道接入流程不成功而没有发送调度请求，则即使定时器已经超时，终端也可以再次发送调度请求。

19.5.3　上行数据传输的预配置调度授权

NR 的第一个版本已经支持在授权频谱中使用预配置调度授权，作为减少控制信令开销的手段，见 14.4 节。这一原因也适用于非授权频谱，但更重要的是，预配置调度授权允许不事先经过调度请求——与调度授权的流程就可以进行数据传输，当每次传输都需要经过一个可能失败的信道接入流程时，这一点对解决问题就更加有帮助。因此，在遵循成功的信道接入流程的前提下，NR 支持预配置调度授权类型 1 和类型 2。除了信道接入流程之外，NR 还增加了两个主要增强功能，以更好地支持在非授权频谱中的工作：

- 在单个 COT 内进行背靠背上行传输，同时允许 gNB 为其他目的预留时隙资源，例如上行和下行控制信令。

- 将 HARQ 进程标识符与时隙号解耦。这需要引入用于预配置调度授权的上行控制信息以及下行反馈信息，用于向终端指示上行传输是否被成功接收。

与 Release 15 类似，可以为终端配置调度授权的周期。调度开始的时间点可以通过配置得到（类型 1），也可以通过 PDCCH 信令指示（类型 2）。在调度授权时间点，终端可以执行信道接入流程，如果成功，就在上行传输数据。终端可以按照与动态调度相同的方式连续传输多个传输块。如果信道接入不成功，则终端必须等到下一个调度授权时间点才能重新尝试。

为了更好地利用终端获得的传输机会，预配置调度授权还支持多个传输块的背靠背传输。这样就可以使用一个 COT 在多个时隙上传输多个传输块，从而比 Release 15 中只允许单个传输块的情况产生的 COT 更长。

当终端使用预配置调度授权启动 COT 时，也支持 19.3.1 节中讨论的 COT 共享。这是通过终端在 PUSCH 上向 gNB 发送的上行控制信息中包含终端标识和 COT 共享所需的信息来实现的。因此，即使终端发起用于上行数据传输的 COT，gNB 也可以通过使用快速的信道接入流程类型 2 而非包括随机退避的类型 1 来获得信道并进行下行数据传输，从而从中获益。

在非授权频谱中使用预配置调度授权影响到的另一个主要方面是 HARQ 协议。在 Release 15 中，HARQ 进程号与预配置调度授权的配置周期内的 OFDM 符号位置相关联。这可以确保终端和 gNB 对传输所使用的 HARQ 进程有相同的理解，同时也假设传输可以在特定时间发生，但是这种假设在使用信道接入流程的非授权频谱中并不适用。因此需要使用上行信令来指示 HARQ 进程号，HARQ 进程号也因此会包含在 PUSCH 上的 UCI 中。UCI 中除了 HARQ 进程号之外，还包含 gNB 进行上行接收所需的其他 HARQ 相关信息，具体来说就是新数据指示和冗余版本。

NR 标准 Release 15 中的重传是通过 PDCCH 中的新数据指示进行动态调度的，而无论初传是动态调度的还是通过预配置调度授权来调度的。这同样适用于非授权频谱中的操作，但是除此之外也可以使用预配置调度授权来进行重传。

在授权频谱中，初传发生在由预配置调度授权预先设定的时间点，并且 gNB 知道上行传输应该在何时发生。因此重传的动态调度是简单直接的。另一方面，非授权频谱中的初传则受制于信道接入流程，并且 gNB 不能区分信道接入失败或者信道接入成功但初传接收失败这两种情况。因此，终端在接收到下行否定应答，或者终端在反馈定时器超时后如果仍未接收到 gNB 的应答，就可以自主地发起重传。每当初传发生时服务于重传的反馈定时器就被初始化，直到 gNB 指示成功接收到数据为止。

gNB 在下行发送的 HARQ 反馈称为下行反馈信息（Downlink Feedback Information，DFI），DFI 在 PDCCH 中被发送，而无须定义新的物理信道。DFI 由一个位图组成，每个确认比特位对应一个 HARQ 进程。从接收 PUSCH 到发送下行反馈信息之间的最短时间是可以配置的。通过检查特定 HARQ 进程所对应的确认比特位，终端可以判断 gNB 是否已经成功接收到相关 HARQ 进程的上行数据，并且可以使用该 HARQ 进程传输新的传输块，或者在必要时进行重传。每当使用一个 HARQ 进程传输新的传输块时，UCI 中的新数据指示就会翻转。

19.5.4　上行探测参考信号

与在授权频谱中一样，上行探测也可用于非授权频谱。在许多情况下倾向于将上行探测信号与其他传输合并进行，以避免额外的信道接入流程。因此，在 Release 16 中扩展了 SRS 配置，可以使用时隙中的任何 OFDM 符号进行传输，而不仅限于时隙中的最后 6 个符号。

19.6　下行控制信令

NR 在非授权频谱中工作所需的下行控制信令遵循与授权频谱中相同的原理和结构，仅增加了一些由新特性推动的附加功能。主要的增强功能在 CORESET 配置、PDCCH 盲检和 DCI 内容方面，而 PDCCH 的结构则保持不变。

19.6.1　CORESET

Release 15 中的 CORESET 配置是灵活的，原则上可以将用于监听 PDCCH 的 CORESET 配置为覆盖每个 OFDM 符号，尽管 Release 15 的终端并不支持这样的配置[⊖]。频繁监听 PDCCH 使得下行数据传输可以从任意 OFDM 符号开始，这对于非授权频谱中的工作非常有用，因此支持非授权频谱的终端允许配置更频繁的 PDCCH 监听点。

在聚合多个 20MHz 载波以形成更大的连续带宽的情况下，并不需要额外的增强功能，因为载波聚合框架已经可以处理基于每个载波的 CORESET 配置。这样，在需要时可以单独调度每个载波。

如果载波带宽超过 20MHz，则需要额外的增强功能。由于在宽带载波内某个资源块集的可用性事先是未知的，因此每个资源块集必须至少有一个 CORESET，以便在该资源块集可用的情况下能够发送调度信息。这是通过在载波上扩展 CORESET 的配置[⊜]来解决的，所配置的 CORESET 在频域上的所有资源块集上重复出现，参见图 19-15。这样可以确保终端能够单独地在每个资源块集上监听控制信道。

图 19-15　单载波宽带操作时的扩展 CORESET

⊖　在 3GPP 标准中，CORESET 在时域中的位置由搜索空间配置给出。

⊜　在标准中，频域上的 CORESET 扩展被定义为时域搜索空间配置的一部分，而不是包含在 CORESET 配置中。

19.6.2 PDCCH 盲检和搜索空间组

PDCCH 盲检遵循与 Release 15 相同的搜索空间原则，只是在终端特定的搜索空间中增加了最多两个搜索空间组（搜索空间组不用于公共搜索空间）。如果配置了两个搜索空间组，则每个搜索空间都会属于其中一个或同时属于两个搜索空间组。两个搜索空间组中的一个是激活的，终端可以通过显式地接收动态组公共信令或者隐式地在一个组中检测到 PDCCH 而在搜索空间组之间进行切换。这两种方法都可以使用一个定时器来切换返回到"默认"组。

定义多个搜索空间组是为了减少终端的功耗。在 COT 启动之前，频繁地监听 PDCCH，以确定 COT 何时开始以及终端是否被调度是有益的做法。监听频率可以配置为每个 OFDM 符号都监听 PDCCH。一旦 COT 开始，通常就不需要非常频繁的监听了，例如只需要在时隙的开始监听 PDCCH。在流量负载较低且延迟要求不太严格的情况下，较低频率的监听也是足够的。采用搜索空间组可以实现这种灵活性，其中组 0 用于频繁的监听，而组 1 用于不频繁的监听。

在搜索空间组之间的切换可以通过使用 DCI 格式 2_0（见下文）的动态信令来完成，DCI 格式 2_0 中的一个比特指示要激活的组。使用哪个搜索空间组由 gNB 直接控制。另外还定义了一个定时器机制，作为搜索空间组动态信令的补充。在这种情况下，终端只要检测到有效的 DCI，就会切换到搜索空间组 1（不频繁监听）。如果在可配置的时间内未检测到有效 DCI，则终端返回到搜索空间组 0（图 19-16）。

图 19-16 使用 DCI 格式 2_0（上）或仅基于定时器（下）在搜索空间组之间切换的示例

19.6.3 下行调度分配：DCI 格式 1_0 和 1_1

为了支持针对非授权频谱的增强功能，需要在 DCI 中定义额外的比特和信息字段。对于使用 DCI 格式 1_0 或格式 1_1 的下行调度分配，需要在 Release 15 中定义的相同比特字段的基础上做一些添加和扩展，如下所述：

● HARQ 相关信息（此增强仅适用于 DCI 格式 1_1）：

- PDSCH 组索引（0 或 1 比特），用于指示 PDSCH 组并控制 HARQ 码本，如 19.4.1 节所述。
- 下行分配索引 DAI 扩展至 6 比特，使得 tDAI 也可用于非激活 PDSCH 组的传输，如 19.4.1 节所述。
- 一次性 HARQ 请求（0 或 1 比特），用于触发 19.4.1 节中描述的包含所有载波和 PDSCH 组上所有 HARQ 进程的 HARQ 反馈报告。
- 请求的 PDSCH 组数（0 或 1 比特），用于指示 HARQ 反馈应该仅包含当前 PDSCH 组还是同时包含其他 PDSCH 组，参见 19.4.1 节。
- 新反馈指示符（0 ～ 2 比特），用于指示 gNB 是否接收到 HARQ 反馈（在这种情况下比特位会翻转），参见 19.4.1 节。

- 信道接入类型和扩展循环前缀（0 ～ 4 比特），用于指示上行传输使用哪种类型的信道接入流程，如 19.3.1 节所述。此字段在 DCI 格式 1_0 和格式 1_1 中都存在。因此在非授权频谱中工作时，回退格式的 DCI 格式 1_0 的大小比在授权频谱中多 2 比特。由于终端知道自己是在授权频谱还是非授权频谱中工作，因此 DCI 大小的差异并不是问题。在 PDSCH 调度分配中加入 PUSCH 相关信息字段的原因是用于 COT 共享，调度 PDSCH 传输之后可以紧跟着 PUSCH 传输。

19.6.4　上行调度授权：DCI 格式 0_0 和 0_1

与下行链路相似，上行 DCI 格式 0_0 和格式 0_1 也被扩展，以支持新功能。大多数新增功能都是为了对 HARQ 协议的增强，总结如下：

- DFI 标志（0 或 1 比特），仅在格式 0_1 中存在，作为信令头指示 DCI 是用于上行调度授权还是请求下行反馈信息。如果 DFI 标志设置为使用 CS-RNTI 的 DCI 格式 0_1，则 DCI 内容被解释为下行反馈信息（参见 19.6.5 节），否则 DCI 内容为上行调度授权。对于 CS-RNTI 以外的其他 RNTI，该比特保留。
- HARQ 相关信息（此增强仅适用于 DCI 格式 0_1）：
  - 扩展新数据指示的比特数。在多 PUSCH 调度的情况下，DCI 调度的每个传输块都有一个 NDI 比特[⊖]。
  - 扩展冗余版本的比特数；在多 PUSCH 调度的情况下，DCI 调度的每个 PUSCH 都有一个 RV 值。
  - 下行分配索引 DAI，用于处理 PUSCH 上的 UCI，并扩展到 6 比特，以允许传输两个 PDSCH 组的 tDAI。
- 信道接入类型和扩展循环前缀（0 ～ 4 比特），用于指示上行传输使用哪种类型的信道接入流程。此字段在 DCI 格式 0_0 和格式 0_1 中都存在，如前面所讨论的一样，

⊖ 为了避免 DCI 大小的模糊性，新数据指示字段的比特数由当前配置下可能调度的最大传输块数给出，而不是实际调度的传输块数。冗余版本字段的处理方式与此类似。

此字段会影响回退格式 DCI 的大小。

- 时域和频域中的资源分配，这些比特字段的用途与在授权频谱中相同，但扩展为支持频域中的交织资源分配，并且支持时域中的多 PUSCH 调度，详见下文。

1. 频域资源分配信令

时域和频域中的上行资源分配遵循第 10 章中描述的关于资源分配类型 1 的原则，并且增加了支持交织映射的分配类型 2。如果没有配置交织映射，则使用第 10 章中描述的资源分配类型 1。如果配置了交织映射，并且因此使用了资源分配类型 2，则 DCI 中的频域资源分配比特用来选择一个或多个交织以及这些交织中的资源块集。请注意，交织传输和因此选择的资源分配类型 2 是由 RRC 信令配置的，因此在资源分配类型 2 和其他资源分配类型之间无法进行动态切换。这并不成为问题，因为优选的资源分配类型通常是由监管要求决定的，因此不会随时间而改变。

对于资源分配类型 2，频域资源分配字段的总比特数分为两部分——第一部分指示交织，第二部分指示资源块集。在实际传输中使用的资源块是由这两部分指示的资源块的交集。

第一部分（指示交织）针对 15kHz 和 30kHz 子载波间隔使用不同的方法进行编码。对于 30kHz，使用 5 比特位图来指示五个交织中的哪一个是调度资源的一部分；对于 15kHz，不使用位图，取而代之的是使用 6 比特对起始交织号和连续交织数进行联合编码。6 比特可以有 $2^6 = 64$ 个取值，其中 56 个取值用来表示所有可能的起始交织号和连续交织数的组合。其余 8 个取值用于编码一组常见的非连续交织资源分配。

第二部分（指示资源块集）针对 15kHz 和 30kHz 子载波间隔的编码方式相同。对起始资源块集（也称为起始 LBT 带宽）和激活的部分带宽中的连续资源块集的个数联合进行编码。

最后，调度的虚拟资源块集即为选定的交织和选定的资源块集二者的交集所包含的资源块。由于仅支持非交织的物理资源映射，所以调度的虚拟资源块直接对应于激活的上行部分带宽内的物理资源块。资源分配类型 2 如图 19-17 所示。

图 19-17　资源分配类型 2 的原理说明

2. 时域资源分配信令

在时域中，上行资源分配遵循与第 10 章中描述的相同原理，即 DCI 中包含 RRC 配置表的索引，从表中获得用于传输的 OFDM 符号集，同时增加了单个调度授权可以调度多个传输块的功能。要发送的传输块数量是从 RRC 配置表中获得的，并且在配置表中额外扩展了一列，使得每一行额外包含每个传输块的时域分配信息（见图 19-18）。如前所述，调度授权还包含用于每个传输块的新数据指示和冗余版本，而调制和编码方式以及频域资源分配对于所有调度的传输块是相同的。

图 19-18　时域资源分配的原理说明

3. 关于扩展循环前缀和信道接入类型的信令

为了使用 COT 共享，传输突发之间的间隔需要很小，甚至小于一个 OFDM 符号的持续时间。以 OFDM 符号为粒度的时域资源调度信令不足以实现这一点。因此，如 19.3.1 节所述，在上行链路中引入了扩展循环前缀指示，使得在 OFDM 符号边界之前开始传输成为可能。此外，使用的信道接入类型（见 19.3 节）也需要向终端做指示。这是通过使用"信道接入类型和扩展循环前缀"字段作为 RRC 配置表的索引来实现的，从 RRC 配置表中可以推导出要使用的信道接入类型和扩展循环前缀配置。

19.6.5　下行反馈信息：DCI 格式 0_1

下行反馈信息（DFI）与上行预配置调度授权的传输相结合，用于 HARQ 协议的处理。DFI 是使用正常的 PDCCH 结构和 CS-RNTI 传输的，也就是说没有为之定义新的物理信道。相反，只是在 DCI 格式 0_1 中增加了 DFI 标志，用于指示 DCI 中的其他内容应该被解释为上行调度授权还是下行反馈信息。

如果设置了 DFI 标志，则 DCI 的其余部分将解释为指示每个 HARQ 进程的肯定或否定应答的位图。DCI 格式 0_1 中还包含保留比特，以确保无论其中携带的是上行调度授权还是下行反馈信息，DCI 的大小都是相同的，从而不会增加 PDCCH 盲检的尝试次数。

19.6.6 时隙格式指示：DCI 格式 2_0

在非授权频谱中工作时与授权频谱相比，时隙格式指示可以起到更广泛的作用。除了 10.1.6 节中所描述的时隙格式指示外，DCI 格式 2_0 在非授权频谱中还包含以下扩展信息：

- COT 持续时间：一个 RRC 配置表的索引，RRC 配置表中的每个条目表示以 OFDM 符号为单位的剩余 COT 持续时间。在载波聚合的情况下，每个小区有一个索引。
- 资源块集可用性：一个位图，用于指示载波内每个资源块集（或 LBT 带宽）的可用性，如 19.3.3 节所述。在载波聚合的情况下每个载波有一个指示位图。
- 搜索空间组切换：一比特，用于指示要激活哪个搜索空间组，如 19.6.2 节所述。在载波聚合的情况下每个小区组有一个对应比特。

所有这些字段都是可选字段，也就是说可以在没有这些字段（并且没有 DCI 格式 2_0）的情况下在非授权频谱中工作。

19.7 上行控制信令

非授权频谱中的上行控制信令基本上遵循与 Release 15 中相同的结构，并且可以承载在 PUCCH 或 PUSCH 上。

19.7.1 PUCCH 承载上行控制信令

PUCCH 传输的前提是信道接入流程成功，这与在授权频谱中的情况不同。如果在接收到下行传输之后立即发送 PUCCH，则可以使用 COT 共享，但是如果没有 COT 共享，则需要成功完成信道接入流程类型 1。因此 gNB 无法预知 PUCCH 何时发送，而且还必须要处理这种不确定性，例如通过能量检测在解码之前检测 PUCCH 的存在。

除了信道接入流程之外，PUCCH 在非授权频谱中的主要增强是支持交织传输，引入这个增强功能是出于与 PUSCH 上的上行数据传输类似的原因。交织传输的使用是通过 RRC 信令配置的。如果不使用交织传输，则 PUCCH 格式与 Release 15 中相同。如果配置了交织传输，那么在激活的部分带宽内，交织涉及的资源块集中的所有资源块都用于传输。在这种情况下不支持跳频功能，这样做是合理的，因为通过交织机制本身已经可以获得足够的传输分集增益。20MHz 或带宽更小的载波上只有一个资源块集，因此使用的是全交织。

具有交织映射的 PUCCH 格式 0 支持在一个交织上的传输。这是通过在交织中（并且在资源块集内）的所有资源块上重复 Release 15 的单资源块结构来实现的。然而，在所有资源块上重复相同的信号将导致立方度量的增加，需要功率放大器做更大的回退。为了缓解这个问题，如图 19-19 所示，需要在交织中的所有资源块上以 12 个不同取值和 12 种不同概率循环执行相位旋转（对应于时域中的循环移位）。

图 19-19　具有交织映射的 PUCCH 格式 0 示例

PUCCH 格式 1 通过与格式 0 类似的方式进行扩展，以支持一个交织上的交织映射。对于每个 OFDM 符号，在交织中的所有资源块上重复由 Release 15 结构产生的单个资源块的内容。同样在这种情况下，与具有交织映射的 PUCCH 格式 0 的操作相同，需要在资源块之间改变相位旋转（见图 19-20，与图 19-16 中的非交织情况相比较）。

图 19-20　具有交织映射的 PUCCH 格式 1 示例

PUCCH 格式 2 也被扩展，以支持使用一个或两个交织的交织映射，终端应该使用哪种交织方式由高层信令配置。对于较小的净荷使用单个交织，而对于较大的净荷需要使用两个交织。

　　交织模式的 PUCCH 格式 2 的整体结构与非交织的情况类似，包括编码、加扰和 QPSK 调制。然而，在映射到资源块之前，交织模式的 PUCCH 格式 2 使用单个交织，并且使用长度为 2 或 4 的正交码来扩展每个 QPSK 符号，如图 19-21 所示。由于交织映射意味着用于传输的资源块数会大于仅由净荷大小决定的资源块数，因此采用扩频编码是有用的，因为它允许多个终端使用相同的资源块进行传输，而在码域将终端分离。通过使用正交码，尽管使用交织映射时总带宽比非交织时大，但是 PUCCH 格式 2 的资源效率可以保持在合理的水平。为了控制发送信号的立方度量，所使用的正交码在交织中的不同资源块之间是不断变化的。

图 19-21　具有交织映射（一个交织）的 PUCCH 格式 2 示例

　　在非交织的 PUCCH 格式 2 或基于两个交织的交织 PUCCH 格式 2 的情况下，不使用扩频。

　　PUCCH 格式 3 也被扩展，以支持交织映射，使用一个或两个交织，交织的数量取决于净荷的大小。为了增加复用容量，可以在单个交织的情况下使用长度为 2 或 4 的正交码扩频，PUCCH 格式 4 也采用类似的方式。

　　本节讨论的所有 PUCCH 格式所使用的资源都遵循 10.2.7 节描述的相同原则。换句话说，UCI 净荷大小决定了 PUCCH 资源集，而 DCI 中的 PUCCH 资源指示决定了 PUCCH 资源集中的 PUCCH 资源配置。

19.7.2　PUSCH 承载上行控制信令

　　上行控制信息也可以按照 10.2.8 节描述的相同方式在 PUSCH 上传送。不过，与授权频谱中的工作相比有一个增强，即将预配置调度授权用于在 PUSCH 上传输 UCI。如 19.5.3 节所述，由于允许使用预配置调度授权进行重传（而不仅仅是初传），因此需要提供预配置调度授权的相关 HARQ 信息。如果启用预配置调度授权，则 PUSCH 上总是存在 UCI 信息。在 PUSCH 上复用承载 UCI 遵循与 Release 15 中相同的原理，参见 10.2.8 节，与预配置调度授权相关的 UCI 被视为最高优先级信息，并因此映射到解调参考信号之后的第一个 OFDM 符号中。

19.8　初始接入

初始接入是指终端搜索到一个小区，获取必要的系统信息，并进行随机接入以连接到该小区的过程。如果使用授权辅助接入来接入非授权频谱，则几乎所有初始接入的功能都由授权频谱上的主小区来处理。另一方面，如果 NR 需要以独立模式接入非授权频谱，那么所有这些功能都需要在非授权频谱中完成。由于在非授权频谱中工作有一些特殊的要求，例如信道接入流程，因此其初始接入功能与在授权频谱中相比需要一些增强。首先是增加了寻呼时机，以补偿由信道接入流程造成的某些寻呼时机可能不可用的风险，后面还会讨论其他增强功能。无线链路失败流程也有所改进，可以从无线链路失败中区分出重复的信道接入失败场景。

19.8.1　动态频率选择

DFS 的目的是确定载波的载波频率，以便找到可用的或至少是轻负载的载波频率。由于 5GHz 频段中大约有 25 个频率信道，每个信道带宽为 20MHz，并且输出功率相当低，因此找到尚未使用或轻负载信道的可能性相当高。

NR 小区在非授权频谱中上电启动时会执行动态频率选择。另外，基站可以在不发射时周期性地测量干扰或功率水平，以检测该载波频率是否用于其他目的，以及是否有更合适的载波频率可用。如果确是如此，则基站可以将载波重新配置到不同的频率范围上（即执行异频切换）。

如前所述，DFS 是很多地区对某些频段的一项监管要求。促使强制执行 DFS 的一个例子是雷达系统，雷达系统在使用频谱时通常比其他系统具有更高的优先权。如果 NR 基站检测到雷达系统正在使用频谱，则必须在特定时间（通常为 10 秒）内停止使用该载波频率。并且至少在 30 分钟内不能再次使用该载波频率。

动态频率选择的工作细节取决于基站产品的实现，不需要在标准中规定任何特定的解决方案。

19.8.2　小区搜索、发现突发和独立模式

小区搜索是检测新小区并实现与新小区时间同步的过程。在授权频谱中，同步序列作为 SSB 的一部分周期性发送，如第 16 章所述。一旦检测到 SSB，并且正确接收到主信息块（Master Information Block，MIB），就可以继续接收在 PDSCH 上调度和发送的 SIB1 及

其他 SIB 等其余的系统信息。

在非授权频谱中使用了类似的方法，但是由于需要支持信道接入流程，因此不能保证 SSB 的定时传输。取而代之的是定义了一个时间窗口，在时间窗口内终端可以预期收到 SSB。此外，SIB1 的传输与 SSB 在时间上非常接近是有好处的，因为这样就可以通过一个信道接入流程一次性完成它们两者的发送。将 SSB 与携带 SIB1 的 PDSCH 以及调度 PDSCH 的相关 PDCCH 组合在一起，称为发现突发（Discovery Burst，DB）。DB 的持续时间很短，而且发生频率很低，因此可以采用信道接入流程类型 2A。

对于 DB，可以重用 Release 15 中对 CORESET#0 和 SSB 的配置，只是对 CORESET 做出一些限制，在时域中最多跨越 2 个 OFDM 符号。在频域中，CORESET#0 在子载波间隔为 30kHz 的情况下总是占用 48 个资源块，这是终端在非授权的 5GHz 和 6GHz 频段中进行初始接入时假定的子载波间隔。对于辅小区，终端也可以配置使用 15kHz 子载波间隔来搜索 SSB，在这种情况下 SSB 占用 96 个资源块。

SSB、PDSCH 和相关联的 PDCCH 的位置使得它们有可能作为单个时间连续的数据块进行传输。但是，并不是所有 Release 15 支持的 SSB 和 CORESET#0 配置的组合都能达到这样的效果。由于不同配置所导致不同 DB 的组成部分传输之间的时间间隔可能使得完成 DB 传输需要多个独立的信道接入操作，这有可能导致终端仅能接收到 DB 的一部分。这本身并不是问题（终端将继续搜索接收完整的 DB），但它是一种低效的系统工作方式。

可配置的 DB 传输窗口称为发现突发窗口，其长度最大可达 5ms。DB 窗口从第 1 或第 2 个半帧的第 1 个 OFDM 符号开始，并且原则上 DB 可以在 DB 窗口内的任何时间传输。在 15kHz 子载波间隔的 DB 窗口中，最多可以有 10 个不同的 SSB 候选位置；对于 30kHz 子载波间隔，SSB 候选位置最多可以达到 20 个。载波栅格的定义可以使 SSB 位于 DB 的边缘，见图 19-22。围绕在 SSB 周围的 PDSCH 不参与速率匹配，因此 SSB 和 SIB1 是频率复用的。

图 19-22   发现突发窗口和发现突发结构（30kHz 子载波间隔）图示

由于终端不知道 DB 的确切传输时间，因此 DB 窗口内的传输定时需要包括在 DB 中。这与第 16 章描述的授权 FR2 框架下的操作方法类似。三个定时比特被隐式编码在 PBCH

加扰序列中，其余 1 或 2 比特位于 PBCH 净荷中。这样定时字段对于 15kHz 和 30kHz 子载波间隔来说分别为 4 或 5 比特，这足以处理 10 或 20 个 SSB 候选位置。终端一旦检测到 SSB 并解出 SSB，就可以使用这些比特来确定帧内 SSB 的传输定时。

在授权频谱中，SSB 的时间位置与 QCL 关系是等效的，也就是说，在不同 SS 突发集中传输的 SSB 如果在一个 SS 集中的传输时间点相同，这些 SSB 就是准共址的，也就是使用相同的波束进行发送。当无法保证 DB 窗口内的准确传输定时而允许 SSB 在时间上移动时，需要为 QCL 关系定义一种新的机制。因此，关于 QCL 的假设可以与 PBCH 的 DM-RS 序列索引相关联。如果不同 DB 的序列索引模参数 Q 的计算结果相同，就认为这些 DB 具有相同的 QCL 关系，见图 19-23。参数 Q 在服务小区中通过系统信息通知给 UE。

图 19-23　DRS 的 QCL 关系示例（本示例中假设 $Q = 4$）

在授权频谱中无线资源管理（Radio Resource Management，RRM）的测量基于 SSB 和 / 或 CSI-RS。为了支持终端在空闲 / 非激活 / 连接状态下对邻区进行 RRM 测量，还需要通过广播和专用信令将至少为每个频率配置的参数 Q 通知给 UE。

19.8.3　随机接入

一旦终端通过前面描述的小区搜索过程找到小区，就会启动随机接入，与小区建立初始连接。非授权频谱中的随机接入机制与授权频谱中相同，并且支持 Release 16 中引入的四步过程和两步过程，前提是在传输之前要成功执行信道接入流程类型 1。在很多情况下，非授权频谱中优先选用两步随机接入过程，因为减少了需要执行的信道接入流程的次数，因此具有较小的延迟。

非授权频谱操作中增加了两个新的、更长的前导码序列：用于 15kHz 子载波间隔的长度为 1151 的序列和用于 30kHz 子载波间隔的长度为 571 的序列。采用更长序列的原因是为了获得覆盖整个 20MHz 信道的前导码，从而在满足监管法规的功率谱限制的前提下提高发射功率。这样还降低了在随机接入过程中其他终端检测到信道可用的可能性，如果使用较窄带的前导码，这种情况是有可能发生的。使用哪个长度的前导码序列，包括 Release 15 中定义的 139（或 839）或新定义的长度之一，是由系统信息指示的。新的前导码长度还使用一个不同的索引表来推导循环移位，使微蜂窝小区的系统容量得到提升（由于允许的发射功率受限，在广域部署中不太可能使用非授权频谱）。

在两步和四步随机接入过程中，如果终端没有从网络获得响应，将使用如第 17 章所述的功率提升机制。然而，如果前导码发送由于信道接入流程失败而被丢弃，则不执行前导码功率提升。

第 20 章

工业物联网和 URLLC 增强

工业物联网（IIoT）这个垂直行业是 Release 16 的一个主要增强目标。虽然 Release 15 已经可以提供非常低的空中接口时延和高可靠性，但 NR 标准 Release 16 中进一步引入了对时延和可靠性的增强。这使得 NR 标准可以支持更广泛的工业物联网用例，并满足对新用例（如工厂自动化、配电和运输行业）不断增长的需求。

从第一个版本开始，NR 标准就可以同时支持高可靠性和低时延。NR 标准中的一些机制和原则有助于实现这一点，例如：

- 传输不限于从时隙边界开始，这种传输有时被称为"微时隙传输"（如第 7 章所述）。
- 前置设计（参见第 9 章），以及其他满足快速处理的要求。
- 下行终端间的抢占，其中一个终端传输正在使用的资源可以被另一个终端时延关键的传输抢占（参见第 14 章）。
- 可以配置健壮的 MCS 和 CQI 表，以稍微降低频谱效率为代价增加传输的鲁棒性（如第 10 章所述）。
- 数据复制和多站点连接，以提高可靠性（如第 6 章所述）。

在许多情况下，这套机制就足够了。然而，在 Release 16 中引入了一些增强功能，以更好地支持各种业务。许多增强功能本身是一些微小的改动，但是当它们一起使用时，能够显著提高 NR 在 URLLC 和工业物联网领域的应用范围。主要增强功能包括：

- 扩展抢占的设计机制来处理来自不同终端的上行链路传输（如 20.1 节所述）。
- 改进了来自同一终端的上行链路传输的优先级处理（如 20.2 节所述）。
- 在配置授权方面进行增强（如 20.3 节所述）。
- PUSCH 增强功能（参见 20.4 节），通过更好地控制时域资源分配来降低时延。
- PDCCH 增强功能（参见 20.5 节）。
- 多连接和 PDCP 复制增强功能，以提高的无线连接的鲁棒性（如 20.6 节所述）。
- 时间敏感组网，在这种网络中，终端之间的时间严格同步和较小的时延抖动同样重要。20.7 节介绍了解决这一问题的工具。

下面几节将更详细地描述这些增强功能。

20.1　上行抢占

在蜂窝系统中，可以使用不同的优先级来处理不同的服务。有些服务对低时延要求严格，而其他服务在延迟方面的要求则较为宽松。如第 14 章所述，一般是由调度器来处理这些差异。如果系统可用带宽是足够的，在一个终端的数据正在传输的情况下，另一个终端的时延关键业务的数据可以在未使用的传输资源块上调度，二者之间没有冲突。然而在系统负载较高的情况下，冲突无法避免。这时在正被低优先级传输使用的资源块上，调度器需要抢占并调度时延关键业务的数据。

在下行链路中，抢占的实现很简单。时延关键业务的下行传输可以在所需的任何资源块上调度，而不管这些资源块是否正在被其他终端用于传输。那些被抢占资源的传输，其接收自然会受到影响。但是考虑到它们的时延要求较低，可以通过常规的重传机制（例如 HARQ）来处理。除此之外还可以使用如第 14 章中所述的下行抢占指示来帮助恢复被抢占影响的低优先级业务。

在上行链路中，情况更为复杂。一方面，如果高优先级和低优先级业务源于同一终端，如 20.2 节所述，这是一个多路复用问题。另一方面，如果高优先级和低优先级业务源于不同的终端，则这是一个上行链路抢占的问题。在某一终端已经进行的低优先级传输的情况下，调度另一终端传输上行高优先级业务是可能的。但是由于两个传输之间的干扰，很可能导致两个终端上行信号都没有被基站正确地接收到。因此，Release 16 增加了支持终端之间上行链路抢占的机制，控制抢占所造成的干扰。标准一共定义了两种机制：

- 取消：低优先级传输被取消。
- 功率提升：相对于没有抢占的情况，抢占情况下高优先级上行传输使用更高的发射功率（参见图 20-1）。

图 20-1　上行抢占，取消（左）和功率提升（右）

20.1.1　上行取消

上行取消对 NR 标准而言，主要是新定义了取消指示，该指示通过被 CI-RNTI 加扰的 DCI 格式 2_4 进行传输。取消指示使用与 14.1 节中描述的下行链路抢占指示类似的格式，也是利用位图来指示应取消传输的 OFDM 符号和资源块。在接收到取消指示时，终端应停止发送与任何被取消的资源重叠（或者是部分重叠）的 PUSCH 或 SRS（不包括 PUCCH）。

标准规定必须早于 PUSCH（或 SRS）传输开始的某个最短时间，才能取消该传输。这个规定是必要的，以便终端能够正确处理和解释取消指示。这也意味着已经在进行的 PUSCH 传输是不能被停止的。例外的情况是使用重复传输的 PUSCH 可以在重复之间停止。举个例子，重复系数为 2 并且在第一次传输期间接收取消指示的 PUSCH 传输将取消第二次传输（参见图 20-2，假设该终端能够同时接收和发送并且有足够的时间来取消重复的 PUSCH）。

图 20-2   PUSCH 重复传输情况下的上行取消

取消抢占具有完全避免干扰的优点。例如，这对于来自小区边缘终端的时延关键传输非常有用，因为该终端可能没有足够的可用传输功率来提升功率。一个缺点是终端需要频繁地监听取消指示，通常每个时隙监听几次终端传输是否被抢占。如果不是这样，被抢占的终端（如图 20-1 中的终端 2）将不能取消其上行传输，从而对高优先级业务造成干扰。因此，不具备此能力的终端（例如 Release 15 终端）不应调度可能遇到高优先级业务的时频资源。这可以看作终端支持频繁监听 DCI 格式 2_4 的激励。如果该终端具有此能力，由于网络在资源分配方面具有更大的调度灵活性，它可能会得到更高的数据传输速率。

20.1.2   用于动态调度的上行功率提升

另一种支持抢占的方法是提升上行链路的发射功率，这种方法相对简单。为终端配置了最多三个 PUSCH 开环功率控制参数 P_0（有关上行链路功率控制的讨论，请参见 15.1 节）。P_0 值中的一个对应于正常发射功率，如同 Release 15 终端的情况。而另外的 P_0 值配置成比正常情况更高的发射功率。具体某次传输使用哪一个配置的 P_0 值在调度 DCI 中指示。这样，网络可以选择动态地提升高优先级终端的功率，重叠时频资源的其他终端的干扰造成的影响会相应降低，高优先级的传输可以正确地被接收。当然被抢占终端的数据不大可能被成功地接收（除非在 gNB 中使用某种形式的干扰消除接收机），但是考虑到这种业务时延不太关键的性质，通常使用 HARQ 重传来克服接收失败这个问题。

功率增强方法不需要接收取消指示。不支持高优先级业务的终端不需要实现任何额外的功能，这有利于在现有的网络中引入抢占功能。只有支持高优先级业务的终端才需要实现功率提升功能。另外，动态功率提升不能应用于配置授权。功率提升还假设终端有可用的功率来提供更高的发射功率，而在覆盖范围受限的情况下，往往终端已经达到了最大功率，因此提升功率是无法做到的。此外，由于来自其他终端的干扰存在，干扰仍然会影响可达到的错误概率。

20.2　上行冲突解决

　　处理终端内的上行资源冲突是确保低时延的另一个关键方面。多个上行信道和业务流可以出于多种原因竞争终端内的相同资源，例如在动态授权和配置授权传输之间、涉及多个上行配置授权的冲突、上行控制与数据冲突以及上行控制与控制冲突。当在同一个系统中混合不同的业务流时，这种冲突处理将主要提高资源效率，从而使 URLLC 能够顺利地引入蜂窝网络。在 Release 15 中已经存在的冲突优先级排序一些规则，例如，如果一个配置授权发生的同时动态授权发生，则忽略已配置的授权，或者"重新路由"上行控制信息到 PUSCH 而不是使用 PUCCH。然而，由于同时存在高优先级的控制和数据以及低优先级的数据，这组规则在 Release 16 得到了扩展。

　　终端内上行传输冲突分两步解决：首先，使用 Release 15 定义（在第 14 章中描述）的规则来解决相同优先级上行传输之间的冲突，然后通过丢弃低优先级传输来解决具有不同优先级的上行传输之间的冲突。因此，需要为每种类型的上行传输（例如调度请求、HARQ 确认和 CSI 反馈）和数据分配一个用于冲突解决的优先级。在默认情况下，优先级被设置为"普通"。如果将上行传输的优先级提高到"高"，且高优先级上行传输与普通优先级的上行传输发生冲突，则丢弃普通优先级上行链路传输（假设有足够的时间取消或丢弃）。这样可以确保高优先级上行传输优先于低优先级传输，如图 20-3 所示。例如，它确保响应于高优先级下行传输的 HARQ 不会被较低优先级的上行传输阻塞，如图左半部分所示。类似地，它还确保正在进行的普通优先级 PUSCH 传输不会阻塞高优先级调度请求，如图右半部分所示。没有这种机制，调度请求将被延迟，直到普通优先级 PUSCH 的长时间传输结束。考虑到在 Release 16 中可以配置高达 16 的重复因子，PUSCH 传输时间可能很长。无论哪种情况，都会阻碍支持低时延业务。

图 20-3　终端内上行优先级处理示例

动态调度上行数据传输的优先级由调度授权中的优先级指示字段指示。上行控制信息（辅助下行数据传输）的优先级也是由调度分配中的优先级指示字段指示。而上行数据的优先级是通过 RRC 配置提供。调度请求的优先级则是由调度请求的配置来决定。通常高优先级调度请求映射到高优先级逻辑信道；有关逻辑信道复用的讨论请参阅第 14 章。调度请求优先级的显式配置避免了将两级调度请求优先级映射到 16 级逻辑信道优先级。

20.3 配置授权和半持续调度

上行链路的配置授权传输是通过预先分配资源来避免上行数据传输之前的调度请求 / 调度授权，因此配置授权是低时延数据传输的关键机制。与之类似，下行传输也定义了半持续调度，用于减少控制信令。正如 14.4 节所讨论的，这两种机制都已经在 Release 15 中提供。从鲁棒性的角度看，这两种机制也避开了 PDCCH 对数据处理鲁棒收发的要求。

为了改进 NR 标准对高可靠性低时延业务的支持，Release 16 在配置授权和半持续调度方面做了一些改进。

对于下行链路的半持续调度，Release 16 的周期可低至一个时隙（对应于 120kHz 子载波间隔下的 0.125ms），而 Release 15 的最小值为 10ms。对于上行链路的配置授权，在 Release 15 中已经可以提供非常短的周期，可以低至一个周期 2 个符号。

对于上行链路的配置授权和下行链路的半持续调度，可以同时激活多个配置。这可以用于支持多个服务，每个服务在时延和可靠性方面可能有不同的性能要求。也可以同时激活多个起始点不同的配置来减少时延，当数据包到达时，传输可以使用时间上最近的那个配置。

为了控制每个业务流使用特定的授权，对每个允许使用配置授权的逻辑信道，系统会针对这个逻辑信道配置一个所有配置授权的子集。例如图 20-4 所示，可以激活两个配置授权。一种是具有频繁的传输机会，以满足业务流 1 的时延要求；另一种是频率较低但资源分配更大的配置，以允许来自业务流 2 的更大数量的非时延关键数据。为了避免低优先级数据使用频繁授权，可以限制逻辑信道仅使用一部分的配置授权机会。让高优先级逻辑信道不仅使用频率高的授权，还使用频率较低的授权。这些都可以在配置逻辑信道限制时考虑。如果来自不同的配置授权同时发生，例如普通和高优先级业务，则依照 20.2 节讨论的优先级规则来解决冲突。

除了配置逻辑信道允许使用的配置授权之外，还可以配置是否允许动态授权覆盖配置授权。

图 20-4 多个上行链路配置授权和不同逻辑信道优先级的示例

在 Release 15 中对同一个时刻的传输，如果终端既收到配置授权又收到动态授权，则该终端始终遵循动态授权。这是合理的，例如当终端侧有大量数据等待传输时，可以使用动态授权来临时授予终端比配置授权更大的资源量。在许多情况下，类似 MBB 业务的流量是零星的，随着时间的推移所需资源的数量会有很大的变化。为了有效地利用资源，这种业务需要动态调度。另一方面，关键业务的流量通常是周期性的、确定性的。因此，在混合业务场景中总是对动态授权进行优先是不可取的。例如动态授权指示终端在用于关键业务的配置授权的同时进行传输，因为除非 gNB 正确地接收来自动态授权的上行传输，否则 gNB 都不知道终端传输的数据是否包括高优先级数据，这会导致 gNB 错误地延迟数据的重传。

优先级"普通"或"高"可用于解决此问题。考虑到关键业务的周期性，配置授权是非常适合的。基站可以将配置授权的优先级设置为"高"，并对动态调度的、不太关键的业务使用普通优先级。如果动态授权和配置授权的传输同时发生，并且有普通优先级数据和关键数据要传输，按照前面讨论的优先级规则，高优先级配置的授权将"获胜"并决定上行链路传输。如果没有关键数据要传输，终端将遵循动态授权。如果配置授权和动态授权的优先级相同，则将遵循动态授权，即与 Release 15 具有相同的行为。

注意，这种配置意味着 gNB 需要盲检上行传输是由配置授权触发的事件，还是由动态授权触发的事件。一种避免盲检的方法是安排动态授权调度时间，保证二者不会发生冲突。还有其他实现的方法可以处理上述的潜在模糊性。

20.4 PUSCH 资源分配增强

在 Release 15 中，标准定义了仅使用一个时隙的一部分来传输上行数据的可能性——有时被称为"微时隙传输"，微时隙传输是减少总体时延的一个有用特性。然而，在 Release 15 中，这样的传输不能跨越时隙边界，这意味着传输有时需要推迟到下一个时隙，或者只能传输一部分需要的时间（传输所需时间由承载的有效载荷以及调制编码方式所决定），参见图 20-5 的左半部分。这一限制原则上在 Release 16 中被解除了，标准允许在 DCI 中动态地指示重复传输。例如假设需要跨越时隙边界的 4 个符号长的传输，调度授权可以指示使用第一时隙的最后 2 个 OFDM 符号以及一个重复传输（也是 2 个符号），参见图 20-5 的右半部分。在这种情况下，传输块将在第一时隙的最后 2 个 OFDM 符号中被编码、调制和发送，然后通常使用不同的冗余版本在下一个时隙的前两个符号中重复。本质上，这将是一个跨越时隙边界的 4 个符号的传输。如果不重复，要么只能使用

图 20-5　"微时隙"重复的时延增益示例

第一个时隙的最后 2 个符号从而导致不太鲁棒的传输，要么推迟并使用下一个时隙的前 4 个符号，这导致更大的时延。

为了避免重复传输与其他传输相冲突，可以配置无效符号模式。这是一个跨越一个或两个时隙的位图，指示不允许将哪些 OFDM 符号用于重复。此外，作为 DCI 的一部分，可以动态控制该位图是否用于指示无效的 OFDM 符号。

20.5 下行控制信道

NR 本质上是一个调度系统：每个终端监听一组下行控制信道，以确定自己是被调度发送还是接收。为了减少时延，可以配置终端更频繁地监听控制信道。在极端情况下最多每 2 个 OFDM 符号监听一次（相比于 Release 15 终端，通常只需要每个时隙监听一次）。此外，为了支持为增强的 URLLC 和 IIoT 支持而引入的新特性，需要在 DCI 中加入一些附加字段。

对于下行调度，DCI 格式 1_1 可以选配 1bit 的优先级指示来指示动态调度的下行业务的优先级是"普通"还是"高"，用于指示上行链路反馈信息的优先级处理。反馈信息包括下行 PDSCH 传输的确认，或者由 DCI 格式 1_1 触发的 CSI 报告。在上行反馈信息和其他上行传输之间发生冲突的情况下，需要知道不同信息块的优先级。优先级信息包含在 DCI 中，并按照 20.2 节中的说明用于解决冲突。

对于上行调度，DCI 格式 0_1 增加了几个新字段或对现有字段进行了扩展：

- 开环功率控制，通过选择 20.1.2 节所述的开环功率控制参数 P_0 的不同预配置值，允许上行功率提升。
- 优先级指示，用于控制 PUSCH 的优先级，如 20.2 节所述。
- 时域分配字段，该字段指向一个扩展的时域分配表。从表的新列中，可以获得重复次数（参见 20.4 节）。因此，图 10-11 中的每个条目不仅指示所使用资源的开始和长度，还指示应重复的次数。这允许动态调整重复次数，而不像 Release 15 那样的半静态配置。充分利用这种额外的灵活性意味着更大的分配表，因此时域分配字段的大小将增加，以支持指示最多 64 行而不是 16 行的表格。
- 无效符号模式指示，控制在确定分配给 PUSCH 的符号时是否应用 RRC 配置的无效符号模式，见 20.4 节。

在 Release 16 中还引入了两种新的 DCI 格式：用于上行调度的格式 0_2 和用于下行调度的格式 1_2。它们提供的功能与格式 0_1 和格式 1_1 几乎相同，但同一字段允许使用不同的大小（包括为其中几个字段配置大小为零）。这些格式可以允许较小的 DCI 大小（不需要所有 DCI 信息字段，少量的比特就足够了），用来保证终端可以更稳健地接收 DCI。例如，在 DCI 格式 0_1 和格式 1_1 中，HARQ 进程号始终使用 4bit，冗余版本为 2bit。而在不需要所有 HARQ 进程和冗余版本的情况下，格式 0_2 和格式 1_2 允许使用更少的比特。另一个例子是载波聚合，格式 0_1 和格式 1_1 需要 3bit 的载波指示，而在新的格式中为 0bit。类似的情况也适用于其他几个字段。

20.6　具备 PDCP 复制的多连接

复制，或者说多次传输相同的下行数据，是提高传输可靠性的一个手段，从 NR 标准的第一个版本开始就已经支持复制功能。其中接收端 PDCP 中的重复检测机制可以帮助接收端删除成功接收的重复数据。在载波聚合的情况下，RLC 也可以被配置为删除下行链路重复的传输。对下行传输，这是一个主要取决于 gNB 产品实现的功能。gNB 可以根据需上述的框架灵活地实现复制策略。Release 16 中的多收发节点增强（见第 12 章）也可以用作多连接的一种形式，以增强鲁棒性。

在上行链路中情况则较为复杂。因为在这种情况下网络无法自己控制复制的性能，数据包的复制不仅是实现层面，还需要指定终端发射的复制行为。

在 Release 15 中，PDCP 复制可以为一个无线承载最多配置两个 RLC 实体。每个 PDCP PDU 被复制，其中一个副本映射到主逻辑信道，一个副本映射到辅助逻辑信道。由于每个逻辑信道都有自己的 RLC 实体，因此将有两个 RLC 实体与无线承载相关联。这些 RLC 实体可以属于同一 gNB 的不同小区（使用载波聚合进行复制）或来自不同站点的不同小区（使用双连接进行复制）。MAC 控制信元可用于启用 / 禁用复制。

在 Release 16 中，这个框架已经扩展到最多支持四个 RLC 实体（图 20-6）。因此可以处理跨载波和站点的同时复制。这与以前的版本不同，以前只能在上行链路中使用载波聚合或双连接，但不能同时使用。与 Release 15 类似，增强的 PDCP 复制可以由 MAC 控制信元激活或者失活。

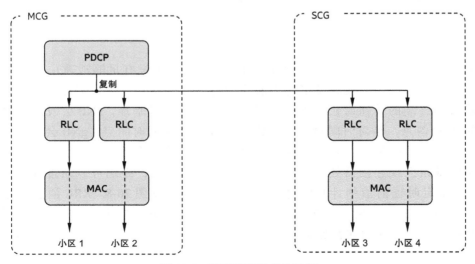

图 20-6　跨载波和站点的重复

20.7   时间敏感网络的时间同步

时间敏感网络（TSN）是指一类需要非常精确的定时的通信网络。所涉及的节点必须对时间有相同的理解，并且需要在时间预算内递交通信数据包。这并不一定意味着时延要求非常低（虽然这当然是可以的），但更确切地说，时间敏感网络有一个共同的时间基准，而且在许多情况下有一个很低的时延抖动。在前面章节中讨论的机制，例如配置授权和相关的优先级处理，可以用来提供低时延抖动的通信。然而，在许多情况下网络仅仅提供低时延抖动是不够的，还需要网络中多个节点有一个共同的和非常精确的时间同步。

工业自动化是 NR 针对的一个典型的 TSN 应用场景，要求提供一个公共的时间基准，在 100m×100m 工业场地的定时误差最多为 1μs。在有线环境中，以太网通常用于时间敏感的网络，不但可以用于控制时间基准（可以是多个），还可以用于传输用户数据。有几种协议可用于有线以太网的时间同步，例如 IEEE 1588 标准。然而这些协议的开发并没有考虑到无线连接。为了更好地通过 5G 网络支持时间敏感通信，NR 标准增加了新的功能，以提供 5G 网络上的精确时间基准。时间基准可用于终端侧，这样就可以满足连接到无线接收机的机器所需的不同时间基准，见图 20-7。考虑到精度要求，无线网络的精度应在 0.5μs 左右或更少。

图 20-7　基于 5G 的 TSN 示例

作为基线，终端不知道 5G 网络中的绝对时间（至少没有足够精确），但是定时提前值是终端已知的。一般假设定时提前为传播时延的两倍，则终端可以从该值推导出从基站到终端的传播时延。为了获得终端的绝对定时基准，gNB 会发送包含绝对时间的 RRC 消息，绝对时间对应于特定系统帧号结束的时间点。gNB 会对发射机内部下行处理中的时延进行补偿，也就是说消息中提供的绝对时间表示在未来系统帧号结束时基站天线连接器处的时间。在接收到该消息时，终端可以通过补偿传播时延（可根据定时提前值估计）来确定绝对定时基准，见图 20-8。RRC 消息在系统消息块 SIB 9 中发送，通常每 160ms 发送一次。如果需要更加频繁的时间基准信号来保持定时精度，或者使用加密保护时间基准很重要，那么可以使用专用 RRC 信令作为替代。

图 20-8　终端定时基准的计算

一旦 5G 终端在 5G 网络中获得精确的绝对时间，连接到该终端的时钟就可以与该 5G 时钟同步，从而也可以与整个时间敏感网络中的时钟同步。

如前所述，以太网通常用于有线 TSN 通信，因此高效地支持基于以太网的通信非常重要。除了时间同步外，NR 还通过以太网报头压缩来增强以太网帧的递交效率。这是通过扩展 PDCP 协议来支持以太网报头压缩来实现的。

第 21 章

TDD 网络中的干扰处理

NR 在双工方式——支持对称频谱的 FDD，也支持非对称频谱的 TDD 方面——从设计之初就体现出灵活性。这两种双工方式在干扰场景及相应的处理方式上有不同的特性。在 FDD 网络中上行链路和下行链路使用不同的频率，因此具备相当的隔离。与之不同的是 TDD 网络使用相同的频率进行上行和下行传输，而在时域上将两者分开。这样会导致在 TDD 网络中存在的干扰场景在 FDD 网络中并不存在。图 21-1 左侧所示的下行对上行干扰是指一个小区的下行传输影响到另一个小区的上行接收的情况。图 21-1 右侧所示的上行对下行干扰是指来自一个终端的上行传输干扰到位于另一个小区的相邻终端的下行接收的情况。

图 21-1　TDD 网络中的干扰场景

图 21-1 所示的两种干扰场景都是需要处理的，并且针对广域网络部署和微蜂窝网络部署的解决方案可能是不同的。

在广域宏站网络部署中，出于覆盖考虑，基站天线通常安装在屋顶上方，也就是说，与终端相比距离地面相对较远。这样可能造成小区之间的（接近于）视距传播。再加上此种类型网络中上行链路和下行链路之间的发射功率存在相对较大的差异，来自一个小区的高功率下行传输会显著影响相邻小区接收微弱上行信号的能力。处理这一问题的传统方法是（半）静态地在网络中的所有小区以相同的方式在上行链路和下行链路之间分配资源。具体来说，就是一个小区中的上行接收永远不会与相邻小区中的下行传输在时间上重叠。这可以通过为所有终端半静态地配置上行和下行空口资源来实现，如第 7 章所述。在整个网络中为特定传输方向（即上行或下行）分配相同的一组时隙资源（或通常所说的时域资源），可以看作是小区间协调的一种简单形式，尽管是半静态的。

在微蜂窝网络中，上行和下行传输使用相似的功率等级，并且天线位于室内或屋顶以下，由于基站的发射功率较低并且站点之间的隔离度较大，下行链路对上行链路的干扰可能并不是问题。如图 21-1 右侧所示，虽然两个位置相近的终端之间的上行对下行的干扰有时会是问题，但在这种情况下，所有小区范围内上行和下行链路之间的半静态分离也有助于缓解此类干扰。在某些情况下，根据网络部署的具体情况，如果相邻小区之间可以实现相当的隔离，甚至采用动态 TDD 方式也是有可能的，即一个小区的下行传输与另一个小区的上行接收同时进行。

这里描述的干扰场景并不是 NR 所特有的，对这些干扰的处理可以通过适当的网络实现和部署来解决。不仅如此，NR Release 16 中还引入了如下增强功能，用于更有效地处理 TDD 特有的干扰场景：

- 远程干扰管理（Remote Interference Management，RIM），用于解决广域大型小区网络中下行对上行的干扰。
- 交叉链路干扰（CrossLink Interference，CLI）缓解，使用动态 TDD 处理微蜂窝部署中上行对下行的干扰。

下面几节将更详细地描述这两个增强功能。

21.1　远程干扰管理

远程干扰管理是指在广域 TDD 网络中处理来自距离非常远的基站的下行传输对本地上行接收造成干扰的一组工具。如本章前面所述，在宏蜂窝网络中处理这一问题的传统方法是在网络中所有小区之间以相同方式（半）静态地划分上行和下行时域资源，以确保相邻小区之间的下行链路和上行链路在时间上不会重叠。同时配置覆盖来自相邻小区传播时延的足够大的保护间隔。这种方法在大多数时候是足够有效的。然而，在某些特定天气条件下形成的大气波导[85]会成为相距甚远的基站之间的有效传播管道。这些波导可以处在大气层中几百米的高空。在这种情况下，来自一个基站的下行传输可以以很小的衰减传播到非常远的距离，达到 150km 也并不鲜见，有时甚至会达到 400km 的距离。在大气波导管道的接收端，经过延迟后强度仍然很大的下行信号会干扰另一个基站的上行接收，见图 21-2。请注意，设计用于处理来自相邻基站干扰的保护间隔通常是几个 OFDM 符号的级别，也就是说最多只有几百微秒，对于处理大气波导这种罕见场景来说是远远不够的。相比之下，在传播距离达到 150 ～ 400km 的情况下保护间隔需要达到 0.5 ～ 1.3ms。虽然大气波导可能是一个罕见情况，但是当它发生时，可能有成千上万的基站会受到影响，并且对网络性能的影响是十分显著的。

许多其他类型的上行干扰会保持非常恒定的水平，与之不同的是大气波导引起的远程干扰具有衰减特性，在上行周期开始时的干扰比上行周期结束时要强，见图 21-3。这是可以直观理解的，因为干扰起始于前一下行传输的末尾。在上行周期开始时，许多下行传输"仍在空中"，有可能还更强，因为它们更靠近受扰者——受干扰的基站，而在进一步进入上行周期较长时间后，来自下行传输的干扰就会逐渐消失。因此，通过比较上行周期开始时的干扰水平与稍后时间点的干扰水平，可以检测是否存在远程干扰。在上行周期开始时的干扰水平比稍后时间点的干扰水平高出越多，远程干扰就越大。

图 21-2　大气波导造成的远程干扰

图 21-3　上行周期中远程干扰随时间变化示意图

大气波导本身是具有互易性的，也就是说在上下行两个方向上具有相同的增益。这意味着当大气波导发生时，一个基站既是对其他小区造成干扰的施扰者，同时也是受扰者。然而，尽管大气波导是互易的，但受干扰的程度并不一定是互易的，取决于所涉及的不同小区的信号传输状况。

对这些（罕见）情况下的远程干扰的处理可以通过多种方式进行，比如波束赋形和干扰消除接收算法在某些场景下可能是有效的，但最常见的方法是调整保护间隔，使得来自远程小区的下行传输和受扰者的上行接收在时间上没有重叠。附加的保护间隔可以通过发送方（施扰者）提前结束下行传输或者由接收方（受扰者）推迟开始上行接收来获得，见图 21-4。以静态方式执行这样的操作并持续地保持足够大的保护间隔可以解决远程干扰问题，但是在大多数情况下所带来的额外开销使得成本过大，因此不是可行的解决方案。在 3G 和 4G 宏站 TDD 网络中的替代方案是，仅在大气波导现象发生时，才对受扰小区的保护间隔进行相应的增加。

图 21-4　通过缩短施扰者（左）的下行传输或受扰者（右）的上行接收来增加保护间隔，以处理远程干扰

为了能够简化并自动处理大气波导现象所造成的远程干扰，在文献［85］的研究的基础上，NR 标准 Release 16 引入了支持自动远程干扰管理的机制。特别定义了两种新的参考信号类型，称为 RIM-RS 类型 1 和 RIM-RS 类型 2，下文会详细描述这两种参考信号以及基站之间 Xn 接口的回传信令。

21.1.1　集中式和分布式干扰处理

在有关远程干扰处理的 3GPP 规范制定过程中讨论了三种不同的框架：一种集中式框架和两种分布式框架。这些框架之间的区别在于实施干扰缓解的决策是在网络中的哪个节点作出的，以及如何在网络节点之间传送决策信令。需要理解的是 3GPP 并未规定如何处理远程干扰的具体操作，而是将其留待产品实现时确定，这样可以在产品中针对不同的干扰场景开发相应的算法。后面讨论的不同框架形式是易于理解的，并且可能引入人工智能和机器学习等先进技术。

在集中式框架中，与缓解远程干扰有关的所有决策都由一个中心节点做出，通常这个中心节点负责网络配置和操作的 OAM（操作管理维护）系统。在检测到远程干扰时，例如检测到如前所述的远程干扰所具有的干扰强度逐渐递减的典型特征时，受干扰节点开始发送 RIM-RS 类型 1。这个参考信号可用于多种用途，稍后将详细描述。RIM-RS 不仅指示小区正在经历远程干扰，还包含发送参考信号的节点（或一组节点）的标识以及上行周期中受影响的 OFDM 符号数等信息。这些信息被隐式地编码在参考信号中，下一节将详细描述。由于大气波导管道是互易的，因此对受扰者造成远程干扰的施扰小区将会接收到受扰者发出的 RIM-RS。

一旦接收到这样的参考信号，施扰者节点就将向 OAM 系统报告检测到的 RIM-RS，包括在参考信号中编码的所有信息，以进一步决定如何解决干扰问题。中心 OAM 系统将确定一个合适的缓解方案，例如请求施扰小区更早停止下行传输，以增加保护间隔。当大气波导现象消失时，施扰小区将不再能检测到 RIM-RS，并将这一结果报告给 OAM 系统，OAM 系统进而可以请求受扰者停止发送 RIM-RS，并让施扰者恢复保护间隔的原始配置（如图 21-5）。

图 21-5　集中式远程干扰管理

设计良好的集中式框架通常比分布式框架的性能更佳，但在许多情况下出于实现简单和减少 OAM 信令的考虑，分布式框架更为可取。在分布式方案中，受扰者在检测到远程干扰后发送 RIM-RS 类型 1，类似于集中式方案。然而，只要检测到 RIM-RS 类型 1，施扰小区就自主地决定应用适当的干扰缓解方案，而不是去通知中心节点来做决定。例如，施扰者可以在下行周期中更早地结束下行传输，以增加保护间隔。

分布式框架支持两种实现方案，区别在于施扰者在接收到 RIM-RS 类型 1 并应用了适当的缓解方案之后，是使用空口信令还是回传信令来通知受扰者。

对于采用空口信令的方案，施扰者一旦检测到 RIM-RS 类型 1，就开始发送 RIM-RS 类型 2。这样做的目的是让受扰者检测大气波导现象是否仍然存在。如果受扰者没有检测到 RIM-RS 类型 2，则说明大气波导已经消失，因而停止发送 RIM-RS 类型 1，并且只要 RIM-RS 类型 1 消失，施扰者就会恢复正常运行（如图 21-6）。

图 21-6　采用空口信令的分布式远程干扰管理

另一种可选方案是，通过 Xn 接口上的回传信令通知受扰者在施扰者处检测到 RIM-

RS 类型 1，或者施扰者不再检测到 RIM-RS 类型 1。如果是后一种情况，则受扰小区可以确定大气波导现象已不存在，进而停止发送 RIM-RS 类型 1。既然施扰者不再接收到 RIM-RS 类型 1，相应地就可以将保护间隔的配置恢复到正常值（如图 21-7）。

图 21-7　采用回传信令的分布式远程干扰管理

21.1.2　RIM 参考信号

物理层支持 RIM 的主要增强是引入了两个新的参考信号：RIM-RS 类型 1 和类型 2。上一节简要介绍了这两个参考信号的用法，本节专门介绍它们的详细结构。

RIM-RS 类型 1 和类型 2 具有相同的基本设计，但它们的用途不同：

- RIM-RS 类型 1 由受扰小区发送，希望被施扰小区接收，用来指示受扰小区受到远程干扰，即存在大气波导现象。除了引起干扰的（一组）小区标识外，RIM-RS 类型 1 还可以传送在上行周期开始时受到远程干扰影响的 OFDM 符号数的信息，这些信息可用于确定保护间隔应该增加多少。它还可以从受扰小区的角度传达施扰小区采取的干扰缓解措施是否足够的信息。

- RIM-RS 类型 2 由施扰小区发送，用于指示存在大气波导现象。与类型 1 不同的是，类型 2 不包含任何附加信息。

每种类型的 RIM-RS 的设计都需要满足一些要求。首先，RIM-RS 应该不同于任何其他类型的上行参考信号。这一点非常重要，否则的话即使没有来自远程小区的大气波导现象，相邻小区的其他参考信号也可能会触发 RIM 机制。通过使用与任何其他上行参考信号不同的伪随机序列，可以很容易地实现不同参考信号之间的区分，后面将有进一步描述。

其次，应该允许接收端在无须获得与施扰者 OFDM 符号同步的情况下检测 RIM-RS，否则将增加产品复杂度。为达到此目的，RIM-RS 被设计为占用两个连续的 OFDM 符号，而且第 1 个符号和第 2 个符号的有用部分是相同的。此外，与其他下行传输不同的是，RIM-RS 的循环前缀仅位于第 1 个符号中，见图 21-8。这种结构的效果是最后一个 RIM-RS OFDM 符号具有一个非常长的循环前缀，从而允许不必估计施扰者的 OFDM 符号定时就可以完成 RIM-RS 检测。

图 21-8　RIM-RS 结构

RIM-RS 的子载波间隔规定为 15kHz 和 30kHz。原因在于 RIM 功能面向的是由相对较大的小区组成的广域网络部署。而更高的子载波间隔（60kHz 及以上）主要用于高频和微蜂窝小区，而非大型小区的广域网络部署。

21.1.3　RIM-RS 的资源

RIM 参考信号使用 RIM-RS 资源进行传输，该资源由一个时域、频域和序列域的索引三元组定义。根据索引三元组可以计算出实际的时域和频域位置，以及 RIM-RS 使用的 QPSK 调制的长度为 $2^{31}-1$ 的 Gold 序列索引。

- 在时域，每个特定 RIM-RS 以秒甚至分钟为周期进行周期性发送。
- 在频域，最多可配置 4 个 RIM-RS 资源（取决于载波带宽）。子载波间隔为 15kHz 的 RIM-RS 占用全载波带宽或 96 个资源块，以最小者为准。对于 30kHz 子载波间隔，RIM-RS 可以被限制为 48 或 96 个资源块。
- 在序列域，最多可以配置 8 个不同序列。序列的使用随时间不断变化，从而具有抵抗干扰机重复攻击的弹性。

对于 RIM-RS 类型 1，在计算索引三元组中的时域资源时，还需要考虑受远程干扰影响的 OFDM 符号数以及在施扰小区应用的缓解措施是否足够等信息。换句话说，在需要时这些信息可以隐式地编码在 RIM-RS 类型 1 中。每个索引三元组还被链接到一个小区（或一组小区）的配置标识。因此，经历远程干扰的小区或小区组标识也被隐式地包含在用于 RIM-RS 类型 1 的资源中。请注意，为 RIM 所配置的标识不一定与物理层小区标识相同。这样做是因为物理层小区标识的范围相对较小，只有 1008 个，而远程干扰管理机制必须能够在具有数千个小区的非常大的区域上运行。

图 21-9 中说明了从索引三元组到 RIM-RS 使用的时域、频域和序列资源的映射。注意，不管网络节点是否应用了干扰抑制措施，都会在计算出的时域位置发送 RIM-RS。换句话说，RIM-RS 有时会在扩展的保护间隔中发送。这是必要的，否则的话在接收端将无法判别 RIM-RS 的缺失是由大气波导消失造成的还是发送端的保护间隔延长造成的。

图 21-9　RIM-RS 资源图解

21.2　交叉链路干扰

交叉链路干扰抑制指的是控制下行对上行以及上行对下行之间干扰的方法，尤其适合应用在站间距较小的微蜂窝网络中。如本章开头所讨论的，处理交叉链路干扰问题的传统方法是在所有小区中半静态地划分上下行链路。但是，这与动态 TDD 的基本意图是相矛盾的，动态 TDD 是 NR 基本框架的一部分，根据每个小区的业务场景动态选择小区的上下行传输方向。在许多场景下，特别是在小区相对孤立的情况下，动态 TDD 不需要进一步增强就能正常工作。不过，为了扩展动态 TDD 的应用场景，Release 16 引入了增强功能，以更好地处理交叉链路干扰。这些增强功能包括终端侧干扰测量和通过 Xn 接口的小区间协调，这两个功能将在后面进行讨论。需要注意的是，3GPP 协议并没有对调度行为以及测量和协调机制做具体规定，而是留待产品实现解决。

21.2.1　终端侧干扰测量

为了减轻交叉链路干扰，可以采用多种调度解决方案，例如可以在相邻小区中的一个终端正在进行下行接收的同时，避免调度本小区邻近终端的上行接收。为了帮助调度器了解干扰状况，Release 16 引入了一些增强功能，比如可以指示一个终端去测量来自另一个终端发送的信号。这是通过扩展终端的测量功能来实现的。通常情况下终端只测量参考信号接收功率（RSRP）和接收信号强度指示[⊖]（RSSI）。这些测量最初主要是为了支持移动性而引入的。RSRP 是指同步信号或 CSI-RS 等参考信号的接收功率（不包括噪声和干扰），测量的结果通常是在数百毫秒的较长时间尺度内求平均值。RSSI 是在给定数量的资源块上的总接收功率，包括噪声和干扰。在 Release 16 中扩展了终端的测量功能，使得不仅可

　　⊖　RSSI 测量在 NR Release 15 中没有明确定义，但作为其他测量的一部分出现。

以测量同步信号和 CSI-RS 等下行信号，而且可以测量上行 SRS 信号。因此，通过要求一个终端测量 SRS-RSRP，网络侧可以得知该终端能够接收到的来自另一个终端发送的信号强度，或者换句话说，获得来自相邻小区的终端到终端的干扰程度（参见图 21-10）。

图 21-10　通过 SRS-RSRP 估计交叉链路干扰

请注意这些测量提供的是几百毫秒范围内的长期平均干扰信息，而不能反映即时的干扰状况。在微蜂窝小区场景中，终端通常是相对静止的，因此这不是什么问题。通过测量还可以提供一些关于带外干扰的信息，例如来自相邻运营商在不同频段上运行的信息，这些信息对于处理交叉链路干扰可能是有用的。

基站到基站的干扰测量并没有被标准化，而是留待产品实现决定。原则上，一个基站可以测量来自相邻基站的任何下行信号，例如 CSI-RS、同步信号或数据传输信号等。

21.2.2　小区间协调

3GPP 规范为 CLI 增加的另一部分功能是用于小区间协调的 Xn 接口上的 gNB 间信令（在分离架构情况下为 F1 接口上的 CU 间信令）。小区间协调在本质上将资源分为固定资源和灵活资源两部分，在固定资源上 gNB 保证只在某个特定方向上使用资源，而在灵活资源上 gNB 可以指示在某一传输方向（上行或下行）上使用资源。通过获得相邻小区调度行为的信息，每个小区的调度器可以在传输方向和干扰特性已知的固定资源上调度更敏感的传输。而灵活资源可用于传输不太重要的数据，因为对于这些数据来说由强干扰所导致的偶尔重传并不是大问题。

第22章

接入和回传一体化

3GPP Release 16 引入了 NR 的接入和回传一体化（Integrated Access Backhaul，IAB）。这使得 NR 无线接入技术不仅用于基站和终端之间的链路（有时称为接入链路），也可用于无线回传链路，见图 22-1。

图 22-1　接入和回传一体化

无线回传就是将无线技术应用于回传链路，这其实已经应用了很多年，但传统的回传链路采用的是不同于接入链路的无线技术。更具体地说，无线回传通常是基于一些私有的、非标准化的无线技术，工作在 10GHz 以上的毫米波频谱，且限于视距传播条件。

但是，现在至少有下列两个因素驱使考虑接入和回传一体化方案，即将终端接入网络所用的标准化蜂窝技术重用于无线回传链路：

- 随着 5G NR 的出现，蜂窝技术扩展到毫米波频谱，即原来用于无线回传的频谱范围。
- 随着诸如街道级基站微蜂窝部署的出现，要求回传链路能够在非视距条件下工作的无线回传方案，即蜂窝无线接入技术设计所针对的传播场景。

换句话说，接入和回传链路的无线特性和要求越来越接近，对这两类链路采用相同的无线技术有下列好处：

- 同时应用于接入和回传链路的单一技术可以重用技术开发，带来更大的设备量，更低的成本。
- 一体化的接入 / 回传方案提高了频谱联合的可能性，使得运营商可以决定哪些频谱资源分别用于接入和回传，而不是由频谱监管机构以静态方式确定。

22.1 IAB 架构

IAB 的总体架构是基于 3GPP Release 15 中已经引入的 gNB CU/DU 分离。根据 CU/DU 分离方案，一个 gNB 由以下功能不同的两部分组成，这两部分之间为标准化接口：

- 一个集中式单元（Centralized Unit，CU），实现 PDCP 和 RRC 协议。
- 一个或者多个分布式单元（Distributed Unit，DU），实现 RLC、MAC 和物理层协议。

CU 和 DU 之间的标准化接口称为 F1 接口[105]。F1 接口规范只定义了高层协议，例如 CU 和 DU 之间的信令，而没有定义低层协议。换句话说，就是可以采用不同的低层机制来传送 F1 消息和数据。在 IAB 架构下，NR 的无线接入技术（RLC、MAC 和物理层协议）加上一些 IAB 专用协议，即可提供用于实现 F1 接口的低层功能。

IAB 定义了两种类型的网络节点，见图 22-2：

- IAB 宿主节点（IAB donor node），包括 CU 和 DU 的功能，通过非 IAB 回传（例如光纤回传）连接到网络的其余部分。宿主节点的 DU 通常会同传统的 gNB 一样为终端提供服务，但也会为无线连接的 IAB 节点提供服务。
- IAB 节点（IAB node），依赖于 IAB 进行回传的节点。它包括服务于 UE 的 DU 功能，以及在多跳 IAB 的情况下潜在的附加 IAB 节点（见下）。在另一端，IAB 节点实现了 MT（"移动终端"）功能（正式名称为 IAB-MT），MT 连接到下一个更高节点的 DU，更高节点通常称为 IAB 节点的父节点（parent node）。⊖请注意，父节点可以是一个 IAB 宿主节点，在多跳回传情况下也可以是另一个 IAB 节点，见后文。

图 22-2 IAB 总体架构，IAB 宿主节点包括 CU 和 DU 功能，IAB 节点包括 MT 和 DU 功能

MT 本质上作为一个普通终端连接到父节点的 DU。父节点 DU 和 IAB 节点 MT 之间的链路提供了用于承载宿主节点 CU 和 IAB 节点 DU 之间 F1 消息的低层功能。

IAB 还支持一个 IAB 节点通过一个或多个中间的 IAB 节点多跳回传（multi-hop backhauling）到宿主节点的功能，见图 22-3。在多跳场景下，请注意所有级联 IAB 节点 DU 的 F1 接口是如何终结到同一个宿主节点的 CU 的。

⊖　术语"移动终端功能"一词有点误导，因为 MT 不是一个终端/设备，并且至少在 Release 16 中，假定 IAB 节点是不移动的。选择该术语是用来表示 MT 和 UE（"移动终端"）功能的高度通用性。

图 22-3　多跳 IAB（3 跳）

IAB 原则上支持很大数量 IAB 节点级联的多跳回传。但是实际上，至少在 IAB 部署的初期，最常见的情况是单跳（没有多跳，如图 22-2 所示）或双跳（一个中间的 IAB 节点）。

图 22-4 和 22-5 分别说明了 IAB 协议栈的用户面和控制面。

图 22-4　IAB 协议栈——用户面

图 22-5　IAB 协议栈——控制面

如图 22-4 和 22-5 所示，协议栈的高层部分直接继承自通用的 CU/DU 分离。低层提供了用于实现 F1 接口（分别是用户面的 F1-U 和控制面的 F1-C）的信道。

到 RLC 协议为止的下面三层是基于普通的 NR Uu 接口，增加了一些 IAB 特定的扩展。

回传适配协议（Backhaul Adaptation Protocol，BAP）是一个新的 IAB 特定协议，负责将数据包从宿主节点路由到目标 IAB 节点（在这个例子中是 IAB 节点 2），反之亦然。

每个 IAB 节点会分配一个 BAP 地址。在下行方向，宿主节点的 BAP 层为发送的数据包加上一个 BAP 头。BAP 头包括标识目标节点 BAP 地址的路由标识（routing ID），以及标识到达终点（可能有多条）路径的 BAP 路径标识（BAP path ID）。BAP 头还包括一个标志，用于指示该数据包是用户面的数据包还是控制面的数据包。

当一个数据包到达 IAB 节点时，BAP 层会读取 BAP 头。如果 BAP 头里的 BAP 地址对应的就是该节点，那么要么该数据包是用于直接位于此节点下的终端，要么是对于该 IAB 节点的控制面数据包，该数据包会被提交到高层（对于用户面，数据包是 GTP-U；对于控制面，数据包是 F1-AP）。如果该数据包的 BAP 地址并非对应该 IAB 节点，那么 BAP 层会将数据包的路由标识和由宿主节点配置的路由表（routing table）中的条目进行对比。路由表指示了对于给定 BAP 地址和 BAP 路径标识的下一个节点。假定路由表包含了该数据包的路由标识条目，那么该数据包就会被递交到合适的 DU，发送到路由表指示的下一个节点。

上行方向也有 BAP 协议，第一个 IAB 节点，即连接终端的 IAB 节点，会在 BAP 头上附加路由标识。请注意，每个 IAB 节点的上行方向和下行方向路由表是不同的。

22.2 IAB 频谱

IAB 支持从小于 1GHz 到毫米波频率整个 NR 的频谱范围。但是由于多种原因，与 IAB 最相关的是毫米波频谱：

- 毫米波频谱数量巨大，更有理由采用部分频谱资源用于无线回传。相反的是，低频频谱更为有限，用于无线回传代价太高。
- 高频采用大规模波束赋形对于无线链路两端都是固定节点的无线回传场景更有好处。

在第 4 章中指出，高频频谱主要由非对称频谱组成。因此，3GPP 对 IAB 的讨论主要集中在非对称频谱的工作。但是，从规范角度，IAB 也可以很好地适用于低频对称频谱。

IAB 支持带外和带内回传：

- 带外回传：无线回传链路与接入链路工作频率不同。
- 带内回传：无线回传链路与接入链路工作频率相同，或者至少在相同的频段内。

在带外回传的情况下，接入和回传链路之间没有干扰，二者完全独立工作。

反之，在带内回传的情况下，接入和回传链路之间存在严重干扰。特别是一个 IAB 节点的 DU 和 MT 之间可能会产生严重的节点内干扰，需要采取处理或规避的手段，详细讨论见 22.4.2 节⊖。

⊖ 如 22.4.2 节所述，在多跳 IAB 场景下，带外回传也需要处理或规避节点内干扰。

22.3　IAB 节点的初始接入

当一个 IAB 节点，更确切地说是一个 IAB 节点的 MT 部分初始连接到网络（直接连接到 IAB 宿主节点或者在多跳回传情况下通过其他正在运行的 IAB 节点）时，行为与普通终端一致：

- MT 与终端一样进行小区搜索（见第 16 章）。
- 根据已发现小区的系统信息，MT 确定是否可以连接到该小区（该小区可能不支持 IAB 节点，例如一个 Release 15 的小区）。
- 如果 MT 可以连接到已发现的小区，则采用与终端相同的方式进行初始接入（见第 17 章）并建立连接。

当 IAB 用于蜂窝网络的覆盖扩展时，相比于终端可以接入小区的距离，IAB 节点接入父节点的距离可能更远。因此 IAB 节点接入可能要求能够支持更大范围的 RACH 配置，例如持续时间更长的前导码和更大的保护间隔。

支持更长往返时间的 RACH 配置也可用于普通终端从较近距离接入。但是这种 RACH 配置意味着更大的开销，尤其是对于要能够获得较低 RACH 时延的终端，需要更为频繁的 RACH 时机。相比起来，IAB 节点的初始接入通常很少发生，极端情况下只在 IAB 节点首次部署时发生一次，对延迟不太敏感，因此采用频率较低 RACH 时机的 RACH 配置就足够了。

综上，在某些情况下，一个小区配置两种不同的 RACH 可能更有好处：

- 一种 RACH 配置支持终端期望的最大往返时间，RACH 时机比较频繁。
- 另一种 RACH 配置特别针对 IAB 节点，支持更长的往返时间，但 RACH 时机较少。

为了能够支持这样的配置，NR 可以通过小区系统信息来提供单独的 IAB 特定 RACH 配置，通常是支持更大范围的前导码和更少的 RACH 时机。如果没有提供 IAB 特定的 RACH 配置，IAB 节点应当按照普通的 RACH 配置来进行初始接入。

MT 一旦连接到网络，就建立起宿主节点 CU 和 IAB 节点 DU 之间的 F1 接口，配置 DU 开始工作，建立 DU 上的小区。整个 IAB 节点进入工作状态。

22.4　IAB 链路

在大多数情况下，IAB 链路，即父节点 DU 和相应子节点 MT 之间的链路，与传统的网络到终端的链路工作方式相同。因此，NR 物理层、MAC 层和 RLC 层的 IAB 扩展比较有限，而且主要是用于在 DU 和 MT 无法同时工作时协调 IAB 节点的 MT 和 DU。IAB 链路的另一个重要特性是支持空中（Over-The-Air，OTA）定时对齐。

22.4.1　IAB 节点传输定时和 OTA 定时对齐

IAB 节点进行以下两种类型的传输：

- 面向父节点的 MT 传输
- 面向终端和子 IAB 节点的 DU 传输

MT 传输的定时由父节点控制，与服务小区控制终端传输定时的方式相同：

- 当初始接入父节点时，会在随机接入响应（见 17.2 节）中给 MT 发送初始定时校正命令。
- 在与父节点的连接建立后，父节点还可以通过 MAC-CE 信令（见 15.2 节）发送后续的定时提前命令，以进一步调整 MT 传输定时。

请注意，对于固定的 IAB 节点，MT 传输定时通常不需要频繁调整。

至于 DU 的传输定时，3GPP 标准有一个基本要求，工作在非对称频谱的情况下，所有小区的下行传输定时必须要对齐到一个 3μs 的窗内[104]。因此，从终端角度来看无法区分是由 IAB 节点创建的小区还是其他小区，这一下行传输在小区间互相对齐的要求也适用于由 IAB 节点 DU 创建的小区，至少适用于工作在非对称频谱的情况。

有几种方式可以实现这种节点间下行传输的定时对齐，包括诸如 IAB 节点使用 GPS 接收器连同一个统一的绝对传输定时。但是，IAB 还支持基于 OTA 的传输定时对齐，这样 IAB 节点可以仅从父节点接收到的信令中推导出 DU 的传输定时。

基于 OTA 的传输定时对齐的基本原理是，IAB 节点设置 DU 传输定时量为收到父节点定时信号的前 T_{prop}，其中 T_{prop} 是从父节点到 IAB 节点的传播时间。这样，IAB 节点的 DU 传输定时就与父节点的 DU 传输定时对齐了，也符合小区间下行传输定时对齐的基本要求。因此基于 OTA 的传输定时对齐的任务就是要估计 IAB 节点和父节点之间的传播时间。

图 22-6 说明了 IAB 回传链路两端 DU 和 MT 之间（DU 在父节点，MT 在子节点）的定时关系（发送和接收定时）。给定子节点 MT 下行接收定时和上行发送定时之间的偏移 T_A，以及父节点 DU 上行接收定时和下行发送定时之间的偏移 T_Δ，可以估算出传播时间为 $\hat{T}_{prop} = (T_A - T_\Delta)/2$。

图 22-6　父节点 DU 和子节点 MT 之间的定时关系

子节点天然就知道 T_A，但父节点知道的是 T_Δ。为了使得子节点能够估算父子之间的传播时间，可以采用基于 OTA 的定时对齐，父节点可以通过 MAC-CE 信令提供 T_Δ 给子节点，即与上行定时对齐命令（见 15.2 节）相同类型的信令。通过 MAC-CE 信令而不是更为可靠的 RRC 信令来提供 T_Δ 的原因是，RRC 协议在宿主节点被终结，而 T_Δ 是源自父节点。在多跳 IAB 的情况下，父节点和宿主节点可能并非同一个节点，那么父节点需要首先把 T_Δ 提供给宿主节点，然后宿主节点再通过 RRC 信令提供 T_Δ 给子节点。通过采用终结于父节点 DU 的 MAC-CE 信令，父节点可以直接把 T_Δ 提供给子节点，从而减少了信令开销，能够更快地更新 T_Δ。

22.4.2　DU/MT 协调和配置

当 IAB 节点的 DU 和 MT 在同一频段工作时，通常需要协调 DU 和 MT 所使用的时域资源（符号 / 时隙）。请注意，不仅回传和接入链路处于相同频段内的带内回传需要协调，在多跳带外回传的情况下也需要协调 IAB 节点 MT 和 DU 侧的回传链路。

图 22-7 是一种需要协调 DU/MT，以避免"全双工"的典型场景，要么 MT 的接收被 DU 的发送严重干扰（图 22-7 左半部分），要么 DU 的接收被 MT 的发送严重干扰（图 22-7 右半部分）。

图 22-7　节点内干扰：DU 发送同时 MT 接收（左），MT 发送同时 DU 接收（右）

但应当注意，在某些部署场景下，从传播角度来看一个 IAB 节点的 DU 和 MT 之间如果隔离度足够，实际上可以进行这种"全双工"DU/MT 工作。这种场景的一个例子是 IAB 节点用于提供室外到室内的覆盖，其中 IAB 节点的 MT 部分位于室外而 DU 部分位于室内。

上面所讨论的 DU/MT 同时工作如图 22-7 所示，假定 DU 和 MT 的传输方向相同，即下行方向（DU 发送同时 MT 接收），或上行方向（DU 接收同时 MT 发送）。如图 22-8 所示，当 DU 和 MT 在不同的传输方向上工作时也可预期 DU/MT 同时工作，即要么 DU 和 MT 同时发送（发送方向分别是下行和上行），要么 DU 和 MT 同时接收（接收方向分别是上行和下行）。

图 22-8　DU 和 MT 同时发送（左）及 DU 和 MT 同时接收（右）

这种情况就不会有图 22-7 所示的全双工场景下节点内的极端干扰。从干扰角度来看，只要确保 DU 和 MT 的发送或接收在不同的资源上就可以，例如不同的频域资源，即 DU 和 MT 在一个载波上以 FDM 的方式工作。或者也可以是通过空间域分隔，即 DU 和 MT

之间以 SDM 的方式工作。例如，DU 和 MT 可以同时工作在相同的频率资源但是位于指向不同方向的不同天线面板，如图 22-9 所示。

图 22-9 DU/MT SDM 在发送端（左）和接收端（右）

MT 和 DU 全双工（图 22-7）可能只在非常特殊的部署条件下出现，而图 22-8 所示的同时工作更为可行，在很多场景下都能实现。应当注意到，通常情况下 MT 和 DU 的定时不同，如图 22-6 所示，那么前面所讨论的 DU 和 MT 之间的 FDM 和 SDM 实现起来可能比较复杂。因此并不期望所有的 IAB 节点都支持这种 SDM/FDM。

综上所述，有必要提供一种协调 DU 和 MT 的手段，特别是能够避免 DU 和 MT 同时工作。而且，当可能发生同时工作时应当开启协调。在 IAB 内部是通过给 DU 和 MT 分别配置特定的传输方向，同时对于给定的时域资源确定 MT 优先或 DU 优先来实现的。

1. MT 资源配置

第 7 章从终端角度描述了如何将时域资源（OFDM 符号）配置 / 指示为下行、上行或者灵活，限制了网络使用资源的方向。对于 IAB 节点的 MT 也同样如此，即 MT 的时域资源可以配置 / 指示为：

- 下行（D）：意味着父节点只在下行方向（MT 接收）使用该资源。
- 上行（U）：意味着父节点只在上行方向（MT 发送）使用该资源。
- 灵活（F）：意味着在上行和下行方向（MT 发送和接收）都可以使用该资源。与终端的方式（见 7.8.3 节）相同，由父节点调度器决定瞬时的传输方向。

与对终端所采用的方式相同，通过公共配置即系统信息（小区内终端和 IAB 节点 MT 的配置相同）和基于每 MT 的专用配置即 RRC 信令，以及半动态指示即 SFI 共同实现时域资源配置。区别在于，终端专用的 D/F/U 配置只允许以 D-F-U 顺序的模式，而 MT 的专用配置扩展到也允许以 U-F-D 顺序的模式。对于通过 SFI 的半动态配置也是如此，对于 MT，预定义的时隙模式集合也扩展到包括以 U-F-D 顺序格式的集合。

这种扩展的原因是为了支持上述以 SDM/FDM 形式的 DU/MT 同时工作。在这种情况下，IAB 节点子链路的方向（从 DU 向下）与同一 IAB 节点父链路的方向（从 MT 向上）相反。因此，如果一条链路工作在上行（U）方向，那么另一条链路应当工作在下行（D）

方向，反之亦然。换句话说，为了匹配一条链路的 D-F-U 模式，另一条链路就需要 U-F-D 的模式。

但是请注意，MT 的 D/U/F 公共配置与终端的公共配置相同，即限制为 D-F-U 的顺序。而且，与终端的专用配置类似，MT 专用配置仅限制了公共配置里的灵活资源，并不能改变上行和下行资源配置。因此，能够按照 U-F-D 顺序使用 MT 资源的唯一方式是配置为全灵活的公共配置。由于 IAB 节点 MT 和终端的公共配置相同，这就意味着终端也需要在全灵活的公共配置下工作。要对终端的配置进行限制就必须通过每终端专用配置的方式。

2. DU 资源配置

与 MT 类似，DU 的时域资源（符号）也可以配置为：

- 下行（D）：意味着 DU 只在下行方向（DU 发送）使用该资源。
- 上行（U）：意味着 DU 只在上行方向（DU 接收）使用该资源。
- 灵活（F）：意味着 DU 在上行（DU 接收）和下行（DU 发送）方向都可以使用该资源。

或者，DU 的时域资源也可配置为不可用（Not Available），这意味着 DU 完全不使用该资源。

与 D/U/F 配置平行，DU 时域资源还可以配置为硬（Hard）或软（Soft）。在硬配置情况下，DU 可以不用考虑对 MT 发送 / 接收能力的影响，根据自身的配置和调度使用 D/U/F 配置所允许的传输方向上的资源。实际上这就意味着，如果 DU 某个特定的时域资源配置为硬，则父节点必须假定 IAB 节点 MT 可能无法接收或发送。因此，父节点在这个资源上不应调度去往 / 来自 MT 的传输。

与之相反，如果 DU 的某个时域资源被配置为软，则当且仅当对 MT 的发送 / 接收能力没有影响时，DU 才可以根据配置和调度来使用该资源。这意味着父节点可以在相应的 MT 资源上调度下行传输给 MT，并且假定 MT 能够接收该传输。类似地，父节点也可以在该资源上调度 MT 上行传输并假定 MT 可以进行发送。

可以按照每个时隙、每种资源类型（D、U、F）将 DU 资源配置为硬或软。换句话说，对于每个时隙，配置为下行、上行和灵活的 DU 资源集可以分别被配置为硬或软。举个例子，在一个时隙里，可以将下行（D）资源配置为硬，而将上行（U）和灵活（F）资源配置为软。

通过配置 DU 软资源使得 DU 资源的利用更为动态灵活。举个例子，将 MT 的上行（U）资源配置为 DU 软资源，如果 MT 在该资源上没有调度授权，则 IAB 节点知道 MT 在该资源上不会发送。因此，DU 就可以动态使用该资源，即使 IAB 节点不能支持 DU 和 MT 同时工作，DU 也可以进行下行传输。

配置 DU 软资源也带来了 IAB 节点 DU 和 MT 能够同时工作的好处。如上所述，DU

和 MT 是否能够同时工作取决于 IAB 节点的实现，还可能取决于确切的部署场景。因此，可以通过采用 DU 软资源的方式使得 IAB 节点支持 DU 和 MT 同时工作，而父节点甚至无须知晓。

IAB 节点能够自己推断出可以使用 DU 软资源这种情况在 3GPP 的讨论中被称为 DU 软资源的隐式可用性指示（implicit indication of availability）。父节点也可以提供 DU 软资源的显式可用性指示（explicit indication of availability）。

DU 软资源的显式可用性指示是基于时隙来指示的，也是基于 DU 资源类型（D、U、F）来指示的。因此对于某个给定时隙，总共有八种可能的指示，见表 22-1。

表 22-1　一个时隙软资源可用性的不同类型

可用性指示	可用性
0	无软符号可用
1	只有下行（D）软符号可用
2	只有上行（U）软符号可用
3	只有灵活（F）软符号可用
4	只有下行（D）和上行（U）软符号可用
5	只有下行（D）和灵活（F）软符号可用
6	只有上行（U）和灵活（F）软符号可用
7	所有软符号（D、U、F）都可用

请注意，尽管某些软符号集合不是通过显式指示可用性，但根据上述的隐式指示，这些符号也是可用的。从某种意义上说，DU 软资源的显式可用性指示可以看作是父节点间接通知 IAB 节点，其不会使用 DU 软资源对应（重合）MT 资源的一种方式。由此，IAB 节点可用推断出在不影响 MT 工作的情况下可以使用 DU 软资源。

可用性指示以半动态的方式提供给 IAB 节点，首先给 IAB 节点配置一张可用值组合（availability combination）表。然后父节点通过 DCI 指示某个特定的可用性组合。

可用性组合表中的每个可用性组合对应着一系列的可用值，其中每个可用值（取自表 22-1 中的八个值之一）对应一系列时隙中的一个给定时隙。因此，可用性组合表中的每个可用性组合关联到一个可用性组合索引（availability-combination index）。可用性的半动态指示是由父节点将可用性组合的某个索引（即可用性组合表的某一行）通过新的 DCI 格式 2_5 提供的。

DCI 格式 2_5 与 DCI 格式 2_0 的大小相同，意味着检测 DCI 格式 2_5 不需要额外的盲解码。DCI 格式 2_5 用特殊的 AI-RNTI 编码，AI-RNTI 在 IAB 节点的初始配置中提供给 IAB 节点。

图 22-10 展示了一个显式指示的例子，其中每个可用性组合覆盖八个时隙。DCI 格式 2_5 指示索引 3 指向可用性组合表的第四行，即八个时隙的显式可用性指示，如图的下半

部分所示。请注意，此图忽略了可用性也可通过隐式指示，即假定软资源的可用性仅由父节点通过 DCI 格式 2_5 提供的显式可用性指示来确定。

图 22-10　软资源的显式可用性指示，基于可用性组合配置表和 DCI 中的可用性组合索引

IAB 规范允许可用性组合表最大包括 512 个可用性组合。每个可用性组合可以对应最大 256 个连续时隙的资源可用性（图 22-10 中假定的是八个时隙）。

还请注意，实际上一个 DU 可能创建多个小区。那么 DCI 格式 2_5 可以提供多个索引或指针，每个 DU 的小区对应一个索引或指针。

第 23 章

Sidelink 通信

直接的设备到设备（Device-to-Device，D2D）通信，即终端之间直接通信，也称为 Sidelink 通信，第一次引入到 LTE 是在 3GPP Release 12[98]。后续版本将 LTE Sidelink 通信扩展到特别专注于车辆到车辆（Vehicle-to-Vehicle，V2V）用例，即车辆之间的直接通信[101]。

NR 标准的第一版并未包含对 Sidelink 通信的支持。但是在 3GPP Release 16 中引入了对 NR Sidelink 通信的支持，将其作为车联网（Vehicle-to-Anything，V2X）工作项目的一部分[102]。V2X 工作项目的目标是确保 NR 可以为高级 V2X 业务提供连接，特别专注于下列特殊用例（更多细节见参考文献 [103]）：

- 车辆编队
- 扩展传感器
- 高级驾驶
- 远程驾驶

尽管 Release 16 的 V2X 工作项目范围不限于车辆到车辆通信，还包括了这些用例所需的车辆到基础设施的通信，但工作项目内容的绝对主要部分专注于引入以车辆到车辆用例为目标的 NR Sidelink 通信。

重要的是要理解 3GPP 开发通信技术并不会限制针对某些特定的用例使用某种特定的技术。因此，尽管 Release 16 的 NR Sidelink 是专注于车辆到车辆的用例开发的，但这并不会阻止将其用于其他用例。

23.1 NR Sidelink——传输和部署场景

NR Sidelink 支持三种基本的传输场景，参见图 23-1：

- 单播（Unicast），在这种情况下，Sidelink 传输针对一个特定的接收终端。
- 组播（Groupcast），在这种情况下，Sidelink 传输针对一组特定的接收终端。
- 广播（Broadcast），在这种情况下，Sidelink 传输针对传输范围内的任意终端。

图 23-1　Sidelink 传输场景

按照 Sidelink 通信和叠加的蜂窝网络之间的关系，NR Sidelink 通信有两种部署场景，参见图 23-2：

图 23-2　Sidelink 部署场景

- 覆盖内工作（in-coverage operation），在这种情况下，Sidelink 通信所涉及的终端处于叠加的蜂窝网络覆盖范围内。网络可以根据确切的工作模式控制 Sidelink 通信的范围大小。
- 覆盖外工作（out-of-coverage operation），在这种情况下，Sidelink 通信所涉及的终端不在叠加的蜂窝网络覆盖范围内。

还有一种部分覆盖（partial-coverage）场景，D2D 通信涉及的终端只有部分处于叠加的网络覆盖范围内。

在覆盖内工作的情况下，Sidelink 通信可以与叠加的蜂窝网络共享载波频率。或者 Sidelink 通信也可以在 Sidelink 特定载波频率上工作，该频率不同于蜂窝网络的载波频率。

处于网络覆盖范围下的终端通常会配置一套用于 Sidelink 通信的参数。当 Sidelink 通信在覆盖范围外工作的时候也需要其中的部分参数，在这种情况下，这些参数可以例如硬连线到终端或存储在终端的 SIM 卡里。在 3GPP 的术语中，这称为"预配置"，以区别于终端在网络覆盖范围内所进行的更为传统的配置。在这里，我们将规避细节，针对处于网络覆盖范围外的终端通过预配置来提供必要参数的方式也使用术语"配置"。

正如已经提及的，LTE 就已经支持包括了车辆到车辆用例的 Sidelink 通信。因此可能会存在这样的情形：在叠加的 NR 网络控制和覆盖范围下想使用基于 LTE 的 Sidelink 通信。类似地，也可能会有叠加的 LTE 网络和 NR Sidelink 共同应用的场景。3GPP 标准已经包含了对这些场景的支持，但是在这里我们不再深入讨论，我们假定 NR Sidelink 工作在 NR 网络覆盖范围下，或者工作在 NR 网络覆盖范围外。

23.2 Sidelink 通信的资源

NR Sidelink 传输与 NR 下行类似，都是基于传统的 OFDM。这与基于 DFTS-OFDM 的 LTE Sidelink 不同，因为 DFTS-OFDM 是 LTE 上行传输机制。[⊖]

当一个终端配置进行 Sidelink 传输时，会给该终端配置一个 Sidelink 资源池，资源池定义了一个载波上可用于 Sidelink 通信的全部时间 / 频率资源，参见图 23-3：

- 在时域，资源池为一个时隙集合，按照资源池周期重复。
- 在频域，资源池为一个连续的子信道（subchannel）集合，每个子信道由一些连续的资源块组成。

图 23-3   Sidelink 资源池结构示例

总之，Sidelink 资源池的时间 / 频率结构定义如下：

- 可配置的资源池周期。
- 资源池周期内可配置的 Sidelink 时隙集合。
- 可配置的子信道带宽，可以取值为 10、15、20、25、50、75 和 100 个资源块。
- 可配置的资源池带宽，对应于连续的子信道集合。
- 资源池第一个子信道的频域位置。

尽管资源池的配置在时域是以时隙为粒度，但并不意味着一个 Sidelink 时隙的所有符号都要用于 Sidelink 传输。网络可加以限制，使得一个 Sidelink 时隙内连续符号的有限集真正可用于 Sidelink 通信，见图 23-4。[⊖]这是通过下面的配置来实现的：

- 可用于 Sidelink 通信的连续符号集的第一个符号，范围在符号 0 到符号 7 之间（在图 23-4 中假设为符号 3）。
- 可用于 Sidelink 通信的连续符号数，范围在 7 ～ 14 个符号（在图 23-4 中假设为 9 个符号）。

⊖ 请注意，NR 上行支持传统的 OFDM 和 DFTS-OFDM。

⊖ 实际上这并非资源池的属性，而是给资源池配置的部分带宽的属性。对于所有资源池配置到同一个部分带宽的情况，这种限制同样有效。

图 23-4　Sidelink 时隙内限制可用符号的集合

通过这种方式，可以在 Sidelink 通信和传统的上下行通信共享一个载波时确保一个时隙第一个和 / 或最后几个符号可用于上行或下行控制信令。请注意，在 Sidelink 有特定载波的情况下，通常假定一个 Sidelink 时隙里的所有符号都可用于 Sidelink 通信。

正如下面将进一步讨论的，一个 Sidelink 时隙的一些可用符号还可用于：

- 使用 PSFCH 物理信道进行 HARQ 反馈。
- 开启自动增益控制（Automatic Gain Control，AGC）。
- 作为保护符号。

这将进一步限制 Sidelink 时隙内真正用于 Sidelink 数据传输的可用符号数。

根据用于 Sidelink 传输的资源集如何确定，Sidelink 传输有两种基本模式：

- 在资源分配模式 1 的情况下，叠加的网络调度 Sidelink 传输。因此资源分配模式 1 仅适用于覆盖内或部分覆盖的部署场景。
- 在资源分配模式 2 的情况下，Sidelink 传输的决策（包括用于传输的确切资源集）是由发送终端基于感知和资源选择（sensing and resource-selection）过程自主决定的。资源分配模式 2 适用于覆盖内和覆盖外的部署场景。

这两种资源分配模式会在 23.4.1 节中详细讨论。

23.3　Sidelink 物理信道

与上行和下行传输类似，Sidelink 传输是在一组物理信道上进行的，传输信道被映射到物理信道，物理信道承载不同类型的层 1/ 层 2 控制信令，包括：

- 物理直通链路共享信道（Physical Sidelink Shared CHannel，PSSCH）：直通链路共享信道（SideLink Shared CHannel，SL-SCH）被映射到 PSSCH。换句话说，PSSCH 承载终端之间实际的 Sidelink 数据。因此，PSSCH 的用途类似于下行的 PDSCH。

但是，相比于 PDSCH，PSSCH 还承载了一些层 1/层 2 控制信令，我们称之为第二阶段 SCI（在标准中，第二阶段 SCI 可以简单称为 SCI 格式 0_2）。

- 物理直通链路控制信道（Physical Sidelink Control CHannel，PSCCH）：承载 Sidelink 控制信息（Sidelink Control Information，SCI），更具体地，称为第一阶段 SCI 或 SCI 格式 0_1。第一阶段 SCI 包括接收终端为了能够正确解调或检测 PSSCH 所需要的信息。因此，PSCCH 的用途类似于 PDCCH，因为 PDCCH 承载的是接收终端为了能够正确解调或检测 PDSCH 所需的控制信息（DCI）。第一阶段 SCI 还包括资源预留相关的信息，更多内容可参见 23.4.1 节。

- 物理直通链路反馈信道（Physical Sidelink Feedback CHannel，PSFCH）：承载从接收终端到发送终端的 Sidelink HARQ 反馈。因此，PSFCH 的用途类似于 PUCCH，因为 PUCCH 承载的是针对下行数据传输的上行 HARQ 反馈。

下面我们将看到，还有一种物理直通链路广播信道（Physical Sidelink Broadcast CHannel，PSBCH），是作为 S-SS/PSBCH 块的一部分。S-SS/PSBCH 块用于 Sidelink 同步（见 23.5 节），PSBCH 承载少量 Sidelink 同步所需的信息（Sidelink 主信息块，Sidelink Master Information Block）。

图 23-5 总结了 Sidelink 的物理信道（包括 PSBCH）及其承载的信息。

图 23-5   Sidelink 物理信道以及每个信道承载的信息

现在我们已经介绍了 Sidelink 控制信息（SCI）分为两部分，第一阶段 SCI 和第二阶段 SCI。如前所述，第一阶段 SCI 除了解调和检测 PSSCH 所需的信息，还包括资源预留相关的信息。下面我们将会看到，资源预留信息与多个终端相关，基本上是工作在资源分配模式 2 下的全部终端。因此，尽管 Sidelink 的数据传输是单播，但第一阶段 SCI 还是要用已知格式来广播。

正相反，第二阶段 SCI 仅包含用于实际 Sidelink 数据传输的终端或终端组相关的信息。诸如目的标识，即用于 Sidelink 数据传输的终端标识或终端组标识，以及 HARQ 相关的信息。此外，因为第二阶段 SCI 是在第一阶段 SCI 里指示的，所以格式可以变化。因此，第二阶段 SCI 可以进行波束赋形，也可以调整格式以匹配 Sidelink 数据传输目标终端的信道条件。

23.3.1 PSSCH/PSCCH

PSSCH 和 PSCCH 在时频资源上联合发送，由一个时隙上的整数个子信道组成，在资源分配模式 1 的情况下由网络调度 Sidelink 发送，或者在资源分配模式 2 的情况下由发送终端自主选择。图 23-6 说明了 PSSCH/PSCCH 传输的时频结构。正如前面已经提及的，只有 Sidelink 时隙符号的一个子集可用于 PSSCH/PSCCH 传输。实际的 PSSCH/PSCCH 传输总是从这些可用符号的第二个符号开始。第一个可用符号只是复制了第二个可用符号。这样做的原因是给进行自动增益控制（Automatic Gain Control，AGC）的接收终端提供一段时间，即调整接收机功放的增益以适应接收信号的功率。在 PSSCH/PSCCH 传输的末尾还有一个保护符号。在 Sidelink 发送 / 接收和接收 / 发送转换时，以及 Sidelink 和上下行传输转换时都需要保护符号。

图 23-6   假定 11 个符号可用于 Sidelink 传输的 PSSCH/PSCCH 结构，包括 AGC 和保护
符号，假定 PSCCH 占 3 个符号

PSSCH/PSCCH 传输使用的具体符号数取决于一个时隙可用于 Sidelink 传输的符号数。然而，它还取决于该时隙内是否有分配给 PSFCH 传输的资源，下面会进一步讨论（图 23-6 中假定无 PSFCH 资源）。

在时域，PSCCH 在分配给 PSSCH/PSCCH 传输资源的前两个或前三个符号上发送，不包括 AGC 符号（图 23-6 中假定为三个符号）。在频域，PSCCH 从 PSSCH/PSCCH 资源最低的资源块开始发送，带宽最多一个子信道。然后 PSSCH 映射到剩余的 PSSCH/PSCCH 资源单元上。PSCCH 的带宽和持续时间（两到三个符号）是资源池配置的一部分，因此接收终端预先就知晓。

PSCCH 在整个 PSSCH/PSCCH 资源的位置是固定的，这就意味着：

- 接收终端只需要从每个子信道的较低端搜索 PSCCH。由于 PSCCH 格式是作为资源池配置的一部分提供的，因此无须对 PSCCH 格式进行盲检。
- 接收终端一旦找到 PSCCH，也就找到了整个 PSSCH/PSCCH 资源的频域起始位置。接收终端要完全知晓整个 PSSCH/PSCCH 资源，唯一需要的额外信息就是 PSSCH/PSCCH 的带宽，即子信道个数。这是作为第一阶段 SCI 的部分信息，即 PSCCH 承载的控制信息来提供的。

第一阶段 SCI 的信道编码采用极化码，与 DCI（见第 10 章）相同，但限制调制方式

为 QPSK。

对于 PSSCH,因为承载的是传输信道数据(SL-SCH)和第二阶段 SCI,所以情况稍微复杂一些。SL-SCH 和第二阶段 SCI 分别进行信道编码和调制,然后在映射到 PSSCH 时频资源之前将调制后的符号复用到一起。

- 第二阶段 SCI 的信道编码采用极化码,与 DCI 相同,也就是与第一阶段 SCI 相同,并且限制调制方式为 QPSK。
- SL-SCH 的信道编码采用 LDPC 码,与上行和下行共享信道(见第 9 章)相同,但限制调制方式最高到 256QAM。

第一阶段 SCI 包含了第二阶段 SCI 的传输格式信息,其中包含了接收终端能够确定用于第二阶段 SCI 和 SL-SCH 的资源单元集的信息。终端一旦解码出第一阶段 SCI,就可以从 PSSCH 中正确提取出第二阶段 SCI 和 SL-SCH。

SL-SCH 支持一个传输块最多两层传输。在两层传输的情况下,第二阶段 SCI 依赖于 SL-SCH 的 DM-RS,同一个符号映射到两个天线端口。

23.3.2　PSFCH

PSFCH 承载从 PSSCH 接收到的 Sidelink 传输的 HARQ 反馈。

PSFCH 的基本结构与 PUCCH 格式 0(见 10.2.2 节)相同,即对长度为 12 的频域基序列旋转不同的相位来表示反馈信息(确认或非确认)。然后相位旋转序列映射到分配给 PSFCH 传输的单个资源块上。

如图 23-7 所示,PSFCH 在 Sidelink 时隙倒数第二个可用的符号上被发送(最后一个可用符号始终用作保护符号)。而且,出于 AGC 的原因,PSFCH 的符号被复制到前一个符号,这与 PSSCH/PSCCH 的方式相同,见上。为了在接收 PSSCH/PSCCH 和发送 PSFCH 之间提供转换时间,需要在 PSSCH/PSCCH 和 PSFCH 之间有一个保护符号。

图 23-7　PSSCH/PSCCH 和 PSFCH 联合结构,假定有 11 个符号可用于 Sidelink 传输
　　　　　(包括 AGC 和保护符号)

这就意味着,如果一个 Sidelink 时隙配置了 PSFCH 资源,会总共用掉三个符号,包

括 AGC 符号和额外的保护符号，那么可用于 PSSCH 传输的符号数就相应减少了。

并非每个时隙都需要有 PSFCH 资源。而且资源池可以被配置为每个时隙、每两个时隙或每四个时隙有 PSFCH 资源。在资源池内的 Sidelink 传输不使用 HARQ 的情况下，资源池也可以不配置 PSFCH 资源。

更多关于 Sidelink HARQ 的内容见 23.4.2 节。

23.4　Sidelink 过程

23.4.1　资源分配和功率控制

正如在 23.2 节中已经提及的，按照用于 Sidelink 传输的资源集确定的方式，有两种不同的模式，参见图 23-8：

- 资源分配模式 1：在这种情况下由叠加的网络调度 Sidelink 传输。
- 资源分配模式 2：在这种情况下终端基于感知和资源选择过程自主决定用于 Sidelink 传输的资源。

图 23-8　资源分配模式 1 和 2

重要的是要理解资源分配模式只是从发射机的角度看，接收终端并不需要知道发送终端工作在哪种资源分配模式。而且，接收终端也可以在另一种资源分配模式发送自己的 Sidelink。

上文所述，即发送终端的资源分配模式和接收终端发送 Sidelink 的资源分配模式不同，会造成的后果是，尽管某个终端按照资源分配模式 1 进行 Sidelink 发送，但该终端还是要提供资源预留信息，以满足其他终端按照资源分配模式 2 进行感知和资源选择过程的需要。

1. 资源分配模式 1

在资源分配模式 1 的情况下，如果给终端提供了有效的调度授权，用来指示传输所使用的资源集合，终端才能进行 Sidelink（PSSCH/PSCCH）传输。这在很多方面与上行传输的调度相同（见第 14 章），主要区别在于是给 Sidelink（PSSCH/PSCCH）传输的授权而非上行（PUSCH）传输的授权，见图 23-9。

图 23-9　上行调度（左）和 Sidelink 调度（右）

与上行调度类似，Sidelink 调度可以通过动态和配置授权两种方式来完成。

Sidelink 传输的动态授权通过一种新的 DCI 格式 3_0 来实现。每个动态授权可以调度一个长度为 32 个时隙的窗内最多三个时隙的资源用于同一个传输块，见图 23-10。第一个资源是在接收到承载调度授权的 DCI 的时隙后偏移时间 ΔT 的时刻调度。其余最多两个调度资源相对于第一个调度资源的时间偏移分别为 ΔT_1 和 ΔT_2。这三个资源带宽相同（图 23-10 中假定为四个子信道），但频域位置可以不同，频率偏移分别为 Δf、Δf_1 和 Δf_2，其中 Δf 为第一个调度资源相对于资源池起始的频率偏移，Δf_1 和 Δf_2 分别为第二个和第三个调度资源相对于第一个调度资源的频率偏移。参数 ΔT、ΔT_1 和 ΔT_2，Δf、Δf_1 和 Δf_2，以及调度资源的带宽都包含在调度 DCI 里。

图 23-10　长度为 32 个时隙的窗内最多调度三个 Sidelink 资源

配置授权提供了 Sidelink 传输的周期性授权。类似于上行调度，Sidelink 传输有两种类型的配置授权。

- 配置授权类型 1 是通过 RRC 信令配置用于 Sidelink 传输资源的全部授权。
- 配置授权类型 2 是通过 RRC 信令来配置周期，但授权的激活以及用于 Sidelink 传输的周期性资源由 DCI 格式 3_0 来提供，使用的 RNTI 与动态授权所用的 RNTI 不同。

与动态授权类似，每个周期配置授权（包括类型 1 和类型 2）最多能提供三个时隙的资源。

2. 资源分配模式 2

在资源分配模式 2 的情况下，终端自主决定 Sidelink 传输，通过感知和资源选择过程确定用于传输的具体资源。感知和资源选择过程是在资源预留通告的帮助下完成的，资源预留通告的目的是将该终端选择哪个资源集用于将来的 Sidelink 传输的信息提供给其他终端。然后其他终端在感知和资源选择过程中会利用这个信息，即在选择资源集时会预留或使用这些资源进行 Sidelink 传输。如前所述，资源预留信息是在第一阶段 SCI 中通告给其他终端的。

（1）资源预留

除了传输 PSSCH/PSCCH 的当前时隙，即传输第一阶段 SCI 的时隙之外，在长度为32 个时隙（包括当前时隙）的时间窗内，终端还可以最多预留两个额外的资源用于传输 PSSCH/PSCCH，见图 23-11。这两个传输的带宽与当前时隙带宽相同，但频域位置可以不同。这些预留资源的信息是通过时间偏移 ΔT_1 和 ΔT_2、频率偏移 Δf_1 和 Δf_2 以及预留资源的带宽信息（与初传带宽相同）来定义的，在第一阶段 SCI 里提供。

图 23-11　长度为 32 个时隙的窗内最多两个额外预留资源

通过比较图 23-10 和图 23-11，可以注意到最多三个预留资源（当前资源加上两个额外的预留资源）的结构与在资源分配模式 1 的情况下通过动态或配置授权提供的最多三个调度资源的结构相同。还可以注意到，图 23-10 中尽管发送终端工作在资源分配模式 1，但参数 ΔT_1、ΔT_2、Δf_1 和 Δf_2 都包含在第一阶段 SCI 中。工作在资源分配模式 2 的接收终端在进行感知和资源分配过程时会认为相应的资源都是预留的，见下文。

在长度为 32 个时隙的时间窗内除了上述一到两个预留资源之外，还可能预留用于额外的数据（额外的传输块）传输的周期性资源集。如图 23-12 所示，每个周期性资源集（带宽、频率偏移和时间偏移）与图 23-11 的最多三个初始资源集的结构相同，周期为 T_p。资源预留周期（T_p）范围在 1ms ～ 1000ms 之间。作为资源池配置的一部分，可以给终端提供最多 15 个可能的 T_p 值。然后终端可以在这些值中选择一个，并在第一阶段 SCI 的资源预留中以 4bit 参数的形式通告。其余（全零）参数值用于指示预留的非周期资源。还可以注意到工作在资源分配模式 1 的终端在第一阶段 SCI 中应当始终通知全零参数值。

图 23-12　周期性预留资源集

（2）感知

工作在资源分配模式 2 的终端基于其他终端所通告的资源预留情况，选择用于 Sidelink 传输资源集的过程就是感知过程。

要发送数据就需要一定数量的频域资源（一定数量的子信道），还需要一定的延迟预算，实际上就意味着应当在一定的时间窗内发送数据。并且假定传输有一定的优先级。

感知算法开始于终端列出所有可能的候选资源，等同于预留窗内所有 Sidelink 时隙的资源池带宽内 N-子信道资源，见图 23-13，其中 N 为所需的频域资源数量[⊖]。预留窗受限于传输数据的延迟预算。

图 23-13　通过感知窗和预留窗进行资源选择

假定终端基于前一个感知窗内（见图 23-13）接收到其他终端的第一阶段 SCI，已经获取了其他终端通告的资源预留情况。如果可能的候选资源列表中某个资源与其他终端预留的资源部分重叠，而且该终端接收到的信号强度（RSRP）超过一个配置的门限，则将该资源从可能的候选资源列表中移除。用于比较 RSRP 的门限取决于：

1）感知终端的传输优先级（优先级越高，门限越低）。

2）通告的预留资源优先级（优先级越高，门限越高），优先级是通过第一阶段 SCI 中的资源预留信息提供的。

如果在感知过程结束时，可能的候选资源列表相比于原始列表剩余不到 20%，即超过 80% 的最初可能的候选资源都从列表中移除，那么将 RSRP 门限提升 3dB 后重新开始感知过程。这样就降低了资源从可能的候选资源列表中移除的可能性，即增加了剩余候选资源的数量。这样通过提升门限重复过程，直到剩余的候选资源集中至少有原始资源集 20% 的资源。然后从剩余的候选资源集中随机选定最终的资源集。

从高层来讲，感知过程要做的是：

⊖　一个时隙里有（$M-N+1$）个 N-子信道资源，其中 M 是资源池总带宽，用子信道表示。

- 优先考虑未被其他终端预留的资源。
- 优先考虑终端预留的资源中接收到的 RSRP 较低的资源，以期降低邻近终端使用相同资源进行 Sidelink 传输造成冲突的影响，而允许较远距离的终端空分复用资源。
- 优先考虑其他终端预留资源中相对优先级较低的资源，即优先考虑冲突不太严重的资源。
- 确保在延迟预算时间窗内至少有 20% 原始可能的候选资源，从中进行最终的随机资源选择。

3. Sidelink 功率控制

除了被分配或者选择 Sidelink 传输资源之外，终端还必须确定 Sidelink 传输的发射功率，有几种机制可以进行功率控制。

首先，可以通过资源池配置来配置 Sidelink 最大发射功率 $P_{\max, config}$。

其次，对于网络覆盖下的终端，可以进一步限制 Sidelink 传输的发射功率，以限制对小区内上行传输的干扰。这是通过终端估计到小区站点的路损来实现的，并且如果有需要，可以根据下面的公式进一步降低 Sidelink 最大发射功率：

$$P_{TX, \max} = \min\{P_{\max, config}, P_0 + \alpha \cdot P_L + 10 \cdot \log_{10}(M_{RB})\}$$

其中

- P_0 是由网络提供的参数，可以简单地对应于小区站点处每个子信道的目标最大接收功率 / 干扰水平。
- P_L 是路损估计。
- α 是由网络提供的参数，在部分路损补偿的情况下 $\alpha \leq 1$。
- M_{RB} 对应于 Sidelink 传输的带宽。

对 Sidelink 最大发射功率进行额外的限制适用于 Sidelink 传输的所有场景（单播、组播和广播）。

请注意，Sidelink 最大发射功率的表达式本质上与 PUSCH 开环功率控制的表达式（15.1.1 节）相同，或者说是 PUSCH 开环功率控制的简化版。

最后，在 Sidelink 传输采用单播的情况下，接收终端可以向发送终端报告层 3 滤波的 RSRP。发射机可以根据 RSRP 来估计发射机到接收机的路损，并且根据 Sidelink 的信道条件进一步匹配发射功率。请注意，这仅适用于 PSCCH/PSSCH Sidelink 传输，不适用于 PSFCH 和 PSBCH 的传输。

23.4.2　HARQ 反馈和重传

根据配置，接收终端可以使用 PSFCH 物理信道给发送终端提供 HARQ 反馈。发送终端基于反馈可能会进行 HARQ 重传，首先可能向叠加的网络请求用于重传的资源。

1. HARQ 反馈

Sidelink 传输的单播和组播都支持从接收终端到发送终端的 HARQ 反馈。

在单播情况下，通过对 PSFCH 基序列进行不同的相位旋转编码可以得到 ACK 或 NACK：

- 如果接收终端正确解码出 SL-SCH 传输块，则发送 ACK。
- 如果接收终端从第一阶段和第二阶段 SCI 的解码中检测到存在 SL-SCH 传输块，但是无法正确解码出该 SL-SCH 传输块，则发送 NACK。

请注意，由于 Sidelink 传输的目的标识是在第二阶段 SCI 中，接收终端需要正确解码出第一阶段和第二阶段 SCI，才能确定针对该终端的 SL-SCH 传输块是否存在。

在组播情况下，即 Sidelink 传输是针对一组接收终端时，HARQ 反馈有两种选项：

- 只反馈 NACK：如果接收终端从第一阶段和第二阶段 SCI 中检测到存在 SL-SCH 传输块，但是无法解码出该传输块，则发送 NACK 反馈。如果终端正确解码出 SL-SCH 传输块，则不发送任何 HARQ 反馈。
- 反馈 ACK/NACK：如果接收终端正确解码出 SL-SCH 传输块，则发送 ACK 反馈。如果接收终端从第一阶段和第二阶段 SCI 中检测到存在 SL-SCH 传输块，但是无法解码出该传输块，则发送 NACK 反馈。

在只反馈 NACK 的情况下，多个终端可以共享同一个 PSFCH 资源（同一个资源块和相位旋转）。如果某个终端无法解码出 SL-SCH，因此反馈了 NACK，那么发送终端可以检测到 NACK 并重传该 SL-SCH 传输块。相反，在反馈 ACK/NACK 的情况下，必须为每个接收终端分配各自的 PSFCH 资源。这可以通过为不同终端分配不同的 PSFCH 相位旋转集和 / 或不同的 PSFCH 传输资源块来实现。

组播传输在只反馈 NACK 的情况下还有一种机制来限制 NACK 发送，使得只有与发送终端的距离在一定物理范围内的终端才反馈 HARQ。这是通过将 Sidelink 通信发生的地理区域划分为多个区域（zone）来实现的。为了对 HARQ 反馈进行距离限制，第二阶段 SCI 里会包含发送终端的如下信息：

- 终端所处的区域信息
- 需要提供 HARQ 反馈的范围限制

假定接收终端知道其物理位置，那么就可以基于接收到的第二阶段 SCI 中的信息，确定到（假定已知）发送终端所指示的区域中心的距离。通过将计算得出的距离与第二阶段 SCI 中所提供的范围相比较，终端可以确定是否需要发送 HARQ 反馈。请注意，计算得出的距离并非接收终端和发送终端之间的真实距离，而是接收终端和发送终端所处区域中心之间的距离。

2. HARQ 重传

为了启用 Sidelink HARQ，第二阶段 SCI 中会包括 HARQ 进程号、新数据指示和冗余版本指示。这些参数的功能与下行 HARQ 基本相同，见 10.1.4 节。

对于资源分配模式 2，发送终端可以基于接收到的 Sidelink HARQ 反馈自行决定是否重传，但是可能会配置进行重传的最大重传次数。

对于资源分配模式 1，HARQ 重传稍微复杂一些，因为 Sidelink 的传输（包括重传）只能由网络授权资源。在某些情况下，终端可能已经获得了 Sidelink 传输的授权。否则，终端必须显式向网络请求授权进行重传。这是通过在常规的 PUCCH 物理信道上给网络发送"HARQ 反馈"来实现的。这种 HARQ 反馈本质上可以看作是请求特定传输块重传资源的一种特殊的调度请求。对于基于配置授权的 Sidelink 传输也是如此，即如果除了配置的授权之外还需要额外的重传资源，终端必须发送显式的请求。然后网络通过动态授权的方式提供资源。

为了能够进行这种发送终端到网络请求重传的 Sidelink 调度授权，DCI 格式 3_0 中包括了 HARQ 进程号和新数据指示，类似于给 PUSCH 的调度授权，见 10.1.5 节。请注意，该 HARQ 进程号和新数据指示仅与该发送终端 / 网络的 HARQ 环路相关。在第二阶段 SCI 内从发送终端到接收终端的进程号和新数据指示可能相同也可能不同。还要注意到 DCI 格式 3_0 并不包含冗余版本指示，即发送终端可以自行决定用于 Sidelink 传输的冗余版本。如前所述，第二阶段 SCI 里包含的冗余版本信息即冗余版本指示。

23.4.3　Sidelink 信道探测和 CSI 报告

NR Sidelink 支持 Sidelink CSI 报告，即接收终端基于其他终端发送的 CSI-RS 来探测信道，并将 CSI 报告给发送终端。上报的 CSI 可用于为上报终端的后续传输选择预编码。

Sidelink 的 CSI-RS 结构重用了下行 CSI-RS 的结构，见第 8 章，但有下列限制：

- CSI-RS 端口数限制为 1 或 2。
- CSI-RS 的密度限制为 1，即在 Sidelink 传输带宽内每个资源上发送 CSI-RS。

Sidelink CSI-RS 仅与 PSSCH/PSCCH 一起发送（非周期发送），通过第二阶段 SCI 指示 PSSCH/PSCCH 中是否存在 CSI-RS。

第二阶段 SCI 中的 CSI-RS 传输指示还会触发 CSI 上报。由于没有与上行 PUCCH 对应的 Sidelink 物理信道，因此 Sidelink CSI 的上报是通过 PSSCH 里的 MAC-CE 信令来实现的。信令限制为秩指示（秩为 1 或 2）和 4bit 的 CQI。因此，不支持显式的 Sidelink PMI 上报。请注意，这类似于没有 PMI 的类型 I CSI 上报，见 11.2.1 节。

23.5　Sidelink 同步

终端在参与到 Sidelink 通信之前，需要在彼此之间保持良好的同步，如果存在叠加的蜂窝网络，它与网络也要保持同步。Sidelink 同步的目标是确保同步，更具体地说，是为了确保所有 Sidelink 终端都按照公共时钟来工作，这样最终可以追溯到主同步参考（Master Sync Reference）。主同步参考可以是叠加的蜂窝网络的定时，在实际中是网络中小区的公共发送定时。或者，主同步参考也可以是由全球导航卫星系统（Global Navigation Satellite System，GNSS）提供的定时，例如 GPS。在下面的讨论中我们假定蜂窝网络作为主同步参考，但应当理解，也可以选择 GNSS 作为主同步参考来获得同步。

同步到主同步参考的基本原理如图 23-14 所示。在主同步参考的直接覆盖下，即在叠加网络的小区覆盖下的情况，终端直接从主同步参考获取同步。为了能够让网络直接覆盖之外的终端也能获得同步，终端可以借助其他终端间接同步到主同步参考（在这个例子中是网络）。终端自身可以直接或间接同步到主同步参考。通过这种方式可以建立起由一系列终端组成的同步链，如图 23-14 所示。

图 23-14　Sidelink 同步链

23.5.1　Sidelink SS/PSBCH 块

为了使得终端借助其他终端间接同步到主同步参考，可以给终端发送 Sidelink SS/PSBCH（S-SS/PSBCH）块。就其包含的内容而言，S-SS/PSBCH 块的基本结构与小区 SSB[⊖]（见第 16 章）类似，S-SS/PSBCH 块包括如下：

- Sidelink 主同步信号（S-PSS）。
- Sidelink 辅同步信号（S-SSS）。
- 物理直通链路广播信道（Physical Sidelink Broadcast Channel，PSBCH），承载非常有限的与同步相关的信息（Sidelink MIB）。

用于 S-PSS 和 S-SSS 的特定序列也与 SSB 相同，即分别为长度 127 的 m 序列和 Gold 序列。但是 S-SS/PSBCH 的时频结构与 SSB 的结构有些不同，见图 23-15。

图 23-15　S-SS/PSBCH 结构

⊖　请注意，在标准中 SSB 实际上被称为 SS/PBCH 块。

如第 16 章所述，SSB 在频域上占据 20 个资源块（240 个子载波）。但是对于 Sidelink 的情况，认为 20 个资源块的最小带宽过大。因此，限制 S-SS/PSBCH 块的带宽为 11 个资源块，即 132 个子载波。

S-SS/PSBCH 块在时域上占据 13 个符号，由下述几部分组成：

- 2 个符号用于 S-PSS，2 个符号上采用相同的 m 序列。
- 2 个符号用于 S-SSS，2 个符号上采用相同的 Gold 序列。
- 9 个符号用于 PBCH。

需要指出的是，在 23.2 节中曾讨论过，一个 Sidelink 时隙中实际可用的符号数可能有限制，但这对发送 S-SS/PSBCH 的 Sidelink 时隙并不适用。

23.5.2　同步过程

如上所述，与小区 SSB 类似，同步信号由 S-PSS 和 S-SSS 两部分组成。对于 Sidelink，有 2 种不同的 S-PSS 和 336 种不同的 S-SSS。这样总共提供了 $2 \times 336 = 672$ 种不同的 S-PSS/S-SSS 组合，对应于 672 种不同的 Sidelink 标识（Sidelink identity）。为了在 Sidelink 同步中支持优先级排序，Sidelink 标识分为两组：

- 第一组 Sidelink 标识（覆盖内 Sidelink 标识），用于 S-SS/PSBCH 传输，可以是由覆盖内终端（即从主同步参考直接获得同步的终端）发送 S-SS/PSBCH，或者是从这类覆盖内终端直接获得同步的终端发送 S-SS/PSBCH。
- 第二组 Sidelink 标识（覆盖外 Sidelink 标识），用于所有其他终端发送 S-SS/PSBCH。

为了能够正确工作，终端必须有方法基于覆盖内 Sidelink 标识获取 S-SS/PSBCH，来确定 S-SS/PSBCH 是否发送自一个覆盖内终端（即主同步参考直接覆盖下的终端）。为了能够做到这一点，PSBCH 或者说 Sidelink MIB 包含了一个覆盖内指示，该指示仅对覆盖内终端置为真。

一般来说，终端应当总是从尽可能靠近主同步参考的源来获取同步。因此，在搜索同步源，实际上就是搜索 S-SS/PSBCH 块时，终端应当：

- 优先考虑覆盖内 Sidelink 标识，而不是覆盖外 Sidelink 标识。
- 如果是覆盖内 Sidelink 标识，优先考虑覆盖内终端，即覆盖内指示置为真的终端。

终端在获取到同步之后应当根据表 23-1 设置 Sidelink 标识和覆盖内指示进行 S-SS/PSBCH 传输。

表 23-1　给定同步源的 Sidelink 标识（SLI$_{sync\text{-}ref}$）和覆盖内指示来设置 S-SS/PSBCH 的 Sidelink 标识（SLI）和覆盖内指示的规则

		同步源的覆盖内指示	
		真	假
同步源的 Sidelink 标识（SLI$_{Sync\text{-}ref}$）	来自覆盖内分组	将覆盖内指示置为假 将 SLI 置为 SLI$_{Sync\text{-}ref}$	将覆盖内指示置为假 将 SLI 置为 SLI$_{Sync\text{-}ref}$+336
	来自覆盖外分组		将覆盖内指示置为假 将 SLI 置为 SLI$_{Sync\text{-}ref}$

这些规则会生成如图 23-16 所示的同步链，起始于主同步参考（图中的场景是蜂窝网络），通过覆盖内终端提供间接同步给覆盖外终端，要么通过覆盖内终端直接提供同步，要么通过一个或多个覆盖外终端间接提供同步。

图 23-16   Sidelink 同步链，SLI=Sidelink 标识

第 24 章

定 位

全球导航卫星系统（GNSS）在蜂窝网络的辅助下，多年来一直用于定位。GPS 可能是最著名的 GNSS 系统。每颗卫星都有紧密同步的时钟，通过观察多颗卫星并测量它们之间的时间差，就可以确定地理位置。然而，基于卫星的系统在室内场景中的覆盖范围非常有限。有一系列的应用例如物流和制造业，需要不仅在室外，而且在室内也要有精确的定位。因此，为了提供更好的定位支持，NR 标准 Release 16 中扩展了定位的功能。

在架构方面类似于 LTE，NR 定位基于位置服务器的使用。位置服务器收集与定位相关的信息（终端能力、辅助数据、测量、位置估计等）并将其分发给定位过程中涉及的其他实体。一系列（专有的）定位方法，包括基于下行链路和基于上行链路的定位方法，可以在位置服务器中实现并单独或组合使用，如图 24-1 所示。

图 24-1　基于下行的定位（左）和基于上行的定位（右）的示例

所有方法（至少是那些提供非常精确的位置估计的方法）的共同点是需要在终端定位所涉及的站点之间进行严格的时间同步。通过测量从多个时间同步站点发送的下行信号之间的时间差，可以使用三角测量来推导出位置。这种方法通常被称为观测到达时间差（Observed Time-Difference of Arrival，OTDOA），同样的方法也可以应用于上行链路。到达角（Angle-of-Arrival，AoA）、往返时间（RoundTrip Time，RTT）、小区 ID 和接收功率都可以用作定位算法的输入。

讨论不同的定位算法超出了本书的范围，但文献中提供了广泛的方法和结果，例如文献［89，91］。在下文中，将讨论 Release 16 中引入的支持精确定位的一些增强功能，包括基于下行和基于上行的定位。

24.1 基于下行的定位

通过提供新的参考信号，即定位参考信号（Positioning Reference Signal，PRS）以及相关的测量和报告机制来支持基于下行链路的定位。为了定位终端，配置终端对来自不同站点的多个定位参考信号进行测量，并将这些测量报告给网络以便进一步处理和估计位置。

定位参考信号是用于测量到达时间的下行信号。通常需要对源自多个站点的多个定位参考信号执行测量，否则将难以使用例如三角测量来确定终端的位置。因此需要多个资源非碰撞的定位参考信号，这些定位参考信号可能在不同的载波频率上传输。NR 使用一个层次结构来定义，包括定位频率层，PRS 资源集和 PRS 资源，如图 24-2 所示。

图 24-2 定位频率层、PRS 资源集和 PRS 资源

一个定位频率层包括跨一个或多个站点的一个或多个 PRS 资源集，所有这些资源集具有相同的载波频率和 OFDM 参数集。一个 PRS 资源集包含来自同一站点的 PRS 资源（一个站点可能有多个 PRS 资源集）。每个 PRS 资源通常对应于该站点的一个波束。因此，通过将终端配置为对 PRS 资源集中的某个 PRS 资源进行测量，位置服务器不仅获得关于该 PRS 资源集的报告测量对应哪个站点的信息，而且还获得来自该站点的特定波束的信息。

网络使用 PRS 资源发送定位参考信号，终端则会基于 PRS 资源执行定位相关的测量。PRS 资源的基础是所谓的置换梳状错开。这里置换意味着在不同 OFDM 符号中，梳状位置在频域中具有不同且不一定单调递增的偏移。与非置换模式相比，这使得 PRS 资源无法在所有的 OFDM 符号中进行相干合并，而只能在其中一个子集上进行相干合并。图 24-3 中提供了一个示例，其中 12 个连续 OFDM 符号承载 PRS 资源，每个符号的频域资源中的每 6 个子载波中有一个用于 PRS 资源。这样 PRS 资源前 6 个 OFDM 符号相对于资源块边缘的频率偏移的值在置换梳状配置下是 0、3、1、4、2、5（在非置换梳状下偏移配置为 0、1、2、3、4、5）。

在频域上，图 24-3 的示例中每 6 个子载波中有一个用于 PRS 资源，即梳状因子为 6，PRS 资源的梳状因子可以设置为 2、4、6 或 12，即每 2、4、6 或 12 个子载波中一个用于

PRS 资源。梳状结构的使用允许多个 PRS 可以同时通过使用不同的梳子进行复用。而在时域中，2、4、6 或 12 个 OFDM 符号用于一个 PRS 资源。

图 24-3 PRS 资源置换梳状错开的示例

在频域中，PRS 资源可以配置为具有最多 272 个资源块的带宽，其中 PRS 资源集中的所有 PRS 资源在频域中具有相同的带宽和位置（相对于点 A 定义）。请注意，PRS 资源是独立于任何 BWP 而定义的，并且其带宽可以大于激活 BWP。只要满足测量精度要求，终端实际测量的带宽就留给终端实现来决定。

在时域，PRS 资源在每个小区中周期性出现，周期可配置为从几毫秒到十秒。同一 PRS 资源集中的不同 PRS 资源可能具有不同的时间起点和周期。

在 PRS 资源中实际传输的定位参考信号是 QPSK 调制的 PN 序列，这个 PN 序列的种子是可配置的。为了那些不支持定位（因此不知道 PRS 资源配置）的终端（这些终端不能在 PRS 资源周围正确地执行 PDSCH 的速率匹配），网络会打孔 PDSCH，然后在打孔的位置传输 PRS。这样 PRS 会对 PDSCH 传输进行干扰，如果 gNB 认为 PRS 与 PDSCH 之间的干扰是一个问题，gNB 通过调度以避免 PRS 与 PDSCH 之间的冲突。

与基于 LTE 的定位相比，NR 标准的 PRS 设计明显更优。首先 NR 标准允许更宽的 PRS 带宽，这将提供更精确的测量。在不同波束中使用不同 PRS 资源（具有不同 ID）的结构，可用于估计相对于终端的到达角。

请注意，一些定位参考信号配置与 TRS 相同。这允许 TRS 可以重用于定位目的。尽管与非重用的 PRS 配置相比性能有所降低，这却可以作为一种减少开销的配置方法。

PRS 通过 5000 系列的天线端口传输。可以为 PRS 配置准共址，比如 PRS 可以与其他 PRS 或 SSB 配置为准共址。

一次 PRS 测量可能无法获得足够准确的测量结果。因此，如图 24-4 所示，PRS 资源可以在时间上重复。最多可配置重复 32 次。重复模式不仅由重复因子（图中示例为 4）指定，而且由时间间隔（图中为 8 和 1）指定。结合不同的时间起点，可以在使用波束扫描的多天线系统中配置"扫描然后重复"以及"重复然后扫描"模式。这为处理不同的波束赋形策略提供了灵活性。

图 24-4　PRS 资源配置示例

这里所描述的正交梳状映射的使用允许通过使用不同的正交梳状映射来复用多个定位参考信号。然而，由于终端也需要收听来自较远站点的定位参考信号，因此必须考虑远近问题。无论是否使用不同的频域资源，如果终端接收机没有足够的动态范围来处理这两个信号，同时接收来自远处基站的相对较弱的信号与来自近处基站的较强信号可能是有问题的。因此，需要一种机制来确保近处的基站在测量远处基站时保持静默。这是通过使用位图指定不同的静音模式来实现的。指定静音模式有多种实现方法，图 24-5 中提供了一个示例。当位图中的某一位为零时，不发送相应时刻的定位参考信号。如果同时从该站点不传输数据，合并的效应就是来自特定站点的静默，这允许终端对来自较远基站的定位参考信号进行测量。

图 24-5　PRS 静音

在引入定位参考信号的同时，还引入了新的测量方法来支持基于下行链路的定位。定义了定位参考信号的三种测量：定位参考信号接收功率（Positioning Reference Signal Received Power，PRS-RSRP）、相对信号时间差测量（Relative-Signal-Time-Difference measurement，RSTD）和 Rx-Tx 时间差。

顾名思义，定位参考信号接收功率（PRS-RSRP）是定位参考信号的接收功率。PRS-RSRP 的主要用途是与其他定位技术结合使用。例如，在评估其他 PRS 相关测量的准确性时，它可以作为指纹识别的一部分或作为补充输入。

相对信号时间差测量是对由两个不同节点发送的两个定位参考信号的接收时间差的测量。这是一个对于定位非常有用的信号，例如用于三角测量。

Rx-Tx 时间差是来自终端上报的下行帧的开始和相应上行帧的开始之间的时间差。这种测量不局限于服务小区，在这种情况下，测量原则上对应于定时提前，但是可以测量相对于 PRS 配置的时间差，包括从其他小区发送的时间差。在基于往返时间（RTT）的定位方案中，LPP 可以使用时间差，根据估计的 RTT 来确定基站和终端之间的距离。通过组合不同基站的多个 RTT 测量，可以确定终端位置。

还有其他测量（最初是为诸如切换之类的其他目的而定义的）可以用作定位算法的输入。比如基于 SSB 或 CSI-RS 的 RSRP 测量，就能以和 PRS-RSRP 类似的方式进行使用。

24.2　基于上行的定位

基于上行链路的定位是根据终端发送的探测参考信号 SRS 的。为了更好地支持定位，SRS 结构以多种方式扩展。

首先，持续时间延长，最多可达 12 个 OFDM 符号而不是 4 个 OFDM 符号。这样做的原因是确保足够好的信噪比，以便在 gNB 中进行精确的测量。考虑到持续时间的增加，起始点也更加灵活。SRS 可以在时隙内的任何地方传输，而不仅仅是 Release 15 中定义的只能在最后 6 个 OFDM 符号中传输。请注意，时域上的灵活性也是为了更好地支持非授权频谱，如第 19 章所述。这并不是 NR 标准唯一的某个功能扩展可用于多种用途的示例。这种示例强调了一个事实，即 NR 标准实际上是一组通用的“工具”，而不是对用于何种场景的描述。

其次，在频域中，SRS 的最大梳状间隔增加到 8。这允许多路复用更多的终端。与下行链路 PRS 类似，“置换”梳子用于定位目的，示例参见图 24-6。基于 SRS 的定位不支持跳频。

Release 15的SRS　　　　　　　用于定位的SRS

图 24-6　SRS 配置示例

出于与下行链路中相同的原因，指定附加测量以支持基于上行链路的定位。定义了四种新的 gNB 测量：相对到达时间、Rx-Tx 时间差、到达角和 SRS 接收功率（SRS-RSRP）。

相对到达时间测量 SRS 相对于可配置时间基准的到达时间。Rx-Tx 时间差类似，但以子帧边界作为参考。因此，它报告 SRS 相对于最近的下行子帧边界的到达时间。

到达角是终端传输的信号相对于全球参考或地理北极和天顶，或者相对于局部坐标系的到达角。在固定波束系统中，这实际上对应的是接收信号的波束方向。

SRS 接收功率（SRS-RSRP）与它的下行对应的功率相似，即 SRS 的接收功率。该功率测量可以用于基于指纹的定位方案。

第 25 章

射 频 特 性

NR 的射频特性与第 3 章中所述的 5G 频谱，以及频谱的灵活性紧密相关。频谱灵活性已经成为前几代移动系统的基石，对于 NR 来说，其作用则更加突出。频谱灵活性包括：允许运营商灵活地在不同的带宽和不同的频率范围部署 NR，可以灵活地运用对称和非对称频段部署 NR，以及通过频段内和频段间的聚合来灵活扩充 NR 容量。NR 还能够在同一无线载波下支持混合的参数集，相比于 LTE 的频域调度和基站无线载波内不同终端的复用，灵活性更高。在 NR 中使用 OFDM 带来了灵活性，可以按需分配频谱大小，以及调整瞬时传输带宽的大小，即在频域上能够进行灵活调度。

LTE 中已经使用了有源天线系统（Active Antenna Systems，AAS）和多天线的终端，但 NR 向前更进一步，在已有频段和新的毫米波频段上支持大规模 MIMO 和波束赋形。除了物理层受到影响，射频的实现也受到影响，包括滤波器、放大器，以及其他所有用于收发信号且必须要考虑频谱灵活性的射频器件。这些会在第 26 章中进一步讨论。

请注意，为了定义射频特性，gNB 的物理实现被称为基站（Base Station，BS）。基站定义了一些接口的射频要求，这些要求要么是在天线端口的传导要求，要么是在空口（Over-The-Air，OTA）的辐射要求。

25.1 频谱灵活性的影响

频谱灵活性是 LTE 的基本要求，对于如何定义 LTE 有很大影响。由于 NR 工作频谱的多变性，以及其为了满足 5G 关键特性的物理层设计方式，NR 对频谱灵活性有更高的要求。下面列出了影响射频特性定义的一些重要方面：

- 变化多样的频谱分配：3G 和 4G 所用的频谱已经变化多样，包括工作频段、分配的带宽、频率的组织形式（对称和非对称），以及相关的监管条例。对于 NR 变化会更多，Release 16 中最基本的频率变化从 600MHz 到 40GHz，目前 ITU-R 的 IMT 确定的最高频率为 71GHz。NR 部署的频段大小也从 5MHz 到 3GHz 不等，包括对称和非对称频谱，其目的是使用某些补充的下行或上行作为对称频段的补充。第 3 章中介绍了 5G 将要使用和正在调研的频谱以及 NR 定义的工作频段。

- 不同的频谱块定义：在多种频谱分配情况下，会分配频谱块用于 NR 的部署，一般是通过向运营商发放许可的形式。不同国家和地区之间频谱块的精确频率边界可以不同，但 RF 载波必须放置在合适的位置，以便有效利用频谱块，没有频谱的浪费。这对于放置载波的信道栅格有特定的要求。

- LTE-NR 共存：LTE/NR 在同一频谱上共存，使得可以在已部署 LTE 的上行和下行载波内部署 NR。进一步描述请见第 18 章。由于共存的 NR 和 LTE 载波需要子载波对齐，为了对齐放置 NR 和 LTE 载波，对 NR 的信道栅格就造成了限制。

- 多参数集和混合参数集：如 7.1 节所述，NR 的传输机制灵活性很高，支持子载波间隔从 15kHz 到 240kHz 的多种参数集，直接影响了时域和频域结构。子载波间隔对发射频谱的滚降产生影响，影响的结果是发射资源块之间需要保护频带。保护频带定义了无线载波的边界，用作射频要求的参考点（见 25.3 节）。NR 还支持同一载波上混合的参数集，这进一步对射频产生影响，因为无线载波的两边所需的保护频带可能不同。

- 独立信道带宽定义：通常情况下 NR 的终端不会使用基站的全部带宽进行接收或发送，但是可以给终端分配部分带宽（见 7.4 节）。虽然部分带宽的概念对射频没有直接影响，但要注意到，基站和终端的信道带宽是分别定义的，终端的带宽能力不必匹配基站的信道带宽。

- 双工方式的变化：如 7.2 节所示，NR 只定义了一种帧结构，可以支持 TDD、FDD 和半双工 FDD。在第 3 章中对 NR 每个工作频段定义了具体的双工方式。还有一些频段定义为用于 FDD 的补充下行（SDL）或补充上行（SUL）。进一步的描述见 7.7 节。

NR 定义的频段大多是 IMT 目前已指派的频段（见第 3 章），这些频段上可能已经部署了 2G、3G 或者 4G 系统。在一些地区很多频段是以 "技术中立" 方式规定的，这意味着不同技术的共存是必需的。任何具备宽频工作能力的移动系统（包括 NR）为了支持如下几项，都会对射频要求以及如何定义射频要求有直接影响：

- 同一地理区域内不同运营商共存：运营商可能会在不同频段部署 NR 或其他 IMT 技术，如 LTE、UTRA 或 GSM/EDGE。某些情况下还可能有其他非 IMT 的技术。不同技术在相同频段或不同频段的共存要求已经在 3GPP 里充分讨论，但在某些特定情况下也可能有监管机构定义的区域性要求。

- 不同运营商的基站设备共址：很多情况下基站设备部署的位置受限。因此，经常会出现不同运营商共享站点或一个运营商在一个站点部署多种技术的情况。当工作在距离其他基站很近的地方时，就对基站接收机和发射机提出了额外的要求，尽管工作频段可能不同。

- 跨国界相邻频段的业务共存：无线频谱的使用受复杂的国际条约所管制，其中涉及许多利益。因此，需要协调不同国家的不同运营商，以及相邻频段上业务的共存。这类要求大多由不同的监管机构制定。某些情况下，监管机构要求 3GPP 标准里包含这类共存的限制。

- 不同运营商的 TDD 系统共存：这通常需要同一频段内运营商之间同步，以避免不同运营商上下行之间的干扰。意味着所有运营商的上下行配置和帧同步都要相同，这本身并不是射频要求，但在 3GPP 标准中已经隐含假定为射频要求。对于非同步系统的射频要求更为严苛。

- 频段与版本无关原则：区域性定义的一些频段，以及每一代移动系统不断添加的新频段，都意味着 3GPP 标准的每个新版本都会增加新的频段。通过"与版本无关"原则，基于 3GPP 标准的早期版本设计的终端，可以支持后续版本新增的频段。在 Release 15 里定义了 NR 频段的第一个集合（见第 3 章），后续新增频段会以与版本无关的方式添加。

- 频谱分配的聚合：移动系统运营商的频谱分配多种多样，很多情况下不能恰好组成适合一个载波的频谱块。频谱分配甚至可能是不连续的，多个频谱块散落在一个或者多个频段内。对于这些情况，NR 标准支持载波聚合，一个频段内或多个频段内的多个载波可以合并构成更大的传输带宽。

25.2　不同频率范围的射频要求

如上文以及第 3 章所讨论，NR 工作的频谱分布范围很广、变化多样。所分配的频谱块大小、信道带宽和双工间隔都可以不同，但 NR 与前面几代技术的真正区别是，支持的频率范围很大，不仅要求的限值，而且要求的定义和一致性测试等方面也会随着频率不同而有很大差别。高频段的测量仪器，例如频谱分析仪，会变得更加复杂和昂贵，考虑到最高频率及其谐波，甚至无法以合理的方式对射频要求进行测试。

因此，对终端和基站的射频要求按频率范围（Frequency Range，FR）进行了划分，3GPP Release 16 定义了两个频率范围（FR1 和 FR2），如表 25-1 所示。频率范围的概念不是静态的。当新增的 NR 频段在已有的频率范围之外时，如果与已有的频率范围要求一致，可以扩展已有的频率范围来包含新的频段。如果与现有频率范围存在巨大差异，则会为新的频段定义新的频率范围。

表 25-1　3GPP Release 15 定义的频率范围

频率范围名称	对应的频率范围（MHz）
频率范围 1（FR1）	410 ～ 7125
频率范围 2（FR2）	24 250 ～ 52 600

频率范围以对数形式展示在图 25-1 中，其中列出了 IMT 定义（至少在一个区域）的

频段。在 IMT 第一次分配时 FR1 从 410MHz 起，在 7.125GHz 终止。FR1 最初定义的是从 450MHz 到 6000MHz，但从标准角度考虑，随后将频率范围扩展到相邻频段。FR2 涵盖了当前 ITU-R 中正在研究作为 IMT 指定毫米波范围新频段的子集（见 3.1 节）。FR2 终止于 52.6GHz，这是 3GPP Release 16 标准工作范围里的最高频率。

图 25-1　频率范围 FR1 和 FR2 及相应的 IMT 标识（浅灰色）。请注意频率是以对数形式标注的

对介于 FR1 和 FR2 的频率范围（7125MHz ～ 24 250MHz），3GPP 正在研究用于 NR 的可行性及其如何影响标准[106]。结果可能会将 FR1 和 FR2 扩展到新的范围，也可能定义新的 FR3。如果选择定义 FR3，对于标准的影响更为深远，不仅对于射频标准，对物理层、无线资源控制和无线资源管理的标准也有影响。在即将到来的 WRC-23 上，ITU-R 有一项议程将 10.0GHz ～ 10.5GHz 频段考虑作为 IMT 标识。IMT 还可能在 FR1 和 FR2 之间引入区域性或国家性频段。

对高于 52.6GHz 的频率，3GPP 正在研究其可能性，Release 17 会开展一个工作项目来研究 NR 工作在 52.6GHz ～ 71GHz，这会将 FR2 扩展到最高 71GHz。请注意，WRC-19 确定了在某些地区 66GHz ～ 71GHz 用于 IMT。WRC-19 的结果和 WRC-23 将要考虑的新频段都在 3.1.1 节进行了详细描述。

已有的 LTE 频段全部位于 FR1，因此在很多 FR1 频段里 NR 需要与 LTE 和前几代系统共存。3.5GHz 附近经常被称作"中频段"（实际上跨度为 3.3GHz ～ 5GHz），NR 大多会部署在这段"新"频谱，即之前没有被移动业务利用过的频谱。FR2 涵盖了经常被称作毫米波的频段（严格来说，毫米波起始于 10mm 波长的 30GHz）。相比于 FR1，高频段 FR2 的传播特性不同，绕射较少、穿透损耗较高、路损也较高。可以通过发射机和接收机增加天线单元、采用具有更高增益的更窄天线波束和大规模 MIMO 来补偿传播损耗。这造成了不同的共存特性，进而导致对共存的射频有不同的要求。相比于 FR1 频段，FR2 频段毫米波射频有不同的实现复杂度和性能，这影响了所有的器件，包括 A/D 和 D/A 转换器、本振生成、功放效率、滤波器等。这些会在第 26 章进一步讨论。

25.3　信道带宽和频谱利用率

如第 3 章所述，NR 定义的工作频段在带宽上变化巨大。在一些 LTE 重耕的频段，上行或下行可用频谱可小到 5MHz，而在 FR1 的 NR "新" 频段可高达 900MHz，在 FR2 则可到几个 GHz。一个运营商可用的频谱块一般会小于这个带宽。而且，需要逐步将正在由其他无线接入技术如 LTE 所使用的工作频段迁移到 NR，以确保为现存用户保留足够的频谱。因此，最初可以迁移到 NR 的频谱数量相对较小，但是后续会逐步增加。频谱块大小的变化和不同的分配场景意味着对 NR 频谱灵活性（即支持传输带宽灵活性）的要求很高。

一个 NR 载波的基本带宽被称为信道带宽（Channel BandWidth，$BW_{Channel}$），也是定义大多数 NR 射频要求的基本参数。NR 的频谱灵活性要求在频域上能够大尺度缩放。为了限制实现的复杂度，在射频规范里只定义了带宽的一个有限集合。所支持的信道带宽范围为 5 ～ 400MHz。

载波带宽与频谱利用率相关（即物理资源块占据信道带宽的比例）。LTE 里频谱利用率最大为 90%，但 NR 的目标是要实现更高的频谱效率。必须考虑到参数集（子载波间隔）的因素，子载波间隔会影响 OFDM 波形的滚降，还要考虑滤波和加窗方案的实现。此外，频谱效率还与能够达到的误差矢量幅度（Error Vector Magnitude，EVM）、发射机的无用发射，以及邻道选择性（Adjacent Channel Selectivity，ACS）等接收机的性能相关。频谱利用率定义为最大的物理资源块数目 N_{RB}，即最大可能的传输带宽配置，对每个可能的信道带宽单独定义。

频谱利用率根本上定义的是射频载波两边的保护频带，如图 25-2 所示。"外部" 射频要求只定义了无用发射，这里外部是指保护频带外，即射频信道带宽之外，而内部真正的射频载波只定义 EVM 的要求。对于信道带宽 $BW_{Channel}$，保护频带为

$$W_{Guard} = \frac{BW_{Channel} - N_{RB} \cdot 12 \cdot \Delta f - \Delta f}{2} \tag{25-1}$$

其中，N_{RB} 为最大资源块数目，Δf 为子载波间隔。载波两边每一侧有额外 $\Delta f/2$ 的保护是由于无线信道的栅格是以子载波为粒度的，而与实际的频谱块无关。因此，可能无法把载波恰好放置于频谱块的中心，传输带宽每边会需要额外 $\Delta f/2$ 的保护频带来保证可以满足射频要求。

如式（25-1）所示，保护频带和频谱利用率取决于所用的参数集。如 7.3 节所述，根据参数集的子载波间隔不同，带宽也会不同，N_{RB} 的最大值为 275。为了得到合理的频谱利用率，小于 11 的 N_{RB} 是不用的，由此得到了 NR 定义的信道带宽和相应频谱利用率的一个范围，如表 25-2 所示。请注意，FR1 和 FR2 所用的子载波间隔是不同的。频谱利用率用分数来表示，在最大信道带宽下最高利用率为 98%。除去一些较小的带宽（$N_{RB} \leqslant 25$）之外，所有情况下利用率都在 90% 以上。

图 25-2 一个射频载波的信道带宽以及相应的传输带宽配置

表 25-2 信道带宽和频谱利用率的范围（在不同参数集和频率范围下）

频率范围	频率范围里所用的 BW$_{Channel}$ 集合（MHz）	子载波间隔（kHz）	每种子载波间隔可能的 BW$_{Channel}$ 范围（MHz）	相应的频谱利用率范围（N_{RB}）
FR1	5, 10, 15, 20, 25, 30, 40, 50, 60, 70, 80, 90, 100	15	5 ～ 50	25 ～ 270
		30	5 ～ 100	11 ～ 273
		60	10 ～ 100	11 ～ 135
FR2	50, 100, 200, 400	60	50 ～ 200	66 ～ 264
		120	50 ～ 400	33 ～ 264

因为信道带宽定义是独立于基站和终端的（见上文及 7.4 节），基站和终端规范所支持的实际信道带宽也会不同。对某个特定的带宽，如果基站和终端都支持相同的带宽和子载波间隔的组合，那么频谱利用率是相同的。

25.4 终端射频要求的总体结构

FR1 和 FR2 的共存特性和实现不同，也就意味着 NR 终端的射频要求对于 FR1 和 FR2 是分开定义的。对于 FR2 上使用毫米波技术的终端和基站的实现，更详细的讨论请见第 26 章。

对于 LTE 及前几代技术，一般是通过定义和测量天线连接器的传导要求来规定射频要求。很多基本的监管条例也是按照这种方式来撰写的。由于终端天线一般是不可拆卸的，就作为天线测试端口。FR1 的终端要求就是通过这种方式定义的。

由于 FR2 采用了大量天线单元，以及毫米波技术的高度集成化，传导要求不再具有可行性。因此 FR2 规定了辐射要求，并且测试必须在空中通过无线完成。这对于要求的定义（尤其是测试要求）是额外的挑战，而测试对于 FR2 又是必需的。

同一终端与其他无线交互也有一组要求，主要涉及在非独立组网模式（Non-StandAlone，NSA）下与 LTE 的交互，以及载波聚合下 FR1 和 FR2 无线之间的交互。

最后，还有一组终端性能要求，定义了在一些条件下（包括不同的传播环境），终端接收机物理信道的基带解调性能。

由于不同类型的要求之间有差别，所以终端射频特性的规范分为四部分，在 3GPP 标准中终端被称为用户设备（User Equipment，UE）：

- TS 38.101-1[5]：UE 无线发射和接收，FR1。
- TS 38.101-2[6]：UE 无线发射和接收，FR2。
- TS 38.101-3[7]：UE 无线发射和接收，与其他无线的交互。
- TS 38.101-4[8]：UE 无线发射和接收，性能要求。

FR1 的射频传导要求在 25.6 ～ 25.11 节中描述。

25.5　基站射频要求的总体结构

25.5.1　NR 基站的射频传导要求和辐射要求

随着移动系统的持续演进，AAS 变得越来越重要。虽然很多年来对于开发和部署无源天线阵列的基站做过一些尝试，但针对这类天线系统并没有特定的射频要求。一般的射频要求都是在基站射频天线连接器处定义的，至少从标准化的观点看天线不被视为基站的一部分。

在天线连接器处规定的要求被称为传导要求（conducted requirement），通常定义为天线连接器处测量的（绝对或相对）功率电平。监管条例中的发射限制大多定义为传导要求。而另一种方式是定义辐射要求（radiated requirement），评估的时候包含天线在内，通常考虑某个特定方向的天线增益。辐射要求需要更为复杂的 OTA 测试过程，例如在测试中使用吸波暗室。通过 OTA 测试，可以评估整个基站包括天线系统的空间特性。

对于 AAS 的基站，发射机和接收机的有源部分可能集成在天线系统里，按照传统定义在天线连接器处的要求不再合适。为此，3GPP 在 Release 13 里为适用于 LTE 和 UTRA 设备的 AAS 基站定义了一套单独的射频规范。

对于 NR，标准从一开始就包括了对 FR1 和 FR2 的射频辐射要求和 OTA 测试。因此 AAS 的很多工作直接被纳入 NR 标准。AAS 这一术语在 NR 基站射频规范中不再使用[4]，转而定义了不同基站类型的要求。在 Release 15 最初的 AAS 规范中包括了 NR 以及 LTE 和 UTRA。

AAS 基站要求是基于通用的 AAS 基站无线架构的，如图 25-3 所示。该架构由连接到组合天线的收发机单元阵列组成,组合天线包括一个无线分发网络和一个天线阵列。收发机单元阵列包括多个发射机和接收机单元。这些单元通过收发机阵列边界(Transceiver Array Boundary,TAB)的许多连接器连接到组合天线。在非 AAS 基站上这些 TAB 连接器对应于天线连接器,并作为传导要求的参考点。无线分发网络是无源的,它将发射机的输出分发到相应的天线单元;反之亦然,对接收机的输入也进行分发。请注意,AAS 基站的具体实现可能看起来不同,例如不同部件所处的物理位置、天线阵列的几何形状、所用天线单元的类型等。

基于图 25-3 的架构,定义了两种类型的要求:

- 传导要求定义为一个单独的或一组 TAB 连接器上每个射频的特性。用这种方式来定义传导要求在某种意义上"等同于"非 AAS 基站的传导要求,因此系统的性能或对其他系统的影响应该是相同的。
- 辐射要求定义为天线系统远场 OTA 的要求。由于在这种情况下更关注空间方向,每个要求的适用范围都要详细说明。辐射要求是参考远场区域的辐射接口边界(Radiated Interface Boundary,RIB)来定义的。

图 25-3   有源天线系统(AAS)的通用射频架构,也用于 NR 辐射要求

25.5.2   NR 不同频率范围的基站类型

射频要求需要考虑到基站可能有许多不同的设计。在 FR1,基站的构建方式类似于"传统的"3G 和 4G 基站,通过天线连接器连接到外部天线。对于 AAS 的基站,仍然可以通过天线连接器来定义和测试某些射频要求。对于具有高集成度天线系统的基站,由于没有天线连接器,所有的要求必须在 OTA 评估。假定 FR2 天线系统的实现采用了毫米波技术,那么只需要定义这一类基站类型。

基于上述假定,参考图 25-3 里定义的架构,3GPP 定义了四种基站类型:

- 基站类型 1-C:NR 基站工作在 FR1,只定义了单个天线连接器处的传导要求。
- 基站类型 1-O:NR 基站工作在 FR1,只定义了 RIB 处的(OTA)传导要求。

- 基站类型 1-H：NR 基站工作在 FR1，定义了包括单个 TAB 连接器处的传导要求和 RIB 处的一些 OTA 要求，是一个"混合的"要求集合。
- 基站类型 2-O：NR 基站工作在 FR2，只定义了 RIB 处的（OTA）传导要求。

基站类型 1-C 要求的定义方式与 UTRA 或 LTE 传导要求的定义方式相同，见 25.6 ～ 25.11 节描述。

基站类型 1-H 对应于 3GPP Release 13 里 LTE/UTRA 定义的第一种类型的 AAS 基站，其中定义了两个辐射要求（辐射发射功率和 OTA 灵敏度），其他要求都定义为传导要求，如 25.6 ～ 25.11 节所述。很多基站类型 1-H 的传导要求（如无用发射限制）的定义分为两步。首先定义一个基本限制（basic limit），与基站类型 1-C 单个天线连接器处的传导限制相同，因此相当于基站类型 1-H 在 TAB 连接器处的限制。第二步，通过基于有源发射单元数目的比例因子将基本限制转换为 RIB 处的辐射限制。比例因子的上限为 8（9dB），8 是用于定义监管限制的最大天线单元个数。请注意，根据区域监管条例不同，最大比例因子可能会不同。

基站类型 1-O 和基站类型 2-O 的所有要求都定义为辐射要求。很多基站类型 1-O 的要求是参考相应的 FR1 传导要求来定义的，其中无用发射限制也与基站类型 1-H 一样按比例缩放。因为 FR1 和 FR2 的共存特性和实现有差别，这意味着很多情况下 FR2 的基站类型 2-O 与 FR1 的基站类型 1-O 的要求是分别定义的。

25.12 节概述了基站类型 1-O 和 2-O 的辐射要求，以及基站类型 1-H 的部分要求。

25.6　NR 射频传导要求概述

射频要求定义了基站或终端的接收机或发射机的射频特性。基站作为物理节点，在一个或多个天线连接器上发射和接收无线信号。请注意，NR 的基站并不等同于 gNB，gNB 对应于无线接入网的逻辑节点（见第 6 章）。在所有的射频规范里终端都用 UE 来表示。射频传导要求是为 FR1 的工作频段定义的，而只有辐射（OTA）要求是为 FR2 定义的（见 25.12 节）。

NR 定义的射频传导要求集合与 LTE 或其他无线系统基本相同。某些要求也是基于监管机构的要求，更关注于工作的频段以及系统部署的地点，而非哪种类型的系统。

NR 特有的灵活信道带宽和多个参数集，使得在定义某些要求时变得更为复杂。这些特性对于发射机的无用发射要求有着特殊影响，在国际监管条例中无用发射的限制取决于信道带宽。对于系统很难定义这类限制，因为基站可能工作在多个信道带宽上，而终端的工作带宽也可能变化多样。OFDM 物理层的灵活性也影响了发射机的调制质量、接收机选择性和阻塞要求的定义。请注意，一般情况下基站和终端的信道带宽是不同的，如 25.3 节所述。

终端定义的发射机要求类型与基站定义的类型非常类似，而且具体要求也非常类似。但是，由于终端的输出功率电平相当低，因此终端实现的限制条件更高。所有的电信设备都面临着成本和复杂度的巨大压力，但对于终端来说更加明显，因为每年有接近二十亿的终端市场规模。本章分别讨论终端和基站要求的不同定义。

在文献［70-71］中描述了 NR 射频传导要求的详细背景。文献［4］中规定了基站的射频传导要求，文献［5］中规定了终端的射频传导要求。射频要求分为发射机特性和接收机特性。还定义了在不同传播条件下所有物理信道上的接收机基带性能，即基站和终端的性能特性。这些性能并非严格意义上的射频要求，尽管在某种程度上性能也是取决于射频的。

NR 基站和终端的测试规范中为每个射频要求定义了相应的测试。这些规范定义了体现射频一致性和性能要求的测试设置、测试步骤、测试信号、测试容差等。

25.6.1　发射机传导特性

发射机特性定义了终端和基站发射有用信号的射频要求，也定义了发射载波带外不可避免的无用发射。射频要求基本分为三部分：

- **输出功率电平**要求限制了当功率电平动态变化时的最大允许发射功率，也限制了某些情况下发射机关闭状态的最大允许发射功率。
- **发射信号质量**要求定义了发射信号的"纯度"，以及多个发射通路之间的相关性。
- **无用发射**要求限制了发射载波带外的所有发射，与监管要求以及与其他系统的共存紧密相关。

根据上面定义的三部分，表 25-3 列出了终端和基站的发射机特性。特定要求的详细描述可见本章后续部分。

表 25-3　NR 发射机传导特性概述

	基站要求	终端要求
输出功率电平	最大输出功率	发射功率
	输出功率动态	输出功率动态
	功率开 / 关（只有 TDD）	功率控制
发射信号质量	频率误差	频率误差
	误差矢量幅度（EVM）	发射调制质量
	发射通路之间的时间对齐	带内发射
无用发射	工作频段的无用发射	频谱发射模板
	邻道泄漏比（ACLR 和 CACLR）	邻道泄漏比（ACLR 和 CACLR）
	杂散发射	杂散发射
	占用带宽	占用带宽
	发射机互调	发射机互调

25.6.2　接收机传导特性

NR 接收机要求的集合与 LTE 和 UTRA 等其他系统的定义非常相似。接收机特性基本分为三部分：

- 接收有用信号的**灵敏度**和**动态范围**要求。
- **接收机对干扰信号的敏感度**定义了在不同频率偏移时接收机对于不同类型干扰信号的敏感度。
- 接收机**无用发射**限制。

根据上面定义的三部分，表 25-4 列出了终端和基站的接收机特性。每个要求的详细描述可见本章后续部分。

表 25-4　NR 接收机传导特性概述

	基站要求	终端要求
灵敏度和动态范围	参考灵敏度	参考灵敏度功率电平
	动态范围	最大输入电平
	信道内选择性	
接收机对干扰信号的敏感度	带外阻塞	带外阻塞
		杂散响应
	带内阻塞	带内阻塞
	窄带阻塞	窄带阻塞
	邻道选择性	邻道选择性
	接收机互调	互调特性
无用发射	接收机杂散发射	接收机杂散发射

25.6.3　区域性要求

射频要求及其适用范围存在很多区域性差异，原因在于不同的区域和地方规定的频谱及其用途不同。如第 3 章所述，最明显的区域性变化就是不同的频段及其用途，因此很多区域性的射频要求也与特定的频段相关联。

当存在某个区域性要求（例如杂散发射）时，这类要求应当体现在 3GPP 标准中。对于基站，该要求的是作为可选要求的，并标记为"区域性"。对于终端，由于可能在不同区域间漫游，所以不能采用相同的方式处理，因此终端需要满足与使用的工作频段相关联的全部区域性要求。对于 NR（以及 LTE），情况相比于 UTRA 变得更为复杂，因为发射机和接收机所用带宽的变化，使得某些区域性要求很难作为基本要求来满足。因此 NR 中引入了射频要求网络信令（Network Signaling）的概念，即当终端连接到网络时，在呼叫建立阶段通知终端采用某些特定的射频要求。

25.6.4　通过网络信令通知特定频段的终端要求

对于 NR 终端，所支持的信道带宽与 NR 的工作频段有关，也与发射机和接收机的射频要求相关。原因是，在最大发射功率以及发射 / 接收资源块数量很大的情况下，某些射频要求很难满足。

在 NR 和 LTE 中，当小区切换或广播信息中发送一个特定的网络信令值（NS_x）给终端时，对终端会提出一些额外的射频要求。出于实现的原因，这些要求与射频参数的限制和变化相关，例如终端输出功率、最大信道带宽，以及发送资源块数目。这些不同的要求与 NS_x 一起定义在终端射频规范里，其中每个值对应一种特定的情况。NS_01 是针对所有频段的默认值。NS_x 对应于允许的功率回退，称为额外最大功率回退（Additional Maximum Power Reduction，A-MPR），适用于使用某个最小数量的资源块进行传输的情况，也取决于信道带宽。

25.6.5　基站类型 1-C 和 1-H 的基站等级

为了适用于不同的部署场景，对于 NR 基站有多个射频要求集合，每个集合适用于一种基站等级。在定义 NR 射频要求时，引入了基站等级来划分宏蜂窝、微蜂窝和微微蜂窝的场景。这里宏、微和微微与部署场景相关，3GPP 并未用此来确定基站等级，而是采用了下列术语：

- **宏覆盖基站**：这种类型的基站用于宏蜂窝场景，基站与终端的最小耦合损耗为 70dB。典型部署场景为大小区，采用高塔或屋顶安装，提供广域的室外覆盖，也提供室内覆盖。
- **中等覆盖基站**：这种类型的基站用于微蜂窝场景，基站与终端的最小耦合损耗为 53dB。典型部署为室外屋顶下安装，提供室外的热点覆盖，以及室外到室内的穿墙覆盖。
- **局部覆盖基站**：这种类型的基站适用于微微蜂窝场景，基站与终端之间的最小耦合损耗为 45dB。典型部署为墙壁或天花板安装，提供室内的办公环境覆盖，以及室内 / 室外的热点覆盖。

局部覆盖和中等覆盖基站等级相比于宏覆盖基站，由于最小耦合损耗的减少，所以修改了一些要求：

- 对于中等覆盖基站，基站最大输出功率的限制为 38dBm，而对于局部覆盖基站则限制为 24dBm。最大功率是按照每天线每载波来定义的。而对于宏覆盖基站，没有定义最大功率。
- 对于中等覆盖和局部覆盖基站，频率误差要求更为宽松。
- 对于中等覆盖和局部覆盖基站，频谱模板（工作频段无用发射）的限制更低，这是与较低的最大功率电平相一致。
- 对于中等覆盖和局部覆盖基站，接收机参考灵敏度限制提高（更为宽松）。接收机动态范围和信道内选择性也要做相应调整。
- 相比于宏覆盖基站，中等覆盖和局部覆盖基站的共站限制更为宽松，对应于宽松的基站参考灵敏度。
- 对于中等覆盖和局部覆盖基站，考虑到更高的接收机灵敏度限制和更低的（基站到终端）最小耦合损耗，调整了接收机对干扰信号敏感度的所有限制。

25.7　传导输出功率电平要求

25.7.1　基站输出功率和动态范围

对于基站一般没有最大输出功率的要求。但是如上文所提到的基站等级，中等覆盖基站最大输出功率的限制为38dBm，局部覆盖基站最大输出功率的限制为24dBm。除此之外，还定义了一个容差，即实际的最大功率和制造商宣称的功率电平之间的偏差。

基站规范确定了一个资源单元的总功率控制的动态范围，定义了可能配置的功率范围。对于基站的总功率也有动态范围的要求。

对于TDD模式，基站输出功率的功率模板定义了上行子帧期间的关断功率电平，以及发射机开关状态转换之间发射机过渡期的最大时间。

25.7.2　终端输出功率和动态范围

终端输出功率电平的定义分为三步：

- UE功率等级定义了QPSK调制下的标称（nominal）最大输出功率。该功率在不同工作频段上可能会不同，但目前所有频段主要的终端功率等级设为23dBm。
- 最大功率回退（Maximum Power Reduction，MPR）定义了在调制方式和资源块的特定组合情况下允许的最大功率回退。载波聚合、SUL和上行MIMO也定义了MPR。
- 额外最大功率回退（Additional Maximum Power Reduction，A-MPR）可能在某些区域适用，A-MPR通常与特定的发射机要求（例如区域性发射限制）以及与特定的载波配置相关。对于每种要求集合，由相关联的网络信令值NS-x来标明允许的A-MPR以及相关联的条件，如25.6.4节所述。

最小输出功率电平设置定义了终端的动态范围。发射机关断功率电平的定义适用于终端不允许发射的情况。还定义了通用的开关时间模板，以及PRACH、PUCCH、SRS和PUCCH/PUSCH/SRS转换的特定时间模板。

终端发射功率控制，是通过这几种功率容差要求来定义的，分别是初始功率设置的绝对功率容差，两个子帧之间的相对功率容差，以及一系列功率控制命令的聚合功率容差。

25.8　发射信号质量

发射信号质量要求定义了基站或终端的发射信号在符号域和频域与"理想"调制信号偏离的程度。发射机的射频器件对发射信号产生损伤，其中主要是由功率放大器的非线性特性导致的。基站和终端的信号质量是通过EVM和频率误差的要求来评估的。对于终端，还有一个终端带内发射的额外要求。

25.8.1　EVM 和频率误差

虽然信号质量测量的理论定义非常简单，但实际的评估却是一个非常细致的过程，在 3GPP 标准中极为详细地进行了描述。原因在于这是一个多维优化的问题，需要找到时间、频率和信号星座图上最匹配的点。

EVM 用于测量调制信号星座图的误差，是在激活子载波上所有采用该调制方式符号的矢量误差均方根。EVM 表示为相对于理想信号功率的百分比值。从本质上来说，如果发射机和接收机之间对信号没有额外的损伤，EVM 就定义了接收机能够获得的最大 SINR。

由于接收机可以消除某些发射信号的损伤，诸如时间色散等，因此要在循环前缀移除和均衡之后评估 EVM。通过这种方式，EVM 的评估包含了接收机的标准化模型。EVM 评估产生的频率偏移进行平均后用于测量发射信号的频率误差。

25.8.2　终端带内发射

带内发射是信道带宽内的发射。带内发射要求限制了终端在信道带宽内未分配资源块上的发射水平。与带外（Out-Of-Band，OOB）发射不同，带内发射是在循环前缀移除和 FFT 之后测量的，因为这是终端发射机影响实际的基站接收机的方式。

25.8.3　基站时间对齐

NR 的一些特性要求基站从两个或者多个天线上发射，例如发射分集和 MIMO。对于载波聚合，基站也可以在不同天线上发射载波。为了使终端能够正确接收来自多个天线的信号，任意两个发射通路之间的定时关系是根据发射通路之间的最大时间对齐误差来定义的。最大允许的误差取决于发射通路的特性或特性组合。

25.9　无用发射传导要求

按照 ITU-R 建议书[40]，发射机的无用发射可分为带外发射和杂散发射。带外发射定义为靠近射频载波的频率上的发射，产生于调制过程中。杂散发射是射频载波外的发射，在不影响信息传输的情况下可以被削减。杂散发射的例子有谐波发射、互调产物和变频产物。带外发射的频率范围一般称为带外域，而杂散发射的限制一般在杂散域定义。

ITU-R 还定义了带外域和杂散域之间的边界，频点位于距离载波中心 2.5 倍必要带宽，相当于 NR 信道带宽的 2.5 倍。这种划分要求对于固定信道带宽的系统很容易定义，但是对于 NR 这种动态带宽的系统会很困难，这意味着要求适用的频率范围随着信道带宽而变化。在 3GPP 中定义基站和终端要求边界的方法稍有不同。

在带外发射和杂散发射的推荐边界设置为 2.5 倍信道带宽的情况下，带外域覆盖的频率范围为载波每侧两倍信道带宽，因此载波的三阶和五阶互调产物会落在带外域内。对于带外域，基站和终端都定义了两种互相重叠的要求：频谱发射模板（Spectrum Emissions

Mask，SEM）和邻道泄漏比（Adjacent Channel Leakage Ratio，ACLR）。详细说明见下文。

25.9.1　实现因素

OFDM 信号的频谱在配置的发射带宽之外衰减非常缓慢。由于 NR 的发射信号最多占据 98% 的信道带宽，因此无法通过"纯粹"的 OFDM 信号满足信道带宽之外无用发射的限制。不过 NR 标准并未指定或强制要求为了达到发射机要求所要采用的技术。OFDM 系统中用来控制频谱发射而通常采用的一种方法是时域加窗。滤波也是经常采用的方法，包括在时域对基带信号进行数字滤波，以及对射频信号进行模拟滤波。

功率放大器（Power Amplifier，PA）在放大射频信号时的非线性特性也必须要考虑，因为这是信道带宽之外互调产物的来源。可以通过功率回退获得 PA 更线性的工作，但这是以降低功率效率为代价的。因此功率回退应当保持在最小限度。出于这个原因，可采用额外的线性化方案。这些对于基站尤其重要，因为对于实现复杂度的限制较少，并且采用先进的线性化方案是控制频谱发射的基本。这类技术包括前馈、反馈、预失真和后失真。

25.9.2　带外域的发射模板

发射模板定义了必要带宽之外允许的带外频谱发射。如上所述，在定义带外发射和杂散发射之间的频率边界时，如何考虑灵活的信道带宽，对于 NR 的基站和终端是不同的。因此，发射模板也要基于不同的原则。

1. 基站工作频段无用发射限制

对于 NR 基站，由于信道带宽的变化，使得带外域和杂散域的边界也跟着变化，因此无法定义一个明确的边界。解决方案是用 NR 基站的工作频段无用发射（Operating Band Unwanted Emission，OBUE）的统一概念来替代通常定义的带外发射频谱模板。工作频段无用发射要求适用于基站发射机的整个工作频段，每侧额外加上 10MHz ～ 40MHz，如图 25-4

图 25-4　NR 基站（FR1）工作频段无用发射和杂散发射的频率范围

所示。根据 ITU-R 建议书[40]，该范围外的所有要求都由监管机构的杂散发射限制来设置。由图 25-4 可以看出，大部分工作频段无用发射定义的频率范围，对于较小的信道带宽可以是在杂散域和带外域里。这意味着对于可能位于杂散域的频率范围的限制也要符合 ITU-R 的监管限制。所有信道带宽的模板形状是通用的，因此模板从信道边缘开始的 10MHz ～ 40MHz 必须与 ITU-R 的限制保持一致。工作频段无用发射是以 100kHz 测量带宽来定义的，从而与 LTE 的模板在很大程度上保持一致。

在载波聚合的情况下，基站的 OBUE 要求（同其他射频要求）对于多载波传输同样适用，此时 OBUE 以射频带宽边缘的载波来定义。在非连续载波聚合的情况下，子块间隔的 OBUE 累加起来作为总的 OBUE。

有些特殊的限制是为了满足特定地区的监管条例而定义的。例如，FCC（Federal Communications Commission，标题 47）对于美国所使用的工作频段，以及 ECC 对于一些欧洲频段都有特殊限制。这些是作为工作频段无用发射限制之外的单独限制来规定的。

2. 终端频谱发射模板

出于实现的原因，无法定义一个不随信道带宽变化的通用终端频谱模板，因此终端带外限制和杂散发射限制的频率范围不会遵循与基站相同的原则。如图 25-5 所示，SEM 从信道边缘延伸出 Δf_{OOB}。对于 5MHz 的信道带宽，按照 ITU-R 的建议，这个点对应于 250% 的必要带宽，但是对于更大的信道带宽，Δf_{OOB} 设置为小于 250%。

图 25-5　NR 终端频谱发射模板和杂散发射的频率范围

SEM 定义为一个通用模板和一组附加模板，附加模板用于体现不同区域的要求。每个附加的区域性模板与一个特定的网络信令值 NS_x 相关联。

25.9.3　邻道泄漏比

除了频谱发射模板之外，带外发射还定义了 ACLR 的要求。ACLR 的概念对于分析工作在相邻频点的两个系统之间的共存很有帮助。ACLR 定义为分配的信道带宽内的发射功率与相邻信道上的无用发射功率之比。对于接收机，对应的要求叫 ACS，它定义了接收机抑制相邻信道上信号的能力。

　　对于有用信号和相邻信道上的干扰信号，ACLR 和 ACS 的定义如图 25-6 所示。ACLR 定义了有用信号的接收机接收到无用发射泄漏产生的干扰信号，ACS 则定义了有用信号的接收机抑制相邻信道干扰信号的能力。这两个参数组合起来，定义了相邻信道上两个发射之间的总泄漏。这个比值称作邻道干扰比（Adjacent Channel Interference Ratio，ACIR），它定义了一个信道上的发射功率与相邻信道上接收机收到的全部干扰的比值。这是由于发射机（ACLR）和接收机（ACS）的缺陷造成的。

图 25-6　ACLR 和 ACS，以及"施扰方"干扰信号的特性和"受扰方"接收机的有用信号的示例

　　邻道参数之间的关系如下[11]：

$$ACIR = \frac{1}{\left(\dfrac{1}{ACLR}\right)+\left(\dfrac{1}{ACS}\right)} \qquad (25\text{-}2)$$

　　由于 NR 的带宽灵活性，对于两个相邻信道带宽不同的情况，也是 NR 某些要求集的情况，ACLR 和 ACS 可以用不同的信道带宽进行定义。式（25-2）也适用于不同信道带宽的

场景，但只有两个信道带宽相同时才用于定义公式中的三个参数，ACIR、ACLR 和 ACS。

基于 NR 与相邻载波上的 NR 或者其他系统共存的大量分析[11]，得到了 NR 终端和基站的 ACLR 限制。

对于 NR 基站，相邻信道上相同带宽的 NR 接收机，以及相邻信道上的 LTE 接收机，都有 ACLR 要求。NR 基站的 ACLR 要求为 45dB，这比终端的 ACS 要求更为严格，根据式（25-2），在下行，终端接收机的性能会限制 ACIR，也会限制基站和终端之间的共存。从系统的角度看，这种选择是合算的，因为这样把实现的复杂度转移到基站，而不是要求所有终端都具备高性能的射频。

在载波聚合的情况下，基站的 ACLR（同其他射频要求一样）适用于多载波传输，根据射频带宽边缘的载波来定义 ACLR 要求。在非连续载波聚合的情况下，子块之间的间隔较小，间隔边缘的 ACLR 要求会"互相重叠"，因此对于间隔定义了一个特殊的累积 ACLR（Cumulative ACLR，CACLR）要求。CACLR 限制考虑了子块间隔两侧载波的贡献。基站的 CACLR 限制与 ACLR 一样，都是 45dB。

终端 ACLR 限制是在假设 NR 相邻信道上为 UTRA 接收机的情况下设定的。载波聚合情况下终端的 ACLR 要求是针对聚合的信道带宽，而非每个载波信道带宽。NR 终端的 ACLR 限制为 30dB。相比于基站的 ACS 要求，这一限制相当宽松，根据式（25-2），这意味着在上行，终端发射机的性能会限制 ACIR，因此也会限制基站和终端之间的共存。

25.9.4   杂散发射

NR 基站的杂散发射限制取自国际建议书[40]，但只对工作频段无用发射限制的频率范围以外的区域进行了定义，如图 25-4 所示，即在距离基站发射机工作频段至少 10MHz ～ 40MHz 的频率处。由于 OBUE（会覆盖部分杂散域）的定义，杂散发射要求的频率范围与国际性监管条例里"杂散域"定义的范围并不完全一致。但是限制是完全一致的。

由于 NR 可能与其他系统共存甚至共站，还会有额外的区域性或可选性限制来保护其他系统。需要考虑这些额外的杂散发射要求的其他系统有 GSM、UTRA FDD/TDD、LTE 和 PHS。

终端杂散发射限制的定义考虑了 SEM 覆盖的频率范围之外的所有频率范围。这些限制一般是基于国际性监管条例[40]，但是当终端漫游时，还会有与其他频段共存的额外要求。额外的杂散发射限制可以有相关联的网络信令值。

此外，还定义了基站和终端接收机的辐射限制。因为接收机的辐射主要是发射信号，所以接收机的杂散发射限制仅适用于发射机未激活的时刻，以及有单独的接收机天线连接器的 NR FDD 基站的发射机激活的时刻。

25.9.5   占用带宽

占用带宽是某些地区（例如日本和美国）的监管机构对终端规定的监管要求。最初由 ITU-R 定义为最大带宽，最大带宽之外的发射不能超过总发射一个特定的百分比。NR 的占用带宽等于信道带宽，占用带宽之外允许的最大发射为1%（每侧0.5%）。

25.9.6　发射机互调

在射频发射机的实现中还有一个额外的因素，就是发射信号与附近基站或终端发射的强信号之间可能存在互调。出于这个原因，提出了发射机互调要求。

对于基站，互调要求是基于静态场景，该场景下基站与其他基站的发射机共址，规定其他基站发射的信号在当前基站天线连接器处衰减30dB。由于是静态场景，因此不允许额外的无用发射，意味着在有干扰源的情况下也必须满足全部的无用发射限制。

对于终端也有类似的互调要求，规定在终端天线连接器处另一个终端的发射信号衰减40dB。互调要求规定了所产生的互调产物相对于发射信号的最小衰减。

25.10　传导灵敏度和动态范围

参考灵敏度要求的主要目的是验证接收机的噪声系数（Noise Figure，NF），噪声系数是衡量接收机射频信号通路降低接收信号SNR的程度。为此，选择低SNR下采用QPSK传输来作为接收灵敏度测试的参考信道。参考灵敏度定义为当参考信道吞吐量为95%最大吞吐量时接收机的输入电平。

对于终端，参考灵敏度是针对满带宽的信号，并且在所有资源块都分配给有用信号的情况下定义的。

动态范围要求是为了确保在接收信号电平远高于参考灵敏度的情况下接收机可以工作。基站动态范围的场景假定干扰增加且有用信号电平也相应升高，因此要测试不同接收机损伤的影响。为了对接收机施加压力，采用了更高SNR的16QAM传输来进行测试。为了进一步对接收机施加更高的信号电平，对接收信号加上高出本底噪声20dB的AWGN干扰信号。终端动态范围要求规定为满足吞吐量要求的最大信号电平（maximum signal level）。

25.11　接收机对干扰信号的敏感度

对于基站和终端，有一系列要求来定义接收机在强干扰信号存在的情况下接收有用信号的能力。定义多种要求的原因在于，干扰信号对有用信号的频率偏移不同，使得干扰场景可能看起来非常不同，并且影响性能的接收机损伤的类型也不同。将干扰信号进行不同组合，目的在于尽可能对不同带宽干扰信号的可能场景进行建模，这些干扰信号可能在基站和终端接收机工作频段之内，也可能在工作频段之外。

虽然基站和终端的要求类型非常相似，但是信号电平不同，因为基站和终端的干扰场景非常不同。此外，对于基站的ICS要求，没有对应的终端要求。

下面定义的NR基站和终端要求，从频率间隔较大的干扰开始，然后逐渐接近（也见

图 25-7)。在干扰信号是一个 NR 信号的所有情况下，干扰信号与有用信号带宽相同，或小于有用信号带宽，但最大为 20MHz。

图 25-7 基站和终端接收机对干扰信号的敏感度要求，包括阻塞、ACS、窄带阻塞和 ICS（只有基站）

- 阻塞（blocking）：对应于工作频段外（带外阻塞）或者工作频段内（带内阻塞）有强干扰，但强干扰与有用信号不相邻的场景。对于基站，带内阻塞包括工作频段外紧邻的 20MHz ~ 60MHz 范围内的干扰，对于终端则是紧邻的 15MHz 范围内。带外是用连续波（Continuous Wave，CW）信号建模，带内是用 NR 信号建模。对于基站与不同工作频段的其他基站共站的场景，还有额外（可选）的基站阻塞要求。对于终端，对每个分配的频率信道以及在各自的杂散响应频点上，带外阻塞要求允许有固定数量的例外。在这些频点，终端必须遵从更宽松的杂散响应要求。

- 邻道选择性（Adjacent Channel Selectivity，ACS）：ACS 的场景是在有用信号的相邻信道上有一个强信号，该场景与相应的 ACLR 要求紧密相关（见 25.9.3 节的讨论）。这个相邻的干扰是一个 NR 信号。对于终端，ACS 定义为低信号电平和高信号电平两种场景。

- 窄带阻塞（narrowband blocking）：该场景为一个相邻的窄带强干扰，在要求里对于基站用一个资源块的 NR 信号进行建模，对于终端用一个 CW 信号进行建模。

- 带内选择性（In-Channel Selectivity，ICS）：该场景为信道带宽内有多个接收功率电平各不相同的接收信号，在较强"干扰"信号存在的情况下验证较弱"有用"信号的性能。ICS 只针对基站定义。

- 接收机互调（receiver intermodulation）：该场景为靠近有用信号存在两个干扰信号，一个是 CW 信号，另一个是 NR 信号（图 25-7 中没有显示）。该要求是为了测试接收机的线性度。这些干扰所处的频率位置使得互调主产物落入有用信号的信道带宽内。对于基站还有一个窄带互调要求，其中 CW 信号非常靠近有用信号，而 NR 干扰是单个 RB 的信号。

对于除 ICS 之外的所有要求而言，有用信号都采用了与参考灵敏度要求相同的参考信道。随着干扰增加，同参考灵敏度一样满足 95% 最大吞吐量，但这是在一个"不敏感"的更高有用信号电平上。

25.12　NR 的射频辐射要求

为基站和终端定义的射频辐射要求大多从相应的射频传导要求直接推导得来。不同于传导要求，辐射要求还会考虑天线的因素。在定义诸如基站输出功率和无用发射的发射电平时，可以合并天线增益，用有效全向辐射功率（Effective Isotropic Radiated Power，EIRP）作为方向性要求，或者使用总辐射功率（Total Radiated Power，TRP）来定义限制。这两个新的辐射要求作为基站方向性的定义（见 25.12.3 节），不过 NR 终端和基站的辐射要求大多是通过 TRP 的限制来定义的。

TRP 和 EIRP 与发射天线的个数直接相关，也依赖于基站的特定实现，需要考虑天线阵列的几何形状以及不同天线端口间无用发射信号的相关性。这意味着根据实现，EIRP限制会导致辐射无用发射的总功率电平不同。因此 EIRP 限制不会控制网络的干扰总量，而 TRP 要求限制了注入网络的干扰总量，无论基站如何实现。

3GPP 选择 TRP 来定义无用发射的背后因素是，无源和有源天线系统的行为不同。对于无源系统，天线增益在有用信号和无用发射之间不会变化太多。因此，EIRP 与 TRP 直接成正比，可以作为替代。而对于诸如 NR 的有源系统，在有用信号和无用发射之间以及不同的实现之间，EIRP 的变化取决于有用和无用发射之间的相关性有多强，相关性体现在无用发射的来源以及有用和无用发射之间的频率间隔等。这意味着 EIRP 通常与 TRP 不成正比，用 EIRP 来代替 TRP 是不正确的。

终端和基站的射频辐射要求描述如下。

25.12.1　基站类型 1-O 和 2-O 的基站等级

由于辐射要求的定义没有假定天线连接器作为参考，因此也无法像定义传导要求（见25.6.5 节）那样基于耦合损耗来定义基站等级。取而代之的是基于基站到终端的最短距离来定义基站等级，但其他是相同的：

- 宏覆盖基站：这种类型的基站用于宏蜂窝场景，基站到终端的最短地面距离为 35m。
- 中等覆盖基站：这种类型的基站用于微蜂窝场景，基站到终端最短地面距离为 5m。
- 局部覆盖基站：这种类型的基站用于微微蜂窝场景，基站到终端的最短地面距离为 2m。

局部覆盖和中等覆盖基站等级相比于宏覆盖基站，由于基站到终端的最短距离减少，带来最小耦合损耗的减少，所以修改了一些要求。要求修改的方式与基站类型 1-C 和 1-H（见 25.6.5 节）的传导要求相同，有下列区别：

- 对于中等覆盖基站，最大载波 TRP 限制为 47dBm，对于局部覆盖基站为 33dBm。这个功率限制是按照每天线每载波来定义的。对于宏覆盖基站没有定义基站最大 TRP。

25.12.2　FR2 的终端辐射要求

如 25.4 节所述，因为工作在 FR2 的天线单元数量更多，以及使用毫米波技术的高度集成，所以工作频段在 FR2 的终端的射频要求在一本单独的规范[6]里描述。对于 FR1 工作频段没有定义终端辐射要求。FR2 的要求集大多对应于 FR1 工作频段定义的射频传导要求，但很多要求的限制不同。毫米波频率下共存的差异会导致如 ACLR 和频谱模板的要求更低。3GPP 的共存研究和文献 [11] 中的记录已经证明了这一点。学术界[69]也已经证明了不同限制的可能性。

毫米波技术的实现比在 6GHz 以下（FR1）的频段采用更为成熟技术的实现更具挑战性。毫米波射频的实现将在第 26 章进一步讨论。

还应当注意到，FR2 定义的信道带宽和参数集一般不同于 FR1，这使得无法比较二者的要求水平，尤其是对接收机的要求。

相比于 FR1 的射频辐射要求，以下是 FR2 射频辐射要求的简要概述：

- 输出功率电平要求：最大输出功率与 FR1 数量级相同，但是用 TRP 和 EIRP 来表示。最小输出功率和发射机关断功率电平高于 FR1 的。辐射发射功率是一个额外的辐射要求，它不像最大输出功率那样是方向性的。还有一个不同方向 EIRP 变化的球面覆盖要求，是基于围绕 UE 的实心球测量的辐射功率分布，使用功率分布第 85 百分位数的最小 EIRP。
- 发射信号质量：频率误差和 EVM 要求的定义与 FR1 类似，并且限制也大多相同。
- 辐射无用发射要求：占用带宽、ACLR、频谱模板和杂散发射与 FR1 的定义方式相同。频谱模板和杂散发射是基于 TRP 的。很多限制不如 FR1 严格。由于在高频共存更为有利，ACLR 比 FR1 宽松 10dB。
- 波束一致性，在 12.2 节已经简要提及，与上行波束扫描相关，是对 FR1 UE 不存在的新要求。UE 最小 EIRP 峰值和球形覆盖构成了波束一致性要求的基础。UE 可以自主选择上行波束来支持这些要求或者使用波束扫描。对于通过上行波束扫描宣称支持 EIRP 峰值和球形覆盖要求的 UE，定义了波束一致性容差要求。
- 参考灵敏度和动态范围：基于等效全向灵敏度（Equivalent Isotropic Sensitivity，EIS）来定义的辐射要求，可以看作是接收机测量的 EIRP。与 FR1 的等级不具可比性。
- 接收机对干扰信号的敏感度：ACS、带内和带外阻塞与 FR1 定义类似，但是用 EIS 作为测试度量来定义的辐射要求。没有窄带阻塞的场景，因为 FR2 只有宽带系统。由于共存更为有利，ACS 比 FR1 宽松 10dB。

25.12.3　FR1 的基站辐射要求

如 25.5 节所述，对于基站类型 1-O 的射频要求只包括辐射（OTA）要求。这些要求一般是基于相应的传导要求直接或按比例缩放得来的。NR 还定义了两个额外的辐射要求，辐射发射功率和 OTA 灵敏度，如下所述。

基站类型 1-H 通过一套"混合"要求来定义，主要包括传导要求，再加上两个与基站类型 1-O 相同的辐射要求，即：

- 辐射发射功率的定义描述的是一个特定方向上天线阵列的波束赋形方向图，即基站声明发射的每个波束的 EIRP。与基站输出功率类似，实际的要求针对的是所声明的 EIRP 电平的准确性。
- OTA 灵敏度是一个基于非常精细声明的方向性的要求，由制造商声明一个或多个 OTA 灵敏度方向声明（OTA Sensitivity Direction Declaration，OSDD）。以这种方式定义的灵敏度描述了一个特定方向的天线阵列波束赋形方向图，即朝向一个接收机目标的等效全向灵敏度（EIS）水平。不仅要在一个方向上满足 EIS 限制，在接收机目标方向的到达角范围（Range of Angle of Arrival，RoAoA）内都要满足。根据 AAS 基站自适应的级别，有两种声明可做选择：
  - 如果接收机对方向能够自适应，也就是说可以重定向接收机目标，那么声明包括了在一个特定接收机目标方向的接收机目标重定向范围。在重定向范围内需要满足 EIS 限制，通过范围内五个声明的 RoAoA 灵敏度来测试 EIS 限制。
  - 如果接收机对方向不能自适应，也就不能重定向接收机目标，那么声明是在一个特定接收机目标方向的单一 RoAoA 灵敏度，在该方向上需要满足 EIS 限制。

请注意，OTA 灵敏度是在参考灵敏度要求之外定义的，对基站类型 1-H 是作为传导要求，对基站类型 1-O 是作为辐射要求。

25.12.4　FR2 的基站辐射要求

如 25.5 节所述，对于工作频段在 FR2 的基站，基站类型 2-O 的射频要求是辐射要求。这些要求和基站类型 1-O 的辐射要求在同一规范[4]中分别进行描述，基站射频传导要求也是如此。

这一系列要求与上述工作频段在 FR1 的射频辐射要求相同，但是很多要求的限制不同。对于终端，毫米波频段共存的差异导致诸如 ACLR、ACS 的要求更低，如 3GPP 共存研究[11]中所示。毫米波技术的实现比在 6GHz 以下（FR1）频段采用更为成熟技术的实现更具挑战性，这将在第 26 章进一步讨论。

以下是 FR2 射频辐射要求的简要概述：

- 输出功率电平要求：FR1 和 FR2 的最大输出功率相同，但 FR2 是从传导要求按比例缩放得来的，用 TRP 表示。此外还有一个方向性的辐射发射功率要求。动态范围要求的定义与 FR1 类似。
- 发射信号质量：频率误差、EVM 和时间对齐要求的定义与 FR1 类似，并且限制也大多相同。

- 辐射无用发射要求：占用带宽、频谱模板、ACLR 和杂散发射与 FR1 的定义方式相同。频谱模板、ACLR 和杂散发射基于 TRP，很多限制不如 FR1 严格。由于共存更为有利，ACLR 比 FR1 的宽松 15dB。
- 参考灵敏度和动态范围：与 FR1 的定义方式相同，但是要求的等级不具可比性。此外还有一个方向性的 OTA 灵敏度要求。
- 接收机对干扰信号的敏感度：ACS、带内和带外阻塞与 FR1 的定义相同，但是没有窄带阻塞的场景，因为 FR2 只有宽带系统。由于共存更为有利，ACS 比 FR1 的更为宽松。

25.13　多标准无线基站

传统意义上来说，射频规范是针对不同的 3GPP 无线接入技术 GSM/EDGE、UTRA、LTE 和 NR 分别制定的。移动无线通信的快速演进，以及与已有部署一起部署新技术的需要，要在同一站点实现不同无线接入技术（Radio-Access Technology，RAT），共用天线和其他部分装置。此外，多个 RAT 的操作经常是在同一基站设备里完成的。技术的演进促成了向多 RAT 基站的演进。虽然传统上多个 RAT 已经共享了站点部件（如天线、馈线、回传或者电源），但数字基带和射频技术的进步使其集成更为紧密。

3GPP 将多标准无线（MSR）基站定义为：接收机和发射机能够同时在共用的有源射频器件上处理不同 RAT 的多个载波的基站。如此严格定义的原因是多 RAT 基站的真正潜能和实现复杂度的挑战在于共用一套射频。原理如图 25-8 所示，以具备 NR 和 LTE 能力的基站为例。NR 和 LTE 的某些基带功能在基站可能是分开的，但可能在同一硬件上实现。而且射频必须在同一有源器件上实现，如图所示。

图 25-8　采用 MSR 基站从 LTE 迁移到 NR 的全部迁移阶段示例

支持 NR 的 MSR 基站规范的制定从 3GPP Release 15 开始，只支持 FR1 频段（FR2 频段不支持多 RAT）。支持 NR 的 MSR 基站的实现有两个主要的优点：

- 部署时不同 RAT 之间的迁移，可以使用相同的基站硬件从前几代移动技术迁移到 NR。随着时间的推移，当前几代技术所使用的部分频谱为 NR 释放出来后，就可以逐渐引入 NR。
- 在不同环境下出于部署的需要，MSR 基站可以部署为支持多 RAT 中的单一 RAT 工作，或者多 RAT 工作。这与市场近来所见到的技术趋势相符合，即采用更为简化通用的基站设计。基站种类减少对基站供应商和运营商都有好处，因为可以开发和实现用于多种场景的单一解决方案。

MSR 的概念对于很多要求有重大影响，而其余的要求则完全保持不变。MSR 基站引入了射频带宽的基本概念，定义为发送和接收载波集合的总带宽。很多接收机和发射机要求通常是相对于载波中心或信道边缘来定义。而对于 MSR 基站，这些要求是相对于射频带宽边缘来定义，与载波聚合的方式类似。通过引入射频带宽的概念以及引入通用限制，MSR 的要求从以载波为中心转移到以频谱块为中心，因此在技术上保持中立，与接入技术或工作模式无关。

NR、LTE 和 UTRA 载波在带宽和功率谱密度方面的射频特性非常相似，而 GSM/EDGE 则非常不同。因此将工作频段在 FR1 的 MSR 基站划分为三种频段类别（Band Category，BC）：

- BC1——NR、LTE 和 UTRA 全部的对称频段可用于 FDD 部署。
- BC2——NR、LTE 和 UTRA 全部的对称频段加上 GSM/EDGE 可用于 FDD 部署。
- BC3——NR、LTE 和 UTRA 全部的非对称频段可用于 TDD 部署

由于不同 RAT 的载波不是独立发送和接收的，必须在多个 RAT 载波激活的情况下对 MSR 基站进行部分测试。测试通过文献［2］中定义的一组多 RAT 测试配置来进行，其中特别强调发射机和接收机的特性。这些测试配置对于发射机的无用发射要求和接收机对干扰信号的敏感度（例如阻塞）测试尤为重要。多 RAT 测试配置的优势在于可以同时测试多个 RAT 的射频性能，从而避免重复每个 RAT 的测试用例。这对于工作频段之外整个频率范围的要求测试至关重要，因为这类测试非常耗时。

MSR 对射频要求的最大影响是频谱模板，或者称为工作频段无用发射要求。MSR 基站的频谱模板要求对于多个 RAT 都要适用，在射频带宽边缘的载波可能是 GSM/EDGE、UTRA、LTE 或 NR 载波，信道带宽各不相同。模板是通用的，适用于所有场景，并且覆盖基站整个工作频段。

MSR 基站的另外一个重要概念是所支持的能力集（Capability Set，CS），它是供应商声明的基站能力的一部分。每个能力集定义了基站支持的 RAT 及其组合方式。目前在 MSR 基站测试规范[2]中定义了 19 个能力集（CS1 ～ CS19），其中 CS1 和 CS2 分别定义了支持 UTRA 和 LTE 的单 RAT，CS3 ～ CS19 定义了所有 RAT 中单 RAT 和多 RAT 的不

同组合。表 25-5 列出了 CS16 ~ CS19 的 RAT 组合。请注意基站能力之间的差别（由制造厂商声明），以及基站能够进行工作的配置。具有多 RAT 能力的基站是通过能力集来定义的，但在某个特定时刻只能在一种支持的 RAT 配置下工作。

表 25-5　MSR 基站定义的能力集（CSx），包括 NR 和其他 RAT 配置

基站支持的能力集（CSx）	适用的频段类别	支持的 RAT 配置	
CS16	BC1、BC2 或 BC3	单 RAT	NR 或 LTE
		多 RAT	LTE+NR
CS17	BC1、BC2 或 BC3	单 RAT	NR、LTE 或 NB-IoT 独立模式
		多 RAT	LTE+NR LTE+NB-IoT 独立模式 NR+NB-IoT 独立模式 LTE+NR+NB-IoT 独立模式
CS18	BC2	单 RAT	NR 或 LTE
		多 RAT	GSM+LTE GSM+NR LTE+NR GSM+LTE+NR
CS19	BC2	单 RAT	NR、LTE 或 UTRA
		多 RAT	UTRA+LTE UTRA+NR LTE+NR UTRA+LTE+NR

载波聚合也适用于 MSR 基站。因此 MSR 规范已经包含了定义多载波射频要求所需的绝大部分概念和定义，无论聚合与否，MSR 的要求与非聚合载波的要求的区别都很小。

25.14　工作在非连续频谱

出于不同的原因，一些频谱分配是由频谱碎片组成的。这些频谱可能从 2G 频谱回收而来，原先授权的频谱在不同运营商之间是"交织"的。这在早先的 GSM 部署中很常见，是出于实现的原因（当频谱分配扩展时，原先使用的合路滤波器不易调谐）。在一些区域，运营商拍卖竞得了频谱授权，但出于不同的原因，最终在同一频段内有多个不相邻的频谱分配。

对于非连续分配的频谱部署，有如下一些影响：

- 如果一个频段内的所有频谱分配用于一个基站，那么基站必须能够工作在非连续频谱。
- 如果要使用比每个频谱碎片的可用传输带宽更大的带宽，终端和基站都必须在该频段上具备带内非连续载波聚合的能力。

请注意，基站具备非连续频谱工作的能力并不需要与载波聚合的能力直接绑定。从射频角度看，需要基站能够在分裂为两个（或更多）分离的子块且子块之间存在间隔的射频

带宽上接收和发送，如图25-9所示。子块间隔的频谱可以用于其他运营商的部署，这意味着位于子块间隔基站的射频要求要遵从非协调工作模式下的共存要求。这也对工作频段内的一些基站射频要求有一些影响。

图 25-9　非连续频谱工作示例，说明了射频带宽、子块和子块间隔的定义

　　工作在非连续频谱的基站对要求有一些附加条款和修改。非连续发送由两个或多个子块组成，子块之间有子块间隔。工作频段无用发射要求和ACLR这两项发射机要求适用于射频带宽边缘之外，但同时也适用于子块间隔，如下所述：

- **工作频段无用发射模板**（Operating Band Unwanted Emissions mask，OBUE）：针对间隔的OBUE限制是将相邻子块每侧间隔的贡献累加起来而得出的。
- **ACLR**：对于非连续工作的情况，针对间隔的ACLR假定第一个和第二个相邻信道与相邻子块的第一个或者第二个信道不重叠。对于子块间隔较小的情况，两个子块的相邻信道互相重叠，对于间隔会采用累积的ACLR（CACLR），统计所有频段的贡献（见25.9.3节）。

　　终端的非连续工作与载波聚合紧密绑定，因为除非载波聚合的情况，否则一个频段内不会出现下行多载波接收或者上行多载波发送。这也意味着终端的非连续工作定义与基站不同。对于终端，带内非连续载波聚合假定两个载波之间的间隔大于标称的信道间隔。

　　相比于基站，处理非连续载波同时接收或发送的情况有一些额外的影响和限制。对于单个分量载波，如果载波内分配的资源块是非连续的，已经定义了发送所允许的最大功率回退（Maximum Power Reduction，MPR）。对于非连续载波聚合，聚合载波之间的子块间隔最高为35MHz，也定义了所允许的MPR。MPR取决于分配的资源块数目。

25.15　多频段能力基站

　　3GPP标准持续发展，通过多载波、多RAT、频段内载波聚合以及每次为一个频段定

义要求，可支持用更大射频带宽进行发送和接收。随着射频技术的演进，支持更大带宽的发射机和接收机成为可能。从 3GPP Release 11 开始，在 LTE 和 MSR 基站规范中就支持了通过共用的射频在两个频段上同时发送和接收。这类多频段基站涵盖了频率范围为几百 MHz 的多个频段。从 3GPP Release 14 起可以支持多于两个频段。NR 基站规范从 Release 15 起支持基站类型 1-C、1-H 和 1-O 在多频段工作。

一个显而易见的多频段基站的应用是频段间载波聚合。但是要注意到，支持多个频段的基站在 3GPP Release 11 引入载波聚合之前很早就存在了。GSM 已经有双频段基站，能够在站点更紧密地部署设备，但基站实际上有两套独立的发射机和接收机，分别用于两个频段，只是集成在同一个设备机柜里。"真正的"多频段能力基站的区别在于各个频段从基站共用的有源射频发送和接收信号。

多频段基站的实现和部署有几种设想的场景。多频段能力可能有如下几种：

- 多频段发射机 + 多频段接收机
- 多频段发射机 + 单频段接收机
- 单频段发射机 + 多频段接收机

第一种情况的多频段基站示例如图 25-10 所示，基站两个工作频段 X 和 Y 的发射机和接收机共用一套射频。发射机和接收机通过双工滤波器连接到共用的天线连接器及共用的天线。这个例子中的基站也是一个支持多 RAT 的 MB-MSR 基站，频段 X 配置了 NR 和 GSM，频段 Y 配置了 NR。请注意，这里只用一张图显示了两个频段的频率范围，可能是接收机的频率也可能是发射机的频率。

图 25-10 多频段基站示例，两个频段的发射机和接收机共用一个天线连接器

图 25-10 还说明了多频段基站定义的一些参数。

- **射频带宽**与多标准基站有相同的定义，但针对每个频段分别定义。
- **射频带宽之间的间隔**是两个频段射频带宽之间的间隔。请注意，射频带宽之间的间隔可能扩展到其他运营商在频段 X 和 Y 部署的频率范围，也就是说两个频段之间的频率范围可能用于其他业务。

● **无线带宽**是基站支持的全带宽，覆盖两个频段多个载波。

原则上一个多频段基站能够工作在多于两个频段上。

为了减少站点所需设备的数量，期望只用一个天线连接器和共用的馈线连接到共用天线，但这并不总是可行的。也可能每个频段有各自的天线连接器、馈线和天线。如图 25-11 所示，多频段基站的两个工作频段 X 和 Y 分别有各自的连接器。请注意，虽然两个频段的天线连接器是分开的，但这种情况下发射机和接收机的射频实现对于两个频段是共用的。两个频段的射频信号在天线连接器之前分别经过频段 X 和 Y 各自的通路进入滤波器。对于共用天线连接器的多频段基站，也有可能是发射机或接收机二者之一采用单频段实现，而另一个是多频段的。

图 25-11　多频段基站，两个频段的发射机和接收机分别有各自频段的天线连接器

为了在接收机和发射机通路之间提供更好的隔离度，基站实现可以进一步将接收机和发射机的天线连接器分离。考虑到射频总带宽很大时，多频段基站接收机和发射机实际上会互相重叠，这样的分离对多频段基站是期望的。

对于多频段基站，可能具备在多个 RAT 工作的能力，以及一些可选的实现，包括频段共用或分离天线连接器，收发机共用或分离天线连接器，这使得基站能力的声明变得极为复杂。对于这类基站适用哪些要求，以及如何对这些要求进行测试，也取决于这些声明的能力。

大多数多频段基站射频要求与单频段实现保持相同。但是仍然有一些值得注意的例外：

● **发射机杂散发射**：对于 NR 基站，要求排除了工作频段，再加上工作频段两边额外

各 "排除" 10MHz ～ 40MHz 的频率，因为该频率范围是由 OBUE 限制来覆盖的。对于多频段基站，对所有的工作频段两边都排除 10MHz ～ 40MHz，且只有 OBUE 限制适用于这些频率范围。称之为 "联合排除频段"。

- **工作频段无用发射模板（OBUE）**：对于多频段工作，当射频带宽之间的间隔小于杂散 "排除" 的两倍时，OBUE 限制作为所有频段统计的累积限制来应用，与非连续频谱的工作方式类似。
- **ACLR**：对于多频段工作，ACLR 适用于射频带宽之间的间隔。当射频带宽间隔太小，使得两个射频带宽的相邻信道互相重叠时，会对间隔应用累积 ACLR（CACLR），考虑两个频段的贡献，与非连续频谱的工作方式类似。
- **发射机互调**：对于多频段基站，当射频带宽之间的间隔很小时，该要求仅在干扰信号落入间隔的情况下适用。
- **阻塞要求**：对于多频段基站，带内阻塞限制适用于两个工作频段频率范围的带内。这可以看作是 "联合排除"，类似于杂散发射的联合排除。阻塞和接收机互调要求也适用于射频带宽之间的间隔。
- **接收机杂散发射**：对于多频段基站，"联合排除频段" 类似于发射机杂散发射，适用于所有工作频段。

在如图 25-11 所示的情况下，即两个工作频段分别映射到各自的天线连接器，上述的发射机 / 接收机杂散发射、OBUE、ACLR 和发射机互调这些例外并不适用。这些限制将用每个天线连接器单频段工作的相同要求替代。此外，如果这类每个频段有各自的天线连接器的多频段基站只有一个频段工作，而其他频段（和其他天线连接器）未激活，从要求的角度看，基站可以看作是单频段基站。这种情况下所有的要求要采用单频段要求。

第 26 章

毫米波射频技术

现有的 3GPP 中 2G、3G 和 4G 的无线通信标准都是针对小于 6GHz 的载波频率，因此也只针对小于 6GHz 的载波提出相应的射频要求。NR 当然也支持小于 6GHz 的频点（称为频率范围 1），但 NR 还需要支持大于 24.45GHz 的频点（频率范围 2，或者称为毫米波）。因此，需要为毫米波的 NR 终端和 NR 基站定义射频性能和射频要求。本章会对毫米波实现技术进行描述，这样会有助于读者更好地理解毫米波实现技术能提供什么样的性能以及对应的性能瓶颈在哪里。

在本章中，通过介绍模数 / 数模转换器（Analog-to-Digital/Digital-to-Analog converter）和功率放大器，讨论最大发射功率与效率和线性度的关系。还会讨论接收机的关键指标，诸如噪声系数、带宽、动态范围、耗散功率，以及这些指标之间的关系，同时会涉及频率发生和相位噪声等方面。除此之外，毫米波的滤波器设计也是本章描述的一个重要方面，它将指出不同的技术可达到的性能，以及把滤波器集成到 NR 中的实现可行性。

本章使用一些具体数据来表明现有技术的能力和性能。这些数据都来自公开发表的资料，或者是在讨论 NR 标准[11] 的时候通过 3GPP 公开的。需要注意的是，3GPP 定义的 NR 标准或者相关讨论，都不会限定频率范围 2 产品模型或者具体实现细节。这里的讨论只是指出或者分析各种毫米波收发机射频实现的可能性。

频率范围 2 的另外一个设计挑战是，在该频率范围内，网络侧的 AAS 基站通常会使用大规模天线阵列，终端也会普遍采用多天线技术。这主要得益于毫米波频率高，使得天线的物理尺寸相应减小。但是小尺寸的天线会增加设计难度。要在一个较小的物理尺寸内集成多个收发机和天线，设计时需要谨慎考虑能效和散热，而这些反过来最终都会直接影响射频性能及指标。在这一点上，NR 的终端和基站都面临同样的挑战，注意毫米波终端的实现和基站收发机的实现之间的差异并没有像在 6GHz 以下的频率时那么大。

26.1 ADC 和 DAC

毫米波通信引入了更大的带宽，而更大的带宽就会对数字域和模拟域之间的转换发起挑战。业内广泛使用基于信号噪声失真比（Signal-to-Noise-and-Distortion Ratio，SNDR）的 Schreier 品质因数（Figure-of-Merit，FoM）作为模数转换器的度量，参见文献 [58]：

$$FoM = SNDR + 10\log_{10}\left(\frac{f_s/2}{P}\right)$$

这里，SNDR 的单位是 dB，功耗 P 的单位是 W，奈奎斯特抽样频率 f_s 的单位是 Hz。图 26-1 选自文献 [59]，展示了大量商业 ADC 的 Schreier 品质因数和对应奈奎斯特抽样频率（对绝大多数 ADC 就是 2 倍的带宽）的关系。图中的虚线标明了 FoM 的包络，在 100MHz 的抽样频率以下基本上恒定在 180dB。对于恒定的品质因数，SNDR 每增加 3dB 或者带宽增加一倍，都会导致功耗翻倍。对 100MHz 以上的抽样频率，会有一个额外的 10dB/decade 的损失，意味着带宽增加一倍，功耗是原先的 4 倍。

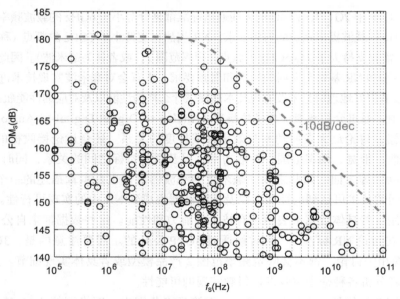

图 26-1　ADC 的 Schreier 品质因数[59]

　　尽管随着集成电路技术的持续发展，未来的高频 ADC 品质因数包络会缓慢地推高。但是带宽在 GHz 范围的 ADC 依然无法避免功率效率低下的问题。NR 毫米波引入的大带宽以及天线阵列配置都会引入很大的 ADC 功耗。因此，对基站和终端都需要考虑如何降低 SNDR 的要求。

　　在同样的精度和速度要求下，DAC 比 ADC 简单。而且 ADC 一般会引入循环处理，而 DAC 不会。因此，DAC 在研究领域的关注度较低。尽管 DAC 结构和 ADC 有很大不同，但 DAC 也可以用品质因数来描述。类似于 ADC 的情况，大带宽和对发射机的不必要的苛刻的 SNDR 要求，会导致更高的 DAC 功耗。

26.2　本振和相位噪声

本振（Local Oscillator，LO）是现代通信系统一个必不可少的组成部分。一个描述本振性能的参数是相位噪声。简单地说，相位噪声就是本振产生的信号在频域上的稳定程度的度量。相位噪声的定义是在一个给定频率偏移 Δf 处的 dBc/Hz 值，描述的是本振产生信号的频率和期望频率之间偏差 Δf 的可能性。

本振的相位噪声会显著影响系统性能。如图 26-2 所示，以单载波为例，在加入了加性高斯白噪声（Additive White Gaussian Noise，AWGN）建模的热噪声之后，比较了有相位噪声和没有相位噪声两种情况下的 16QAM 星座图。对于给定的符号错误率阈值，相位噪声会限制最高的调制阶数，如图 26-2 所示。换句话说，不同的调制阶数会对本振的相位噪声提出不同的要求。

图 26-2　有相位噪声（左）和无相位噪声（右）的单载波 16QAM 信号

26.2.1　自由振荡器和锁相环的相位噪声特性

生成频率最常用的电路是压控振荡器（Voltage-Controlled Oscillator，VCO）。图 26-3 通过一个模型来建模自由振荡的 VCO 对不同频率偏移的特性，其中，k 是玻尔兹曼常数，T 是绝对温度，P_s 是信号强度，Q 是谐振器的加载品质因子，F 是经验拟合参数（对应的物理意义是噪声系数），$\Delta f_{1/f^3}$ 是有源设备的 $1/f$ 噪声拐点频率[54]。

图 26-3　一个典型的自由振荡 VCO 相位噪声特性[54]：相位噪声的单位是 dBc/Hz（y 轴）和频率偏移的单位是 Hz（x 轴，对数）

根据图 26-3 所示公式，可以得出：

1）振荡器频率 f_0 加倍，则相位噪声增加 6dB。

2）相位噪声和信号强度 P_s 成反比。

3）相位噪声和谐振器加载品质因子 Q 的平方成反比。

4）1/f 噪声上变频提升了临近载波频点位置的相位噪声（即小频率偏移）。

因此在设计 VCO 的时候，需要平衡几个相关参数。为了比较不同半导体技术和电路拓扑下 VCO 的性能，往往使用品质因数（考虑了功耗的影响）来进行公平的比较[95]：

$$\text{FoM} = \text{PN}_{\text{VCO}}(\Delta f) - 20\log\left(\frac{f_0}{\Delta f}\right) + 10\log(P_{\text{DC}}/1\text{mW})$$

其中 $\text{PN}_{\text{VCO}}(\Delta f)$ 是 VCO 的相位噪声，单位为 dBc/Hz；P_{DC} 是功耗，单位为 W。这个公式值得注意的一点是相位噪声和功耗（线性值）都与 f_0^2 成正比。因此为了保持一定的相位噪声，频率 f_0 增加 N 倍则意味着功耗需要增加 N^2 倍（假定品质因数一定）。

抑制相位噪声的一个通常的做法是使用锁相环（Phase Locked Loop，PLL）[18]。锁相环的基本结构包括 VCO、分频器（frequency divider）、相位检测器（phase detector）、环路滤波器（loop filter）和一个高稳定性低频参考源（比如晶振）。锁相环输出的相位噪声来源包括：

- 在环路滤波器带宽之外的 VCO 相位噪声部分。
- 环路之内的参考振荡器产生的相位噪声。
- 相位检测器和分频器的相位噪声。

图 26-4 提供了一个典型的毫米波本振的特性，显示了一个 28GHz 本振相位噪声的测量结果。该本振在低频使用了锁相环然后倍频到 28GHz。可以观察到有 4 个具有不同特点的区间：

1）频率偏移小于 10kHz：大致按照 30dB/decade 的速率下降，主要来自 1/f 噪声上变频。

2）频率偏移从大于 10kHz 到锁相环带宽（大约 350kHz）：相对平坦并包含多种噪声来源。

3）频率偏移从大于锁相环带宽到 10MHz：大致按照 20dB/decade 的速率下降，主要来自 VCO 相位噪声。

4）频率偏移大于 10MHz：平坦，主要来自白噪底。

26.2.2 毫米波信号生成的挑战

当振荡器频率从 3GHz 提升到 30GHz 时，相位噪声也会随之提升。对于特定的频率偏移，相位噪声会恶化 20dB 的数量级。这显然会限制毫米波可用调制模式的最高阶，最终限制毫米波通信的最高频谱效率。

毫米波本振同样受限于品质因子 Q 和信号强度 P_s。Leeson 方程指出，为了获得较低的相位噪声，必须提高品质因子 Q 和信号强度 P_s，同时降低有源器件的噪声系数。不幸的是，当本振频率提高的时候，上述三个方面往往朝着不好的方向变化：

- 对于单片压控振荡器（monolithic VCO），振荡器的品质因子 Q 会随着频率增加而快速降低。主要的原因是：（1）寄生损耗（parasitic loss）增加，诸如金属损耗（metal loss）或衬底损耗（substrate loss）增加；（2）变容二极管 Q 降低。

图 26-4　使用锁相环的倍频至 28GHz 的 VCO 的本振相位噪声测量（Ericsson AB，经许可使用）

- 信号强度受限。这主要因为高频操作需要更加先进的半导体设备，其击穿电压也会随着尺寸的缩小而降低。这些因素的影响在 26.3 节介绍的功放部分也能观察到，随着频率的增加也会导致功放能力的下降（–20dB/decade（频率每增加 10 倍））。

基于这些原因，在实现毫米波本振的时候，一般都是利用一个相对低频的锁相环，然后倍频到目标频点上。

除了上述挑战，$1/f$ 噪声上变频也提升了临近载波相位噪声。当然 $1/f$ 噪声和实现技术非常相关，相比于垂直双极器件（vertical bipolar device）如 SiGe HBT，一些平面器件诸如 CMOS 和高电子迁移率晶体管（High Electron Mobility Transistor，HEMT）会产生更高的 $1/f$ 噪声。为了完全集成 MMIC/RFIC VCO 和锁相环，可以采用各种技术（从 CMOS 和 BiCMOS 到Ⅲ - Ⅴ族材料）。但是由于较低的 $1/f$ 噪声和较高的击穿电压，一般 InGaP HBT 是最常用的。尽管有较为严重的 $1/f$ 噪声，但少数情况下也会采用 pHEMT 设备。一些方案使用 GaN FET 结构，尽管可以获得很高的击穿电压，但是 $1/f$ 噪声甚至会比 GaAs FET 设备还要高。图 26-5 总结了不同的半导体技术在 100kHz 频偏范围内相位噪声性能和振荡器频率的关系。

最近的研究成果揭示了本振噪底（见图 26-3）对宽带系统性能的影响[21]。图 26-6 显示了在不同符号速率和不同的噪底水平下测量 7.5GHz 载波发射信号 EVM 的结果。在符号带宽较低（≪100MHz ）的情况下，平坦噪底对系统影响不大。但是当带宽增加到几百MHz 时，比如 5G NR，噪底开始升高，在噪声功率谱密度高于 –135dBc/Hz 时对调制后的信号 EVM 产生影响。这类观察意味着为宽带系统进行毫米波信号源设计的时候，需要额外关注半导体技术的选择、VCO 电路拓扑、倍频系数和功耗，以达到偏移相位噪声和白噪底之间的最佳平衡。毕竟，导致系统性能恶化的是综合的相位噪声功率。

图 26-5 不同的半导体技术下偏移 100kHz 情况下相位噪声性能和振荡器频率的关系[34]

图 26-6 通过对 7.5GHz 上发射的 64QAM 信号测量 EVM，得到符号速率和本振噪底的关系[21]

26.3 功放效率和无用发射的关系

　　射频性能一般都会随着频率的增加而相应降低。对于一个给定的集成电路技术，功放的功率能力大致随着频率增加以 20dB/decade 的速度下降，图 26-7 展示了各种半导体技术下这两者的关系。根据 Johnson 限制理论[52]，提升频率和提升功率容量本质上是矛盾的。简单来说，越高的频率需要越小的结构，而为了保证增大场强时不发生介质击穿，就要求更低的运行功率。为了遵从摩尔定律，门电路尺寸持续缩小也必然带来功率容量的下降。

图 26-7　不同半导体技术下，功放最大输出功率和频率的关系。虚线说明了观察到的功率容量随频率的降低（−20dB/decade）。数据点来自已发表的微波和毫米波功率放大器电路的调查[96]

一个补救的办法是寻找一种更优的集成电路材料。毫米波集成电路传统上使用Ⅲ - Ⅴ材料生产，也就是元素周期表Ⅲ族和Ⅴ族的元素的混合，例如砷化镓（Gallium Arsenide，GaAs）以及氮化镓（Gallium Nitride，GaN）。基于Ⅲ - Ⅴ族材料的集成电路技术往往比传统的硅基电路技术更加昂贵，而且也不能支持过高的集成复杂度，比如无法集成移动终端的数字电路和无线调制器。但是基于 GaN 的技术正在迅速成熟，并且提供了比传统技术高一个数量级的功率等级。

有三种半导体材料参数影响功放效率：最大工作电压、最大工作电流密度以及拐点电压。由于拐点电压，可以获得的最大效率会以一定比例降低，比例因子可以定义为：

$$\frac{1-k}{1+k}$$

这里 k 等于拐点电压除以最大工作电压。对大多数晶体管技术，k 的取值范围为 0.05 ～ 0.01，所以导致效率下降 10% ～ 20%。

最大工作电压和最大工作电流密度限制了一个晶体管单元能够输出的最大功率。为了增加输出功率，就需要合并多个晶体管的输出功率。最常见的合并方式有：电压合并，即堆叠（stacking）；电流合并，即并联（paralleling）；功率合并，即共同合并（corporate combiner）。每一种合并的方式都有不同的合并效率。越低的功率密度就需要越多的合并级数，也就导致了更低的合并效率。对毫米波频率，电压合并或者电流合并的方法都受限于波长。晶体管单元的整体大小必须小于波长的 1/10，因此可以一定程度上使用堆叠或并联这两种方法，然后使用共同合并来得到期望的输出功率。CMOS 的最大功率密度是 100mW/mm，而 GaN 可以达到 4000mW/mm，因此，GaN 技术需要较少的合并从而可以得到更高的效率。

图 26-8 显示了饱和功率附加效率（Power-Added Efficiency，PAE）和频率的关系。在 30GHz 和 77GHz，最大 PAE 大致可以分别达到 60% 和 40%。

功率附加效率定义如下：

$$\mathrm{PAE} = 100 * \left\{ \left[P_{\mathrm{OUT}} \right]_{\mathrm{RF}} - \left[P_{\mathrm{IN}} \right]_{\mathrm{RF}} \right\} / \left[P_{\mathrm{DC}} \right]_{\mathrm{TOTAL}}$$

在毫米波频率上，半导体技术限制了可以得到的最大输出功率，此外效率也会随着频率的增加而下降。

为了达到线性要求（比如发射机 ACLR 的要求，具体参考 25.9 节），除了考虑图 26-8 里显示的 PAE 特性，还需要考虑 AM-AM/AM-PM 特性的非线性行为，也许还需要引入显著的功率回退。考虑到散热方面的影响以及毫米波产品显著压缩的面积和体积，功放的设计需要综合考虑线性度、PAE、输出功率以及散热等诸多方面。

图 26-8　各种半导体技术的饱和功率附加效率与频率的关系。数据来自已发表的
微波和毫米波功率放大器电路的调查[96]

26.4　滤波器

基站和终端都会使用各种类型的滤波器来满足整体射频性能要求，这一点适用于各种

移动通信系统，包括毫米波和 6GHz 以下的 NR。滤波器可以降低由如互调、噪声、谐波、本振泄漏等非线性导致的无用发射。在接收机通路，滤波器可以处理对称频段上本地发射机产生的自干扰或者抑制来自相邻频点的干扰。

对不同场景，会提出不同的射频要求。比如基站端的杂散发射，有对很宽的频率范围提出的一般性要求，有对同一地理范围内提出的共存要求，还有对密集部署情况提出的共址要求。终端也有类似的情况。

考虑到毫米波设备有限的尺寸（面积或者体积）以及集成度要求，毫米波滤波器的设计面临很大的挑战。分离的毫米波滤波器体积过大，很难把这些滤波器集成到毫米波设备中去。

26.4.1 模拟前端滤波器

不同的实现提供了不同性能的滤波器，为了讨论方便，这里归为两大类：

- 低成本、一体化集成（多链 CMOS/BiCMOS 核心芯片，内部集成了功放和下变频器）。由于片内滤波器的谐振器的 Q 值有限，会导致滤波器性能一般。
- 高性能、与若干 CMOS/BiCMOS 核心芯片异构集成，一般都是外置功放和外置混频器。这种实现允许在射频通道之外加入滤波器，但是会导致很高的实现复杂度，并会导致尺寸增加和功耗增加。

如图 26-9 所示，与实现相关，一般设备有三处位置需要加入滤波器：

图 26-9 可能的滤波器位置

- 与天线单元集成在一起或者在天线单元之后（F0 或者 F1），此处的损耗、尺寸、成本和宽带抑制都很重要。
- 首级功放之后（从天线端看），此处低损耗不那么关键（F2）。
- 混频器的高频端（F3），此处对模拟波束赋形或者混合波束赋形而言，信号已经合并了。

引入 F1/F0 的主要目的通常是抑制干扰和远离工作频点的带外发射，这里带外发射需要考虑一个很宽的频率范围，例如从 DC 到 60GHz。理想情况下，在此宽频率范围内不应存在任何无意的共振或通带（见图 26-10）。这些滤波器将缓解后续模块设计的挑战（带宽的考虑以及线性度的要求等）。滤波器插入损耗必须非常低，并有严格的尺寸和成本要求，因为每个天线子阵都必须要配置一个滤波器，如图 26-9 所示。对那些在敏感频段附近高功率输出和大带宽的设备，需要抑制功放在通带附近的互调产物。这对于毫米波阵列天线非常具有挑战性，因为缺少合适的滤波器，也缺少功放和滤波器之间的隔离器。

引入 F2 的主要目的与引入 F1/F0 类似。F2 对尺寸的大小也有严格要求。不过损耗要求可以适度放宽（因为在首级功放之后），甚至允许一些不希望的通带（因为 F1/F0 会处理）。这就使得滤波器可以有更好的分辨率（更多极点）以及频率精度（比如使用半波谐振器）。

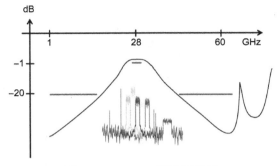

图 26-10　28GHz 滤波器示例

引入 F3 的主要目的是抑制本振、镜频、杂散和噪声发射，还需要抑制在混频器后意外落入中频信号带宽之内的干扰，以及一些有可能阻塞混频器或 ADC 的强干扰。对模拟或者混合波束赋形，因为只需要一个或者若干这种滤波器，所以对滤波器尺寸和成本的要求不高。这样就可以使用更加陡峭的滤波器（有多个极点和零点），滤波器也可以有更高的 Q 值和更好频率精度的谐振器。

越往射频通路里面走（从天线单元开始），电路所获得的保护越多。对单片集成度电路，很难实现 F2 和 F3 滤波器。可以预见这样会有一定的性能损失，每个通路的输出功率也会更低。除此之外，很难获得宽频范围内较好的隔离度。比如微波就倾向于旁路滤波器，通过附近的地面结构进行传播。

26.4.2　插损和带宽

每个射频通路上配置陡峭的窄带滤波器（在 F1/F0 的位置）会导致微波和毫米波频率信号的极大损耗。为了保证插损的合理水平，需要将滤波器通带设置得比信号带宽大。这种方法的缺点是会有更多的无用信号通过滤波器。为了选择一个最优的插损 – 带宽平衡点，需要考虑下列依赖关系：

- 带宽增加会降低插损（对固定的中心频点）。
- 频率升高会增加插损（对固定的带宽）。
- 增加 Q 值会降低插损。
- 增加阶数会增加插损。

为了说明这种寻找平衡点的设计，这里举一个 3 极点 LC 滤波器（Q=20，100，500 和 5000）的例子，设置 800MHz 和 4×800MHz 的 3dB 带宽。调至 15dB 的回波损耗（Q=5000），如图 26-11 所示。从这个例子中可以观察到：

- 800MHz 或者更小的带宽，Q 值需要达到 500 乃至更高才能使插损在 1.5dB 以内。考虑到尺寸、集成度和成本的因素，这么高的 Q 值是很难实现的。
- 如果放宽要求到 4×800MHz，这样 Q 值在 100 左右就可以得到 2dB 的插损。这可以通过低损耗印制电路板（PCB）实现，并且带宽增加也有助于放松对 PCB 的容错要求。

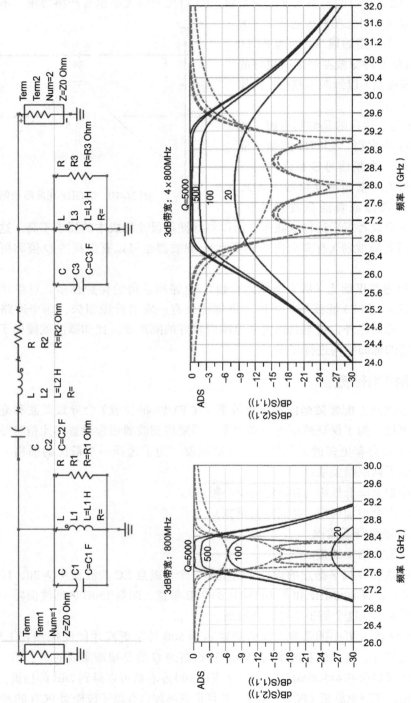

图 26-11 不同 Q 值下的 3 极点 LC 滤波器的 800MHz 和 800MHz*4 带宽示例

26.4.3　滤波器实现示例

5G 阵列射频有多种滤波器实现方法。关键的比较因素有：Q 值、分辨率、尺寸和集成可能性。表 26-1 大致比较了一下各种技术，下面给出两种具体示例。

表 26-1　不同滤波器实现技术

技术	谐振器 Q 因子	尺寸	集成度
片上（Si）	20	小	可集成
PCB（低损耗）	$100 \sim 150$	中	可集成
陶瓷（薄膜，LTCC）	$200 \sim 300$	中	集成困难
高级微型滤波器	500	中	集成困难
波导（充气）	5000	大	集成非常困难

1. PCB 集成实现示例

一个简单的方法是通过带状线或者微带滤波器来实现天线滤波器（F1）。这样可以集成到 PCB 上靠近天线的位置。这需要一个低损耗、高精度的 PCB。生产容错（介电常数、制版以及过孔定位等）将会限制最终性能，生产误差主要会导致通带偏移以及增加不匹配度。考虑到这一点，在绝大多数实现中通带都会大于工作频段（增加一个足够大的余量）。

图 26-12 是这种滤波器的一个典型示例的 PCB 的布线：

- 5 个极点，耦合线，带状线滤波器。
- 介电常数：3.4。
- 介电厚度：500μm（地到地）。
- 空载谐振器 Q：130（假设低通微波介质）。

图 26-12　带状线滤波器的 PCB 布线

这个滤波器可以实现 24GHz 上 20dB 的抑制，通带为 24.25GHz ～ 27.5GHz（17dB 的回波损耗）。考虑到大规模生产 PCB 的影响，通带带宽需要加入一个足够的余量。

下面通过蒙特卡罗法分析了生产过程中波动对滤波器的影响。这里考虑较为激进的 PCB 容错假设：

- 介电常数标准方差：0.02。
- 线宽标准方差：8μm。

- 介电厚度标准方差：15μm。

按照这样的假设，仿真了 1000 个实例。图 26-13 中深色实线显示这 1000 个实例下滤波器性能（S21），中间的白色线显示无误差的性能，虚线描述用这个滤波器能够满足的性能要求水平。

图 26-13 生产容错对 PCB 带状线滤波器性能的影响仿真

从上面的设计示例的角度，一个 PCB 滤波器的大致实现如下：

- 3 ～ 4dB 的插损。
- 20dB 的抑制（如果减去插损，则为 17dB 的抑制）。
- 1.5GHz 的过渡区间（考虑了余量）。
- 面积 25mm²，这个尺寸很难适配独立馈线或者连接双极化天线单元。
- 如果目标是 3dB 的插损，会使射频指标产生显著损失，特别是对靠近通带边缘的信道。

2. LTCC 滤波器实现的示例

滤波器另一个实现方法是通过表面贴装组件（Surface Mount Assembly，SMT），将天线和滤波器集成在一起，滤波器可以使用低温共烧陶瓷（Low-Temperature Cofired Ceramic，LTCC），文献［29］中描述了一种 LTCC 元器件原型，如图 26-14 所示。

图 26-15 展示了无天线的 LTCC 元器件的测量性能。可以看出对于 3GHz 的通带，LTCC 滤波器引入大致 2.5dB 的插损，同时为通带边缘 0.75GHz 的位置提供了 20dB 的额外衰减。

图 26-14 LTCC 元器件原型，包含天线单元和滤波器（TDK 公司，经许可使用）

图 26-15　无天线时基于 LTCC 的滤波器的性能测量结果（TDK 公司，经许可使用）

　　必须考虑额外的余量以解决大量生产容错、温度灵敏度，以及 S11 改进和天线集成带来的恶化。考虑余量之后，LTCC 滤波器可以假设大致再增加 3dB 的插损以达到在通带边缘 1GHz ～ 1.25GHz 的位置提供 20dB ～ 25dB 的抑制（减去插损）。

　　本质上，考虑到上述两个实现示例以及与尺寸、集成可能性、Q 值、制造公差、缺乏调谐、辐射模式退化、阻抗匹配、成本等相关的挑战，结论是，依赖于距离通带边缘小于 1GHz ～ 1.25GHz 的滤波器是不现实的。

26.5　接收机噪声系数、动态范围和带宽的影响

26.5.1　接收机和噪声系数模型

　　图 26-16 显示了一个接收机的模型。接收机的动态范围（Dynamic Range，DR）总体上说取决于前端插损、接收机的低噪声放大器（Low-Noise Amplifier，LNA）、ADC 噪声以及线性特性。

　　一般来说 $DR_{LNA} >> DR_{ADC}$，因此接收机在 LNA 和 ADC 之间使用自动增益控制（Automatic Gain Control，AGC），以优化有用信号和干扰到 DR_{ADC} 的映射。为了描述简单，这里使用一个固定增益的设置。

　　接收机模型可以进一步简化为前端（FE）、接收和 ADC 三个模块的级联，如图 26-17 所示。这个模型不能用于一些严格的分析，但是可以演示主要参数的相互关系。

　　关于小信号的共信道（co-channel）噪底，研究表明，各种信号和非线性的影响可以统一描述为一个噪声因子或者说噪声系数。

图 26-16 典型的零中频收发机

图 26-17 简化的接收机模型

26.5.2 噪声因子和噪底

在匹配的情况下，可以用 Friis 公式来表示接收机输入端的噪声因子（除非特殊标明，默认使用线性单位）：

$$F_{\mathrm{RX}} = 1 + \left(F_{\mathrm{LNA}} - 1\right) + \frac{\left(F_{\mathrm{ADC}} - 1\right)}{G}$$

RX 输入所参考的小信号共信道噪底就等于

$$N_{\mathrm{RX}} = F_{\mathrm{LNA}} \cdot N_0 + \frac{N_{\mathrm{ADC}}}{G}$$

这里，$N_0 = k \cdot T \cdot \mathrm{BW}$，其中 k 是玻尔兹曼常数，T 是绝对温度而 BW 是带宽。N_{ADC} 分别是可得到的噪声功率和 ADC 信道带宽内的有效噪底。ADC 噪底是量化噪声、热噪声和互调噪声的混合。但这里假定 ADC 噪底是一个平坦的并由 ADC 有效比特数决定的噪底。

从 LNA 的输入到 ADC 的输入的有效增益 G 依赖于小信号增益、AGC 设置、选择性及脱敏（饱和现象）。这里假定设置的有效增益恰好使得天线参考输入压缩点（CP_i）对应到 ADC 削波电平，即 ADC 满量程输入电压（V_{FS}）。

对于弱非线性，在压缩点 CP 和三阶截取点（IP_3）之间的关系为 $\mathrm{IP}_3 \approx \mathrm{CP} + 10\mathrm{dB}$。对

高阶非线性，其差值可以大于 10dB，但 CP 依然可以很好地估计最大信号电平，只不过较低信号的互调电平可能被高估。

26.5.3 压缩点和增益

前端位于天线和接收机之间，会引入一定插损（IL>1）。插损来自收发开关、可能的 RF 滤波器以及 PCB/ 基质损耗。这些损耗也应该被考虑在增益和噪声的表达式里面。已知插损 IL，则压缩点 CP_i（对应 ADC 削波）为：

$$CP_i = \frac{IL \cdot N_{ADC} \cdot DR_{ADC}}{G}$$

以天线为参照的噪声因子以及噪声系数就会表示为：

$$F_i = IL \cdot F_{RX} = IL \cdot F_{LNA} + \frac{CP_i}{N_0 \cdot DR_{ADC}}$$

以及

$$NF_i = 10 \cdot \log_{10}(F_i)$$

比较两种设计，比如针对载波频率 2GHz 和 30GHz 的两种设计，30GHz 的插损会明显高于 2GHz。因此从 F_i 表达式看来，为了保持相同的噪声系数 NF_i，30GHz 系统必须通过改善 RX 噪声因子来弥补其较高的前端的损失。从上面的公式可知，弥补的办法有：

1）使用更好的 LNA。

2）降低输入压缩点，提高 G。

3）增加 DR_{ADC}。

一般 2GHz 硬件都会使用一个足够好的 LNA 来获得较低的 NF_i，因此方法 1 并没有太大的提升空间。降低 CP_i 是一个方法，但是其后果是降低 IP_3 和线性度性能。第 3 种增加 DR_{ADC} 的方法的问题在于 ADC 会导致功耗损失（每增加一个 bit 会引入 4 倍的功耗）。特别是宽带 ADC 会有非常高的功耗。对于带宽在 100MHz 以下的 ADC，功耗与带宽成正比，但是对于更宽的带宽，功耗与带宽的平方成正比（见 26.1 节）。因此增加 DR_{ADC} 也不是一个非常好的办法。综上所述，30GHz 接收机相比于 2GHz 的接收机会无法避免地引入更高的噪声系数 NF_i。

26.5.4 功率谱密度和动态范围

包含多个相似子载波的信号在信号带宽之内一般会拥有恒定的*功率谱密度*（Power Spectral Density，PSD），其整体信号功率可以表示为：$P = PSD \cdot BW$。

当带宽不同但功率相近的多个信号被同时接收的时候，每个信号的功率谱密度就与信号带宽成反比。而天线参考噪底就与带宽和 F_i 成正比，或者如上所述，$N_i = F_i \cdot k \cdot T \cdot BW$。因为 CP_i 固定，所以对于给定的 G 和 ADC 限幅，系统动态范围或者说最大 SNR 就会随着信号带宽的增大而减小，即 $SNR_{max} \propto \dfrac{1}{BW}$。

假设信号可以建模为加性高斯白噪声（AWGN），其中天线参考平均功率是 P_s，方差为 σ。基于这个假设，信号的峰均比 PAPR= $20 \cdot \log_{10}(k)$，也就是说最大功率可以定义为 $P_s + k \cdot \sigma$，即在平均功率电平和削峰电平之间有 k 个标准差。对于削峰之前的 OFDM 信号，典型的 PAPR 是 10dB（即 3σ）。因此这些余量都需要从 CP_i 中扣除以避免信号的削峰。对一个平均功率电平低于削峰电平 3σ 的典型 OFDM 信号，3σ 的余量意味着小于 0.2% 的削峰。

26.5.5　载波频率和毫米波技术

在一个比如 30GHz 的频点以及 1GHz 的信号带宽设计一个接收机，设计余量会比一个 2GHz 频点 50MHz 信号带宽的接收机少很多。两个设计的集成电路技术类似，但设计余量和性能取决于每种技术比所需的信号处理速度高多少，这意味着 2GHz 的设计会有更高的性能。

图 26-18 是一个由国际半导体技术发展路线图（International Technology Roadmap fr Semiconductors，ITRS）发布的一个关于晶体管参数的演进预测。这个预测对毫米波 IC 设计非常有意义。ITRS 2007[37] 发布的关于 CMOS 和双极化射频技术演进目标里，就描述了 f_t, f_{max} 和 V_{dd} / BV_{ceo} 数据随着时间的演化。其中：

- f_t 是晶体管传输频率，此时 RF 器件的电流增益是 0dB。
- f_{max} 是振荡器的最大频率，此时外推功率增益是 0dB。
- V_{dd} 是 RF 或者高性能 CMOS 电源电压。
- BV_{ceo} 是双极晶体管的集电极 – 射极（collector-emitter）开路击穿电压限制。

图 26-18　晶体管参数随着时间的演进：f_t、f_{max} 和 V_{dd}/BV_{ceo}[37]

例如，RF CMOS 器件预期最大 V_{dd} 可以在 2024 年达到 700mV（其他技术的电源电压也可以达到这个水平，但进展速度较慢）。

ITRS 最近被国际终端和系统发展路线图（International Roadmap for Devices and Systems，IRDS）所取代。IRDS 外部系统连接 2018 年更新[97] 中列出了高速双极 NPN 晶体管的预期性能数据，如图 26-19 所示

图 26-19　双极高速 NPN 参数（f_t、f_{max}、BV_{ceo} 和 BV_{cbo}）相对于技术节点（$N_2 \sim N_5$）和生产年份的预期演变[97]

30GHz 的自由空间波长只有 1cm，这只有 3GPP 已定义的 6GHz 以下载波波长的十分之一。天线尺寸以及路损都与波长和载波频率有关，因此为了弥补单个天线单元物理尺寸的减小，系统就会使用天线阵列。由于波束赋形的天线单元之间的尺寸依然与波长有关，因此波长会限制 FE 和 RX 的尺寸。这些频率和尺寸大小的限制则意味着：

- 相较于小于 6GHz 的频点，毫米波 $f_t/f_{carrier}$ 以及 $f_{max}/f_{carrier}$ 的比例都会变小。当比例小于 $10 \sim 100$ 倍的时候，接收机增益会随着工作频点增加而迅速减小。而毫米波接收机增益下降则意味着设备的噪声因子 F_i 会变得更大（类似于 Friis 公式也可用于晶体管内部的噪声源）。

- 根据 Johnson 极限理论，半导体材料的击穿电压 E_{br} 与载荷子饱和速度 V_{sat} 成反比。用数学公式可以表述为：$V_{sat} \cdot E_{br} =$ 恒定值，或者 $f_{max} \cdot V_{dd} =$ 恒定值。因此毫米波设备的电源电压会比低频设备的低很多。这也会限制 CP_i 和最大动态范围。

- 为了节省空间，需要更高的收发机集成度，这意味着需要实现片上系统（System-on-Chip，SoC）或系统级封装（System-in-Package，SiP）。这将限制可以使用的技术以及限制 F_{RX}。

- 射频滤波器必须靠近天线并适合天线阵列的尺寸。因此滤波器必须足够小，这样就

会对滤波器物理尺寸有较高要求，有可能会牺牲插损以及阻带衰减，就是说插损和
选择性会变差。毫米波相关介绍参考 26.4 节。

- 载波频率会从 2GHz 增加到 30GHz，这对电路设计和射频性能都会产生显著影响。
比如现代高速 CMOS 器件会速度饱和，其最大工作频率与最小沟道长度（或者说
特征尺寸）成反比。根据摩尔定律，设备尺寸大致 4 年减半（摩尔定律揭示晶体
管密度，每两年翻一番）。对于较小的特征尺寸，必须降低内部电压以保证电场达
到安全水平。因此，30GHz 的射频接收机对应的低压技术大致相当于用 15 年前的
2GHz 射频接收机（也就是今天的击穿电压水平，但 15 年前的 f_t，如图 26-18 所示，
ITRS 设备目标）。正是由于设备性能和设计余量方面存在这种不匹配，30GHz 设备
很难保持 2GHz 设备同样的性能和功耗。

频点在毫米波的信号带宽往往会显著大于频点在 2GHz 的信号带宽。而对一个有源设
备或者电路，信号的波动受限于一端的电源电压和另一端的热噪声。器件的热噪声功率与
BW / g_m 成正比。这里 g_m 是设备跨导（trans conductance），它与偏置电流成正比。这样动
态范围可以看成：

$$\mathrm{DR} \propto \frac{V_{dd}^2 \cdot I_{bias}}{\mathrm{BW}} = \frac{V_{dd} \cdot P}{\mathrm{BW}}$$

或者

$$P \propto \frac{\mathrm{BW} \cdot \mathrm{DR}}{V_{dd}}$$

这里 P 是耗散功率。

因为毫米波的信号带宽比 2GHz 的信号带宽要高，毫米波接收机会随着接收带宽的增
加而增加功耗。相比于 2GHz 的接收机，30GHz 设备更加依赖于低压技术的演进速度。因
此，受限于毫米波产品的面积、体积显著减小带来的热挑战，系统设计应该考虑线性度、
NF、带宽、功耗的动态范围等方面复杂的相互关系。

26.6　本章小结

本章概述了毫米波技术能够提供什么样的射频性能。毫米波系统往往需要将许多收发
机和天线高度集成在一起，因此需要仔细地考虑功率效率、小面积 / 体积的散热等影响性
能的因素。

本章重点介绍了 DA/AD 转换器、功率放大器，以及可实现的发射功率与效率和线性
度的关系。接收机基本度量是噪声系数、带宽、动态范围和功耗，同时这些因素之间具有
复杂的相互依赖性。本章还讨论了频率产生机制以及相位噪声相关方面。在新的 NR 毫米
波频段，各种滤波器的实现技术以及对应的集成可行性在定义射频要求的时候都需要被考
虑到。所有这些方面的考虑都贯穿整个 NR 在频率范围 2 的射频开发过程。

第 27 章

5G 继续演进

NR 标准第一个版本（Release 15）主要专注于 eMBB 业务以及一定程度上的 URLLC。Release 16 进一步增强了对 eMBB 和 URLLC 的支持，还包括针对前面章节讨论过的新的部署场景和垂直领域的新特性。3GPP 已经完成 Release 16 的工作，开始将重心转向 Release 17，即 5G NR 的下一步演进（见图 27-1）。

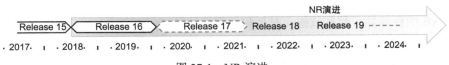

图 27-1　NR 演进

3GPP 在 2019 年下半年讨论了 Release 17 的内容，于 2019 年十二月确定了 Release 17 的最终内容。所讨论的提案范围很广，其中有些已经被采纳，有些被推后，在 Release 17 中确定了一系列领域。其中某些领域可以通过对现有 Release 15/16 特性进行 Release 17 的隐含扩展来覆盖，例如针对 MBB 业务或代表通用增强的 MIMO 扩展和动态频谱共享。Release 17 的其他领域针对特定的垂直行业，或者引入现有版本中完全不存在的新技术特性，例如工作重心放在工业 IoT、多播/广播功能，以及对经由卫星接入的支持。尽管特定的增强是考虑特定的垂直行业而开发的，例如工业应用，但标准并不会限制解决方案仅适用于该用例。还有些应用可能通过 NR 已有功能以合适的方式来支持。一个相关的例子就是扩展现实（eXtended Reality，XR）用例，XR 对数据速率和延迟要求很高。Release 17 期间的研究会探讨该领域是否需要额外的增强。

下面会从无线接入角度介绍 Release 17 的内容。一些特性组合在一起以帮助获得对内容的总体了解，但这并不意味着对这些组合之外的某个特性就没有兴趣。还有些未讨论但很重要的特性，例如可简化部署并增强对自组织网络支持的 RAN 数据收集。

27.1　52.6GHz 以上的 NR

频谱是无线通信的基础，多年来用于蜂窝系统的频谱数量一直在增加，以满足数据速率和容量的需求。这在很大程度上是通过不断向高频段扩展来实现的。显然 5G NR 也是如此，而且第一次将蜂窝通信扩展到毫米波频段。

从第一个版本起 NR 就在设计时考虑了频谱的灵活性，目前的版本支持的工作频谱最高到 52.6GHz，包括对称和非对称频谱。

更高频段也可用于无线通信，特别是非授权接入的 60GHz 频段（57GHz ～ 66GHz），以及最近确定的 66GHz ～ 71GHz 频段。为了能够利用这些更高频段，NR 标准将在 Release 17 进行扩展以支持最高到 71GHz 的工作频谱[73]。扩展到更高频段会引入更高子载波间隔的新参数集，以及相关的定时。工作项目还会考虑在 52.6GHz 到 71GHz 之间的非授权频段工作所需的其他物理层过程以及协议。

27.2　IAB 增强

Release 17 的 IAB 增强工作项目[74]会增加对 Release 16 IAB 的扩展。该工作项目旨在增强 IAB 的鲁棒性、频谱效率、时延和端到端性能。

工作项目会考虑对一个 IAB 节点内 DU 和 MT 同时工作的扩展 / 增强（见 22.4.2 节），包括：

- MT 接收和 DU 发送同时进行，以及 DU 接收和 MT 发送同时进行，即 IAB 节点工作在"全双工"。
- MT 接收和 DU 接收同时进行，以及基于 SDM 或 FDM 方式，MT 发送和 DU 发送同时进行，如 22.4.2 节所讨论的。

如第 22 章所述，Release 16 的 IAB 原则上已经支持这些复用选项。但是，扩充特性（比如 IAB 节点的 DU 和 MT 之间的定时关系）可以进一步扩展（对诸如 DU 和 MT 之间 FDM/SDM 的）适用性。

IAB 增强工作项目还包括对拓扑适配方法的扩展，即父子节点关系的适配，从而增强回传的鲁棒性，以及更通用的拓扑、路由和传输增强，从而提高 IAB 效率。

27.3　工业物联网——RedCap 和定位增强

工业物联网是 Release 16 垂直行业的一个主要焦点，在 Release 17 中会继续扩大 NR 在工厂自动化、电力分配以及运输行业等领域的适用性。Release 16 主要专注于 URLLC 和时间敏感网络（Time-Sensitive Networking，TSN）领域的增强，见第 20 章。Release 17 将解决工业场景设定下其他类型的机器类型通信和定位增强。

在第 5 章中已经提及，基本的大规模 MTC 用例，是以极低终端成本和极低终端能耗的要求结合广域覆盖为特征，在 5G 时代用基于 LTE 的 eMTC 和 NB-IoT 也可以很好地满足要求。但是，与 NR Release 15/16 可支持的终端相比，还有其他用例要求更低的终端复杂度和更少的能耗，而同时在数据速率和时延方面比 eMTC 和 NB-IoT 有更高的要求。为了应对这类用例，Release 17[99] 有部分工作是性能降低（reduced-capability）的 NR 终端（也称为 RedCap）。RedCap 的目的不在于取代 eMTC/NB-IoT，而是作为解决下面工业物联网和其他垂直行业用例的补充：

- 低时延（5～10ms）且中等数据速率（< 2Mbps）的工业无线传感器。
- 中高数据速率（2～25Mbps）的视频传输。
- 高数据速率（5～10Mbps）且长续航时间（1～2周）的可穿戴设备。

降低终端复杂度有不同的方式，例如减少终端侧的发送/接收天线数、允许终端只支持有限的发送/接收带宽。一种降低终端复杂度的方法是允许终端只能半双工工作（不能同时发送和接收），即使终端工作在对称频谱。

可以通过减少盲解码的数量并扩展 DRX 功能来降低终端能耗。27.7.2 节讨论了更为通用的节能增强，27.7.3 节讨论了小数据增强，都与 RedCap 类型终端的低能耗要求相关。

工业和商业应用的另一个重要领域是室内定位。Release 16 引入了 NR 原生定位支持，在第 24 章讨论了监管和商业用例，对于商业用例，性能目标要求定位精度提高到最小 3m 并且端到端时延小于 1s。但是，某些商业 IoT 用例，诸如工厂里资产和移动物体的位置，要求更为严格，包括精度到分米，端到端时延甚至小于 100ms。因此 3GPP Release 17 中将以更为严格的要求作为目标，研究 NR 原生定位的进一步增强[83]。

27.4 非陆地网络

3GPP 在 Release 15/16 研究了通过卫星系统，即被称为非陆地网络（Non-Terrestrial Networks，NTN）[80] 进行 NR 通信的可行性和标准适配。基于这些研究，决定启动一个 Release 17 工作项目来规定 NR 标准对这种非陆地接入[81]的支持。工作重心在于近地轨道（Low Earth Orbit，LEO）和地球静止轨道（Geostationary Orbit，GEO）卫星系统的透明（非再生）载荷卫星系统，无论系统是否具有 GNSS 能力。目标是能够支持通用飞行平台，诸如平流层高空平台系统（High-Altitude Platform Systems，HAPS）。一些关键技术领域包括：

- 应对卫星场景（尤其是 GEO 场景）下极大传播延迟的方法，极大延迟会影响诸如随机接入过程、HARQ 以及 RRC 过程
- 扩展/增强波束管理和小区选择/重选，尤其是在 LEO 情况下，卫星相对于终端快速移动。

27.5 公共安全和 Sidelink 增强

如第 23 章所述，Release 16 引入了 NR Sidelink 通信，专注于 V2V 用例。Release 17

有一个 Sidelink 增强[76] 的工作项目，会进一步改进 NR 标准对 V2V 用例的支持，同时也会将重点扩展到其他 Sidelink 相关的用例，主要是与公共安全相关的用例。

这些 Sidelink 增强的关键领域包括在 Sidelink 工作期间降低终端能耗、增强可靠性以及降低依赖于 Sidelink 通信的 URLLC 类型应用的时延。

同时 3GPP 还将研究基于 Sidelink 的中继，即通过设备到设备通信的方式将网络覆盖扩展到网络基础设施直接覆盖的区域之外。

27.6   NR 广播 / 多播

NR 下行用户数据传输主要是单播，即由一个特定的终端收发数据。但是，对于多个终端对相同信息感兴趣的场景，以单播的方式发送信息可能不是最有效的。而相反，只发送一份数据，所有感兴趣的终端接收同一份数据的方式会更有效。这种情况的一些场景是公共安全、V2X 应用、IPv4/IPv6 多播递交、IPTV 和软件更新。因此 Release 17 将引入适用于连接模式和空闲 / 非激活模式的 NR 广播 / 多播（BC/MC）功能[82]。工作将包含诸如按组调度机制、多播和单播递交的动态改变以及提高广播 / 多播业务可靠性方法的规范。与 Release 15 相比，预计不会影响 OFDM 参数集，这样可以简化未来的终端实现。

27.7   通用增强

除了上述讨论的增强之外，还会有一些增强，要么是 Release 16 启动的工作的延续，相对较小，要么并非针对某个特定的垂直行业，而是更为通用的增强。尽管这些增强相对较小，范围有限，但也不应低估这种逐步改进的好处，因为就是这些使得 NR 成为更高效的系统。

27.7.1   MIMO 增强

NR 从一开始就支持多天线，在 Release 16 中得到进一步增强。Release 17 还会对多天线传输和波束管理继续增强[78]，包括下列领域 / 场景：
- 高速车辆场景，尤其期望在高频进一步降低开销和时延，以及减少波束失败。
- 多 TRP 传输扩展到其他的上行和下行物理信道。
- 增强 SRS 以扩展容量和覆盖。
- 进一步增强类型 Ⅱ CSI-RS，例如，在非相干联合发送情况下的多 TRP/ 面板发送，在 FDD 部署下的部分互易性（如到达 / 离开角和时延的互易性）的利用。

27.7.2   节能增强

Release 16 中引入了降低终端能耗的增强（见第 14 章），专注于连接模式的唤醒信令和小区休眠这两项增强。在 Release 17 中会考虑针对终端处于空闲 / 非激活模式的其他终端节能特性[79]，包括减少接收无用寻呼的方法，以及使得目前只对连接态有效的 TRS/CSI-RS 时机对空闲 / 非激活态终端也可用的方法。Release 17 还将考虑第 14 章所述的基于 PDCCH 的节能适配进行扩展，例如，当配置了连接模式的 DRX 时，减少监听 PDCCH。

27.7.3　小数据增强

目前用户数据只能在连接态即 RRC_CONNECTED 下传输（见第 6 章对不同状态的讨论）。因此，即使只传输极少量的数据，终端也要建立连接，对于信令开销和终端能耗都有负面影响。尽管终端从 RRC_INACTIVE 转移到 RRC_CONNECTED 所需的信令数量比从 RRC_IDLE 转移到 RRC_CONNECTED 少得多，但在空闲模式和连接模式频繁切换的场景下信令的数量仍是不可忽视的。这类场景并不罕见，许多智能手机应用会定期发送保持活动消息，许多工业和 IoT 应用也会定期发送少量数据，例如读取传感器。因此，Release 17 中会引入在非激活态发送小数据净荷的机制[75]。这些增强会部分基于已有的 2/4 步 RACH 机制（见第 17 章），包含了对支持的净荷大小的扩展（目前仅用于控制信令）。此外，工作还旨在基于 Release 15/16 的配置授权框架，在非激活态也能够使用配置的 PUSCH 资源进行上行传输。

27.7.4　动态频谱共享

如第 18 章所述，动态频谱共享（Dynamic Spectrum Sharing，DSS）使得 LTE 和 NR 共享同一个载波，这在平滑迁移到 NR 的过程中非常有用。Release 15 已经支持了动态频谱共享，例如，通过使用预留资源；在 Release 16 中做了进一步增强，例如，额外增加用于 PDSCH 的 DM-RS。随着网络中 NR 终端数量的增长，确保 NR 的调度容量充足是很重要的，这就需要可用的 PDCCH 资源不会限制性能。

Release 17 会对 NR 和 LTE 之间的动态频谱共享进一步增强[77]。会增强跨载波调度（承载 PDCCH 调度分配 / 授权的载波和实际传输上下行数据的 PUSCH/PDSCH 载波不同）以支持 SCell 上的 PDCCH 调度 P(S)Cell 上的 PUSCH/PDSCH。（也会研究使用一个 DCI 调度多个载波上 PDSCH 的潜在好处。

27.8　结束语

到目前为止已经概述了计划到 2020 年二月发布的 Release 17 的部分内容，Release 17 的工作将在 2022 年上半年完成。很明确，之后还会有多个 NR 演进版本。一如既往，在试图对未来进行预测时会有很多不确定性，新的、尚不为人所知的需求或技术可能将演进推向未曾讨论的方向。在 NR 的基本设计中强调与未来的兼容性，以确保在大多数情况下引入的扩展相对简单直接。很显然，NR 是一个非常灵活的平台，支持在很多不同的方向上演进，在接下来的许多年里是一条倍具吸引力的通往未来无线通信之路。

参 考 文 献

[1] 3GPP RP-172290, New SID Proposal: Study on Integrated Access and Backhaul for NR.
[2] 3GPP TS 37.141, E-UTRA, UTRA and GSM/EDGE; Multi-Standard Radio (MSR) Base Station (BS) Conformance Testing.
[3] 3GPP R1-163961, Final Report of 3GPP TSG RAN WG1 #84bis.
[4] 3GPP TS 38.104, NR; Base Station (BS) Radio Transmission and Reception.
[5] 3GPP TS 38.101-1, NR; User Equipment (UE) Radio Transmission and Reception. Part 1. Range 1 Standalone.
[6] 3GPP TS 38.101-2, NR; User Equipment (UE) Radio Transmission and Reception. Part 2. Range 2 Standalone.
[7] 3GPP TS 38.101-3, NR; User Equipment (UE) Radio Transmission and Reception. Part 3. Range 1 and Range 2 Interworking Operation with Other Radios.
[8] 3GPP TS 38.101-4, NR; User Equipment (UE) Radio Transmission and Reception. Part 4. Performance Requirements.
[9] 3GPP RP-172021, Study on NR-Based Access to Unlicensed Spectrum.
[10] 3GPP TR 36.913, Requirements for Further Advancements for Evolved Universal Terrestrial Radio Access (E-UTRA) (LTE-Advanced) (Release 9).
[11] 3GPP TR 38.803, Study on New Radio Access Technology: Radio Frequency (RF) and Coexistence Aspects (Release 14).
[12] 3GPP TS 23.402, Architecture Enhancements for Non-3GPP Accesses.
[13] 3GPP TS 23.501, System Architecture for the 5G System.
[14] 3GPP TS 36.211, Evolved Universal Terrestrial Radio Access (E-UTRA); Physical Channels and Modulation.
[15] 3GPP TS 38.331, NR; Radio Resource Control (RRC) Protocol Specification (Release 15).
[16] 3GPP TR 36.913, Requirements for Further Advancements for Evolved Universal Terrestrial Radio Access (E-UTRA) (LTE-Advanced).
[17] E. Arikan, Channel polarization: a method for constructing capacity-achieving codes for symmetric binary input memoryless channels, IEEE Trans. Inf. Theory 55 (7) (July 2009) 3051–3073.
[18] R.E. Best, Phases Locked Loops: Design, Simulation and Applications, sixth ed., McGraw-Hill Professional, 2007.
[19] T. Chapman, E. Larsson, P. von Wrycza, E. Dahlman, S. Parkvall, J. Sköld, HSPA Evolution: The Fundamentals for Mobile Broadband, Academic Press, 2014.
[20] D. Chase, Code combining—a maximum-likelihood decoding approach for combining and arbitrary number of noisy packets, IEEE Trans. Commun. 33 (May 1985) 385–393.
[21] J. Chen, Does LO noise floor limit performance in multi-Gigabit mm-wave communication? IEEE Microwave Wireless Compon. Lett. 27 (8) (2017) 769–771.
[22] J.-F. Cheng, Coding performance of hybrid ARQ schemes, IEEE Trans. Commun. 54 (June 2006) 1017–1029.
[23] D.C. Chu, Polyphase codes with good periodic correlation properties, IEEE Trans. Inf. Theory 18 (4) (July 1972) 531–532.

[24] S.T. Chung, A.J. Goldsmith, Degrees of freedom in adaptive modulation: a unified view, IEEE Trans. Commun. 49 (9) (September 2001) 1561–1571.

[25] D. Colombi, B. Thors, C. Törnevik, Implications of EMF exposure limits on output power levels for 5G devices above 6 GHz, IEEE Antennas Wirel. Propag. Lett. 14 (February 2015) 1247–1249.

[26] E. Dahlman, S. Parkvall, J. Sköld, 4G LTE-Advanced Pro and the Road to 5G, Elsevier, 2016.

[27] DIGITALEUROPE, 5G Spectrum Options for Europe, (October 2017).

[28] Ericsson, Ericsson Mobility Report, https://www.ericsson.com/4acd7e/assets/local/mobility-report/documents/2019/emr-november-2019.pdf, November 2019.

[29] 3GPP R4-1712718, On mm-wave Filters and Requirement Impact, TSGRAN WG4 Meeting #85, Ericsson (December 2017).

[30] Federal Communications Commission, Title 47 of the Code of Federal Regulations (CFR).

[31] P. Frenger, S. Parkvall, E. Dahlman, Performance comparison of HARQ with chase combining and incremental redundancy for HSDPA, in: Proceedings of the IEEE Vehicular Technology Conference, Atlantic City, NJ, USA, October 2001, pp. 1829–1833.

[32] R.G. Gallager, Low Density Parity Check Codes, Monograph, M.I.T. Press, 1963.

[33] Global mobile Suppliers Association (GSA), The future of IMT in the 3300 – 4200 MHz frequency range, (June 2017).

[34] M. Hörberg, Low phase noise GaN HEMT oscillator design based on high-Q resonators, (Ph.D. thesis), Chalmers University of Technology, April 2017.

[35] IEEE, IEEE Standard for Local and metropolitan area networks Part 16: Air Interface for Broadband Wireless Access Systems Amendment 3: Advanced AirInterface, IEEE Std 802.16m-2011 (Amendment to IEEE Std 802.16-2009).

[36] IETF, Robust header compression (ROHC): framework and four profiles: RTP, UDP, ESP, and Uncompressed, RFC 3095.

[37] ITRS, Radio Frequency and Analog/Mixed-Signal Technologies for Wireless Communications, Edition International Technology Roadmap for Semiconductors (ITRS), 2007.

[38] ITU-R, Workplan, timeline, process and deliverables for the future development of IMT, ITU-R Document 5D/1297, Attachment 2.12 (July 2019).

[39] ITU-R, Framework and overall objectives of the future development of IMT-2000 and systems beyond IMT-2000, Recommendation ITU-R M.1645, June 2003.

[40] ITU-R, Unwanted emissions in the spurious domain, Recommendation ITU-R SM.329-12, September 2012.

[41] ITU-R, Future technology trends of terrestrial IMT systems, Report ITU-R M.2320, November 2014.

[42] ITU-R, Technical feasibility of IMT in bands above 6 GHz, Report ITU-R M.2376, July 2015.

[43] ITU-R, Detailed specifications of the terrestrial radio interfaces of International Mobile Telecommunications Advanced (IMT-Advanced), Recommendation ITU-R M.2012-4, November 2019.

[44] ITU-R, Frequency arrangements for implementation of the terrestrial component of International Mobile Telecommunications (IMT) in the bands identified for IMT in the Radio Regulations, Recommendation ITU-R M.1036-6, October 2019.

[45] ITU-R, IMT Vision—Framework and overall objectives of the future development of IMT for 2020 and beyond, Recommendation ITU-R M.2083, September 2015.

[46] ITU-R, Radio regulations, Edition of 2016.

[47] ITU-R, Detailed specifications of the terrestrial radio interfaces of International Mobile Telecommunications-2000 (IMT-2000), Recommendation ITU-R M.1457-14, January 2019.

[48] ITU-R, Guidelines for evaluation of radio interface technologies for IMT-2020, Report ITU-R M.2412, November 2017.

[49] ITU-R, Minimum requirements related to technical performance for IMT-2020 radio interface(s), Report ITU-R M.2410, November 2017.

[50] ITU-R, Requirements, evaluation criteria and submission templates for the development of IMT-2020, Report ITU-R M.2411, November 2017.

[51] M. Jain, et al., Practical, Real-Time, Full-duplex Wireless, MobiCom'11, Las Vegas, NV, USA, September 1923, 2011.

[52] E.O. Johnson, Physical limitations on frequency and power parameters of transistors, RCA Rev. 26 (June 1965) 163–177.

[53] E.G. Larsson, O. Edfors, F. Tufvesson, T.L. Marzetta, Massive MIMO for next generation wireless systems, IEEE Commun. Mag. 52 (2) (February 2014) 186–195.

[54] D.B. Leeson, A simple model of feedback oscillator noise spectrum, Proc. IEEE 54 (2) (February 1966) 329–330.

[55] O. Liberg, M. Sundberg, E. Wang, J. Bergman, J. Sachs, Cellular Internet of Things: Technologies, Standards, and Performance, Academic Press, 2017.

[56] D.J.C. MacKay, R.M. Neal, Near Shannon limit performance of low density parity check codes, Electron. Lett. 33 (6) (July 1996) 1645–1646.

[57] 3GPP R1-040642, Comparison of PAR and Cubic Metric for Power De-rating, Motorola.

[58] B. Murmann, The race for the extra decibel: a brief review of current ADC performance trajectories, IEEE Solid-State Circuits Mag. 7 (3) (Summer 2015) 58–66.

[59] B. Murmann, ADC Performance Survey 1997-2019, Available from: http://web.stanford.edu/~murmann/adcsurvey.html.

[60] M. Olsson, S. Sultana, S. Rommer, L. Frid, C. Mulligan, SAE and the Evolved Packet Core—Driving the Mobile Broadband Revolution, Academic Press, 2009.

[61] J. Padhye, V. Firoiu, D.F. Towsley, J.F. Kurose, Modelling, TCP reno performance: a simple model and its empirical validation, ACM/IEEE Trans. Netw. 8 (2) (2000) 133–145.

[62] S. Parkvall, E. Dahlman, A. Furuskär, M. Frenne, NR: the new 5G radio access technology, IEEE Commun. Stand. Mag. 1 (4) (December 2017) 24–30.

[63] M.B. Pursley, S.D. Sandberg, Incremental-redundancy transmission for meteor burst communications, IEEE Trans. Commun. 39 (May 1991) 689–702.

[64] T. Richardson, R. Urbanke, Modern Coding Theory, Cambridge University Press, 2008.

[65] C.E. Shannon, A mathematical theory of communication, Bell Syst. Tech. J. 27 (July and October 1948) 379–423, 623–656.

[66] L.A. Gerhardt, R.C. Dixon, Special issue on spread spectrum, IEEE Trans. Commun. 25 (August 1977) 745–869.

[67] S.B. Wicker, M. Bartz, Type-I hybrid ARQ protocols using punctured MDS codes, IEEE Trans. Commun. 42 (April 1994) 1431–1440.

[68] J.M. Wozencraft, M. Horstein, Digitalised communication over two-way channels, in: Fourth London Symposium on Information Theory, London, UK, September 1960.

[69] C. Mollen, E.G. Larsson, U. Gustavsson, T. Eriksson, R.W. Heath, Out-of-band radiation from large antenna arrays, IEEE Commun. Mag. 56 (4) (April 2018) 196–203.

[70] 3GPP TR 38.817-01, NR; General aspects for UE RF for NR (Release 15).

[71] 3GPP TR 38.817-02, NR; General aspects for BS RF for NR (Release 15).

[72] K. Zetterberg, P. Ramachandra, F. Gunnarsson, M. Amirijoo, S. Wager, T. Dudda, On heterogeneous networks mobility robustness, in: 2013 IEEE 77th Vehicular Technology Conference (VTC Spring), 2013.

[73] 3GPP RP-193229, New WID on Extending current NR operation to 71 GHz.

[74] 3GPP RP-193251, New WID on Enhancements to Integrated Access and Backhaul.

[75] 3GPP RP-193252, Work Item on NR small data transmission in INACTIVE state.

[76] 3GPP RP-133231, New WID on NR sidelink enhancements.

[77] 3GPP RP-193260, New WID on NR Dynamic spectrum sharing.

[78] 3GPP RP-193133, New WID: Further enhancements on MIMO for NR.

[79] 3GPP RP-193239, New WID: UE Power Saving Enhancements.

[80] 3GPP TR 38.811, Study on New Radio (NR) to support non-terrestrial networks (release 15).

[81] 3GPP RP-193234, Solutions for NR to support non-terrestrial networks (NTN).

[82] 3GPP RP-193248, New work Item on NR support of Multicast and Broadcast Services.

[83] 3GPP RP-133237, New SID on NR positioning Enhancements.

[84] S. Rommer, P. Hedman, M. Olsson, L. Frid, S. Sultana, C. Mulligan, 5G Core Networks: Powering Digitalization, Academic Press, 2019.

[85] 3GPP TR 38.866, Study on remote interference management for NR (Release 16).

[86] 3GPP TR 38.889, Study on NR-based access to unlicensed spectrum (Release 16).

[87] ETSI EN 301 893, 5 GHz RLAN; Harmonised Standard covering the essential requirements of article 3.2 of Directive 2014/53/EU.

[88] 3GPP TS 37.213, Physical layer procedures for shared spectrum channel access.

[89] 3GPP TR 38.855, Study on NR positioning support (Release16).

[90] 3GPP TS 38.212, NR; Multiplexing and channel coding.

[91] P. Groves, Principles of GNSS, Inertial, and Multisensor Integrated Navigation Systems, second ed., Artech House, 2013.

[92] ITU-R Working party 5D, Document IMT-2020/2-E, Revision 2, Submission, evaluation process and consensus building for IMT-2020.

[93] 3GPP TR 37.910, Study on self evaluation towards IMT-2020 submission (Release 16).

[94] 3GPP TR 38.913 V15, Study on Scenarios and Requirements for Next Generation Access Technologies; (Release 15).

[95] P. Kinget, Integrated GHz voltage controlled oscillators, in: W. Sansen, J. Huijsing, R. van de Plassche (Eds.), Analog Circuit Design, Springer, Boston, MA, 1999.

[96] H. Wang, et al., Power Amplifiers Performance Survey 2000-Present, Available from: https://gems. ece.gatech.edu/PA_survey.html.

[97] International Roadmap for Devices and Systems (IRDS), 2018 update, Outside system connectivity, IEEE 2018.

[98] 3GPP RP-140955, Revised Work Item Description: LTE Device to Device Proximity Services.

[99] 3GPP RP-193238, New SID on support of reduced-capability devices.

[100] P. Butovitsch, et al., Advanced Antenna Systems for 5G Network Deployments: Bridging the Gap Between Theory and Practice, Associated Press, 2020.

[101] 3GPP RP-162519, Revised WI proposal: LTE-based V2X Services.

[102] 3GPP RP-190984, 5G V2X with NR Sidelink.

[103] 3GPP TS 22.186, Enhancement of 3GPP support for V2X scenarios.

[104] 3GPP TS 38.133, Requirements for support of radio resource management.

[105] 3GPP TR 38.470, F1 general aspects and principles (Release 15).

[106] 3GPP TR 38.820, Study on the 7 to 24 GHz frequency range for NR (Release 16).

术 语 表

英文缩略语	英文全称	中文全称
3GPP	Third-Generation Partnership Project	第三代合作伙伴项目
5GCN	5G Core Network	5G 核心网
AAS	Active Antenna System	有源天线系统
ACIR	Adjacent Channel Interference Ratio	邻道干扰比
ACK	Acknowledgment (in ARQ protocols)	确认（在 ARQ 协议中）
ACLR	Adjacent Channel Leakage Ratio	邻道泄漏比
ACS	Adjacent Channel Selectivity	邻道选择性
ADC	Analog-to-Digital Converter	模数转换器
AF	Application Function	应用功能
AGC	Automatic Gain Control	自动增益控制
AM	Acknowledged Mode (RLC configuration)	确认模式（RLC 配置）
AM	Amplitude Modulation	幅度调制
AMF	Access and Mobility Management Function	接入和移动性管理功能
A-MPR	Additional Maximum Power Reduction	额外最大功率回退
AMPS	Advanced Mobile Phone System	高级移动电话系统
ARI	Acknowledgment Resource Indicator	确认资源指示
ARIB	Association of Radio Industries and Businesses	无线工业及商贸联合会
ARQ	Automatic Repeat-reQuest	自动重传请求
AS	Access Stratum	接入层
ATIS	Alliance for Telecommunications Industry Solutions	电信行业解决方案联盟
AUSF	Authentication Server Function	鉴权服务器功能
AWGN	Additive White Gaussian Noise	加性高斯白噪声
BC	Band Category	频段类别
BCCH	Broadcast Control Channel	广播控制信道
BCH	Broadcast Channel	广播信道
BiCMOS	Bipolar Complementary Metal Oxide Semiconductor	双极互补金属氧化物半导体
BPSK	Binary Phase-Shift Keying	二进制相移键控
BS	Base Station	基站

（续）

英文缩略语	英文全称	中文全称
BW	Bandwidth	带宽
BWP	Bandwidth part	部分带宽
CA	Carrier aggregation	载波聚合
CACLR	Cumulative Adjacent Channel Leakage Ratio	累积邻道泄漏比
CBG	Codeblock group	码块组
CBGFI	CBG Flushing out Information	码块组刷新信息
CBGTI	CBG Transmission Information	码块组传输信息
CC	Component Carrier	分量载波
CCCH	Common Control Channel	公共控制信道
CCE	Control Channel Element	控制信道单元
CCSA	China Communications Standards Association	中国通信标准化协会
CDM	Code-Division Multiplexing	码分复用
CDMA	Code-Division Multiple Access	码分多址
CEPT	European Conference of Postal and Telecommunications Administration	欧洲邮电管理大会
CITEL	Inter-American Telecommunication Commission	美洲国家电信委员会
CLI	Crosslink Interference	交叉链路干扰
CMOS	Complementary Metal Oxide Semiconductor	互补金属氧化物半导体
C-MTC	Critical Machine-Type Communications	关键机器类型通信
CN	Core Network	核心网
CoMP	Coordinated Multi-Point transmission/reception	多点协作发送 / 接收
CORESET	Control resource set	控制资源集
CP	Compression Point	压缩点
CP	Cyclic Prefix	循环前缀
CQI	Channel-Quality Indicator	信道质量指示
CRB	Common resource block	公共资源块
CRC	Cyclic Redundancy Check	循环冗余校验
C-RNTI	Cell Radio-Network Temporary Identifier	小区无线网络临时标识符
CS	Capability Set (for MSR base stations)	能力集（关于 MSR 基站）
CSI	Channel-State Information	信道状态信息
CSI-IM	CSI Interference Measurement	CSI 干扰测量
CSI-RS	CSI Reference Signal	CSI 参考信号
CS-RNTI	Configured scheduling RNTI	配置调度的无线网络临时标识符
CW	Continuous Wave	连续波
D2D	Device-to-Device	设备到设备
DAC	Digital-to-Analog Converter	数模转换器
DAI	Downlink Assignment Index	下行分配索引
D-AMPS	Digital AMPS	数字 AMPS

（续）

英文缩略语	英文全称	中文全称
DC	Direct Current	直流电
DC	Dual Connectivity	双连接
DCCH	Dedicated Control Channel	专用控制信道
DCH	Dedicated Channel	专用信道
DCI	Downlink Control Information	下行控制信息
DECT	Digital Enhanced Cordless Telecommunications	数字增强无绳通信
DFT	Discrete Fourier Transform	离散傅里叶变换
DFTS-OFDM	DFT-Spread OFDM (DFT-precoded OFDM	DFT 扩展的 OFDM（DFT 预编码的 OFDM，另见 SC-FDMA）
DL	Downlink	下行链路
DL-SCH	Downlink Shared Channel	下行共享信道
DM-RS	Demodulation Reference Signal	解调参考信号
DR	Dynamic Range	动态范围
DRX	Discontinuous Reception	不连续接收
DTX	Discontinuous Transmission	不连续发送
ECC	Electronic Communications Committee (of CEPT)	电子通信委员会（CEPT）
EDGE	Enhanced Data Rates for GSM Evolution, Enhanced Data Rates for Global Evolution	增强型数据速率 GSM 演进，全球演进的增强数据速率
EESS	Earth Exploration Satellite Systems	地球探测卫星系统
eIMTA	Enhanced Interference Mitigation and Traffic Adaptation	增强的干扰抑制和业务自适应
EIRP	Effective Isotropic Radiated Power	有效全向辐射功率
EIS	Equivalent Isotropic Sensitivity	等效全向灵敏度
eMBB	enhanced MBB	增强 MBB，增强移动宽带通信
EMF	Electromagnetic Field	电磁场
eMTC	Enhanced machine-type communication support	增强型机器类型通信支持，见 LTE-M
eNB	eNodeB	LTE 基站
EN-DC	E-UTRA NR Dual-Connectivity	E-UTRA 和 NR 双连接
eNodeB	E-UTRAN NodeB	E-UTRAN 基站
EPC	Evolved Packet Core	演进分组核心网
ETSI	European Telecommunications Standards Institute	欧洲电信标准化协会
EUHT	Enhanced Ultra High-Throughput	增强型超高吞吐量
E-UTRA	Evolved UTRA	UTRA 演进
EVM	Error Vector Magnitude	误差矢量幅度
FBE	Frame-based equipment	基于帧的设备
FCC	Federal Communications Commission	美国联邦通信委员会
FDD	Frequency Division Duplex	频分双工
FDM	Frequency Division Multiplexing	频分复用
FDMA	Frequency-Division Multiple Access	频分多址

（续）

英文缩略语	英文全称	中文全称
FET	Field-Effect Transistor	场效应管
FFT	Fast Fourier Transform	快速傅里叶变换
FoM	Figure-of-Merit	品质因数
FPLMTS	Future Public Land Mobile Telecommunications Systems	未来公共陆地移动电信系统
FR1	Frequency Range 1	频率范围 1
FR2	Frequency Range 2	频率范围 2
GaAs	Gallium Arsenide	砷化镓
GaN	Gallium Nitride	氮化镓
GERAN	GSM/EDGE Radio Access Network	GSM/EDGE 无线接入网
gNB	gNodeB	NR 基站
gNodeB	generalized NodeB	广义 NodeB
GSA	Global mobile Suppliers Association	全球移动供应商协会
GSM	Global System for Mobile Communications	全球移动通信系统
GSMA	GSM Association	GSM 协会
HARQ	Hybrid ARQ	混合 ARQ
HBT	Heterojunction Bipolar Transistor	异质结双极晶体管
HEMT	High Electron-Mobility Transistor	高电子迁移率晶体管
HSPA	High-Speed Packet Access	高速分组接入
IC	Integrated Circuit	集成电路
ICNIRP	International Commission on Non-Ionizing Radiation	国际非电离辐射防护委员会
ICS	In-Channel Selectivity	信道内选择性
IEEE	Institute of Electrical and Electronics Engineers	电气和电子工程师学会
IFFT	Inverse Fast Fourier Transform	快速傅里叶逆变换
IIoT	Industrial IoT	工业物联网
IL	Insertion Loss	插入损耗（插损）
IMD	Inter Modulation Distortion	互调失真
IMT-2000	International Mobile Telecommunications 2000 (ITU's name for the family of 3G standards)	IMT-2000（国际电联的 3G 标准系列名称）
IMT-2020	International Mobile Telecommunications 2020 (ITU's name for the family of 5G standards)	IMT-2020（国际电联的 5G 标准系列的名称）
IMT-Advanced	International Mobile Telecommunications Advanced (ITU's name for the family of 4G standards)	IMT-Advanced（国际电联的 4G 标准系列的名称）
InGaP	Indium Gallium Phosphide	铟镓磷化物
IoT	Internet of Things	物联网
IP	Internet Protocol	互联网协议
IP3	3rd-Horder Intercept Point	三阶截取点
IR	Incremental Redundancy	增量冗余
IRDS	International Roadmap for Devices and Systems	国际终端和系统发展路线图

（续）

英文缩略语	英文全称	中文全称
ITRS	International Technology Roadmap for Semiconductors	国际半导体技术发展路线图
ITU	International Telecommunications Union	国际电信联盟
ITU-R	International Telecommunications Union-Radiocommunications Sector	国际电信联盟 - 无线通信部门
KPI	Key Performance Indicator	关键性能指标
L1-RSRP	Layer 1 Reference Signal Received Power	层 1 参考信号接收功率
LAA	License-Assisted Access	授权辅助接入
LBE	Load-based equipment	负载均衡设备
LBT	Listen before talk	先听后说
LC	Inductor(L)-Capacitor	电感（L）- 电容
LCID	Logical Channel Identifier	逻辑信道标识
LDPC	Low-Density Parity Check Code	低密度奇偶校验码
LNA	Low-Noise Amplifier	低噪声放大器
LO	Local Oscillator	本地振荡器
LTCC	Low-Temperature Cofired Ceramic	低温共烧陶瓷
LTE	Long-Term Evolution	长期演进
LTE-M		见 eMTC
MAC	Medium Access Control	媒体接入控制
MAC-CE	MAC control element	MAC 控制信元
MAN	Metropolitan Area Network	城域网
MBB	Mobile Broadband	移动宽带
MB-MSR	Multi-Band Multi Standard Radio (base station)	多频段多标准无线（基站）
MCG	Master Cell Group	主小区组
MCS	Modulation and Coding Scheme	调制编码方式
MIB	Master Information Block	主信息块
MIMO	Multiple-Input Multiple-Output	多入多出
MMIC	Monolithic Microwave Integrated Circuit	单片微波集成电路
mMTC	massive Machine Type Communication	大规模机器类型通信
MPR	Maximum Power Reduction	最大功率回退
MSR	Multi-Standard Radio	多标准无线
MTC	Machine-Type Communication	机器类型通信
MU-MIMO	Multi-User MIMO	多用户 MIMO
NAK	Negative Acknowledgment (in ARQ protocols)	否定确认（在 ARQ 协议中）
NB-IoT	Narrow-Band Internet-of-Things	窄带物联网
NDI	New-Data Indicator	新数据指示
NEF	Network exposure function	网络能力开放功能
NF	Noise Figure	噪声系数
NG	The interface between the gNB and the 5G CN	gNB 与 5G CN 之间的接口

（续）

英文缩略语	英文全称	中文全称
NG-c	The control-plane part of NG	NG 的控制面部分
NGMN	Next Generation Mobile Networks	下一代移动网络
NG-u	The user-plane part of NG	NG 的用户面部分
NMT	Nordisk Mobil Telefon (Nordic Mobile Telephony)	北欧移动电话
NodeB		处理多个小区中的发送和接收的逻辑节点。通常但不必对应于基站
NOMA	Nonorthogonal Multiple Access	非正交多址
NR	New Radio	新空口
NRF	NR repository function	NR 存储功能
NS	Network Signaling	网络信令
NZP-CSI-RS	Non-zero-power CSI-RS	非零功率 CSI-RS
OAM	Operation and maintenance	操作维护
OBUE	Operating Band Unwanted Emissions	工作频段无用发射
OCC	Orthogonal Cover Code	正交覆盖码
OFDM	Orthogonal Frequency-Division Multiplexing	正交频分复用
OOB	Out-Of-Band (emissions)	带外（发射）
OSDD	OTA Sensitivity Direction Declarations	OTA 灵敏度方向声明
OTA	OTA	空口
PA	Power Amplifier	功率放大器
PAE	Power-Added Efficiency	功率附加效率
PAPR	Peak-to-Average Power Ratio	峰均比
PAR	Peak-to-Average Ratio	峰均比（与 PAPR 相同）
PBCH	Physical Broadcast Channel	物理广播信道
PCB	Printed Circuit Board	印制电路板
PCCH	Paging Control Channel	寻呼控制信道
PCF	Policy control function	策略控制功能
PCG	Project Coordination Group (in 3GPP)	项目协调组（在 3GPP 中）
PCH	Paging Channel	寻呼信道
PCI	Physical Cell Identity	物理小区标识
PDC	Personal Digital Cellular	个人数字蜂窝
PDCCH	Physical Downlink Control Channel	物理下行控制信道
PDCP	Packet Data Convergence Protocol	分组数据汇聚协议
PDSCH	Physical Downlink Shared Channel	物理下行共享信道
PDU	Protocol Data Unit	协议数据单元
PHS	Personal Handy-phone System	个人手持电话系统（小灵通）
PHY	Physical Layer	物理层
PLL	Phase-Locked Loop	锁相环
PM	Phase Modulation	相位调制

（续）

英文缩略语	英文全称	中文全称
PMI	Precoding-Matrix Indicator	预编码矩阵指示
PN	Phase Noise	相位噪声
PRACH	Physical Random-Access Channel	物理随机接入信道
PRB	Physical Resource Block	物理资源块
P-RNTI	Paging RNTI	寻呼无线网络临时标识符
PSD	Power Spectral Density	功率谱密度
PSS	Primary Synchronization Signal	主同步信号
PUCCH	Physical Uplink Control Channel	物理上行控制信道
PUSCH	Physical Uplink Shared Channel	物理上行共享信道
QAM	Quadrature Amplitude Modulation	正交幅度调制
QCL	Quasi Co-Location	准共址
QoS	Quality-of-Service	服务质量
QPSK	Quadrature Phase-Shift Keying	正交相移键控
RACH	Random Access Channel	随机接入信道
RAN	Radio Access Network	无线接入网
RA-RNTI	Random Access RNTI	随机接入无线网络临时标识符
RAT	Radio Access Technology	无线接入技术
RB	Resource Block	资源块
RE	Resource Element	资源单元
RF	Radio Frequency	射频
RFIC	Radio Frequency Integrated Circuit	射频集成电路
RI	Rank Indicator	秩指示
RIB	Radiated Interface Boundary	辐射接口边界
RIM	Remote Interference Management	远程干扰管理
RIT	Radio Interface Technology	无线接口技术
RLC	Radio Link Control	无线链路控制
RMSI	Remaining Minimum System Information	剩余最小系统信息
RNTI	Radio-Network Temporary Identifier	无线网络临时标识符
RoAoA	Range of Angle of Arrival	到达角范围
ROHC	Robust Header Compression	鲁棒性报头压缩
RRC	Radio Resource Control	无线资源控制
RRM	Radio Resource Management	无线资源管理
RS	Reference Symbol	参考符号
RSPC	Radio Interface Specifications	无线接口规范
RSRP	Reference Signal Received Power	参考信号接收功率
RV	Redundancy Version	冗余版本
RX	Receiver	接收机
SCG	Secondary Cell Group	辅小区组

（续）

英文缩略语	英文全称	中文全称
SCS	Sub-Carrier Spacing	子载波间隔
SDL	Supplementary Downlink	补充下行
SDMA	Spatial Division Multiple Access	空分多址
SDO	Standards Developing Organization	标准化组织
SDU	Service Data Unit	服务数据单元
SEM	Spectrum Emissions Mask	频谱发射模板
SFI	Slot format indicator	时隙格式指示
SFI-RNTI	Slot format indicator RNTI	时隙格式指示无线网络临时标识符
SFN	System Frame Number (in 3GPP)	系统帧号（3GPP）
SI	System Information Message	系统信息消息
SIB	System Information Block	系统信息块
SIB1	System Information Block 1	系统信息块 1
SiGe	Silicon Germanium	硅锗
SINR	Signal-to-Interference-and-Noise Ratio	信号与干扰噪声比
SiP	System-in-Package	系统级封装
SIR	Signal-to-Interference Ratio	信号干扰比
SI-RNTI	System Information RNTI	系统信息无线网络临时标识符
SMF	Session management function	会话管理功能
SMT	Surface-Mount assembly	表面贴装组件
SNDR	Signal-to-Noise-and-Distortion Ratio	信号噪声失真比
SNR	Signal-to-Noise Ratio	信噪比
SoC	System-on-Chip	片上系统
SR	Scheduling Request	调度请求
SRI	SRS resource indicator	SRS 资源指示
SRIT	Set of Radio Interface Technologies	无线接口技术集
SRS	Sounding Reference Signal	探测参考信号
SS	Synchronization Signal	同步信号
SSB	Synchronization Signal Block	同步信号块
SSS	Secondary Synchronization Signal	辅同步信号
SUL	Supplementary Uplink	补充上行
SU-MIMO	Single-User MIMO	单用户 MIMO
TAB	Transceiver-Array Boundary	收发机阵列边界
TACS	Total Access Communication System	全接入通信系统
TCI	Transmission configuration indication	传输配置指示
TCP	Transmission Control Protocol	传输控制协议
TC-RNTI	Temporary C-RNTI	临时小区无线网络临时标识符
TDD	Time-Division Duplex	时分双工
TDM	Time Division Multiplexing	时分复用

（续）

英文缩略语	英文全称	中文全称
TDMA	Time-Division Multiple Access	时分多址
TD-SCDMA	Time-Division-Synchronous Code-Division Multiple Access	时分同步码分多址
TIA	Telecommunication Industry Association	电信行业协会
TR	Technical Report	技术报告
TRP	Total Radiated Power	总辐射功率
TRS	Tracking Reference Signal	跟踪参考信号
TS	Technical Specification	技术规范
TSDSI	Telecommunications Standards Development Society, India	电信标准开发协会，印度
TSG	Technical Specification Group	技术规范组
TSN	Time-sensitive networks	时间敏感网络
TTA	Telecommunications Technology Association	韩国电信技术协会
TTC	Telecommunications Technology Committee	日本电信技术委员会
TTI	Transmission Time Interval	传输时间间隔
TX	Transmitter	发射机
UCI	Uplink Control Information	上行控制信息
UDM	Unified data management	统一数据管理
UE	User Equipment, the 3GPP name for the mobile terminal	3GPP 对移动终端的称呼
UL	Uplink	上行链路
UMTS	Universal Mobile Telecommunications System	通用移动电信系统
UPF	User plane function	用户面功能
URLLC	Ultra-reliable low-latency communication	超可靠低时延通信
UTRA	Universal Terrestrial Radio Access	通用地面无线接入
V2V	Vehicular-to-Vehicular	车辆到车辆
V2X	Vehicular-to-Anything	车联网
VCO	Voltage-Controlled Oscillator	压控振荡器
WARC	World Administrative Radio Congress	世界无线电管理大会
WCDMA	Wideband Code-Division Multiple Access	宽带码分多址
WG	Working Group	工作组
WHO	World Health Organization	世界卫生组织
WiMAX	Worldwide Interoperability for Microwave Access	全球微波互联接入
WP5D	Working Party 5D	5D 工作组
WRC	World Radiocommunication Conference	世界无线电通信大会
Xn		gNB 之间的接口
ZC	Zadoff-Chu	Zadoff-Chu
ZP-CSI-RS	Zero-power CSI-RS	零功率信道状态信息参考信号